环境治理体系和能力现代化系列研究

U0384441

# 国际环境政策与技术 2020

生态环境部对外合作与交流中心　编著

中国环境出版集团·北京

**图书在版编目 (CIP) 数据**

国际环境政策与技术 2020/ 生态环境部对外合作与
交流中心编著 . —北京：中国环境出版集团，2021.12
（环境治理体系和能力现代化系列研究）
ISBN 978-7-5111-4993-0

Ⅰ.①国… Ⅱ.①生… Ⅲ.①环境政策—研究—
世界—2020 Ⅳ.① X-01

中国版本图书馆 CIP 数据核字（2021）第 261485 号

| | | |
|---|---|---|
| 出 版 人 | 武德凯 |
| 责任编辑 | 宋慧敏 |
| 责任校对 | 任 丽 |
| 封面设计 | 宋 瑞 |

| | |
|---|---|
| 出版发行 | 中国环境出版集团 |
| | （100062　北京市东城区广渠门内大街 16 号） |
| | 网　　　址：http://www.cesp.com.cn |
| | 电子邮箱：bjgl@cesp.com.cn |
| | 联系电话：010-67112765（编辑管理部） |
| | 发行热线：010-67125803，010-67113405（传真） |
| 印　　刷 | 北京中献拓方科技发展有限公司 |
| 经　　销 | 各地新华书店 |
| 版　　次 | 2021 年 12 月第 1 版 |
| 印　　次 | 2021 年 12 月第 1 次印刷 |
| 开　　本 | 787×1096　1/16 |
| 印　　张 | 24 |
| 字　　数 | 466 千字 |
| 定　　价 | 108.00 元 |

# 本书编委会

主　编：周国梅

副主编：余立风　　肖学智　　翟桂英　　刘春龙

　　　　李永红

编　委（以姓氏笔画为序）：

　　　　王开祥　　王语懿　　王　新　　朱留财

　　　　任　永　　刘　援　　李宏涛　　李　霞

　　　　杨玉川　　杨礼荣　　张慧勇　　陈　明

　　　　赵子鹰　　钟晓东　　郭晓林　　唐艳冬

　　　　董　仲　　程天金　　熊　康

编　者：曹杨　　郑静　　李乐　　郑军

# 前　言

　　2020 年，在生态环境部党组和分管领导的领导下，在生态环境部国际合作司等相关部门的指导支持下，生态环境部对外合作与交流中心以习近平新时代中国特色社会主义思想为指导，学习贯彻习近平生态文明思想、习近平外交思想，紧密围绕国家政治外交大局和生态环境部生态环保重点工作，努力推进生态环境领域国家治理体系和治理能力现代化，以改善生态环境质量为核心，服务打赢污染防治攻坚战，开展政策研究工作。

　　为进一步提升咨政建言能力和政策研究水平，对外合作与交流中心着力打造"国际环境观察与研究通讯"平台，围绕全球环境治理、绿色"一带一路"建设、水气土及固体废物污染防治、环境与气候治理、环境公约履约、绿色城镇化、环保产业"走出去"、区域次区域国际合作、环境管理体制机制等重点议题开展深入研究，取得丰硕成果，受到生态环境部领导充分肯定，进一步提升了为生态环境保护对外合作与交流提供全面精准支撑服务的能力。

　　本书精心收录部分文章并集结成书，以期为国内环保政策制度改革和决策发挥参考作用。

# 目　录

# 第 一 章

## 全球环境治理与
## 绿色"一带一路"建设

# 打造"一带一路"绿色供应链，推动绿色互联互通

## ——"一带一路"绿色供应链管理效益潜力分析

李宣瑾　翟桂英　刘　婷

## 一、引言

为深入学习贯彻习近平总书记重要讲话和指示批示精神，全面落实全国"两会"精神，全力支撑统筹推进疫情防控、经济社会发展和生态环境保护，生态环境部于 2020 年 6 月印发实施了《关于在疫情防控常态化前提下积极服务落实"六保"任务坚决打赢打好污染防治攻坚战的意见》，进一步明确了支持服务做好"六稳"工作、落实"六保"任务的工作目标和具体举措，提出要积极培育生态环保产业新增长点，鼓励开展绿色认证，加快推进形成绿色产业链供应链。作为一项基于市场机制的创新型环境经济政策，绿色产业链供应链管理已成为促进供给侧结构性改革、推动产业转型升级的重要途径，是推动形成绿色生产生活方式、改善生态环境质量的重要抓手。特别是在"一带一路"建设中，绿色产业链供应链更是提升产业链资源利用效益、推动企业对外拓展业务、规避绿色贸易壁垒、助力多边绿色外交并推动共建"一带一路"沿着高质量发展方向不断前进的有效方式。

近年来，生态环境部对外合作与交流中心（以下简称"中心"）作为生态环境部推动"一带一路"建设的牵头单位，开展了一系列绿色产业链供应链管理平台研发与合作交流工作。其中，中心牵头实施的"'一带一路'共建国家绿色供应链管理环境效益潜力试点研究"项目主要对国内外绿色供应链管理实施现状进行了调查和总结，选取泰国作为"一带一路"国家试点案例，分析了中国在泰国制造型企业中实施绿色供应链管理的投资成本、对供应链上下游的潜在影响，以及产生的经济效益和环境效益；在此基础上，结合"一带一路"国家绿色发展指数，评估了中国在"一带一路"国家制造型企业实施绿色供应链管理的成本和效益，分别对绿色供应链项目启动前、中期、后期的运营条件进行了情景分析。分析结果表明，在"一带一

路"建设合作中推动绿色供应链管理是将"绿色环境意识"与"经济发展"相融合协调发展的一种有效途径，有着较显著的经济效益和环境效益潜力。

## 二、绿色供应链管理发展沿革及实践

### （一）起源和定义

"绿色供应链"起源于 Webb 在 1994 年提出的"绿色采购"概念，最早由美国密歇根州立大学制造研究协会在 1996 年提出；国内对绿色供应链的研究始于2000 年。经过多年发展，国内外学术界普遍认为绿色供应链是一种融合环境保护思想的现代管理模式，从产品生命周期的角度出发，综合考虑产品的原材料获取、设计与制造、销售与运输、使用及回收再利用的整个过程，通过绿色技术与供应链管理手段，实现环境负影响最小、资源与能源利用率最高和供应链系统整体效益最优的目标。

### （二）国外绿色供应链管理实践

从政府角度来看，国外绿色供应链管理更加注重政策性引导，对产品从原材料购买和供应、生产、最终消费直到废弃物回收再利用的整个供应链进行生态设计，通过供应链上各企业内部部门和各企业之间的紧密合作，使整条供应链在环境管理方面协调统一，达到系统环境最优化。比如，美国政府制订了控制污染发生源、限制交通量和控制交通流、防止食品污染、保障消费者健康权益等方面的相关政策法规，并建立了相应的有效监管体系。从企业角度来看，为了建立国际形象，越来越多的领先企业致力于推行全球统一的环境标准，将获得环境声誉作为环境管理的主要动力，如 3M 公司早期就强调建立环境优势的声誉，又如 Eli Lilly 公司为了创立正面形象，也将开发正面环境声誉作为主要动机之一；一些绿色供应链管理的标兵企业也都把自己定位为绿色供应链管理的领导者，如美国宏达不仅在节约资源、减少废弃物、避免污染、绿色设计等方面制定了高于有关法律规定的自身标准，而且还积极提高整条供应链乃至整个行业的环保水平。目前，全球 500 强企业中有 80% 的企业制定了绿色供应链战略，为这些企业在全球不同区域开展投资建设做好了社会责任铺垫，也为争取更优质的国际资本提供了筹码。

### （三）国内绿色供应链管理实践

2000—2010 年，我国的绿色供应链管理基本处于理论研究阶段，研究者更多关注绿色供应链管理的驱动力、实施模型、环节要素以及支撑体系等方面。2010 年，中国环境与发展国际合作委员会向国务院递交了关于推动中国绿色供应链管理体系的政策建议，标志着我国绿色供应链管理工作正式启动。在政策制定层面，2014 年，商务部、环境保护部、工业和信息化部联合发布了《企业绿色采购指南（试行）》。2015 年，财政部、国家发展改革委、工业和信息化部、环境保护部共同发布了《环保领跑者制度实施方案》。2016 年，国家发展改革委等印发了《关于促进绿色消费的指导意见》，工业和信息化部出台了《绿色供应链管理评价要求》。2017 年，国家标准化管理委员会发布了《绿色制造 制造企业绿色供应链管理 导则》（GB/T 33635—2017），国务院办公厅印发了《关于积极推进供应链创新与应用的指导意见》。2020 年4 月，商务部、工业和信息化部、生态环境部等八部门联合印发了《关于进一步做好供应链创新与应用试点工作的通知》以及《关于复制推广供应链创新与应用试点第一批典型经验做法的通知》。在地方实践层面，2016 年，天津市成立了全国首家绿色供应链标准化技术委员会，指导天津城市绿色发展、电子设备制造等行业实践绿色供应链管理。京津冀地区、珠三角地区、长三角地区开展了绿色供应链地方试点，推动企业层面的绿色供应链管理实践，并引领地区的绿色转型。在行业执行层面，在物流、房地产、家居等行业推动绿色化发展，开发绿色供应链指标体系并发起相应的绿色供应链行动。上海通用汽车有限公司开展了我国第一个企业绿色供应链管理项目。上汽通用五菱、北京奔驰等多个行业龙头企业也陆续开展了绿色供应链管理工作。截至目前，我国至少已有 2 000 家供应商参与了绿色供应链管理的行动。

### （四）绿色供应链在"一带一路"生态环境保护中的作用

生态环境保护是"一带一路"建设的重要议题。采用绿色供应链的理念和管理办法推动项目开发与建设、产业合作、贸易交流与融资等，是增强"一带一路"建设环境风险管理能力、推进"一带一路"绿色化建设、打造"绿色丝绸之路"的首选手段。实践表明，绿色供应链管理涉及产业上下游多个行业及企业，绿色供应链机制的实践主体为企业；从协同治理的角度看，可以在实务方面通过产业链合作来解决部分污染问题，回避外交障碍。"一带一路"建设发展态势快，大量企业在涌入沿线国家开展项目建设的时候，不具备足够的污染治理能力。此时供应链中的龙头企业（或主导型企业）会向产业链输送地开展环境污染干预，如清洁技术转移、清污修复投入、供应链污染监控、供应链环境信息公示等，来换取当地的产业资源和公众支持，使在该产业链建设和运营顺利推进的同时，当地的环境质量得到改善，提高供应链各节点企业在市场上的竞争力并降低公关成本，间接提高供应链运转效率。此外，对于"一带一路"国家而言，通过实施绿色供应链管理，在供应链管理、环境保护、资源优化等方面可帮助项目实施所在地达到经济效益、环境效益和社会效益的协调优化，从而提升整个供应链的绿色效应，使产品及服务符合各市场的准入条件，规避绿色贸易壁垒并助力多边绿色外交。

## 三、我国企业实施绿色供应链管理基本做法及应用案例

（一）基本做法

### 1. 原则和路径

国内绿色供应链管理有多种实施方式，有以节能减排和绿色绩效提升为主线的改进模式，也有以环保合规性和先进性评价为主线的认证模式，也有两者相结合实施的模式。实施原则主要包括合理性原则、整体最优化原则、统筹兼顾原则、突出重点原则。从实用性、针对性角度出发，帮助企业提炼清洁生产、环保效益、能源审计、能效对标等适合于企业实际操作的内容，形成实施程序。实施路径由上至下开展，首先由龙头企业发起，从供应商高层获取支持，并向下传导推动力，调动其中层及基层员工，形成全方位的绿色绩效提升动力，并落实到绿色绩效改进方案的实施中，最终获取环境效益和经济效益。

### 2. 建立组织保障

实施绿色供应链管理，关键是保证龙头企业和上游供应商最高管理者的参与、领导和承诺。最高管理者应证实其在绿色供应链管理体系方面的领导作用和承诺，将绿色理念贯彻到组织供应链管理的战略、规划和运营过程中。在战略规划中考虑绿色供应链管理绩效，确保绿色供应链管理体系所需的资源的供给，以实现绿色绩效目标。龙头企业应建立绿色供应链工作协调小组，供应商应建立绿色供应链管理工作小组，发挥合理顺畅调配资源作用，保证项目的顺利实施。此外，选择一个成熟的、有经验的咨询机构，为龙头企业提供绿色供应链管理咨询服务。

### 3. 构建评价体系

建立有效的绿色供应链绩效测量与评价体系也是保证绿色供应链管理项目能够成功的前提之一。在绿色供应链的绩效评价中，不仅需要对企业内外部运作进行基本评价，同时需要关注外部供应链的测控，注重非财务指标与财务指标之间的平衡，以及测评产品是否符合绿色环保指标。目前可以应用在供应链管理中的绩效评价方

法有 ABC 成本核算法、平衡计分法等。

（二）具体应用案例

### 1. 汽车企业

国内某汽车集团公司于 2008 年启动了一项全方位绿色战略项目，将"发展绿色产品、打造绿色体系、承揽绿色责任"作为核心，全面融入企业愿景及战略规划中。通过创新科技，为中国消费者带来了"更好性能、更低能耗、更少排放"的绿色车型，发挥业务链龙头作用，带动上下游共创绿色产业生态系统，实现了企业自身、企业与行业、企业与环境的和谐有序发展。该项目不仅关注能源和环保效率的提升，同时纳入了环保合规性检查的内容，最大限度地降低了该汽车集团公司的供应链风险，形成了绿色绩效提升与环保合规检查并重的绿色供应链管理。该汽车集团公司的一级供应商主要分布在机械加工、橡胶制品、玻璃制造、金属表面处理及热处理、电子制造、纺织等多个行业。2017 年，469 家供应商通过实施绿色供应链管理，提升了环境效益和能源及其他自然资源的使用效率，并获得可测量的成本节约和生产力提升效果。据评估，产生的环境效益具体包括：节约电 9 983 万 kW·h/a，节约天然气 362 万 m³/a，节约蒸汽 2.4 万 t/a，节约燃油 2.8 万 t/a，节约水 142 万 t/a，节约煤 1.6 万 t/a，节约煤气 384 万 m³/a。减少固体废物排放 2.3 万 t/a，减少废水排放 24.8 万 t/a，减少废气排放 $8.107 \times 10^6$ m³/a，减少二氧化碳排放 14 万 t/a。

### 2. 烟草企业

国内某烟草集团公司以绿色绩效提升和环保合规性检查的方式，按年开展绿色供应链管理活动。制定并执行绿色供应链标准，实行从设计、采购、生产、运输、物流、储存、销售、使用到回收制造再利用的产品全生命周期绿色管理，使经济活动与环境保护相协调，达到上下游企业共同承担环境保护责任、提升资源使用效率的目的，建立了促进创新、协调、绿色、开放、共享发展的机制。2017 年，该烟草集团公司一级供应商约 90 家，涵盖了烟叶种植、烟叶复烤、卷烟制造、造纸制浆、印刷包装、机械制造等多个行业，其中 20 家供应商通过参与绿色供应链管理，产生的环境效益包括：节约原材料 1 780.44 t/a，节约电 687.72 万 kW·h/a，节约煤 16 225 t/a，节约天然气 142 857 万 m³/a，节约油 6.42 t/a，节约水 0.29 万 t/a。减少固体废物排放 331.22 t/a，减少废水排放 0.12 万 t/a，减少二氧化硫排放 45.80 t/a，减少氮氧化物排放 25.51 t/a，减少 VOCs 排放 157.28 t/a，减少粉尘排放 0.08 t/a。

综合以上两个行业案例数据，初步估算绿色供应链管理项目的绿色绩效提升方案的投入产出比，即每投入 1 万元开展绿色绩效提升项目可获得的经济效益和环境效益，结果如表 1 和表 2 所示。

表 1　国内典型企业绿色供应链管理项目的投入与产出统计 ①

| 行业类别 | 绿色绩效项目投资 / 万元 | 绿色绩效项目收益 /（万元 /a） | 节能效益 /（t 标准煤 /a） | 碳减排效益 /（t CO₂/a） | 参与供应商的污染排放达标率 /% |
|---|---|---|---|---|---|
| 案例 1（汽车行业） | 35 675 | 32 541 | 19 222 | 515 835 | 100 |
| 案例 2（烟草行业） | 8 210 | 3 300 | 12 883 | 49 376 | 100 |

表 2　国内绿色供应链管理项目的单位投入效益分析（制造业）

| 行业类别 | 万元投入经济效益 /［万元 /（a·万元）］ | 万元投入节能效益 /［t 标准煤 /（a·万元）］ | 万元投入碳减排效益 /［t CO₂/（a·万元）］ |
|---|---|---|---|
| 汽车行业 ② | 0.912 | 5.472 | 14.459 |
| 烟草行业 | 0.402 | 1.569 | 6.014 |
| 制造业（估算）③ | 0.740 | 4.171 | 12.194 |

## 四、我国在"一带一路"国家开展绿色供应链管理潜力分析

### （一）选取泰国作为潜力分析试点国家

中国是泰国的最大贸易伙伴，泰国是中国在东盟国家中的第四大贸易伙伴，因此选择泰国为试点开展绿色供应链管理环境潜力分析具有典型性。自中泰两国于 1975 年 7 月 1 日建交开始，双方贸易往来日趋增加，双向投资稳定增长。双边贸易总量由 1975 年的 2 500 万美元增长到 2016 年的 758.7 亿美元。中国企业对泰国投资的形态以中国国有企业以及民营企业在泰国设立的中资投资企业为主，在泰国的投资主要集中在化工、农产品加工、金属制品与机械等领域。其中金属与机械设备制造成为投资最多的行业，占比为 38.6%。其次为农业投资，占比为 18.9%。

---

① 数据来源：国内某绿色供应链管理咨询服务公司。

② 基于现有数据测算，汽车行业绿色供应链管理项目的单位投入效益为绿色绩效项目收益除以绿色绩效项目投资，以此类推至其他行业。

③ 制造业估算值的计算：由包括纺织行业在内的 3 个行业的绿色绩效项目收益总和、节能效益总和、碳减排效益总和分别除以其绿色绩效项目投资额即可得。由于本文重点以汽车行业和烟草行业案例为主，因此此表省略纺织行业数据。纺织行业万元投入经济效益、万元投入节能效益、万元投入碳减排效益分别为 0.504、2.414 和 10.088。

2017 年，中国对泰国直接投资存量为 53.58 亿美元，中国对泰国直接投资流量为 10.58 亿美元。其中，2017 年中国对泰国较易实施绿色供应链管理的制造业的投资存量为 27.74 亿美元[①]，占直接投资存量总额的 51.8%。

综合考虑中泰两国环境政策、经济形势、绿色技术发展水平、绿色供应链管理现状，以及影响中国企业在国外开展绿色供应链项目的各种因素[②]，依据效益潜力分析框架（如图 1 所示）以及国内绿色供应链管理项目实施成本及投资拉动比例[③]，测算得出，绿色供应链管理的投资占企业利润的合理比例为 0.5‰～0.1‰（逐年递减），投资可间接带动当地供应商进行环保节能投资的比例系数为 5～30（如图 2 所示）。

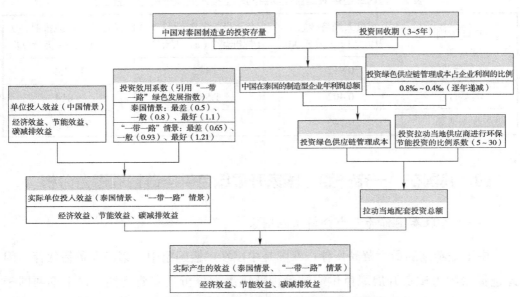

**图 1　实施绿色供应链管理项目的效益潜力分析框架示意**

---

① 数据来源：《2017 年度中国对外直接投资统计公报》。

② 企业在国外实施绿色供应链管理获得的投资收益将会低于国内项目，因此引入换算比例，即投资效用系数。该系数主要受以下因素影响：①发起节能减排项目的成本，包括提升企业环保意识的成本、寻求技术咨询支持的成本、获取项目设计方案的成本；②实施节能减排项目的成本，包括采购设备的成本、建设项目的成本等；③运营节能减排项目的成本，包括运营项目的人力成本、运行项目的物料能源成本等。

③ 根据国内某知名汽车集团公司的案例数据，该公司作为龙头企业推进的绿色供应链项目的直接投入每年在 100 万～300 万元，占当年利润的 0.5‰～0.1‰（第一年至第十年逐年下降）。每年的绿色供应链活动拉动的企业数量在 30～60 家。龙头企业投入成本与拉动供应商进行绿色绩效改进项目投资金额的比例约为 1∶10～1∶50。该公司作为国内著名的车企，其利润水平远超国内车企平均水平（以 2016 年单车净利润数据为例，该企业为 0.90 万元／台，国内车企平均水平为 0.35 万元／台）。因此综合考虑推算得出，对于国内一般龙头企业而言，其投入绿色供应链管理的合理成本应为当年利润的 1.3‰～0.26‰（逐年递减）。

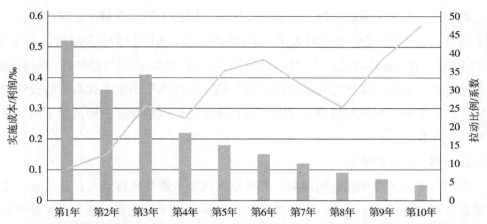

**图 2　绿色供应链管理项目实施成本占利润比例及投资拉动比例（某汽车集团案例数据）**

数据来源：国内某绿色供应链管理咨询服务公司。①

　　假设中国在泰国的制造型企业开展绿色供应链管理，则在初期的直接成本约为 400 万美元 /a，间接拉动当地供应商进行的环保节能投资约 2 000 万美元 /a。在项目后期，若企业数量不进行扩大，则成本可降至约 70 万美元 /a，拉动最高约 2 100 万美元 /a 的环保节能投资（如表 3 所示）。

**表 3　实施绿色供应链管理项目所需投资估算**

| 中国对泰国制造业投资存量 / 亿美元② | 年利润（投资回收期为 3～5 年）/ 亿美元③ | 初期、后期投资成本（企业投入绿色供应链管理的成本占企业利润的比例为 0.8‰～4‰）④/（万美元 /a） | 初期、后期可间接拉动当地供应商进行的环保节能投资（成本与拉动供应商投资额的比例为 3～50）/（万美元 /a） |
|---|---|---|---|
| 27.74 | 5.6～9.3（取 9 亿美元） | 初期：400 万美元 /a<br>后期：70 万美元 /a | 初期：2 000 万美元 /a（按 400 万美元 /a 估算）<br>后期：2 100 万美元 /a（按 70 万美元 /a 估算） |

---

①　数据来源：据国内某汽车公司 10 年的统计数据，投资的比例系数在第 1 年约为 10，第 10 年约为 50。依据泰国的实际情况，投资的比例系数保守取值为 5（第 1 年）～30（第 10 年）。此外，根据图 2 统计数据估算，对于国内一般龙头企业而言，其投入绿色供应链管理的合理成本应为当年利润的 1.3‰～0.26‰（逐年递减）。综合考虑 2006—2015 年国际能源署、联合国及世界银行统计数据，泰国绿色发展指数指标体系中的绿色技术得分低于中国，主要由于泰国技术研发竞争力、可再生能源发电、可再生能源装机、绿色建筑、能源效率均远远低于中国水平。同时考虑到泰国相应政策体系与国内的不同及绿色供应链管理意识的差距，以及国内龙头企业在国外开展绿色供应链项目的困难，出于保守考虑，将这一比例假定为国内的 3 倍，设为 0.5‰～0.1‰（逐年递减）。
②　数据来源：《2017 年度中国对外直接投资统计公报》。
③　按 27.74 亿元存量投资、平均回收期 3 年算，每年利润为 9.25 亿美元；按 5 年算，每年利润为 5.55 亿美元。
④　即为达到启动绿色供应链管理项目的目的，中国在泰国的制造型龙头企业须在初期投入 9 亿美元利润中的 4‰（360 万美元）开展全面绿色供应链管理项目。而在项目后期，须投入 9 亿美元利润中的 0.8‰开展全面绿色供应链管理项目，这一成本则可降至 72 万美元。为便于计算，分别取 400 万美元 /a 和 70 万美元 /a。

此外，根据供应商在中国进行环保节能投资所产生的效益数值（即每投入 1 万元人民币，平均可产生约 0.74 万元 /a 的经济效益、4.17 t 标准煤 /a 的能源效益、12.19 t $CO_2$/a 的碳减排效益，同时还可保证供应商 100% 达到当地环保排放标准），并充分考虑在泰国的情况受到各种因素的影响，测算出中国企业在泰国的投资效用系数，从而推导出中国制造型企业在泰国实施绿色供应链管理三种情景下的经济效益和环境效益。

### 1. 情景一：最差情形

设定当地供应商环保意识薄弱，严重缺乏环保节能技术咨询支持，改造方案缺失或难以通过较低成本获取；当地缺乏环保设备和技术供应商，全部或大部分设备依赖进口，项目建设无法依赖当地人员，需要较多外部支持；当地运营人员技术素养较低，需要大量培训。在这一情形下，投资效用系数为 0.5[1]，即每投资 1 万元人民币，平均产生约 0.37 万元 /a 的经济效益、2.086 t 标准煤 /a 的能源效益、6.097 t $CO_2$/a 的碳减排效益。

### 2. 情形二：一般情形

设定当地供应商有一定的环保意识和环保压力，可以在当地得到一定的环保节能技术咨询支持，基本可以通过较低成本获取改造方案；当地有一定数量的环保设备和技术供应商，少部分设备依赖进口，项目建设可以依赖当地人员；当地运营人员有一定技术素养，简单培训后即可上岗。在这一情形下，投资效用系数为 0.8[2]，即每投资 1 万元人民币，平均可产生约 0.59 万元 /a 的经济效益、3.337 t 标准煤 /a 的能源效益、9.755 t $CO_2$/a 的碳减排效益。

### 3. 情形三：最好情形

设定当地供应商有较强的环保意识或较大的环保压力，可以在当地得到必要的环保节能技术咨询支持，可自行制定改造方案；当地有相当数量的环保设备和技术供应商，所有设备几乎不依赖进口，项目建设可以全部使用当地人员；当地运营人员有较高的技术素养，不需培训或仅需简单培训即可上岗。在这一情形下，投资效用系数为 1.1[3]，即每投资 1 万元人民币，平均可产生约 0.81 万元 /a 的经济效益、4.588 t 标准煤 /a 的能源效益、13.413 t $CO_2$/a 的碳减排效益。

基于三种情景的预测分析，在泰国的中国制造型企业实施绿色供应链管理产生的经济效益和环境效益的估算值如表 4 所示。

---

[1] "一带一路"共建国家中绿色发展指数最低约为 30，该值是中国绿色发展指数的 0.5 倍。
[2] 泰国绿色发展指数是中国绿色发展指数的 0.8 倍。
[3] 去除绿色发展指数得分最高的奥地利（77.13），其他"一带一路"共建国家的绿色发展指数中最高的约为中国绿色发展指数的 1.1 倍。

表 4 在泰国的中国制造型企业实施绿色供应链管理投资初期、
后期产生的经济效益和环境效益（情景分析）

| 时期 | 情景设置 | 投资效用系数 | 直接投入 /（万美元 /a） | 拉动投入 /（万美元 /a） | 经济效益 /（万美元 /a） | 能源节约 /（t 标准煤 /a） | 碳减排 /（t CO$_2$/a） |
|------|---------|------------|---------------------|---------------------|---------------------|----------------------|------------------------|
| 投资初期 | 最好 | 1.1 | 400 | 2 000 | 1 600 | 65 000 | 190 000 |
| | 一般 | 0.8 | 400 | 2 000 | 1 200 | 46 000 | 140 000 |
| | 最差 | 0.5 | 400 | 2 000 | 750 | 30 000 | 85 000 |
| 投资后期 | 最好 | 1.1 | 70 | 2 100 | 1 800 | 70 000 | 200 000 |
| | 一般 | 0.8 | 70 | 2 100 | 1 300 | 50 000 | 150 000 |
| | 最差 | 0.5 | 70 | 2 100 | 800 | 31 000 | 90 000 |

## （二）我国企业在"一带一路"国家开展绿色供应链管理潜力分析

近年来，我国企业在"一带一路"沿线国家的投资额逐年上升。2017 年，中国对"一带一路"沿线国家的投资为 201.7 亿美元，其中制造业占比为 18.6%；对"一带一路"沿线国家的直接投资存量为 1 543.98 亿美元，占中国对外直接投资存量的 8.5%。以上述泰国案例进行推演测算，综合考虑各个国家实施绿色供应链管理的政策支持力度、实施及运营节能减排项目的成本不同，并结合中资企业在"一带一路"沿线国家的投资流量，以及对"一带一路"国家制造型企业实施绿色供应链管理的投资成本、拉动当地供应商配套投资额，根据"一带一路"绿色发展指数[①]，设定三种不同的情景，分别推导各国投资效用系数[②]，录入测算模型，推算中国企业在"一带一路"绿色发展综合水平较高（即"一带一路"绿色发展指数较高）的 50 个国家实施绿色供应链管理的三种情景下的经济效益和环境效益。

### 1. 情景一：最差情形

设定当地供应商环保意识薄弱，没有达到绿色发展指数评估时所参考的绿色技术水平，改造方案缺失或难以通过较低成本获取；当地缺乏环保设备和技术供应商，全部或大部分设备依赖进口，项目建设无法依赖当地人员，需要较多外部支持；当

---

① "一带一路"绿色发展指数（Green Development Index）由中国人民大学研究团队开发研究，旨在评估"一带一路"国家的绿色发展水平，识别出差距和造成差距的主要影响因素。研究成果覆盖 98 个国家（包括"一带一路"的 65 个国家、中国以及所有经合组织国家），时间跨度从 2006 年到 2015 年。指标主要包括自然资产、绿色技术和人类发展三大类别，三大类别指标的权重分别为 17.3、56.3 和 26.4。
② 根据"一带一路"绿色发展指数，各国投资效用系数计算方式为：（某国绿色技术指数 / 中国绿色技术指数 × 绿色技术指标权重＋某国人类发展指数 / 中国人类发展指数 × 人类发展指标权重）/（绿色技术指标权重＋人类发展指标权重）。而最差情形、一般情形和最好情形三个情景的投资效用系数分别由每个国家一般情形下投资效用系数值的 70%、100% 以及 130% 的总和的加权均值计算所得，即为 0.65、0.93 和 1.21。

地运营人员技术素养较低，需要大量培训。以此估算得出，在绿色发展综合水平较高的 50 个"一带一路"共建国家的中国制造型企业全面开展绿色供应链管理的初期，企业直接投入成本约为 0.27 亿美元 /a，可拉动当地供应商配套投资约 1.33 亿美元 /a，产生经济效益约 0.64 亿美元 /a，节约能源约 25 万 t 标准煤 /a，减少 $CO_2$ 排放约 75 万 t/a。

在全面开展绿色供应链管理的后期，企业直接投入成本约为 0.05 亿美元 /a，可拉动当地供应商配套投资约 1.59 亿美元 /a，产生经济效益约 0.77 亿美元 /a，节约能源约 30 万 t 标准煤 /a，减少 $CO_2$ 排放约 87 万 t/a。

### 2. 情形二：一般情形

设定当地供应商有一定的环保意识和环保压力，基本达到绿色发展指数评估时所参考的绿色技术水平，可以在当地得到一定的环保节能技术咨询支持，基本可以通过较低成本获取改造方案；当地有一定数量的环保设备和技术供应商，少部分设备依赖进口，项目建设可以依赖当地人员；当地运营人员有一定技术素养，简单培训后即可上岗。以此估算得出，在绿色发展综合水平较高的 50 个"一带一路"共建国家的中国制造型企业全面开展绿色供应链管理的初期，企业直接投入成本约为 0.27 亿美元 /a，可拉动当地供应商配套投资约 1.33 亿美元 /a，产生经济效益约 0.91 亿美元 /a，节约能源约 36 万 t 标准煤 /a，减少 $CO_2$ 排放约 105 万 t/a。

在全面开展绿色供应链管理的后期，企业直接投入成本约为 0.05 亿美元 /a，可拉动当地供应商配套投资约 1.59 亿美元 /a，产生经济效益约 1.09 亿美元 /a，节约能源约 45 万 t 标准煤 /a，减少 $CO_2$ 排放约 125 万 t/a。

### 3. 情形三：最好情形

设定当地供应商有较强的环保意识或较大的环保压力，完全达到绿色发展指数评估时所参考的先进绿色技术水平，可以在当地得到必要的环保节能技术咨询支持，可自行制定改造方案；当地有相当数量的环保设备和技术供应商，所有设备几乎不依赖进口，项目建设可以全部使用当地人员；当地运营人员有较高的技术素养，不需培训或仅需简单培训即可上岗。以此估算得出，在绿色发展综合水平较高的 50 个"一带一路"共建国家的中国制造型企业全面开展绿色供应链管理的初期，企业直接投入成本约为 0.27 亿美元 /a，可拉动当地供应商配套投资约 1.33 亿美元 /a，产生经济效益约 1.19 亿美元 /a，节约能源约 50 万 t 标准煤 /a，减少 $CO_2$ 排放约 135 万 t/a。

在全面开展绿色供应链管理的后期，企业直接投入成本约为 0.05 亿美元 /a，可拉动当地供应商配套投资约 1.59 亿美元 /a，产生经济效益约 1.42 亿美元 /a，节约能源约 56 万 t 标准煤 /a，减少 $CO_2$ 排放约 162 万 t/a。

结合泰国案例数据以及中国企业在 "一带一路" 共建国家的投资流量，分三种情景分析推算，在 "一带一路" 国家的中国制造型企业实施绿色供应链管理的投资成本、拉动当地供应商配套投资额以及所产生的经济效益、环境效益如表 5 所示。

表 5　在 "一带一路" 国家的中国制造型企业实施绿色供应链管理的投资初期、后期经济效益和环境效益（情景分析）

| 时期 | 情景设置 | 直接投入 /（亿美元 /a） | 拉动投入 /（亿美元 /a） | 经济效益 /（亿美元 /a） | 能源节约 /（万 t 标准煤 /a） | 碳减排 /（万 t $CO_2$/a） |
|---|---|---|---|---|---|---|
| 投资初期 | 最好 | 0.27 | 1.33 | 1.19 | 50 | 135 |
| | 一般 | 0.27 | 1.33 | 0.91 | 36 | 105 |
| | 最差 | 0.27 | 1.33 | 0.64 | 25 | 75 |
| 投资后期 | 最好 | 0.05 | 1.59 | 1.42 | 56 | 162 |
| | 一般 | 0.05 | 1.59 | 1.09 | 45 | 125 |
| | 最差 | 0.05 | 1.59 | 0.77 | 30 | 87 |

在 "一带一路" 沿线国家实施绿色供应链管理预计产生较高经济效益和环境效益的国家大部分处于亚洲地区，主要是由于我国对外直接投资流量大多分布于亚洲地区，这些投资流量约占总投资流量的 69.5%。2017 年，我国对亚洲地区的投资流量约为 1 100.4 亿美元，其中流向东盟 10 国的投资为 141.2 亿美元，同比增长 37.4%，占对亚洲投资的 12.8%。其中，我国对东盟制造业的直接投资占比为 17.5%。

结合《2017 年度中国对外直接投资统计公报》中中国对 "一带一路" 各国投资流量数据以及投资效用系数、对 "一带一路" 国家制造型企业实施绿色供应链管理的投资成本、拉动当地供应商配套投资额，推算得出，在一般情形下，中国制造型企业连续十年在 "一带一路" 共建国家实施绿色供应链管理预计平均每年节约能源约 60 万 t 标准煤，每年减少 $CO_2$ 排放约 175 万 t，相当于每年减少约 37 万辆乘用车排放的温室气体。因此，投资实施绿色供应链管理项目累积产生的环境效益巨大。

实施绿色供应链管理项目不仅为企业节约运营所需的能源资源成本，带动企业寻求绿色能源转型、建立绿色采购体系、使生产方式得到绿色升级，从而带来可观的经济效益，同时也是企业应对共建全球人类命运共同体、共同治理全球生态环境污染以及合力应对气候变化等问题的积极表现，充分体现了企业的社会责任担当。实施绿色供应链管理将可持续发展理念融入企业战略及风险管控体系，并能为企业合理规避商业风险、政治风险、社会风险和环境风险，建立企业可持续品牌形象，从而使企业赢得广大消费者的认可，推动形成绿色消费市场，实现商业与环保共赢的企业可持续发展态势。

## 五、多措并举，打造"一带一路"地区绿色供应链

### （一）建设相关政策标准体系

研究出台推动绿色供应链管理的财税、资金、土地、技术等方面的相关配套政策，制定绿色供应链绩效认证标准，鼓励引导企业进行绿色认证，实施绿色供应链管理。探索建立"一带一路"地区的统一编码标准体系，以实现供应链中产品跨供应链、跨行业、跨部门、跨国界的信息高效流通。对于与沿线合作项目较多的国家，可联合编制相关的绿色采购标准或绿色供应链管理规范，并在此基础上签订并落实绿色供应链管理倡议或者合作框架。

### （二）构建绩效评价指标体系

借鉴国际公认的评价体系方法，研究制定绿色供应链管理效果评价体系以及管理追溯体系，将上游供应商的绿色化程度纳入评价指标构建序列，尽可能减少因评价体系差异所带来的执行障碍。对"一带一路"建设中的各重点行业，试点开展绿色供应链管理环境效益及温室气体减排效果评估，以促进绿色供应链评估价值互认互联互通。

### （三）建立环境信息公开机制

推进"一带一路"各国环境标准体系有效衔接，完善企业环境信息公开制度，推动企业公开在经营过程中的排放数据信息及所采取的节能减排措施，加强"一带一路"共建国家对企业的环境社会责任约束。建立并完善龙头企业及其供应商的数据管理体系，在实施绿色供应链管理的前、中、后各个阶段，均做好数据监测与效果评估，提升上下游企业供应链信息透明度与信任度。通过信息共享，共建并完善全球供应链信息网络，从而更精准地优化供应链管理。

### （四）搭建绿色供应链管理服务平台

选取中国对外投资比重较大、产业链条长、环境影响大的重点行业，搭建绿色供应链管理信息咨询服务共享平台，比如建立汽车自生产、报废、回收、处置的信息跟踪数据平台等。并与现有"一带一路"生态环保大数据服务平台、"一带一路"绿色供应链合作平台相融合，建立绿色供应链管理服务平台，形成绿色供应链环境

与社会信息数据库，为"一带一路"沿线投资人、贷款人、融资人、业主等利益相关方提供信息服务，降低信息不对称带来的多重风险。

（五）健全绿色金融机制

发挥金融机构对绿色供应链的引导作用，引导各方资金投入绿色"一带一路"建设中，探索设立绿色供应链发展基金，为鼓励企业改善环境表现提供有力的资金保障。引导和鼓励金融机构建立绿色投融资机制。对于积极实施供应链绿色化改造（如加大绿色生产技术投入、积极转变生产方式）的企业，可以适当放宽绿色信贷条件，对其在融资额度和贷款利率方面给予优惠，促进资金投向的绿色化。

# 我国环境产品市场及贸易竞争力

## ——与"一带一路"共建国家的对比分析

谢园园　卢雪云

21 世纪以来，国际上对可持续发展和绿色发展的关注度逐渐提升，各国抓紧时机对本国的贸易结构进行升级，将贸易可持续和绿色发展结合在一起（Wan et al.，2018；Costantini et al.，2012）。随着各国环境政策的出台和对贸易自由化的关注，环保产业和环境产品呈现出火热的发展态势（Costantini et al.，2008；冯楠等，2015），世界环境产品进出口贸易的市场规模不断扩大。国际贸易中心统计数据显示，2018 年，世界环境产品出口额扩大到 5 299.32 亿美元，且长期以来环境产品贸易的增长速度较全部货物贸易的增长速度更快（温珺等，2017）。虽然发达国家和发展中国家的环境产品出口份额都在增加，但环境产品在发展中国家的份额要比在发达国家的份额低（Cantore et al.，2018）。

在当前我国与"一带一路"共建国家互联互通、基础设施建设广泛合作的背景下，生态环境国际合作是"一带一路"建设中优先要考虑的重要任务之一，环保设备制造、污染防治工程等的发展前景广阔，节能减排需求不断加大。因此，建设绿色"一带一路"中，环境产品贸易是关键切入点之一（胡涛等，2017）。研究发现，我国环境产品出口额中可再生能源设备所占比重最高，其出口额达到环境产品总出口额的 65% 以上。对我国与新加坡、印度等 7 个环境产品贸易相对活跃的"一带一路"国家进行竞争力分析，发现我国环境产品的进出口贸易规模在其中遥遥领先，但仅在可再生能源设备领域具有一定的竞争优势，而在其他类型环境产品领域处于劣势，因此我国环境产品的竞争力仍存在较大的提升空间。本文提出重视"一带一路"共建国家的环境产品需求、调整环境产品贸易结构、畅通"一带一路"国家环境产品的贸易渠道、提高环境产品技术水平的建议，有助于支撑"一带一路"共建国家对环境产品的贸易需求。

## 一、环境产品的内涵

环境产品的定义中采用较多的是经济合作与发展组织（OECD）、亚太经济合作组织（APEC）及联合国贸易和发展会议（UNCTAD）的界定。OECD 将环境产品定义为"可以检测、预防、控制、降低或者消灭对水、空气、土地、噪声以及生态系统造成的环境危害的相关产品"（OECD/Eurostat，1999）；APEC 将环境产品定义为"以根治、减轻和预防环境问题为目的的相关产品"；UNCTAD 进一步将环境产品定义为"在其生命周期的某个环节（生产、加工、使用及处理）中对环境产生的危害低于其可替代产品，对环境保护有明显贡献作用的产品"。OECD 和 APEC 对环境产品的定义更倾向于末端控制的狭义范畴，UNCTAD 则从全生命周期的角度对环境产品的定义进行了扩展（International Trade Centre，2014）。

OECD 和 APEC 分别制定了环境产品清单，将环境产品具体化为若干种产品税号。APEC 按照环境产品的具体用途，将环境产品分为可再生能源设备，环境监测、分析与评价设备，环境保护型产品和环境友好型产品四类（Vossenaar，2013），包括 54 种 6 位国际 HS 编码的产品。这种分类是当前国际上认可程度最高的。本文基于 APEC 界定的 54 种环境产品进行数据统计和分析。

## 二、我国环境产品出口贸易的基本状况

2013 年以来，我国环境产品出口规模均在 800 亿美元以上，环境产品出口额占货物出口总额的比重为 3.4%～3.9%。2015 年达到了最高峰，环境产品出口额高达 892 亿美元。2013—2015 年，环境产品出口额稳定增长；2016—2018 年，环境产品出口额较前期有较大幅度回落，虽然呈逐年稳定增长趋势，但在货物出口总额中的占比逐渐下降（如图 1 所示）。

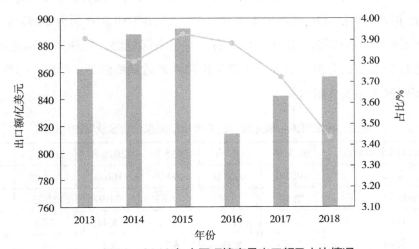

图 1　2013—2018 年中国环境产品出口额及占比情况

数据来源：联合国商品贸易统计数据库（UN Comtrade）。

从我国各类环境产品的出口规模来看,可再生能源设备所占比重最高,其出口额达到环境产品总出口额的 65% 以上,但近几年出口额不断降低;环境监测、分析与评价设备和环境保护型产品的出口额和占比呈逐渐增加趋势,各自所占比重基本在 10% 以上;环境友好型产品的出口额很小,仅占 0.1% 左右(如表 1 所示)。

由此可见,我国环境产品的总体规模和产品结构变动不大。虽然近年来可再生能源设备的出口额和所占比重呈逐渐下降的趋势,但仍呈现可再生能源设备"一家独大"的情况。环境保护型产品和环境监测、分析与评价设备在环境产品中的比重略有增加。

表 1　2013—2018 年中国环境产品出口结构情况

| 年份 | 可再生能源设备 | | 环境监测、分析与评价设备 | | 环境保护型产品 | | 环境友好型产品 | |
|---|---|---|---|---|---|---|---|---|
| | 出口额 / 亿美元 | 比例 /% | 出口额 / 亿美元 | 比例 /% | 出口额 / 亿美元 | 比例 /% | 出口额 / 亿美元 | 比例 /% |
| 2013 | 668.26 | 77.48 | 79.19 | 9.18 | 113.87 | 13.20 | 1.22 | 0.14 |
| 2014 | 654.58 | 73.71 | 92.74 | 10.44 | 139.38 | 15.69 | 1.39 | 0.16 |
| 2015 | 655.55 | 73.47 | 93.66 | 10.50 | 141.98 | 15.91 | 1.12 | 0.13 |
| 2016 | 562.68 | 69.10 | 95.96 | 11.78 | 154.61 | 18.99 | 1.09 | 0.13 |
| 2017 | 549.96 | 65.29 | 111.68 | 13.26 | 180.03 | 21.37 | 0.69 | 0.08 |
| 2018 | 557.75 | 65.11 | 118.88 | 13.88 | 179.59 | 20.97 | 0.37 | 0.04 |

数据来源:联合国商品贸易统计数据库(UN Comtrade)。

近年来,我国可再生能源设备出口份额中最高的是中国香港、日本、美国、韩国等。上述国家和地区的可再生能源设备市场占比年均值分别为 24.42%、8.54%、7.64% 和 6.45%,总市场占比为 50% 左右,并呈下降趋势。其他国家和地区市场占比小,市场分布比较分散,市场占比增长比较明显的是墨西哥、印度、印度尼西亚、菲律宾等国家(如表 2 所示)。

表 2　我国可再生能源设备的主要出口国家和地区及其市场份额　　　单位:%

| 主要出口国家和地区 | 2013 年 | 2014 年 | 2015 年 | 2016 年 | 2017 年 | 2018 年 |
|---|---|---|---|---|---|---|
| 全球 | 100.00 | 100.00 | 100.00 | 100.00 | 100.00 | 100.00 |
| 中国香港 | 32.50 | 25.46 | 26.83 | 21.97 | 21.35 | 18.46 |
| 日本 | 8.18 | 11.38 | 9.31 | 8.41 | 7.24 | 6.72 |
| 美国 | 7.17 | 8.49 | 8.71 | 9.37 | 6.83 | 5.32 |
| 韩国 | 6.19 | 6.79 | 6.93 | 6.38 | 6.41 | 6.02 |

| 主要出口国家和地区 | 2013 年 | 2014 年 | 2015 年 | 2016 年 | 2017 年 | 2018 年 |
|---|---|---|---|---|---|---|
| 墨西哥 | 4.65 | 4.98 | 4.86 | 6.57 | 7.36 | 8.62 |
| 马来西亚 | 3.41 | 3.24 | 2.33 | 2.08 | 2.54 | 2.24 |
| 印度 | 3.18 | 3.01 | 4.04 | 7.15 | 8.52 | 6.18 |
| 荷兰 | 2.83 | 2.00 | 1.69 | 1.35 | 0.88 | 1.15 |
| 巴西 | 2.72 | 2.24 | 1.86 | 2.02 | 2.67 | 2.90 |
| 越南 | 2.57 | 4.18 | 3.33 | 3.37 | 3.33 | 3.98 |
| 德国 | 2.20 | 1.74 | 2.32 | 2.65 | 2.88 | 3.21 |
| 泰国 | 2.16 | 3.02 | 2.98 | 2.50 | 2.17 | 2.13 |
| 土耳其 | 2.03 | 1.50 | 1.84 | 1.56 | 1.45 | 2.11 |
| 波兰 | 1.52 | 1.08 | 1.49 | 1.64 | 1.40 | 0.94 |
| 印度尼西亚 | 1.47 | 1.93 | 2.18 | 2.84 | 3.25 | 2.92 |
| 斯洛伐克 | 1.43 | 1.33 | 1.13 | 1.00 | 1.29 | 2.24 |
| 南非 | 1.41 | 1.15 | 1.49 | 2.10 | 2.03 | 1.12 |
| 澳大利亚 | 1.17 | 0.50 | 0.38 | 0.58 | 0.30 | 0.28 |
| 菲律宾 | 1.02 | 0.97 | 1.14 | 1.26 | 1.67 | 3.30 |
| 巴基斯坦 | 0.42 | 0.87 | 1.20 | 0.72 | 0.66 | 0.59 |
| 匈牙利 | 0.32 | 0.51 | 1.17 | 1.84 | 1.97 | 1.35 |

近年来，我国环境监测、分析与评价设备出口国家和地区主要为美国、中国香港、日本、德国、韩国等。其他国家和地区市场占比小，市场分布比较分散，且市场份额变动较小（如表 3 所示）。

表 3　我国环境监测、分析与评价设备的主要出口国家和地区及其市场份额　　单位：%

| 出口国家和地区 | 2013 年 | 2014 年 | 2015 年 | 2016 年 | 2017 年 | 2018 年 |
|---|---|---|---|---|---|---|
| 全球 | 100.00 | 100.00 | 100.00 | 100.00 | 100.00 | 100.00 |
| 美国 | 21.08 | 20.36 | 20.77 | 20.21 | 19.47 | 20.42 |
| 中国香港 | 11.37 | 13.21 | 12.88 | 13.51 | 15.77 | 14.20 |
| 日本 | 11.70 | 11.34 | 10.34 | 10.08 | 9.54 | 8.66 |
| 德国 | 5.71 | 6.43 | 7.06 | 6.52 | 6.13 | 7.03 |
| 韩国 | 4.92 | 4.35 | 4.55 | 4.67 | 4.25 | 4.49 |
| 荷兰 | 2.77 | 2.73 | 3.17 | 3.21 | 2.25 | 2.50 |
| 印度 | 2.77 | 2.41 | 2.45 | 2.73 | 2.94 | 3.39 |

| 出口国家和地区 | 2013 年 | 2014 年 | 2015 年 | 2016 年 | 2017 年 | 2018 年 |
|---|---|---|---|---|---|---|
| 新加坡 | 2.45 | 2.12 | 3.14 | 2.65 | 2.60 | 2.84 |
| 泰国 | 2.18 | 1.79 | 2.08 | 2.00 | 3.99 | 2.66 |
| 英国 | 2.21 | 2.26 | 2.14 | 2.20 | 2.08 | 2.01 |
| 马来西亚 | 1.63 | 1.45 | 1.44 | 1.44 | 1.51 | 1.43 |
| 俄罗斯 | 1.60 | 1.37 | 1.17 | 1.81 | 1.32 | 1.45 |
| 加拿大 | 1.66 | 1.37 | 1.51 | 1.48 | 1.13 | 1.17 |
| 伊朗 | 1.70 | 1.77 | 1.37 | 1.23 | 0.97 | 0.73 |
| 越南 | 0.82 | 1.55 | 1.08 | 1.14 | 2.14 | 1.56 |
| 巴西 | 1.34 | 1.27 | 1.22 | 1.04 | 1.23 | 1.39 |
| 意大利 | 1.18 | 1.18 | 1.11 | 1.25 | 1.13 | 0.99 |
| 比利时 | 1.20 | 1.06 | 1.56 | 1.00 | 0.94 | 1.08 |
| 印度尼西亚 | 1.37 | 0.99 | 1.03 | 0.98 | 0.82 | 0.94 |
| 波兰 | 0.81 | 0.84 | 0.98 | 1.20 | 1.15 | 1.27 |

　　我国环境保护型产品出口国家和地区主要为美国、中国香港、日本和俄罗斯等。同时，可以发现，在环境保护型产品的主要市场中，越南、印度尼西亚、印度和马来西亚等发展中国家及新兴经济体的市场相对较大（如表 4 所示）。

表 4　我国环境保护型产品的主要出口国家和地区及其市场份额　　　　　单位：%

| 出口国家和地区 | 2013 年 | 2014 年 | 2015 年 | 2016 年 | 2017 年 | 2018 年 |
|---|---|---|---|---|---|---|
| 全球 | 100.00 | 100.00 | 100.00 | 100.00 | 100.00 | 100.00 |
| 美国 | 11.87 | 11.73 | 12.90 | 13.06 | 15.68 | 18.44 |
| 中国香港 | 8.32 | 9.58 | 8.82 | 8.09 | 8.86 | 8.16 |
| 日本 | 8.10 | 8.19 | 7.42 | 7.88 | 8.73 | 8.60 |
| 俄罗斯 | 2.75 | 2.48 | 1.83 | 11.62 | 7.30 | 2.02 |
| 越南 | 4.76 | 4.93 | 4.98 | 4.82 | 4.20 | 4.40 |
| 印度尼西亚 | 4.82 | 5.53 | 5.33 | 4.72 | 2.96 | 4.51 |
| 印度 | 5.85 | 4.37 | 3.87 | 3.74 | 3.71 | 3.88 |
| 韩国 | 2.98 | 2.61 | 2.66 | 2.84 | 2.96 | 3.94 |
| 马来西亚 | 2.40 | 2.95 | 2.85 | 2.34 | 2.86 | 2.54 |

续表

| 出口国家和地区 | 2013 年 | 2014 年 | 2015 年 | 2016 年 | 2017 年 | 2018 年 |
|---|---|---|---|---|---|---|
| 德国 | 2.26 | 2.44 | 2.60 | 2.50 | 2.61 | 2.60 |
| 澳大利亚 | 2.29 | 2.52 | 4.54 | 1.42 | 1.60 | 1.53 |
| 泰国 | 2.23 | 2.63 | 2.15 | 2.24 | 2.07 | 1.87 |
| 伊朗 | 1.72 | 2.47 | 2.49 | 1.51 | 2.34 | 2.27 |
| 土耳其 | 3.34 | 1.21 | 2.02 | 2.29 | 1.04 | 0.79 |
| 新加坡 | 1.24 | 1.40 | 1.57 | 1.34 | 1.42 | 1.77 |
| 巴基斯坦 | 0.60 | 0.66 | 1.18 | 2.18 | 2.23 | 1.24 |
| 沙特阿拉伯 | 1.73 | 1.45 | 1.59 | 0.97 | 1.04 | 0.48 |
| 巴西 | 2.30 | 1.54 | 1.17 | 0.76 | 0.94 | 0.91 |
| 意大利 | 1.25 | 1.20 | 1.20 | 1.19 | 1.14 | 1.09 |
| 菲律宾 | 1.03 | 1.32 | 1.09 | 0.97 | 1.10 | 1.07 |
| 墨西哥 | 1.10 | 0.73 | 1.02 | 0.85 | 0.84 | 1.59 |

我国环境友好型产品出口国家和地区主要为美国，近年来我国向美国出口环境友好型产品的贸易额占比的年均值高达 70%。其他国家和地区市场占比很小，市场分布分散（如表 5 所示）。

表 5  我国环境友好型产品的主要出口国家和地区及其市场份额  单位：%

| 出口国家和地区 | 2013 年 | 2014 年 | 2015 年 | 2016 年 | 2017 年 | 2018 年 |
|---|---|---|---|---|---|---|
| 全球 | 100.00 | 100.00 | 100.00 | 100.00 | 100.00 | 100.00 |
| 美国 | 73.09 | 67.73 | 61.71 | 81.06 | 75.96 | 57.33 |
| 澳大利亚 | 3.60 | 3.92 | 6.08 | 4.10 | 4.35 | 0.95 |
| 荷兰 | 3.08 | 2.13 | 2.44 | 2.24 | 2.35 | 4.26 |
| 加拿大 | 3.05 | 2.80 | 4.42 | 0.12 | 0.15 | 1.69 |
| 朝鲜 | 1.28 | 1.29 | 0.89 | 0.53 | 3.28 | 5.20 |
| 波兰 | 1.73 | 2.16 | 1.08 | 0.82 | 0.20 | 0.91 |
| 德国 | 1.38 | 0.79 | 1.04 | 0.99 | 0.55 | 0.28 |
| 中国澳门 | 0.41 | 0.50 | 2.01 | 0.84 | 0.20 | 0.58 |
| 意大利 | 0.50 | 0.45 | 1.02 | 0.75 | 0.82 | 0.07 |
| 俄罗斯 | 0.99 | 1.37 | 0.62 | 0.24 | 0.17 | 0.25 |

续表

| 出口国家和地区 | 2013 年 | 2014 年 | 2015 年 | 2016 年 | 2017 年 | 2018 年 |
|---|---|---|---|---|---|---|
| 伊朗 | 0.33 | 1.59 | 0.85 | 0.20 | 0.21 | 0.16 |
| 比利时 | 1.09 | 0.71 | 0.70 | 0.32 | 0.25 | 0.60 |
| 墨西哥 | 1.19 | 0.91 | 0.64 | 0.04 | 0.11 | 1.79 |
| 马来西亚 | 0.36 | 0.69 | 0.44 | 0.06 | 1.09 | 0.92 |
| 印度 | 0.31 | 0.58 | 0.69 | 0.37 | 0.67 | 0.38 |
| 格鲁吉亚 | 0.40 | 0.22 | 0.94 | 0.11 | 0.04 | 0.18 |
| 日本 | 0.33 | 0.25 | 0.29 | 0.34 | 0.47 | 0.43 |
| 韩国 | 0.31 | 0.41 | 0.35 | 0.32 | 0.27 | 0.60 |
| 秘鲁 | 0.46 | 0.30 | 0.36 | 0.15 | 0.37 | 1.97 |
| 菲律宾 | 0.33 | 0.28 | 0.28 | 0.19 | 0.45 | 1.48 |

## 三、环境产品贸易竞争力对比分析

为反映近年来"一带一路"共建国家环境产品贸易的竞争力变化状况，在 APEC 环境产品清单的基础上，选取显示性比较优势指数（RCA 指数）、贸易竞争力指数（TC 指数）和国际市场占有率指数（IMR 指数）等 3 种有代表性的衡量指标（方法见附件），并选取新加坡、俄罗斯、印度、哈萨克斯坦、泰国、印度尼西亚等环境产品贸易相对活跃的国家，与我国进行相关分析对比。

### （一）我国环境产品贸易竞争力分析

随着国际环境产品市场规模不断扩张，我国环境产品的进出口贸易也进一步发展，贸易规模不断扩大。2002 年，我国环境产品出口额仅有 35.42 亿美元，2018 年则达到 856.60 亿美元，增长了 23 倍；我国环境产品出口规模的扩大速度远比货物出口的增速快得多。

2013—2018 年，就我国四类环境产品的环境竞争力而言，仅环境友好型产品的竞争力表现出了较为明显的下降趋势，其他三类环境产品的市场份额和贸易竞争力基本保持稳定，总体呈上升趋势，不同类型环境产品的竞争力差异较大（如图 2 所示）。其中，可再生能源设备的 RCA 指数大于 1.25，远高于其他三类环境产品，竞争优势较强；且可再生能源设备的 IMR 指数大于 0.2，可再生能源设备的国际市场份额比其他三类环境产品大。环境监测、分析与评价设备和环境保护型产品的 RCA

指数大多小于 0.8, TC 指数为负, 环境监测、分析与评价设备和环境保护型产品分别呈现出较大竞争劣势、微弱竞争劣势。环境友好型产品不具备竞争优势, 且变动较大, 贸易竞争力呈下降趋势。因此, 我国仅在可再生能源设备领域具有一定的竞争优势, 但在其他类型环境产品领域处于劣势, 我国环境产品仍存在较大的提升空间。

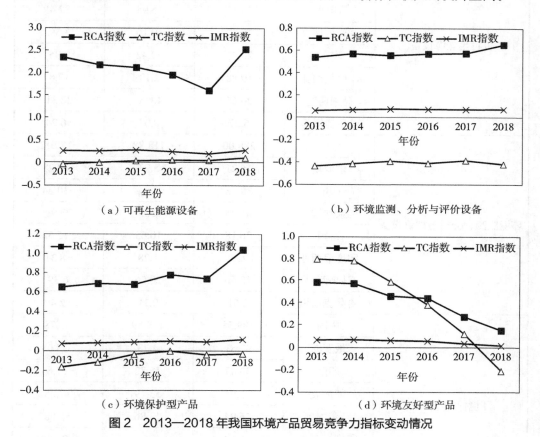

（a）可再生能源设备　　　　　　（b）环境监测、分析与评价设备

（c）环境保护型产品　　　　　　　（d）环境友好型产品

图 2　2013—2018 年我国环境产品贸易竞争力指标变动情况

（二）与 "一带一路" 共建国家环境产品贸易竞争力的对比

"一带一路" 国家中, 我国环境产品的贸易额最大, 远远超过其他国家的贸易额。2018 年, 在可再生能源设备领域, 我国和新加坡、泰国、马来西亚均呈现出贸易顺差, 和俄罗斯、印度等国家呈现出较大的贸易逆差; 在环境监测、分析与评价设备领域, 仅有新加坡、马来西亚净出口额为正; 在环境保护型产品领域, 仅有新加坡净出口额为正, 其他国家的进口额大于出口额, 说明 "一带一路" 共建国家对该类设备的需求较大; 环境友好型产品在四类环境产品中的份额最小, "一带一路" 共建国家间差异较大, 多数国家表现为贸易逆差（如表 6 所示）。

表6 2018年我国与部分"一带一路"共建国家环境产品贸易额　　单位：亿美元

| 环境产品类型 | 国家 | 进口额 | 出口额 | 净出口额 |
|---|---|---|---|---|
| 可再生能源设备 | 中国 | 438.70 | 557.75 | 119.05 |
| | 俄罗斯 | 17.52 | 5.98 | −11.54 |
| | 印度 | 48.42 | 15.94 | −32.49 |
| | 新加坡 | 36.57 | 40.16 | 3.59 |
| | 泰国 | 26.57 | 29.42 | 2.85 |
| | 印度尼西亚 | 19.98 | 2.13 | −17.84 |
| | 马来西亚 | 26.65 | 48.96 | 22.31 |
| | 哈萨克斯坦 | 6.27 | 0.03 | −6.24 |
| 环境监测、分析与评价设备 | 中国 | 289.00 | 118.88 | −170.12 |
| | 俄罗斯 | 16.21 | 5.93 | −10.28 |
| | 印度 | 38.88 | 8.64 | −30.24 |
| | 新加坡 | 41.25 | 65.24 | 23.99 |
| | 泰国 | 26.18 | 10.65 | −15.52 |
| | 印度尼西亚 | 9.59 | 1.28 | −8.31 |
| | 马来西亚 | 13.66 | 20.06 | 6.39 |
| | 哈萨克斯坦 | 2.61 | 0.11 | −2.49 |
| 环境保护型产品 | 中国 | 189.38 | 179.59 | −9.78 |
| | 俄罗斯 | 42.81 | 4.73 | −38.08 |
| | 印度 | 33.47 | 15.82 | −17.65 |
| | 新加坡 | 35.94 | 53.19 | 17.25 |
| | 泰国 | 16.94 | 13.86 | −3.08 |
| | 印度尼西亚 | 26.52 | 1.63 | −24.88 |
| | 马来西亚 | 24.54 | 17.58 | −6.96 |
| | 哈萨克斯坦 | 4.63 | 0.16 | −4.47 |
| 环境友好型产品 | 中国 | 0.57 | 0.38 | −0.20 |
| | 俄罗斯 | 0.41 | 0.14 | −0.27 |
| | 印度 | 0.05 | 0.000 3 | −0.05 |
| | 新加坡 | 0.01 | 0.000 4 | −0.01 |
| | 泰国 | 0.025 | 0.013 | −0.012 |
| | 印度尼西亚 | 0.007 | 0.850 | 0.843 |
| | 马来西亚 | 0.015 | 0.040 5 | 0.025 7 |
| | 哈萨克斯坦 | 0.047 | 0.000 4 | −0.046 5 |

　　"一带一路"国家的环境产品贸易竞争力水平差距较大，竞争力整体偏弱。在可再生能源设备领域，我国贸易竞争力较强，市场占有率达到了 20%，远远高于其他"一带一路"国家，其他"一带一路"国家基本不具备贸易竞争优势；在环境监测、分析与评价设备和环境保护型产品领域，新加坡贸易竞争力较强，贸易额相对较低，而我国市场份额比新加坡高，但存在贸易竞争劣势，其他"一带一路"国家也存在较为明显的贸易竞争劣势；在环境友好型产品领域，印度尼西亚具有极强的竞争优势，所占国际市场份额也遥遥领先，其他"一带一路"国家不具备贸易竞争优势或存在竞争劣势（如表 7 所示）。

表 7　2018 年我国与部分"一带一路"共建国家环境产品贸易竞争力

| 环境产品类型 | 国家 | RCA 指数 | TC 指数 | IMR 指数 |
|---|---|---|---|---|
| 可再生能源设备 | 中国 | 2.534 | 0.119 | 0.287 |
| | 俄罗斯 | 0.708 | 0.491 | 0.009 |
| | 印度 | 0.925 | 0.505 | 0.025 |
| | 新加坡 | 0.958 | −0.047 | 0.019 |
| | 泰国 | 1.034 | −0.051 | 0.014 |
| | 印度尼西亚 | 1.027 | 0.807 | 0.010 |
| | 马来西亚 | 1.189 | −0.295 | 0.014 |
| | 哈萨克斯坦 | 1.808 | 0.989 | 0.003 |
| 环境监测、分析与评价设备 | 中国 | 0.656 | −0.417 | 0.074 |
| | 俄罗斯 | 0.291 | −0.464 | 0.004 |
| | 印度 | 0.200 | −0.636 | 0.005 |
| | 新加坡 | 2.074 | 0.225 | 0.041 |
| | 泰国 | 0.504 | −0.421 | 0.007 |
| | 印度尼西亚 | 0.080 | −0.764 | 0.001 |
| | 马来西亚 | 1.087 | 0.190 | 0.013 |
| | 哈萨克斯坦 | 0.039 | −0.918 | 0.000 |
| 环境保护型产品 | 中国 | 1.041 | −0.027 | 0.118 |
| | 俄罗斯 | 0.244 | −0.801 | 0.003 |
| | 印度 | 0.386 | −0.358 | 0.010 |
| | 新加坡 | 1.777 | 0.194 | 0.035 |
| | 泰国 | 0.689 | −0.100 | 0.009 |
| | 印度尼西亚 | 0.107 | −0.884 | 0.001 |
| | 马来西亚 | 1.001 | −0.165 | 0.012 |
| | 哈萨克斯坦 | 0.060 | −0.932 | 0.000 |

续表

| 环境产品类型 | 国家 | RCA 指数 | TC 指数 | IMR 指数 |
|---|---|---|---|---|
| 环境友好型产品 | 中国 | 0.151 | −0.210 | 0.017 |
| | 俄罗斯 | 0.512 | −0.484 | 0.007 |
| | 印度 | 0.000 | −0.990 | 0.000 |
| | 新加坡 | 0.001 | −0.926 | 0.000 |
| | 泰国 | 0.046 | −0.305 | 0.001 |
| | 印度尼西亚 | 3.875 | 0.984 | 0.039 |
| | 马来西亚 | 0.160 | 0.465 | 0.002 |
| | 哈萨克斯坦 | 0.010 | −0.984 | 0.000 |

## 四、我国环境产品贸易政策建议

我国环境产品的出口规模不断扩张，但竞争力发展相对滞后。与"一带一路"共建国家相比，四类环境产品中仅可再生能源设备的贸易竞争力较强，其他类型环境产品的贸易竞争力尚有待提高。为满足"一带一路"共建国家环境产品的贸易需求，并提高我国环境产品的贸易竞争力，提出以下建议。

（一）重视"一带一路"共建国家的环境产品需求

"一带一路"共建国家中，大多数国家环境产品的进口额大于出口额，环境产品需求较大。当前，我国在可再生能源设备领域的贸易额大、贸易竞争力强，产品优势明显，且"一带一路"共建国家中印度、俄罗斯、印度尼西亚等国家需求量大，因此可将此类环境产品作为绿色"一带一路"建设的重要抓手。尤其是在推进绿色"一带一路"建设过程中，关注各"一带一路"共建国家对环境产品的需求状况，将我国高性能、低成本的可再生能源设备等环境产品与"一带一路"共建国家共享，使这些环境产品在"一带一路"共建国家产能合作过程中发挥污染防治作用。

（二）调整环境产品贸易结构

可再生能源设备贸易在我国环境产品贸易中"一家独大"，环境监测、分析与评价设备和环境保护型产品的贸易规模与贸易竞争力与可再生能源设备相比存在较大差距，而"一带一路"共建国家对环境监测、分析与评价设备和环境保护型产品的需求量较大。在此背景下，我国应根据市场需求，调整环境产品贸易结构，将环境监测、分析与评价设备和环境保护型产品推向"一带一路"共建国家市场。

（三）畅通 "一带一路" 国家环境产品的贸易渠道

"一带一路" 共建国家的政治、经济、文化背景差异大，产品标准、贸易自由化程度不一，给环境产品贸易带来一定阻力。为满足 "一带一路" 共建国家对环境产品的贸易需求，我国与 "一带一路" 共建国家可以共同制定环境产品贸易的指导意见，积极参与环境产品清单的制定，完善环境产品及相关环境服务等标准，积极参与国际标准制定，强化产品的标准互认、区域标准共建，支撑 "一带一路" 共建国家对环境产品的贸易需求。

（四）提高环境产品的技术水平

环境产品贸易需要环保技术与产品制造的共同支撑，同时贸易竞争力的大小取决于产品的技术水平和创新能力。目前，我国与 "一带一路" 共建国家环境产品的贸易竞争力整体偏弱，在一些高端环境产品技术方面有待突破（赵跃等，2015）。因此，为提高环境产品的贸易竞争力，应当注重对环境产品的创新，尽可能地提高环境产品的技术含量，从而在国际竞争中尽可能地形成自身的优势。我国在环境监测、分析与评价设备和环境友好型产品领域，贸易额相对较大，但却存在竞争劣势，且 "一带一路" 共建国家需求量大、贸易竞争力弱，因此有必要提高该领域的科技研发和设备研发能力。

# 附 件

**竞争优势理论**

环境产品贸易是国际贸易的组成部分。因此，研究环境产品贸易时离不开国际贸易的相关理论。竞争优势理论是由迈克尔·E. 波特（Michael E.Porter）提出的，其用竞争优势代替比较成本理论中的劳动生产率概念，用动态发展的思维看待国际贸易。竞争优势理论引入了"技术进步"和"创新"两个全新的因素，指出决定一国竞争优势大小的因素实质上是处于动态变化中的，一个国家应该出口其生产率较高的产品，进口其生产率较低的产品，这样可以促进其国际竞争力的提升。同时，对于一个国家来说，生产率较高的产品的出口发展趋势比该国整体出口趋势更具意义，只要其高生产率产品的出口一直以来都在不停地上升之中，便可以带动其生产力的提升。在对贸易优势进行评价的指标中，最常用的有显示性比较优势指数、贸易竞争力指数和国际市场占有率指数等 3 个指标（刘昂，2017；蒋凯，2016；滕圆合，2016）。

**1. 显示性比较优势指数（RCA 指数）**

$$RCA = \frac{X_{i,j} / X_i}{X_{w,j} / X_w} \qquad 式 1$$

式中：$X_{i,j}$——$i$ 国 $j$ 类环境产品的出口额；

$X_i$——$i$ 国总出口额；

$X_{w,j}$——世界 $j$ 类环境产品的出口额；

$X_w$——世界总出口额。

RCA 指数是衡量一国产品或产业在国际市场竞争力时最具说服力的指标，该指数定量地描述相对出口的表现。当 $0 \leqslant RCA < 0.8$ 时，不具备竞争优势；当 $0.8 \leqslant RCA < 1.25$ 时，相对优势不明显；当 $1.25 \leqslant RCA < 2.5$ 时，竞争优势较强；当 $RCA \geqslant 2.5$ 时，竞争优势极强。

**2. 贸易竞争力指数（TC 指数）**

$$TC = \frac{X_{i,j} - M_{i,j}}{X_{i,j} + M_{i,j}} \qquad 式 2$$

式中：$X_{i,j}$——$i$ 国 $j$ 类环境产品的出口额；

$M_{i,j}$——$i$ 国 $j$ 类环境产品的进口额。

TC 指数是 $i$ 国 $j$ 类环境产品净出口额占其进出口总额的比重，介于 –1 和 1 之间。TC 指数越接近于 1，表示该环境产品的竞争力越强。当 TC 指数介于 –1～–0.6、–0.6～–0.3、–0.3～0 时，分别表示竞争劣势极大、竞争劣势较大、竞争劣势微弱；当 TC 指数介于 0～0.3、0.3～0.6、0.6～1 时，分别表示竞争优势微弱、竞争优势较强、竞争优势极强。

### 3. 国际市场占有率指数（IMR 指数）

$$IMR = \frac{X_{i,j}}{X_{w,j}} \qquad 式3$$

式中：$X_{i,j}$——$i$ 国 $j$ 类环境产品的出口额；

　　　$X_{w,j}$——世界 $j$ 类环境产品的出口总额。

IMR 指数指 $i$ 国 $j$ 类环境产品的出口额与世界 $j$ 类环境产品出口总额的比值；IMR 指数越大，表明 $i$ 国 $j$ 类环境产品的国际竞争力及国际市场开拓能力越强。

## 参考文献

冯楠，朴英爱，2015.中日韩环境产品的贸易特点分析［J］.现代日本经济，（3）：39-50.

胡涛，姬婧玉，2017.论绿色 "一带一路" 建设中绿色产品的投资与贸易［J］.环境保护，（16）：36-38.

蒋凯，2016.中国环境产品出口竞争力及影响因素研究［D］.南昌：江西财经大学.

刘昂，2017.中国环境产品出口潜力分析［D］.大连：东北财经大学.

滕圆合，2016.中国环境产品贸易国际竞争力研究［D］.青岛：青岛大学.

温珺，尤宏兵，2017.环境产品贸易自由化能改善发展中国家的环境质量吗［J］.国际经贸探索，（12）：22-36.

赵跃，陈虹，2015.中国环保产业国际竞争力实证研究［J］.学术探索，（8）：66-72.

Cantore N，Cheng C F C，2018. International trade of environmental goods in gravity models［J］. Journal of Environmental Management，223：1047-1060.

Costantini V，Crespi F，2008. Environmental regulation and the export dynamics of energy technologies［J］. Ecological Economics，66（2-3）：447-460.

Costantini V，Mazzanti M，2012. On the green and innovative side of trade competitiveness? The impact of environmental policies and innovation on EU exports［J］. Research Policy，41（1）：132-153.

International Trade Centre，2014. Trade in Environmental Goods and Services：Opportunities and Challenges［R］. Geneva：ITC.

OECD/Eurostat，1999. The Environmental Goods and Services Industry：On Data Collection and Analysis［R］. Paris：OECD.

Vossenaar R，2013. The APEC List of Environmental Goods：An Analysis of the Outcome & Expected Impact［R］. Geneva：International Centre for Trade and Sustainable Development.

Wan R, Nakada M, Takarada Y，2018.Trade liberalization in environmental goods［J］. Resource and Energy Economics，51：44-66.

# 推进中亚 "一带一路" 项目绿色发展

田　舫　蓝　艳

中亚国家是共建 "一带一路" 的重要伙伴。自 2013 年以来，中亚各国积极参与 "一带一路" 建设并取得了积极成效。中国和 "一带一路" 倡议将对中亚地区带来长期且深远的影响，这种影响能够改变经济社会模式和环境条件。中亚地区面临巨大的环境压力，面临着应对气候变化、水资源短缺和生物多样性保护等突出问题。中亚国家主要参与泛欧集团及相关多边协议。中国在应对气候变化、生物多样性保护等全球环境问题上的行动，以及治理污染、改善城市空气质量、发展可再生能源和电动汽车等方面的经验，都可以让中亚各国受益。

从中亚国家的角度来看，"一带一路" 倡议能否成功，更多地取决于具体项目能否很好地满足环境安全、透明度和社区参与等方面的要求。在交通领域，"一带一路" 项目填补了中亚国家的许多空白，为当地提供了交通便利；在采矿和农业领域，中国和中亚国家合作潜力巨大。但从 "一带一路" 项目环境管理来看，"一带一路" 建设的快速发展使得可能没有足够的时间对一些项目进行彻底的社会影响和环境影响评估，评估 "一带一路" 项目对中亚地区的环境影响也是一项艰巨的挑战。

## 一、中亚地区面临的主要环境问题

中亚地区是古丝绸之路的必经区域。广阔的草原和沙漠、壮丽的山峰和巨大的冰川是中亚地区的地貌特征。塔吉克斯坦、吉尔吉斯斯坦由于境内的帕米尔高原和天山山脉，其平均海拔达到约 3 000 m，是中亚地区山地最多的国家。中亚地区遍布着世界文化遗产和旅游景点，以及各种不同类型和大小的自然保护区，包括世界自然遗产塔吉克斯坦国家公园、西部天山、哈萨克斯坦北部草原。中亚地区自然资源丰富多样，但中亚地区受到全球环境变化以及人类活动的威胁，面临生态系统破碎、物种消失等生态环境问题。

### （一）气候变化

近年来，中亚地区的地表温度上升了 0.3～1.2℃。气候变化导致中亚南部干旱地区降水减少，南部河流正面临日益严重的水资源短缺问题，而山区降水则有所增加。在塔吉克斯坦和吉尔吉斯斯坦，冰川覆盖的面积比森林还要大，其蕴藏的水资源对农业经济至关重要。自20世纪30年代以来，天山和帕米尔地区的冰川融化了15%～30%，给采矿、道路基础设施以及居民点带来了风险。在可预见的范围内，中亚地区的平均气温到21世纪中叶或21世纪末将上升1～3℃。如果全球温室气体排放增长趋势得不到缓解，中亚地区的平均气温可能还会进一步上升。

（二）水资源

水资源是中亚地区地缘政治上最敏感的话题。乌兹别克斯坦是中亚地区人口最多、农业用水需求最大的国家，但是乌兹别克斯坦和土库曼斯坦处在流域下游地区，90%的水资源来自境外的上游山区，因此这两个国家极易缺水。塔吉克斯坦和吉尔吉斯斯坦处在流域上游，其水电项目和水利管理是过去多年争议不断的话题。到2050年，中亚地区人口预计将增加1800万人，总人口达到9000万人。中国西部地区和阿富汗北部地区的人口可能分别增长800万～1200万人。人口增长的趋势，加上贸易的发展、能源消费和粮食生产的增长以及气候变化的影响，将使水资源的可用性、质量和安全受到挑战。

中国和哈萨克斯坦共享伊犁河和额尔齐斯河，这两条河的流量和水质受两个因素的影响，一是经济项目、城市发展和工业生产的用水需求，二是气候变化对水循环的影响以及极端天气情况。开展水资源可持续利用方面的信息交流将使中哈两国都能受益。

（三）生物多样性

中亚部分地区是全球生物多样性的热点地区。在天山和帕米尔高原，目前共有约150个生物多样性关键区域。此前由于偷猎、过度使用和生态系统的退化，中亚地区许多濒危物种的数量在下降，甚至低于危险水平。近年来，经过努力，生态压力逐渐降低，一些动物的种群数量得以恢复，但中亚地区的生态系统仍然脆弱，生物多样性的威胁仍然存在。近年来，随着贸易和全球化的发展，中亚国家对全球和区域农业市场的参与度以及互联互通程度不断提高，这可能使中亚地区丰富的农业生物多样性更容易受到外来入侵物种、土地利用变化的影响。

在中亚平原地区，新建铁路和高速公路可能成为物种迁徙的障碍。通过建设立交桥、隧道、涵洞来保护动物已成为一项成熟技术，在"一带一路"项目的设计中应重点考虑。在中亚山区，生物多样性极为丰富，这些区域是许多重要物种的家园。

"一带一路"项目在经过这些区域时，应当格外的谨慎小心。通过采用"生物多样性重要区域识别"这一强有力的分析方法，可以为优先敏感区域的保护提供科学判断。

（四）其他环境问题

1. 土地问题

由于中亚地区农业、种植业和畜牧业的过度发展，土地荒漠化成为许多地区面临的风险。值得注意的是，土地问题在中亚地区也十分敏感。哈萨克斯坦在 2016 年的土地立法修订草案中提出考虑向外国投资者长期出租土地，但在发生了一系列抗议后，该草案被搁置。"一带一路"沿线国家涉及许多农产品土地租赁项目，应该选用有经验的管理人员，并提高项目透明度，以最大限度地减少土地利益相关方的不安或恐惧。

2. 遗留矿山问题

历史遗留的废弃矿山、尾矿、工业和农业危废目前仍是整个中亚地区尤其是哈萨克斯坦、吉尔吉斯斯坦和塔吉克斯坦的一个主要环境问题。在"一带一路"矿业项目建设中，需要吸取这些教训，遵循国内和国际环境、健康和安全准则，并考虑联合国环境大会关于矿产资源治理、可持续基础设施和其他的相关决议和政策工具。

3. 空气和水污染问题

工业污染源造成的空气污染和水污染主要发生在一些大城市，包括阿拉木图、比什凯克、杜尚别，道路交通和住宅供暖是目前影响这些城市空气质量的主要因素。

4. 化石能源使用问题

出于能源安全方面的考虑，中亚国家采用了能源多样化的发展思路。就投资和产能规模而言，目前中亚地区"一带一路"能源项目更多倾向于煤炭、石油和天然气，而不是可再生能源。这增加了对气候变化的影响。

5. 自然灾害

中亚地区的许多人口密集区，特别是山区，面临极端天气、洪水、地震和滑坡的威胁。在塔吉克斯坦和吉尔吉斯斯坦，自然灾害造成的年均经济损失均达到其国内生产总值的 1%，最高的时候甚至达到 5%。随着"一带一路"投资项目向山区和人口密集地区扩张，需要仔细衡量灾害风险，提出在环境和技术上均可行的解决方案。

## 二、"一带一路"项目可采用的环境政策工具

在国家法律层面，中亚国家在清洁水、土地利用、污染物排放、废弃物管理等方面均有相关法律，环评报告制度是世界各国的标准程序。在全球和区域环境协定方面，中亚地区所有国家都是《联合国气候变化框架公约》《生物多样性公约》《联合国防治荒漠化公约》以及许多其他环境国际公约的成员国。此外，银行信贷政策、行业标准和企业社会责任也是环境保护的重要推动因素。

中亚地区的环境实践和传统与中国不同，中亚国家大多参与泛欧集团和相关的多边协议，而中国更多地参与亚太集团和南南合作。但最近，中国和中亚地区科学家参与了关键生物多样性区域的联合测绘，并遵循了国际自然保护联盟（IUCN）关于生物多样性关键区域的全球标准，朝着共同保护生物多样性的方向迈出了一步。

（一）环境国际公约

联合国欧洲经济委员会（UNECE）框架下的一系列公约和议定书对加强各方合作、解决"一带一路"项目的环境关切很有帮助，大部分中亚国家都是这些公约和议定书的成员国。

《在环境问题上获得信息、公众参与决策和诉诸法律的公约》（《奥尔胡斯公约》）促进了环境信息共享和透明度，为"一带一路"项目提供了解决具体问题的工具和经验。

《工业事故跨界影响公约》主要是促进工业项目在规划早期的安全，预防可能产生跨界影响的工业事故。对采矿业而言，遵循《工业事故跨界影响公约》中尾矿管理的安全准则和良好做法有助于降低发生尾矿事故的风险。

《跨界环境影响评价公约》（《埃斯波公约》）为规划阶段就可能产生重大跨国界环境影响的项目提供了咨询机制，《战略环境评估议定书》则进一步加强了《埃斯波公约》，确保各缔约方在最早阶段将环境评估纳入其计划和方案。

《长程跨界空气污染公约》对减少排放、评估项目对健康和生态系统的影响等具体措施做出了规定。

《跨界水道和国际湖泊的保护和利用公约》（《水公约》）旨在确保可持续地利用跨界水资源。《水公约》多年来一直在中亚地区发挥积极作用，支持了一系列国家和区域水对话、磋商、水文水质监测改进以及气候变化适应措施。

除了泛欧洲的公约和惯例之外，中亚地区还有若干区域合作协定，比如《保护

里海海洋环境框架公约》，里海周边国家都加入了该公约。目前正在讨论一项关于中亚地区环境和可持续发展的框架公约，以及新的区域环境行动计划。

（二）环境保护合作机制

中亚地区最高级别的水和环境合作组织是国际拯救咸海基金会，该基金会由各国元首指导，以应对咸海盆地的环境和社会经济挑战。其他重要的合作机制包括联合国于 2018 年成立的咸海地区多合作伙伴人类安全信托基金和世界银行发起的"中亚气候缓解和适应方案"。

中国成立了中国—上海合作组织环境保护合作中心，与中亚各国开展环境领域的密切合作。中国科学院新疆生态与地理研究所在乌鲁木齐成立了中亚生态与环境研究中心，并与中亚各地的学术机构签订了合作协议。

联合国欧洲经济委员会、联合国开发计划署（UNDP）以及中亚国家共同创建了中亚地区环境中心（Central Asian Regional Environmental Center，CAREC），该中心总部设在阿拉木图，并在中亚各国设有办公室。CAREC 负责管理有关水、能源和气候的项目，并与学生、非政府组织、专家、决策者和议员等广泛的利益相关方进行接触。

虽然区域和国家环境机构已经建立，但中亚地区在环境管理、科学和教育方面的支出不足，尤其是在 GDP 较低的国家，环境研究和监测方面缺少专家、技术和信息交流。"一带一路"建设将有助于缩小这些差距。第二届"一带一路"国际合作高峰论坛宣布中国的绿色丝路使者计划将为"一带一路"共建国家培训环保官员、研究人员和青年。

## 三、"一带一路"项目在中亚的前景和挑战

有关数据显示，在中亚地区与阿塞拜疆，共有 100 余个"一带一路"相关项目，这些项目不仅包括铁路、公路建设项目，还包括发电厂、炼油厂和矿区等基础设施建设项目，以及开展对华贸易的农业区和自由经济区建设项目。这些项目集中在人口密集的地区，靠近矿产和能源资源，周围有陆上港口和物流中心。

值得注意的是，并不是所有中国参与的项目都是"一带一路"项目。中国承包商具有竞争力和专业性，能够在多边开发银行或私营部门投资的项目中取得承包权。"一带一路"项目主要集中在交通、采矿、能源等领域，项目设计和建设往往是一体化的，并且使用的技术更加先进，项目的管理、运营和维护更加专业。

在交通领域，"一带一路"建设填补了中亚国家的许多空白。20 多年前，中亚

地区最贫穷的国家塔吉克斯坦和吉尔吉斯斯坦由于缺乏全年通行的道路和替代路线，几乎被分割成几个孤立的地区。"一带一路"建设带去的中国技术使道路和隧道更加安全可靠，能够为当地社区提供全年的交通便利，在某些情况下将通勤时间缩短了一半。

在采矿领域，中国尚未广泛参与。哈萨克斯坦在生产和加工方面处于领先地位，乌兹别克斯坦是全球十大黄金生产国，但二者的大部分采矿项目都位于偏远的半沙漠地区，中国尚未广泛参与，未来有很大的合作潜力。采矿业和冶金工业收入占塔吉克斯坦出口收入的 50% 以上，吉尔吉斯斯坦的这一数据则是 30%，中国与塔吉克斯坦、吉尔吉斯斯坦在采矿领域的合作相对较多。

在农业领域，中国与中亚地区合作潜力巨大。中国的饮食偏好正在向更多样化、更健康和更高质量转变，而持续的城市化和收入的增加也带来新的食品需求。中亚地区以其高品质的蔬菜、坚果、水果和肉类而闻名。随着中亚地区农业基础设施的改善和中国对中亚地区粮食出口市场的开放，双方在农业领域的合作潜力巨大。

但是同时也应该注意到，"一带一路"建设的快速发展使得可能没有足够的时间对一些项目进行彻底的社会影响和环境影响评估。虽然所有中亚国家都要求项目必须进行社会影响和环境影响评估，但向前推进的压力可能会损害评估过程的严谨性和透明度。

要评估"一带一路"建设对中亚地区环境的影响也是一项艰巨的挑战。在"一带一路"倡议之前，中亚地区也存在许许多多的环境问题，比如贫困、偏远的山区与世隔绝，其缺乏能源导致森林砍伐，还有过去为种植作物而过度取水、没有任何环境修复措施的矿山开采等，这些活动造成的环境损失和风险也是难以计算的。

## 四、推动中亚"一带一路"项目绿色发展的政策建议

随着"一带一路"项目数量在中亚地区的不断增加，环境监管和社会监督的重要性更加凸显。"一带一路"项目的融资方式比较复杂，既有通过大型银行和国有企业进行的投资，也有在矿业、贸易和其他领域的私人投资。大多数合同、项目计划和协议都是通过双边谈判达成的，往往缺乏公众咨询或信息披露。中国银监会发布的《绿色信贷指引》要求中资银行加强对境外项目的环境风险和社会风险管理，确保项目发起人遵守所在国法律法规，对拟授信的境外项目公开承诺采用相关国际惯

例或国际准则，但仍缺乏具体的执行规定。本文提出以下建议。

**（一）严格遵守项目所在国环境法律法规和标准，关注中亚国家履行的环境国际公约**

所有中亚国家都有环境影响评估、许可证和污染防治等方面的规定。大型的、快速推进的 "一带一路" 项目更应严格遵守相关规定，这有助于各国避免被落后的、高污染的技术锁定，并使项目对环境的破坏降到最低。我国与中亚国家的环境管理部门及技术机构应加强在制度和管理层面的信息共享和经验交流，确保 "一带一路" 项目严格遵守中亚国家的环境法律法规和标准。

**（二）在中亚高山、冰川等气候变化敏感区，鼓励将气候变化因素纳入项目环境评估**

基础设施投资需要考虑对气候变化的长期影响，尤其是在中亚气候敏感地区，如高山、冰川地带和容易发生自然灾害的地区，"一带一路" 倡议应鼓励将气候因素纳入环境评估。在建设基础设施时，应通过提高燃料效率、缩短通行距离和时间等方式，确保不会增加温室气体排放。同时，通过植树造林、基于自然的解决方案以及可持续的土地利用等方式，减缓对气候变化的影响。

**（三）降低项目对生物多样性的影响，对生物多样性关键区域进行识别和监管**

基础设施项目的规划需要考虑对生物多样性的影响，防止基础设施建设及过度开发导致的土地退化和自然生境破碎。对生物多样性关键区域进行识别和监管，同时提高现有保护区和栖息地的连通性。要重视中亚山区的遗传资源保护，在边境设置入侵物种和植物病害检疫点，推广生态友好的耕作和土地利用方法。当地政府和项目开发商应加强与受影响的社区和民间自然保护团体的合作。

**（四）提高项目信息透明度，尊重利益相关方需求及关切**

在项目规划期提前进行信息披露可更好地获得利益相关方及公众的认可，这些公共组织和私营组织又可以反过来支持或推动 "一带一路" 项目的绿色发展。鼓励项目规划者和管理人员开辟适当渠道，了解社会对项目的关切和想法。目前中亚地区的采矿项目仍然缺乏透明度，为了降低社会环境风险，中国企业应确保当地的关切得到尊重。项目管理部门应开展必要的监测和监督，从而确保开采方式符合所在国标准。

（五）充分利用现有合作机制，加强与中亚国家的交流与合作

"一带一路"项目涉及三个群体：所在国的利益相关方、中国企业、其他私营的合作伙伴。为了确保措施能有效实施，建议借助中国—上海合作组织环境保护合作中心、"一带一路"绿色发展国际联盟等双多边合作平台，开展相关交流和培训，加强这三个群体之间的信息交流。

# 附　件

中亚地区"一带一路"项目最佳实践和注意事项

| 领域 | 最佳实践 | 注意事项 |
|---|---|---|
| 公共政策和科学研究 | ①分享科学和监测数据，提高认识和决策水平；<br>②加强公共资源使用和保护之前的协调；<br>③提高文化和教育领域的合作机会；<br>④指定专门机构，在双边层面开展环境评估和标准方面的对接 | ①非政府组织和地方社区的关切和呼声；<br>②环境评估和监管方式存在差异；<br>③履行环境社会责任和国际公约；<br>④避免造成公共资源的过度使用和栖息地破碎 |
| 采矿 | ①支持当地道路、学校建设或维护，雇用当地劳动力；<br>②减少废弃物排放，提高废弃物循环利用水平，促进水、土地和其他自然资源的可持续利用；<br>③提高项目透明度，公布业务报告、收入状况和环境影响；<br>④委托具有公信力的第三方机构开展社会环境影响评估 | ①避免对煤矿和初级汞矿的投资；<br>②避免在生态敏感地区采矿；<br>③为矿区关闭后的生态修复提供资金，确保工业废料的长期安全和稳定；<br>④满足所在国法律规定和国际通行的环境及安全领域的标准 |
| 能源和电力 | ①为当地社区提供清洁和可负担的能源；<br>②提高建筑能效和电力传输水平；<br>③支持清洁能源（如风能和太阳能）的发展，促进技术转移；<br>④在进行炼油厂、管道等危险设施选址时，应遵循行业安全指南 | ①降低电力基础设施对迁徙物种、特有物种、自然河流和水生态系统的影响；<br>②减少温室气体排放；<br>③避免投资煤电项目 |
| 交通和电信 | ①提供负担得起的电信服务，尤其在偏远地区；<br>②隧道项目要能明显缩短通行时间和减少排放；<br>③提高联络的便捷化水平，从而更快地应对自然灾害；提高在水文气象服务、防灾减灾领域的投资；<br>④发展小型的电动车、天然气汽车和电气化铁路；<br>⑤规划建设物流枢纽，避免交通堵塞，促进生态友好型城市建设 | ①在公路和铁路建设过程中，尽量减少对自然景观、保护区和物种迁徙通道的破坏；<br>②对基础设施扩建会产生额外的环境压力要有清醒的认识；<br>③避免过度的机动化；<br>④收费要合理；<br>⑤对交通要道和经济走廊要慎重规划 |

续表

| 领域 | 最佳实践 | 注意事项 |
|---|---|---|
| 粮食与农作物 | ①尊重当地传统和土地权利；<br>②减少土壤侵蚀；<br>③选择合适的放牧方式；<br>④作物多样化；<br>⑤促进公平贸易和利益分享 | ①避免过度放牧；<br>②限制使用杀虫剂；<br>③在土地利用长期规划时考虑气候变化的影响；<br>④对转基因作物和非本地作物（特别是苹果和梨）实施管制 |
| 贸易和城市建设 | ①借鉴中国在改善城市空气质量、建设公共交通和智慧城市方面的经验；<br>②鼓励绿色采购，推广环境友好产品；<br>③控制濒危物种和药用植物的非法贸易 | ①扩大水泥生产会导致温室气体排放增加，还会面临产能过剩的风险；<br>②限制易受化学品污染的日用品、玩具的进口和贸易；<br>③最大限度地减少污染 |

# 参考文献

Zoi Environment Network，2019. Greening the Belt and Road Project in Central Asia. A Visual Synthesis ［R/OL］. https://zoinet.org/product/greening-the-belt-road-projects-in-central-asia-a-visual-synthesis/.

# "一带一路" 倡议下生态环境援外的机遇与挑战

谢园园　卢雪云

"一带一路" 倡议是我国对外开放战略在新时代的发展，是对现有合作的延续和升级。生态环境援外作为新时代我国援外事业和生态环境与气候变化国际合作的重要组成部分，承担着弘扬中国生态文明及绿色发展理念和维护全球生态安全的重任。

## 一、我国援外工作的原则、目标与方式

我国对外援助工作始于 1950 年，援外培训始于 1953 年。在多年实践中，我国一直秉承周恩来总理于 1964 年提出的 "援外八项原则"（周弘，2013）。倡导相互尊重、平等相待、重信守诺、互利共赢。不同于经济合作与发展组织（OECD）等的官方援助（Official Development Assistance，ODA）概念，中国在国际援助体系中的特殊性体现在：既是国际援助体系的受援国，同时又承担了一定的对外援助任务（刘方平，2015）。中国援外本质上属于发展中国家之间具有互惠关系的合作。根据《对外援助管理办法（试行）》，我国援外工作主要是使用政府对外援助资金向受援方提供经济、技术、物资、人才和管理等支持的活动。目前主要包括成套项目、物资项目、技术援助项目、人力资源开发合作项目和志愿服务项目五大类型。2018 年 11 月，国家国际发展合作署（以下简称 "国合署"）制定的《对外援助管理办法（征求意见稿）》公开征求意见。

## 二、我国生态环境援外工作进展和成效

生态环境援外是我国新时代援外事业和生态环境与气候变化国际合作的重要组成部分，担负着弘扬中国生态文明和绿色发展理念的重任，对推进 "一带一路" 建设和 "走出去" 战略，促进广大发展中国家绿色经济发展，助力人类命运共同体构建具有极强的绿色支撑作用。

我国生态环境援外工作主要以 "一带一路" 建设为主线，以周边国家、非洲国家为重点，目前在应对气候变化南南合作、生态环保援外培训等方面取得积极进展。

（一）应对气候变化南南合作

目前在应对气候变化南南合作方面，主要通过赠送节能低碳物资和举办能力建设培训班等方式，帮助发展中国家提高应对气候变化能力。我国已与30多个国家签署了气候变化南南合作谅解备忘录。同时，自2011年起举办气候变化南南合作援外培训班，已累计培训上千名发展中国家气候变化领域的官员和技术人员，培训班涉及绿色低碳发展、温室气体减排与能源转型、气候融资、低碳技术及产业、利用航天技术提高应对气候变化能力等多个主题。

为进一步推动气候变化南南合作，2015年11月，习近平主席出席气候变化巴黎大会时重申建立200亿元人民币的中国气候变化南南合作基金并启动在发展中国家开展10个低碳示范区、100个减缓和适应气候变化项目及1000个应对气候变化培训名额的合作项目（即"十百千"项目）。2019年4月，习近平主席出席第二届"一带一路"国际合作高峰论坛时提出与有关国家一道实施"一带一路"应对气候变化南南合作计划，受到国际社会的高度赞扬。

（二）生态环保援外培训

环境保护部自2011年起，承办发展中国家环保研修班。截至2020年，已对来自亚洲、非洲、拉丁美洲、大洋洲等的发展中国家的上千名高级环境官员进行了培训，涉及生态环境保护与管理、绿色经济、固体废物处理处置、水污染防治、草原荒漠化与沙尘暴联合防治及共同应对技术、城市垃圾再处理等领域，取得了较好的成效。

生态环境援外培训服务于"一带一路"倡议，为推动构建人类命运共同体提供了中国智慧和中国方案，加强了对习近平生态文明思想的对外宣传。同时，为中国环保企业"走出去"搭建了合作桥梁。

（三）搭建生态环保合作海外平台

配合"一带一路"建设，探索在发展中国家设立双边环境合作中心的新模式，拓展南南环境合作海外平台网络。2018年，在柬埔寨金边启动中国—柬埔寨环境合作中心筹备办公室。此外，积极推动中非环境合作中心、中老环境合作办公室等平台的建设。

（四）开拓资源以开展对外援助活动

探索生态环保援外新模式，拓展援外资金渠道。与国际组织、国内企业和社会团体合作，构建生态环境领域援外合作网络，整合多方资源，向柬埔寨、老挝援助环保监测设备，实施 "中老清洁水计划" 与 "中老大气环境自主监测示范项目"，启动 "澜沧江—湄公河环境合作奖学金"，支持澜湄国家青年学者开放计划与官员培训计划。依托亚洲合作资金、中国—东盟合作基金、澜湄合作基金等专项基金，实施绿色丝路使者计划和绿色澜湄计划等，提供能力建设培训。

## 三、我国生态环境援外工作的机遇

### （一）国家战略机遇

从国家战略层面看，生态环境对外援助面临着重要的国家战略机遇。2017 年 5 月，"一带一路" 国际合作高峰论坛明确提出要突出生态文明理念，加强生态环境、生物多样性和应对气候变化合作，严格保护生物多样性和生态环境，共建绿色丝绸之路。

2019 年 4 月，第二届 "一带一路" 国际合作高峰论坛期间，正式启动 "一带一路" 绿色发展国际联盟和 "一带一路" 生态环保大数据服务平台，把绿色作为 "一带一路" 建设的底色，推动绿色基础设施建设、绿色投资、绿色金融。还提出 "同有关国家一道，实施'一带一路'应对气候变化南南合作计划"，为气候变化南南合作提出了新的要求并注入了新的政治推动力。同时，在 "一带一路" 倡议的推动下，我国推动了金砖国家合作、中非合作论坛、上海合作组织合作、中国—东盟合作、大湄公河次区域合作、中亚区域经济合作、中阿国家合作论坛、中国—中东欧国家合作等机制合作。

这些战略方针及政策机制为新时代我国生态环境援外工作提供了更广阔的发展空间。利用好上述平台、机制和政策支持对我国生态环境援外工作的长足发展具有强大的推动作用；同时，生态环境援外工作的具体落实也将有助于提升机制合作的成效。

### （二）政策机制机遇

2018 年 4 月 18 日，国合署在北京挂牌成立，具体负责制定我国对外援助的战略方针、规划、政策，统筹协调援外重大问题的部署和实施。这将优化我国对外援助的顶层设计，更好地协调农业、卫生、教育等部门的对外援助工作，使得各领域援助举措能够在受援国形成合力，产生聚合效应。同时，可以更深入精准地调研受援国发展 "瓶颈" 和发展诉求，为其量身打造差异化的发展方案。

此外，从国际发展援助趋势看，国家定项援助（Country Programmable Aid，CPA）已成为主流（宋微，2018），即为受援国制定未来 3～5 年的重点发展目标，以此为中心，综合设计援助内容。生态环境援外应牢牢把握我国对外援助经济、社会、生态"三位一体"的价值导向，在已有对外援助平台上，充分融入我国对外援助的整体布局，做好"生态外交"。

（三）新一轮全球化进程提供了发展机遇

当前，经济全球化正处于重大转折的十字路口。自 2008 年金融危机爆发以来，"去全球化"愈演愈烈，而中国释放出愿意承担全球责任的信号，将成为主要的全球化推手。全球化经过近 40 年的发展，将迎来新一轮发展期。这也是"一带一路"倡议应运而生的历史起点。中国崛起是推动新一轮全球化的核心动力，将通过释放巨大能量重塑与升级当前的全球秩序。因此，对外援助将成为中国对外关系的重要组成部分，也是中国承担国际义务和责任的重要实现手段和方式。新一轮全球化进程将为生态环境援外工作提供更强劲的动力。

（四）"一带一路"国家的现实需求

"一带一路"沿线国家的生态环境相对脆弱，生态保护的需求巨大。生态保护在"一带一路"建设中具有基础性地位，需要各国持续加强合作。"一带一路"沿线国家的国土面积虽不足全球的 40%，人口却占世界的 70%，人口密度比世界平均水平高出一半；水资源量只有全球的 35.7%，年均水资源开采量却占世界的 66.5%；排放了超过全球 55% 的温室气体。加强对"一带一路"沿线发展中国家的生态环境援外工作符合"一带一路"国家的现实需求。

## 四、我国生态环境援外工作的挑战

（一）"一带一路"建设仍面临环境风险

美国对"一带一路"建设高度关注，并通过刻意引导舆论，放大我国在铁路、港口等基础设施建设项目中可能引发的生态环境风险，质疑我国缺乏绿色约束性政策。还攻击我国"一带一路"煤电项目生态环境问题，质疑技术与排放标准低于中国国内水平，影响《巴黎协定》温升目标的实现，炒作我国转移减排责任。这些负面舆论对"一带一路"建设造成了一定负面影响，并对冲我国与"一带一路"国家开展环境援外的工作成效。

（二）受援国对生态环境保护及环保援助缺乏重视

受援国因整体经济发展水平相对落后，且受到全球新冠肺炎疫情影响，对基础设施建设、医疗卫生等领域的援助需求更为迫切，而对生态环境保护缺乏重视，导致环保援外工作难以及时推进。

（三）国际社会对我国的责任诉求为气候变化南南合作带来压力

国际气候援助资金和技术一直存在巨大缺口，难以满足发展中国家应对气候变化的客观需求。根据世界银行估算，到 2030 年，发展中国家每年需要的适应气候变化资金约为 750 亿美元，促进减排资金约为 4 000 亿美元。在世界经济总体不景气的环境下，中国经济持续增长，使中国气候援助政策与力度受到国际社会广泛关注。作为最大的发展中国家，我国一直坚持共同但有区别的责任原则，但面对国际社会对我国比以往更为迫切的援助期望，我国气候变化南南合作长期存在外部压力。

（四）受援国政治变动及管理水平较低为援助项目实施带来风险

非洲国家、小岛屿国家、拉美国家等是生态环境援外的主要对象，其经济社会发展水平相对落后，政治不稳定、管理效率较低等因素为合作项目的实施带来了较大风险。此外，部分受援国政府还存在表态口径反复、反馈缓慢等情况，为开展南南环境合作带来了挑战。

## 五、政策建议

（一）加强生态环境援外顶层设计

配合国家整体外交部署，把握好政策方针，做好生态环境援外的顶层设计。落实《对外投资合作环境保护指南》《关于推动绿色 "一带一路" 建设的指导意见》相关要求，研究制定指导中国企业境外投资经营的规范和指南，将环境因素纳入从顶层设计到各类境外开发建设项目实施的各个环节，引导规范企业海外环境行为，维护我国国际形象。

（二）加大与发展中国家的合作

进一步加大与广大发展中国家的互利合作，稳步推进均衡、普惠、共赢的全球生态治理进程。在国合署和商务部的支持下，重点加强与亚洲、非洲、南太平洋和拉丁美洲地区对我国友好的发展中国家的生态环境合作，努力扩大我国生态环境援外合作的朋友圈，培育"知华、亲华、友华"国际友人力量，为实现中华民族伟大复兴营造良好的国际环境。

（三）发挥多边机制协同效应

在"一带一路"倡议下，积极参与丝路基金、亚洲基础设施投资银行、南南合作基金等多边平台下的合作研究，拓宽项目执行渠道。探索开展国际组织、国内企业和社会力量合作，拓展生态环境援外合作网络，实现多方互利共赢。

（四）推动环境合作平台和典型项目示范

重点支持"一带一路"绿色发展国际联盟和"一带一路"生态环保大数据服务平台建设，加强海外环境合作中心建设，面向周边国家开展环境管理能力建设及示范工程，打造生态环境援外精品项目，推动我国绿色、低碳适用的相关标准、技术、产品和设备"走出去"。

（五）不断创新模式和体系

创新生态环境援外合作体系，打造"人力资源培训—技术援助项目实施—国际组织融合"三方立体式援助体系，形成生态环境援外工作多方发力、多线并进的新格局。讲好中国环保故事，做"绿水青山就是金山银山"理念的支持者和宣传者，与世界其他发展中国家共享美丽中国、绿色发展的中国方案。

## 参考文献

顾亚丽，陆文明，余跃，等，2018."一带一路"倡议下林业援外的机遇与挑战［J］.林业资源管理，（6）：1-6.

刘方平，2015."一带一路"视角下的中国援外战略调整［J］.国际经济合作，（9）：87-92.

宋微，2018.缘何成立国家国际发展合作署？［N］.北京青年报，2018-04-19.

周弘，2013.中国援外 60 年［M］.北京：社会科学文献出版社.

# 第二章

# 污染防治国际经验借鉴

# 美国近年空气污染反弹情况及其对人体健康的影响

## ——美国国家经济研究局报告主要结论

姚　颖　张　敏　赵海珊

根据美国《清洁空气法》（Clean Air Act）规定，美国国家环境空气质量标准（NAAQS）应关注特定污染物，保护人类健康和环境。美国环境保护局（EPA）针对一氧化碳（CO）、铅（Pb）、地表臭氧（$O_3$）、颗粒物（PM）、二氧化氮（$NO_2$）和二氧化硫（$SO_2$）等 6 种常见大气污染物制定了相关标准，这 6 种主要污染物被统称为标准大气污染物（criteria air pollutants，以下简称"标准污染物"）（美国国家经济研究局，2019）。

## 一、美国空气质量整体情况

美国环境保护局于 2019 年 7 月发布的《国家空气质量报告：2018 年状态与趋势》（Our Nation's Air：Status and Trends Through 2018）指出，与 1990 年（该年通过 1990 年《清洁空气法》修正案）相比，2018 年空气质量显著提升，标准污染物浓度大幅下降（如图 1 所示），其中 CO 8 h 平均浓度下降 74%，$NO_2$ 年均浓度下降 57%，地表 $O_3$ 8 h 平均浓度下降 21%，$PM_{10}$ 日均浓度下降 26%，$SO_2$ 每小时平均浓度下降 89%。$PM_{2.5}$ 年均浓度比 2000 年下降 39%，Pb 每季度平均浓度比 2010 年下降 82%（Bowe et al.，2019）。

大气污染物及其前体物排放统计数据表明，固定源（如电气设施和工业锅炉等）燃料燃烧、工业和其他过程（如金属冶炼厂、石油精炼厂、水泥窑和干洗店等）、道路车辆和非道路移动源为大气污染的主要来源。美国环境保护局 2018 年数据显示，在大气污染物来源中，固定源燃料燃烧是 $SO_2$、$PM_{2.5}$ 排放的主要来源，该来源的 $SO_2$、$PM_{2.5}$ 排放分别占 $SO_2$、$PM_{2.5}$ 排放的 73.4% 和 46.1%；工业和其他过程是 $PM_{10}$、VOC、$NH_3$ 排放的主要来源，该来源的 $PM_{10}$、VOC、$NH_3$ 排放分别占 $PM_{10}$、VOC、$NH_3$ 排放的 46.1%、72.2% 和 93.9%；道路车辆是 CO、$NO_x$ 排放的主要来源，该来源的 CO、$NO_x$ 排放分别占 CO、$NO_x$ 排放的 35.8% 和 32.3%；非道路移动源在

CO、NO$_x$ 排放中也占据较大比例，该来源的 CO、NO$_x$ 排放分别占 CO、NO$_x$ 排放的 27.8% 和 26.0%。

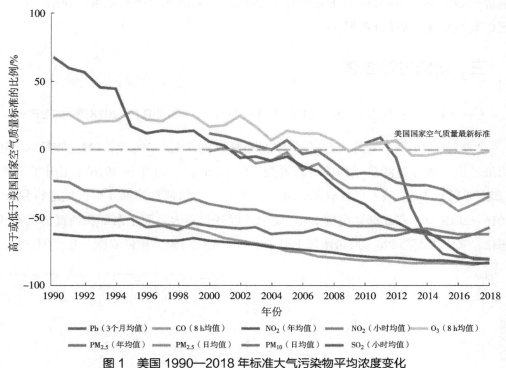

图 1　美国 1990—2018 年标准大气污染物平均浓度变化

资料来源：EPA，2019。

## 二、研究方法

该研究收集了 2009—2018 年美国环境保护局空气质量系统（AQS）数据库中 653 个县的每日监测数据，包括 PM$_{2.5}$ 数据以及硝酸盐、硫酸盐和元素碳等 3 种主要组分的数据，数据总量超过 180 万条。美国国家环境空气质量标准（NAAQS）达标情况及历史数据由美国环境保护局提供。该研究分析了两种未达标情况：① PM$_{2.5}$、NO$_2$、SO$_2$ 数据未达标；②所有标准污染物数据至少有 1 种未达标。该研究的主要实证公式是：

$$\ln(\mathrm{PM}_{j,m,d,t}) = \alpha_j + \gamma_m + \delta_d + \beta_t + \varepsilon_{j,m,d,t} \qquad \text{式 1}$$

其中因变量是 PM$_{2.5}$（或其组分）浓度的自然对数，包括污染监测值（$j$）、月份（$m$）、日期（$d$）和年份（$t$）固定效应。监测值使用聚类标准误。

在 PM$_{2.5}$ 浓度升高对公共健康的影响方面，该研究采用了美国环境保护局《清洁空气法》成本效益分析、PM$_{2.5}$监管影响分析及穆勒等多个专家开展的学术研究中采用的损失函数法（damage function approach）。该方法使用经过同行评审的流行病学剂量-反应函数，将暴露于环境PM$_{2.5}$的情况与升高的死亡率相联系，并结合人口、死亡率等关键县级统计数据。

## 三、研究主要结论

### （一）PM$_{2.5}$浓度在2009—2016年连续下降，但在2017—2018年出现回升

2009—2016年，美国PM$_{2.5}$质量浓度降幅为24.2%。2016年，PM$_{2.5}$质量浓度达到最低点，所有监测点年均质量浓度为7.51 μg/m$^3$。2018年比2016年上升了5.5%（如图2所示）。按照人口普查的东北部、南部、中西部和西部4个区域进行划分，2016—2018年，东北部和南部PM$_{2.5}$质量浓度变化不大，而中西部和西部情况有所恶化，其中中西部PM$_{2.5}$质量浓度上升了9.3%，西部PM$_{2.5}$质量浓度上升了11.5%。

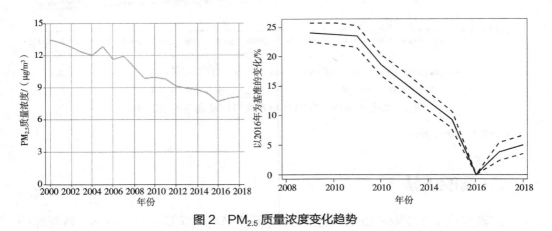

图2 PM$_{2.5}$质量浓度变化趋势

### （二）近期空气质量恶化或由经济活动、森林大火和执法等方面的变化所致

在经济活动方面，天然气使用和车辆里程增加可能是PM$_{2.5}$浓度升高的主要原因。该研究主要关注了硝酸盐、硫酸盐和元素碳等PM$_{2.5}$组分的数据。2009—2016年，硫酸盐、硝酸盐和元素碳含量均大幅下降。2016年达到最低点，硫酸盐、硝酸盐和元素碳的平均质量浓度分别为0.76 μg/m$^3$、0.55 μg/m$^3$和0.33 μg/m$^3$。2016—2018年，硫酸盐质量浓度下降了9%，而硝酸盐质量浓度和元素碳质量浓度分别上升了7.4%和20.3%（如图3所示）。硫酸盐排放下降与燃煤电厂发电量减少和烟道废气脱硫相关。SO$_2$排放主要来源于燃煤电厂，燃气电厂SO$_2$排放量极少。2009—2018年，

电力行业燃煤消耗量下降了 31.9%。硝酸盐排放增加与家庭、电厂及工业天然气使用量增加趋势一致。$NO_x$（颗粒物硝酸盐的前体物）主要来源于工业、家庭和移动源。在此期间，天然气整体消耗量上升了 30.1%，其中电力行业天然气消耗量上升了 54.6%。2009—2018 年，车辆里程增加了 10%。元素碳的排放来源主要是柴油车、燃煤电厂以及其他使用煤炭或燃油的工业来源。由于当前元素碳的数据已去除夏季森林大火月份的影响，因此变化主要来源于柴油车和工业锅炉。

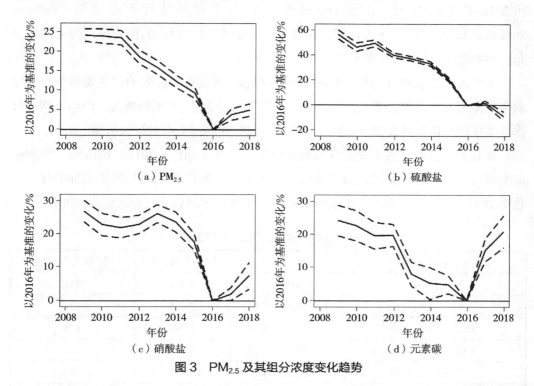

图 3　$PM_{2.5}$ 及其组分浓度变化趋势

在森林大火方面，美国西部森林大火频发，对中西部空气质量有直接影响，但并非造成空气质量恶化的全部原因。该研究分析了 2009—2018 年部分月份的 $PM_{2.5}$ 浓度变化趋势，去除了 7—9 月及 2018 年 11 月，即森林大火频发季节。结果显示，2009—2016 年西部和中西部 $PM_{2.5}$ 浓度仍呈下降趋势，分别下降了 23.5% 和 29.0%，2017—2018 年西部和中西部 $PM_{2.5}$ 浓度仍呈上升趋势，分别上升了 4.9% 和 4.2%。

在执法方面，近年来针对《清洁空气法》的执法行动数量持续下降。2009—2018 年，针对违反《清洁空气法》第 113d 条的执法行动超过 3 000 次。自 2013 年起，相关执法行动数量呈持续下降趋势，尤其是在空气质量未达标地区，执法行动数量自 2012 年起急剧下降。导致下降的因素较多，可能包括企业守法程度提高、执法行动变化等，但 2016 年以后，随着空气质量恶化，空气质量达标地区和未达标地区执法行动数量均有所下降，整体趋势令人担忧。

（三）空气污染导致的死亡率呈上升趋势，其中空气污染产生的影响的 80% 由老年人承受，加利福尼亚州是近年来空气污染导致死亡的多发地区

2018 年，各县由 $PM_{2.5}$ 引起的过早死亡数量比 2016 年多 9 666 起；2017 年比 2016 年多 4 881 起。按照 Viscusi 等（2003）采用的统计生命价值（Value of Statistical Life，VSL）方法计算，2017 年、2018 年死亡带来的损失分别为 451 亿美元、894 亿美元（如表 1 所示）。

老年人承受了空气污染产生的影响的 80%。研究表明，影响"主要集中于预期剩余寿命为 5～10 年的老人，其次是预期剩余寿命为 2～5 年的老人，因为这两个群体是医疗保障覆盖的大部分，且暴露在严重细颗粒物污染中时较为脆弱"。

加利福尼亚州是近年来空气污染导致死亡的多发地区。2016—2018 年，加利福尼亚州因空气污染死亡的人数占美国全国的 43%。2018 年因空气污染增加的死亡人数比 2017 年多 2 000 多人，但去除 2018 年 11 月的数据后，死亡人数仅差 590 人。

表 1　$PM_{2.5}$ 引起的死亡数量和损失

| 取样范围 | 年份 | 死亡人数 / 人 | 经济损失 / 亿美元 |
| --- | --- | --- | --- |
| 美国 | 2016—2017 | 4 881 | 451 |
| 美国 | 2016—2018 | 9 666 | 894 |
| 美国（6—9 月除外） | 2016—2017 | 2 747 | 254 |
| 美国（6—9 月除外） | 2016—2018 | 6 228 | 576 |
| 加利福尼亚州 | 2016—2017 | 2 099 | 194 |
| 加利福尼亚州 | 2016—2018 | 4 129 | 382 |
| 加利福尼亚州（6—9 月除外） | 2016—2017 | 2 201 | 204 |
| 加利福尼亚州（6—9 月除外） | 2016—2018 | 4 085 | 378 |

## 四、美国空气质量恶化相关舆情

在美国国家经济研究局报告发布后，美国《华盛顿邮报》、彭博社、《今日美国报》、美国有线新闻网（CNN）和英国《卫报》等多家媒体均跟进报道了相关情况。美国《华盛顿邮报》有关的报道指出，如 2018 年与 2016 年的空气质量持平，可以挽救近 1 万人的生命。2018 年，美国环境保护局局长安德鲁·惠勒（Andrew Wheeler）解散了评估美国细颗粒物空气污染联邦标准的原有团队，并选择了与化石

燃料、制药、烟草等行业有关的顾问开展工作。彭博社 2019 年 10 月 22 日的报道强调,在空气质量连续 7 年得到改善后,形势突然恶化更加令人担忧。空气污染是全球第五大致死原因,其主要成分之一是 $PM_{2.5}$。虽然 $PM_{2.5}$ 浓度可能随着时间、季节和地区的不同而变化,但其消极影响并不会因此而变化。美国有线新闻网(CNN)2019 年 10 月 23 日的报道指出,除了报告中提到的空气污染对过早死亡的影响和造成的财产损失外,还有其他难以量化但同样消极的影响,如空气污染会恶化儿童哮喘,还会造成肺气肿患者呼吸困难等。

英国《卫报》2019 年 11 月 20 日的报道指出,当前美国空气污染相关规定对预防死亡仍远远不够。Bowe 等(2019)的研究表明,在空气污染致病导致死亡的案例中,99% 的人群暴露在污染物浓度低于美国环境保护局标准的空气中。$PM_{2.5}$ 浓度过高可能引发心血管疾病、脑血管疾病、慢性肾病、慢性阻塞性肺病、痴呆、Ⅱ型糖尿病、高血压、肺癌、肺炎等 9 类疾病。

## 五、美国政府近年来在空气质量方面的相关举措

特朗普政府坚称美国空气质量近年来不断改善,同时经济水平不断发展。1970—2018 年,美国 6 种主要污染物浓度总和下降了 74%,同期经济增长了 275%。美国环境保护局数据显示,虽然美国主要城市空气质量达到"不健康"(AQI>150)的天数大幅增加,但主要污染物排放持续降低。2018 年,$NO_x$、$PM_{2.5}$、$PM_{10}$(含Pb)、$SO_2$、CO 和 VOC 排放量比 2016 年分别下降了 8.7%、1.9%、1.2%、7.8%、7.2% 和 3.3%。但 35 个主要城市 $O_3$ 和 $PM_{2.5}$ 污染天数之和从 2016 年的 706 天增加到 2018 年的 799 天。

与此同时,特朗普政府在空气质量管理方面的政策因不断放松而饱受批评。2017 年 12 月,时任美国环境保护局局长斯科特·普鲁特(Scott Pruitt)签发备忘录,规定如电站对未来排放预期计算有误,其可能无需遵守更加严格的空气质量标准。2018 年 1 月,普鲁特签发备忘录,撤销了克林顿时期对修改污染源定义(once in, always in)的政策,此后工业企业可将原来定义的"主要"空气污染源改为"次要"空气污染源,从而规避严格的清洁空气法规。2018 年 4 月,特朗普总统签署法令,要求美国环境保护局给予地铁区域空气质量未达标的州额外的"灵活性",帮助各州达标。自 2018 年 8 月起,特朗普政府一直致力于撤销奥巴马政府出台的《清洁能源计划》(*Clean Power Plan*),改为"用得起的清洁能源"政策(Affordable Clean Energy Rule),该政策预计将大幅阻碍美国减排进程,并对空气质量造成消极影响。

# 参考文献

Vox 新闻网，2019. 特朗普政府任内的美国环境保护局出台弱化规定　替换奥巴马签署的气候政策［N/OL］. https：//www.vox.com/2019/6/19/18684054/climate-change-clean-power-plan-repeal-affordable-emissions.

今日美国报，2018. 美国环境保护局采取措施放松《清洁空气法》规定　特朗普政府却赞赏该法令取得的进展［N/OL］. https：//www.usatoday.com/story/news/politics/2018/07/31/moves-relax-clean-air-rules-trump-administration-praises-law/873612002/.

今日美国报，2019. 报告称美国空气质量在多年好转后　自 2016 年起开始恶化［N/OL］. https：//www.usatoday.com/story/news/nation/2019/11/01/us-air-quality-worse-since-2016-after-years-improvements-report/2499356001/.

路透社，2019. 特朗普虽大力鼓吹美国空气质量　美国环境保护局数据显示部分区域空气质量恶化［N/OL］. https：//www.reuters.com/article/us-usa-environment-air/as-trump-touts-u-s-air-quality-epa-data-shows-some-areas-worsening-idUSKCN1UC2MG.

美国国家经济研究局，2019. 近期空气污染反弹：情况及其对人体健康的影响［R/OL］. http：//www.nber.org/papers/w26381.an.

美国华盛顿邮报，2019. 空气污染恶化数据显示死亡人数上升［N/OL］. https：//www.washingtonpost.com/business/2019/10/23/air-pollution-is-getting-worse-data-show-more-people-are-dying/.

美国环境保护局，2019. 空气污染变化趋势显示空气质量好转、经济持续增长［EB/OL］. https：//www.epa.gov/newsreleases/air-pollution-trends-show-cleaner-air-growing-economy-0.

美国有线新闻网，2019. 研究显示美国空气质量正在恶化　可导致上千人死亡［N/OL］. https：//edition.cnn.com/2019/10/23/health/us-air-pollution-worsening-study-scn-trnd/index.html.

彭博社，2019. 美国空气质量曾一度改善　现再次恶化［N/OL］. https：//www.bloomberg.com/news/articles/2019-10-22/u-s-air-quality-was-improving-now-it-s-getting-worse.

英国《卫报》，2019. 研究表明上万人死亡与美国空气污染监管弱化有关［N/OL］. https：//www.theguardian.com/environment/2019/nov/20/us-air-pollution-deaths-study-jama.

Bowe B，Xie Y，Yan Y，et al.，2019. Burden of cause-specific mortality associated with $PM_{2.5}$ air pollution in the United States［J/OL］. Journal of American Medical Association. https：//jamanetwork.com/journals/jamanetworkopen/fullarticle/2755672.

EPA，2019. Our Nation's Air［R/OL］. https：//gispub.epa.gov/air/trendsreport/2019/.

Viscusi W K，Aldy J E，2003. The value of a statistical life：a critical review of market estimates throughout the world［J］. Journal of Risk and Uncertainty，27（1）：5-76.

# 日本医疗废弃物管理与处理处置经验

唐艳冬  李奕杰  张晓岚  常  杪  杨  亮  张天航

日本经过多年实践，逐步形成了一套完善的医疗废弃物政策法规及有效的管理体系。为借鉴日本相关经验，对当前新型冠状病毒肺炎疫情期间医疗废弃物处置工作提供参考，对外合作与交流中心和清华大学环境学院环境管理与政策教研所共同就日本医疗废弃物、感染性废弃物处置的政策法规、管理体系，特别是突发疫情等紧急情况下的应急机制和对策进行了研究。

## 一、日本医疗废弃物分类

从管理分类上，日本并未对医疗废弃物进行定义，而是根据其产生源（医疗机构、相关设施、家庭等）、危害性（感染性、非感染性、其他等）进行甄别，采取分类管理。如医疗机构所产生的医疗废弃物一般分为以下 3 类：

①感染性废弃物：伴随诊疗行为所产生的感染性废弃物；

②非感染性废弃物：伴随诊疗行为所产生的非感染性废弃物；

③其他废弃物：餐厨垃圾、纸屑等。

其中，感染性废弃物在《废弃物处理法》中被列入"特别管理废弃物[①]"（等同于国内的"危险废物"）管理体系。

目前，对于感染性废弃物的具体认定，日本已形成了基本原则与流程（如图 1 所示）。

由于统计口径等原因，日本感染性废弃物的排放量目前缺乏官方的正式统计数据。根据日本产业废弃物处理振兴中心等相关专业机构的推算，近年来医疗机构等集中排放的感染性废弃物的年排放量在 32 万～40 万 t，约占日本特别管理产业废弃物年排放总量的 1/10 左右（日本产业废弃物处理振兴中心，2008）。

---

① 根据排放源（一般家庭、办公区或工矿企业等）等，又分为"特别管理一般废弃物"和"特别管理产业废弃物"两类。

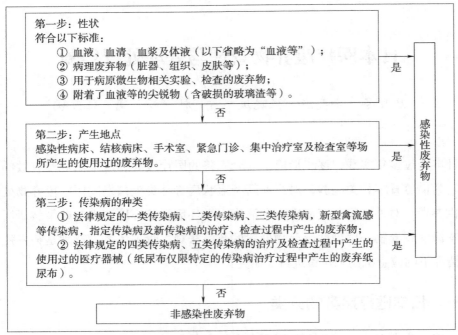

图 1　感染性废弃物的筛分流程

## 二、废弃物相关主要政策法规与管理体系

### （一）主要政策法规

《废弃物的处理及清扫相关法律》是日本固体废弃物管理的基本法。基于《废弃物的处理及清扫相关法律》的要求，日本于 1992 年正式颁布了专门针对感染性废弃物管理的规范性文件，即《基于废弃物处理法的感染性废弃物处理指南》。该指南颁布以来经过 2004 年、2014 年等多次修订，目前实施的是 2018 年 3 月最新一次修订的版本。该指南对医疗相关机构（包括医院、诊所、保健站、专业养老机构、动物诊疗设施、医学研究机构等）的感染性废弃物处理处置相关责任主体、管理体系建设、设施内处理、运输、委托处理、最终处置进行了明确要求。此外，全国产业废弃物联合会等政府直接管理的平台组织陆续发布了《感染性废弃物处理指南》《感染性废弃物收集运输自主基准》《感染性废弃物焚烧处置基准》等行业指南和行业标准。

### （二）主要管理体系

在中央政府层面，日本的废弃物处理处置工作原本由日本厚生劳动省总体负责。

2001 年日本环境省成立后，相关职能移交至环境省。目前日本废弃物相关工作主要由环境省直辖的环境再生与资源循环局负责。

---

**专栏 1 环境再生与资源循环局**

环境再生与资源循环局成立于 2017 年，承接了于同年撤销的大臣官房废弃物与回收利用部的职责，其职责包括为处理东京电力福岛第一核电站事故善后（清除污染、处理受放射性物质污染的废弃物、完善和管理中间贮存设施），同时负责推进废弃物的减量化、再使用、再循环。

环境再生与资源循环局下辖资源回收利用推进室、循环型社会推进室、净化槽推进室、多氯联苯废弃物处理推进室、废弃物规制课、除染业务室、废弃物正确处理推进课、特定废弃物对策担当参事官室等职能科室。

---

在废弃物处理处置领域，环境省主要负责政策法规、相关标准、技术指南等的编制。感染性废弃物处理处置相关政策多由环境再生与资源循环局编制发出。

在地方层面，都道府县（相当于省级政府）均设有环境局，负责本区域废弃物处理处置工作的具体推进和监管。以东京都为例，东京都环境局设有资源循环推进部，其下设有计划课、一般废弃物对策课、产业废弃物对策课，负责本区域废弃物处理规划制定、处理设施建设许可、产业废弃物的排放搬运与处理许可、合规指导与违规处罚、非法倾倒查处等工作。都道府县政府被赋予了对废弃物处理处置进行监管及处罚的权利，其职责包括：

①书面与现场检查：都道府县可要求排放者、处理机构、处理设施、（电子联单）信息处理中心提交废弃物处理、设施维护管理报告书，可进入现场检查相关台账、文件。若拒绝检查或提交虚假报告，阻碍现场检查，则适用《废弃物处理法》罚则。

②整改命令：若排放者、处理机构进行的废弃物处理和贮存不符合标准，都道府县政府可命令其限期整改。若未能在限期内完成整改，则适用《废弃物处理法》罚则。

③行政处分命令：针对废弃物非法倾倒等不符合处理标准的行为，都道府县有权要求排放者或处理机构开展善后处理，防止环境污染。

（三）日本感染性废弃物处理处置的一般要求

在《废弃物的处理及清扫相关法律》、《废弃物的处理及清扫相关法律的实施令》、《废弃物的处理及清扫相关法律实施规则》、2018 年修订的《基于废弃物处理法的感染性废弃物处理指南》等相关政策下，日本感染性废弃物的管理形成了较成熟的体系。

**1. 针对排放方（医疗机构）的要求**

《基于废弃物处理法的感染性废弃物处理指南》中，对感染性废弃物排放主体的责任义务做出了明确要求。该指南主要针对作为感染性废弃物的集中排放主体的医疗机构。对于家庭单位的相关感染性废弃物的排放，环境省于 2008 年颁布了《推进在宅医疗废弃物处理相关工作的导则》，同年日本医师会发布了《在宅医疗废弃物处理指南》等文件，对家庭单位的医疗废弃物排放、收集与处理做出了相关规定，本文不作赘述。

（1）责任主体

医疗机构对本设施排放的医疗废弃物负有遵照相关法律法规合法处理处置的义务，医疗机构是责任主体。具备处理能力的可自行合规处理，无处理能力的可以委托给有处理资质的专业企业进行处理处置。

（2）机构内管理体制

医疗机构须设置特别管理产业废弃物管理责任人，该责任人须具有医学专业知识或具有 2 年以上环境卫生指导经验，对感染性废弃物的全程处理承担责任。医疗机构须制定本机构感染性废弃物的管理章程、处理状况台账，编制本机构感染性废弃物的处理规划，包括产生种类、产生量、处理状况等。年特别管理产业废弃物产生量超过 50 t 或产业废弃物产生量超过 1 000 t 的机构应按照要求编制废弃物减量计划。

（3）机构设施内处理规程

①分类。在感染性废弃物、非感染性废弃物、其他废弃物分类的基础上，将感染性废弃物分为 3 类，即尖锐物、固体物、液体或泥状物，使用不同颜色标记的容器来区分种类（如图 2 所示）。此外，易燃易爆的废弃物、含有放射性的有害物质、混合后易产生化学变质危险的物质以及水银等也应单独分类。

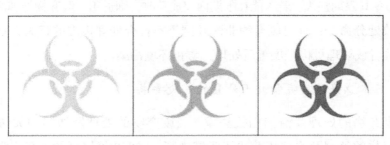

| 尖锐物体（黄色） | 固体（橙色） | 液体或泥状物（红色） |

**图 2　感染性废弃物分类标志**

②打包。分类打包时，尖锐物应装入金属或塑料材质的不易损伤的容器中；固体物装入双层塑料包装袋或坚硬的容器中；液体或泥状物需装入不可渗透的密闭容器中。单个容器不应填装过满，防止泄漏，应对装有感染性废弃物的容器进行密封。转运使用的车辆需为专用车辆，或是具有防雨装置、覆盖较严密的车辆。

③贮存。极力缩短存放时间，感染性废弃物与其他废弃物分开存放。确实需要在医疗机构内临时存放时，应选取无关人员难以接触的地点，采取防止其他物品混入感染性废弃物的措施，进行必要的温度、气味、照明、防渗管理。特殊情况下需要长期存放有腐败风险的感染性废弃物时，应在密闭条件下采取放入冷柜等必要的防腐措施。

④处理。原则上要在医疗机构内部的焚烧或熔融等设施内进行处理；不具备处理条件的医疗机构也可委托具备特别管理产业废弃物处理资质和许可的第三方机构，并全程使用联单，医疗机构负责人需对委托后的处理全程进行监督并负责。

**2. 第三方委托处理**

日本对感染性废弃物第三方机构委托处理有严格的要求，包括第三方企业资质、合同文本、处理效果跟踪等。

（1）许可制度

日本对感染性废弃物第三方机构采用许可制管理，感染性废弃物运输企业、处理处置机构需分别取得当地地方政府颁发的特别管理废弃物运输许可证、处理许可证，运输企业在从业过程中需遵守许可证的限定使用范围。从业许可证每5年需更新一次。

各区域政府对感染性废弃物的许可有明确的要求。以大阪府为例，大阪府区域内的感染性废弃物运输企业、处理处置机构需满足持有感染性废弃物专用冷冻运输车或其他运输设备及专用密闭容器和持有相关设施使用权等条件。需如实填写营业范围、设施基本信息、营业计划等材料，并缴纳手续费，由大阪府政府（省级行政单位）在60个工作日内进行审查，审查通过后颁布许可证。大阪府规定，感染性废弃物应与其他废弃物分开运输；不可将废弃物进行堆积贮存，必须直接运输给感染性废弃物处理处置机构；装载废弃物的运输车辆不可在车库内整晚停留。

（2）联单制度

日本的感染性废弃物遵循产业废弃物管理的"产业废弃物管理票制度"，从感染性废弃物离开医疗设施，到进入运输环节，到中间处理环节，再到最终处理环节，以A—E的5联单形式进行跟踪管理。

（3）注册制度

对废弃物处理处置机构的管理实行注册制度，向废弃物排放单位提供各处理处置机构的具体情况，使其掌握该机构的业务许可状况，包括处理种类、日处理量、设备、方式等；对未注册企业的废弃物不予以处理。

（4）排放者责任

医疗机构是感染性废弃物的排放方，对废弃物的处理处置负有责任。不因支付费用后转由委托第三方处理而免除相关责任。在特定情况下，不当委托处理（如交由无资质企业处理、未合理支付费用、纵容被委托企业违规处理等）造成废弃物违规处理处置而污染环境时，排放方将承担相应责任。

## 三、突发特殊情况下的紧急对策

日本《传染病法》根据传染力和危险性，将"指定传染病"分为五类。在突发情况下，环境省会基于实际情况对各行政区政府在疫情下的废弃物处理工作的开展进行指导。日本环境省已基于突发疫情制定多份专项意见、指南，并以 2009 年的新型禽流感专项对策为契机，形成了重大疫情下固体废弃物回收处理的应急机制。

（一）应对重大疫情的紧急对策指南

1.《应对新型流感的废弃物处理指南》

2009 年，针对东南亚暴发的人感染禽流感疫情，为防止可能发生的疫情在日本的广域扩散，日本环境省于 2009 年 3 月编制印发了《应对新型流感的废弃物处理指南》。该指南在概述新型禽流感基本信息的基础上，针对医疗机构、废弃物处理处置机构如何在疫情下开展相关废弃物的处理处置、人员防护和政府应采取的对策等进行了详细要求。

2.《关于应对埃博拉出血热的废弃物处理的通知》

2019 年，鉴于暴发于刚果民主共和国的埃博拉出血热，日本环境省于 2019 年 8 月下达《关于应对埃博拉出血热的废弃物处理的通知》，要求各地方重视相关动态，一旦发现日本国内出现疫情，基于新修订的预案有效应对，妥善处理所产生的医疗废弃物。该通知在强调既定预案的同时，以附件形式追加了埃博拉出血热相关病症特点、传染路径、病状潜伏期等信息。

3. 为应对新型冠状病毒肺炎疫情，在废弃物处理领域的应急措施

随着日本国内新型冠状病毒肺炎确诊者的出现和疫情日益扩大的趋势，日本环境省设置了环境省新型冠状病毒肺炎对策总部，并已将新型冠状病毒肺炎列入了日

本法定的"指定传染病"。

作为一系列应急对策的组成部分，环境省于 2020 年 1 月 22 日向各都道府县和城市下达了《关于应对新型冠状病毒肺炎的废弃物处理对策》，指出根据《基于废弃物处理法的感染性废弃物处理指南》（2018 年 3 月）积极采取相应对策。2020 年 1 月 30 日，又下达了《关于实施应对新型冠状病毒肺炎的废弃物处理的通知》，强调在落实《基于废弃物处理法的感染性废弃物处理指南》（2018 年 3 月）的基础上，以《应对新型流感的废弃物处理指南》（2009 年 3 月）中所提出的废弃物处理处置机构等应采取的措施作为准则，推进相关应急工作的开展。环境省的这两份通知在下达给地方政府的同时，也以政府公文的形式发给了日本医师会和全国产业废弃物联合会，督促相关团体及广大会员机构与企业积极开展行动。

（二）应急体系建设

2009 年版的《应对新型流感的废弃物处理指南》是近年来日本政府首次面临人传人疫情在日本全面暴发的切实威胁下制定的应急预案。核心目的是通过预案的制定，确保在疫情蔓延的情况下，作为民生保障重要环节之一的废弃物处理处置工作仍能有序有效开展。

该指南具体包括以下内容。

**1. 疫情发生时废弃物的处理原则**

（1）明确疫情下产生的特定污染物

识别伴随新型流感的发生及蔓延，医疗机构、检验机构、一般家庭所产生的与疫情相关的特定污染物产生源、特征。

（2）明确基本处理原则

区分医疗机构、检验机构等产生的感染性废弃物及一般家庭产生的相关废弃物（如附着了呼吸系统分泌物的口罩、纸巾等），分别明确其一般性处理原则。

**2. 废弃物处理处置机构应采取的措施**

（1）制定应急预案

废弃物处理处置机构应该提早应对新型流感疫情的发生，在未发生阶段就讨论制定应对新型流感的对策。在新型流感发生时，根据疫情发展，及时启动落实相应对策。

（2）应急体制建设

应急体制建设包括疫情下危机管理体制、信息管理体制的建设等。如构建保证疫情下设施持续运行的组织体制，明确各自责任作用与指挥命令系统；又如紧急情况下的信息保障机制、联络机制、决策机制等。

（3）工作人员防疫措施

评估在废弃物收集搬运阶段、处理阶段等的处理场所及办公场所的传染风险；制定工作过程中预防传染的操作规程，如个人护具配备、车辆设备消毒等。

（4）人员与物资的保障

疫情扩大情况下，因员工患病缺勤导致人工不足，燃料、耗材等废弃物处理所需物资供应不足时，需采取必要措施。如优先确保核心作业模块、增加物资储备、必要时的调岗机制等。

（5）培训机制

要实施针对应急方案的普及、教育与培训，保障在新型流感实际发生时，全员能采取正确的行动，提高从业人员等的意识。

### 3. 应急要点

优先处理从医疗机构产生的感染性废弃物，同废弃物产生方——医疗机构就确保疫情发生时感染性废弃物处理的对策进行联动。

### 4. 政府部门应采取的措施

（1）都道府县（省级政府）

①督促感染性废弃物处理处置机构和医疗机构贯彻落实《基于废弃物处理法的感染性废弃物处理指南》，要求感染性废弃物处理处置机构持续处理处置感染性废弃物。

②向医疗机构提供可委托的感染性废弃物处理处置机构等有效信息。

③事先掌握本区域内的感染性废弃物处理处置机构的数量、该处理处置机构最大处理能力，以及本区域内医疗机构产生的感染性废弃物的处理处置状况。

④本区域内医疗机构产生的感染性废弃物的数量超过感染性废弃物处理处置机构处理处置能力的情况下，进行跨区域协调。

⑤加强各相关方信息共享，避免相关方和居民等由于对疫情扩大所带来的废弃物增加产生过度的恐慌而发生混乱。

⑥避免新型流感相关废弃物被处理处置机构拒收。都道府县等要极力防止废弃物处理处置机构产生混乱。

⑦根据需要，将应急方案纳入都道府县等制订的废弃物处理处置计划和新型流感对策计划。

（2）市町村（市县级政府）

①掌握本区域内医疗机构产生的感染性废弃物的处理处置状况。

②如果超过本区域内废弃物处理处置能力，同上级政府协商，寻找对策。

# 参考文献

《关于实施应对新型冠状病毒肺炎的废弃物处理的通知》（2020 年 1 月）［EB/OL］.http：//www.
　　env.go.jp/saigai/novel_coronavirus_2020/er_20013010_local_gov.pdf.

《基于废弃物处理法的感染性废弃物处理指南》（2004 年修订版）［EB/OL］.http：//www.env.go.jp/
　　hourei/11/000074.html.

《基于废弃物处理法的感染性废弃物处理指南》（2018 年修订版）［EB/OL］.http：//www.env.go.jp/
　　recycle/recycle/misc/kansen-manual1.pdf.

《应对新型流感的废弃物处理指南》（2009 年版）（对策部分）［EB/OL］.http：//www.env.go.jp/
　　recycle/misc/new-flu/guideline.pdf.

日本产业废弃物处理振兴中心，2008.感染性产业废弃物的国内排放量的推算［M］.

# 我国需积极应对美国修订"发展中国家名单"对环境领域国际合作产生的影响

张剑智　郑　军　汪万发

2020年年初，美国贸易代表办公室（USTR）发布公告，修订美国反补贴法下的"发展中国家名单"，对反补贴法中的最不发达国家和发展中国家标准进行重新认定，该公告自2020年2月10日起生效。根据更新后的名单，中国、印度、巴西、南非等在内的25个经济体没有被列入"发展中国家名单"。美国意在降低对这些国家或地区进行贸易反补贴调查的门槛，此举将产生不良的示范效应和溢出效应，挑战共同但有区别的责任原则。中国坚持发展中国家地位面临的外部压力将会上升，在一些国际组织和协议中本应享受的发展中国家权益受到挑战；还可能会影响中国履行环境国际公约的进程，增加申请全球环境基金和多边基金等的难度。

## 一、美国修订反补贴法下的"发展中国家名单"的政治、经济背景

世界贸易组织（WTO）的《补贴和反补贴措施协定》（以下简称《SCM协定》）规定，尚未达到发达国家地位的成员有权享受反补贴措施的特殊待遇；具体来说，在一国开展反补贴调查时，如果该国补贴份额极低或进口份额很小，则应停止该调查。根据《SCM协定》第11.9条、第27.10条及第27.11条，对发达国家或地区而言，如果产品补贴份额小于1%，就要停止调查；对发展中国家或地区而言，最不发达国家或地区为小于2%。根据《SCM协定》，对发达国家或地区而言，如果某产品从某发达国家或地区的进口额占从全球的进口额的比例小于3%，则认为进口忽略不计，发起调查国要终止调查。对非发达国家或地区而言，这一比例提高到4%。1998年6月2日，美国贸易代表办公室将《SCM协定》纳入其反补贴法，明确了可以享受补贴方面特殊优惠待遇的国家清单及优惠待遇措施，提出对发达国家或地区，补贴份额及进口额占比与WTO框架一致，分别为1%和3%；对发展中国家或地区，分别为2%和4%；对最不发达国家或地区，分别为3%和4%。

近年来，美国政府一直质疑WTO"发展中国家"的标准，特别是美国前总统特朗普多次公开批评部分国家在与美国的贸易中，利用发展中国家的优惠待遇，占尽

了美国的便宜，并威胁要取消此项待遇。2019 年 8 月 14 日《印度斯坦时报》报道，特朗普称"印度和中国不再是发展中国家，而是在世贸组织内利用发展中国家标签的国家"。

2018 年 2 月，美国贸易代表办公室（USTR）发布的《2018 年贸易政策议程和2017 年度报告》第五部分就 WTO 如何定义发展中国家给予了特别关注。该报告指出，虽然 WTO 中的最不发达国家概念使用了联合国标准，但是缺少界定发展中国家的标准。这导致一些发展水平较高的发展中国家（例如巴西、中国、印度、南非）在适用 WTO 规则时可以获得与撒哈拉沙漠以南非洲地区和南亚地区等的落后国家同样的优惠待遇。在适用 WTO 既定义务和发展新规则时，对那些被归类为高收入国家或中高收入国家，却依然希望获得与中低收入国家同样优惠待遇的国家，需要重新考虑或评估。

2019 年 1 月 16 日，美国向 WTO 总理事会提交了文件《一个无差别的 WTO：自我认定的发展中国家地位导致的体制边缘化》，认为中国是自我认定为发展中国家，但应该是发达国家，以此否定中国等国家的发展中国家地位，要求取消一大批发展中国家享受特殊与差别待遇的权益。美国举出了中国经济发展水平的许多数据，试图证明中国不应被视为发展中国家。

2019 年 2 月 15 日，美国在向 WTO 总理事会提交的文件《总理事会决定草案：加强 WTO 谈判功能的程序》中主张下列国家不得作为 WTO 框架下的"发展中国家"：① OECD 成员国和启动申请进入 OECD 程序的国家；② G20 国家；③被世界银行确定为"高收入国家"的国家；④占世界贸易份额 0.5% 或以上的国家。"美国标准"主张符合上述任意一个条件的国家将不能继续在 WTO 中被认定为"发展中国家"。

2019 年 7 月 26 日，美国白宫发布《改革世界贸易组织发展中国家地位备忘录》。备忘录中明确表示对近 2/3 的世界贸易组织成员将自己定义为发展中国家以获得特殊待遇并承担较少的 WTO 承诺表示不满，认为其中有些并非真正的发展中国家，这种现象同时损害了其他 WTO 发达经济体及真正需要特殊和差别待遇的经济体的利益。

## 二、美国反补贴法下的"发展中国家名单"主要内容

2020 年 2 月 10 日，美国反补贴法下的"发展中国家名单"中将不再包括下列国家：除了中国（包括香港地区）外，还有阿尔巴尼亚、阿根廷、亚美尼亚、巴西、保加利亚、哥伦比亚、哥斯达黎加、格鲁吉亚、印度、印度尼西亚、哈萨克斯坦、

吉尔吉斯斯坦、马来西亚、摩尔多瓦、黑山、北马其顿、罗马尼亚、新加坡、南非、韩国、泰国、乌克兰和越南。也就是说，上面这些不被认定为发展中国家。

美国此次重新划分不同国家或地区的依据主要有下面三个方面：

一是人均国民总收入（GNI）。主要依据是世界银行的高收入国家标准，即人均 GNI 低于 12 375 美元，则有资格获得美国反补贴法规定的特殊和差别待遇。

二是世界贸易份额。如果一个国家或地区在全球贸易中的占比超过 0.5%，则其不能享受该优惠（1998 年该比例是 2%）。因此，巴西、印度、印度尼西亚、马来西亚、泰国和越南不再被视为美国反补贴法中的发展中国家，即使这些国家的人均 GNI 低于 12 375 [①]美元。

三是是否参与国际贸易组织或其他组织。美国贸易代表办公室认为如果一国或地区是欧盟成员国、OECD 成员国或 G20 国家，则其不享受该待遇。因此，保加利亚、罗马尼亚、哥伦比亚、哥斯达黎加、阿根廷、巴西、印度、印度尼西亚和南非不再被视为美国反补贴法中的发展中国家，即使这些国家的人均 GNI 低于 12 375 美元。

通过这次修订，美国降低了反补贴法调查的门槛，将会对上述这些国家的经济发展产生很大的影响。

### 三、美国修订"发展中国家名单"将对中国经济和环境领域国际合作产生深远的影响

经过 40 多年的改革开放，中国经济取得了举世瞩目的成就，中国经济实力已经跻身于世界前列。特别是自加入 WTO 以来，对外贸易迅速发展，中国企业"走出去"的规模也逐步扩大。中国在 2010 年成为世界第二大经济体，2013 年成为全球最大货物贸易国，2014 年成为全球第一碳排放大国，并不断增加对外援助和对外投资，使得一些西方国家对中国的发展中国家地位产生质疑。有专家预测，中国在 2023—2030 年有望迈入高收入国家行列[②]。此次，美国修订"发展中国家名单"，提前让中国进入"发达国家"行列，将会增加中国经济的外部压力并增大国际责任。

当前，WTO 正处于新一轮谈判，美国修订"发展中国家名单"将可能改变 WTO 的一些规则，对世界贸易格局产生深远的影响。2018 年美国发起贸易摩擦以

---

① 2019 年 7 月，世界银行重新修订了标准：低收入国家人均 GNI 低于 1 025 美元，中低收入国家人均 GNI 为 1 026~3 995 美元，中高收入国家人均 GNI 为 3 996~12 375 美元，高收入国家人均 GNI 大于 12 375 美元。
② 林毅夫：《2023 年中国可成为高收入国家》，《人民日报》，2018 年 1 月 14 日。

来，全球贸易格局已出现了很多新的变化。发达国家之间逐渐达成贸易协定（如欧日贸易协定于 2019 年 2 月生效；日美贸易协定于 2020 年 1 月 1 日生效；2020 年 1 月，美国贸易代表、欧盟贸易委员会代表和日本经济产业大臣进行了三方会谈），试图重塑国际贸易规则。这将在未来 WTO 的谈判中，对发展中国家和欠发达国家或地区，特别是中国提出新的挑战。

（一）我国贸易所受到的直接影响不大，但我国的发展中国家地位将受到挑战

1998 年，美国贸易代表办公室发布"发展中国家名单"时，我国还不是 WTO 成员，并且反补贴法也不适用于我国当时的非市场经济国家地位；在我国加入 WTO 后，美国反补贴法于 2007 年适用于我国。近十多年来，美国对我国发起的反补贴和反倾销调查数量在其对各国或地区发起的调查中是最多的，我国几乎没有享受过发展中国家的特殊和差别待遇。因此，我国此次受美国贸易代表办公室修订名单影响不大。

但在中美签署新一轮贸易协定后，美国再次在反补贴调查方面否认我国为发展中国家，标志着美国与我国的贸易将不再适用"特殊和差别待遇"，而是按照发达国家标准进行，相关贸易关税和执行标准将有所提高，这将不利于我国的贸易出口。例如，对我国钢铁工业来说，美国对我国倾销调查的标准恐将更高，后期中国钢材产品受美国反倾销调查的数量及倾销幅度可能会更高，制约我国钢材及相关工业成品对美国的出口。更为重要的是，预示着美国在其他方面也将继续采取不承认我国为发展中国家的立场，进一步挑战我国在包括环境保护、低息贷款等在内的国际条例中拥有的发展中国家地位的既有优势。

（二）美国单边贸易保护主义将产生不良的示范效应和溢出效应，恐将借助环境保护营造新的贸易壁垒

此次美国贸易代表办公室修订名单，预示着美国贸易保护主义与单边主义行动的阴影将继续笼罩全球。美国此举还将产生更多不良的示范效应。为保全自身利益，其他国家恐将不得不筑高关税防线，对全球经济造成更大的破坏，扰乱国际经济秩序。例如，此次美国贸易代表办公室依据美国国内反补贴法，将所有欧盟成员国视为发达国家；欧盟成员国中，保加利亚和罗马尼亚将无法继续享受发展中国家的待遇，尽管根据世界银行的最新数据，其人均国民总收入均低于 12 375 美元；此举或将对欧盟内部稳定带来一定影响。此外，美国贸易代表办公室不顾联合国 2030 年可持续发展目标，未考虑将婴儿死亡率、成人文盲率和预期寿命等社会发展指标作为定义发展中国家的指标。随着美国单边贸易保护主义的日趋严重，不排除美国在贸

易政策中使用环境政策手段、营造环境保护主义壁垒的可能性；其通过将现行的环境保护贸易政策打造成对欠发达国家的"绿色壁垒"，后续更多地以保护生态环境、自然资源和人类健康为由限制进口产品的贸易政策，将对全球生物多样性保护、濒危野生动植物国际贸易、气候变化等方面造成深度影响。

（三）将对我国履行环境国际公约产生较大压力

**1. 我国申请履行环境国际公约资金的难度进一步加大**

我国在履行环境国际公约过程中，主要是在联合国环境规划署（UNEP）、联合国开发计划署（UNDP）、联合国工业发展组织（UNIDO）、世界银行及亚洲开发银行等国际机构的支持下，通过编写项目文件，申请全球环境基金和多边基金项目等的资助，实施国际合作项目。

全球环境基金（GEF）成立于 1991 年，重点支持发展中国家及经济转型国家履行气候变化、生物多样性、土地退化、持久性有机污染物及汞等领域的环境国际公约，也支持臭氧层保护、国际水域和海洋保护等活动。GEF 主要捐资方是美国、日本、德国、英国、法国、加拿大和中国等 39 个国家。2018 年 6 月，已完成第七增资期（2018—2022 年）增资谈判，融资 41 亿美元，确定了重点领域资金分配方案。GEF 资金在帮助发展中国家和经济转型国家履行环境国际公约过程中重点发挥了"催化作用"和"杠杆作用"。截至 2019 年年底，GEF 已融资 200 多亿美元，提供了180 多亿美元赠款，获得了 1 000 多亿美元配套资金，资助了 4 500 多个环境项目，取得了显著的全球环境效益，得到了国际社会的高度肯定[①]。

《蒙特利尔议定书》序言中提到：考虑到技术和经济方面，以及发展中国家的发展需要，彻底清除此种排放，必须做出特别安排，满足发展中国家（对这些物质）的需要，包括提供额外的资金和取得有关技术。同时《蒙特利尔议定书》考虑到技术和资金方面所面临的困难，设立了由发达国家或非 A5 条款国家捐资的多边基金，用于支持 A5 国家的淘汰活动。多边基金通过《蒙特利尔议定书》执行委员会秘书处及其国际执行机构提供资金和技术支持。我国也是 A5 国家之一，多边基金为我国履约提供了一定的资金与技术支持，为我国更好履约提供了强有力的支持。

在环境领域我国已经缔结的国际公约中，特别是《蒙特利尔议定书》《斯德哥尔摩公约》《关于汞的水俣公约》等化学品领域有硬性淘汰削减任务的公约中，我国都是保有量、排放量最大的国家，淘汰任务极其繁重，即使有全球环境基金、多

---

[①]　https：//www.thegef.org/about-us。

边基金等的支持，仍不足以覆盖完成履约任务的相关成本。根据 GEF 对合格的受资
助国的明确规定，如果某国家或地区已经批准了 GEF 服务的国际公约且符合公约缔
约方大会确定的资格标准，或某国家或地区有资格获得世界银行的资金，或有资格
获得 UNDP 通过其核心资源分配规划提供的技术援助，该国家或地区就属于合格的
GEF 资金申请国。根据 GEF 和多边基金对其合格申请国的界定，我国的申请资格
不会因美国的界定或某个协定的定义变化而受到影响，但资金申请的难度将会加大，
履约难度会进一步增加。一旦我国在世界银行和 UNDP 的相关标准中被定义为发达
国家，我国就将无法再申请全球环境基金。

**2. 我国在气候领域承担的减排、资金责任将越来越重**

国际气候谈判的分歧主要在于"如何处理温室气体减排上的责任分配"。基于历
史排放责任、当前发展水平和未来气候治理考虑，在共同但有区别的责任原则的共
识下，通过履行《联合国气候变化框架公约》《京都议定书》《巴黎协定》等，确定
发达国家及发展中国家等的减排责任。

2015 年通过的《巴黎协定》明确要继续遵循《联合国气候变化框架公约》下
"以公平为基础并体现共同但有区别的责任和各自能力的原则"，同时还要照顾到各
缔约国不同的国情。发达国家依然要带头开展绝对量减排，同时加强对发展中国家
的资金、技术和能力建设支持，帮助后者减缓和适应气候变化。发展中国家没有硬
性履约任务，可以根据自身情况逐步实现绝对减排或者限排目标。

2015 年巴黎气候大会上获得通过的《巴黎协定》确立了 2020 年后全球应对气
候变化制度的总体框架，明确了以自下而上的"国家自主贡献"为基础的全球减排
机制，自下而上并不意味着放弃发达国家和发展中国家的区分。《巴黎协定》依旧体
现了共同但有区别的责任原则，发达国家要带头开展绝对量减排，同时加强对发展
中国家的资金、技术和能力建设支持，帮助后者减缓和适应气候变化。在自主行动
的透明度等问题上，这种区分也有所体现。

我国是一个发展中国家。根据《联合国气候变化框架公约》《京都议定书》《巴
黎协定》，我国享有发展中国家的权利。以美国为代表的发达国家和以中国为代表的
发展中国家对共同但有区别的责任原则认知分歧很大；美国不断推动我国发展中国
家身份的变更，多次要求我国承担与发达国家"同等"的责任或与经济规模"对等"
的责任。

在应对气候方面，我国承担发展中国家责任既不是我国躲避国际责任的挡箭牌，
也不是获取优惠待遇的工具，而是与我国目前客观所处的发展阶段相对应的。超越
发展阶段的责任不仅对发展中国家本身不公平，而且不利于全球气候治理。国际气

候谈判进程中，发展中国家承担责任远小于发达国家，提前失去发展中国家身份不仅意味着将承担更多的国际责任和义务，而且意味着将失去对应所处发展阶段的有利待遇。

## 四、在环境领域维护我国发展中国家合理权益的建议及举措

我国的国际责任随着自身能力的提升而增加，我国从不推卸与自身发展水平和能力相应的国际责任。我国在承担越来越多国际责任的同时，作为发展中国家，也应享受在国际组织和协定中的特殊和差别待遇。我国在环境公约的谈判及对外合作交流中，都要理直气壮地表明和维护我国发展中国家的地位，以确保在更好履行国际责任的同时，坚持在国际组织和履约过程中享受发展中国家的待遇。

（一）在环境领域，我国应在国际场合坚定维护我国发展中国家地位

在环境领域，我国要清晰、客观和全面地阐述我国的真实国情和发展水平，如贫困人口脱贫情况。在环境领域的对外宣传中，既不缩小我国在环境问题治理上取得的实绩，也不夸大治理实绩。不仅要向国际社会展示我国污染防治攻坚战已取得的显著成效，也要向国际社会介绍我国环境问题治理的难度，通过国际合作来共同解决环境问题。

（二）以履行国际公约为支点，团结广大发展中国家坚持和维护共同但有区别的责任原则，推动全球落实可持续发展目标

2015 年通过的《2030 年可持续发展议程》提出了涵盖经济、环境和社会三大领域、包含 17 项目标的可持续发展目标体系，该议程成为全球可持续发展的行动指南。作为发展中国家中最重要的代表，我国应积极表态发声，强调我国坚持共同但有区别的责任原则，并一直以此作为我国在国际社会谋求环境领域合作与环境公约谈判的基准原则，团结广大发展中国家，争取与尽可能多的发展中国家特别是发展中大国达成共识，获得更多发展中国家的支持，形成合力，推动全球落实可持续发展目标，推动构建全球和区域性绿色治理新体系。

（三）以"一带一路"环境合作为契机，主动承担与我国发展地位相匹配的国际责任，引领示范发展中国家的绿色发展模式

我国在"一带一路"建设的交往实践中与他国建立了依赖共存的关系，加强了环境领域合作的深度和广度。"一带一路"倡议为沿线国家凝成的命运共同体打开了

绿色发展共赢的新局面。中国的绿色发展可为发展中国家作出引领示范，拉动提升"一带一路"发展中国家的整体生态发展水平。同时，面对国际社会期待我国在全球环境治理中发挥超出我国能力范围的更大作用时，应做好准备和回应。

## 参考文献

林毅夫，2018. 2023 年中国可成为高收入国家［N］. 人民日报，2018-01-14.

马涛，2019. 中国发展中国家地位及其变化趋势——基于美国和韩国的比较研究［J］. 全球化，（8）：54-68.

汤莉，2018. 美修订"发展中国家名单"影响莫误读［N］. 国际商报，2020-02-25（3）.

张剑智，2018. 深化生物多样性保护国际合作的思考［J］. 环境保护，（23）：32-36.

张剑智，孙丹妮，2020. 美国环境政策变化趋势及对我国环境领域国际合作的影响［J］. 环境保护，（15）：72-75.

GEF. About us［EB/OL］.［2019-12-30］. https：//www.thegef.org/about-us.

# 后疫情时代全球环境治理变迁展望与对策

朱留财　张黛玮

在 21 世纪第三个十年来临之际，一场席卷全球的新型冠状病毒肺炎疫情（以下简称"新冠肺炎疫情"）"黑天鹅"不仅蔓延五大洲 200 余国家和地区，而且正在或者即将诱发经济、政治、安全、文化和环境等诸多领域的"溢出效应"。在百年未有之大变局的大背景下，疫情将作为催化剂，对全球环境治理带来深远影响，催化全球环境治理格局变迁。

## 一、基本判断

当下，疫情仍在蔓延，未来发展态势仍存在很大的不确定性。在百年未有之大变局的大背景下，如果没有出现更具破坏力状况的情形，可能存在以下不同层面的变局。

### （一）全球环境治理格局将发生深刻变化

2020 年 3 月 31 日，联合国秘书长指出，当前人类面临的不是金融危机，而是人类危机（United Nations，2020）。最新统计表明，2020 年全球经济萎缩了 3.3%（International Monetary Fund，2021），而此前的预测是增长 3.4%（International Monetary Fund，2019）。伴随着疫情全球化，后疫情时代全球环境治理结构特别是主体结构将发生重大变化。

#### 1. 加速以美国为核心的"西方失势"进程

2020 年 2 月，德国慕尼黑安全会议将年度报告的主题确定为"西方失势"（westlessness），意即西方社会不再像以往那样强势，拥有足够的主导世界的势力和话语权。疫情是分水岭，后疫情时代将加剧以美国为核心的"西方失势"进程，这一国际政治格局必将影响全球环境治理格局和制度环境。第一，欧美之间的裂痕加大，裂化加剧，合作效能蜕变。第二，美国霸权颓势明显。特朗普政府时期的"America First"理念曾经被认为是"美国优先"的保护主义，实则是"唯美独尊"的霸权主义；拜登政府在西方世界强调"We are back"理念，其名为"美国回来了"，实则"王者归来"，但在西方世界，美国已不再是昔日之"王"，霸权的势能大减。第三，欧盟内部裂变加剧。后疫情时代与后英国脱欧时代的叠加促使欧盟内部承受更大的裂变压力，凝聚力遭受重创。

世界政治格局直接影响全球环境治理格局。在特朗普时期，对全球环境治理看似不重视，资金支持大幅度减少，但"成事不足败事有余"，逆向的破坏力和影响力仍很强。拜登政府虽然已重返《巴黎协定》，扭转了特朗普政府的美国立场，但是其减排承诺是否能获得国会认可？减排立场有多大稳定性和可靠性？这些具有一定不确定性的因素导致美国在全球环境治理进程中的话语权大幅减弱。

### 2. 加快中国走向世界舞台中央的前进步伐

中国成功应对疫情，取得了决定性成果，国家治理体系和治理能力经受住了一次"大考"，为全球公共卫生治理树立了典范，凸显走向世界舞台中央的大国担当，也增加了国际社会对中国参与全球环境治理的期望值。

第一，"人与自然和谐共生"的理念将获得更多的全球环境治理价值认同。疫情全球化说明人与自然关系出现了严峻问题。科学界公认病毒源自人与自然的不当接触或互动。这就要求人们必须也应当重新思考人与自然的关系问题，因为如果人类找不到一种与自然相处的合适关系，不同类型的病毒会不断重现，影响甚至惩罚人类（郑永年，2020）。

第二，人类命运共同体的全球治理愿景将迎来更广泛的空间。联合国秘书长古特雷斯在2020年3月31日表示："我们在这场危机期间和之后所做的一切，都必须把重点放在建设更平等、更包容、更可持续的经济和社会上，使之在面对流行病、气候变化和许多其他全球挑战时更具韧性"（United Nations，2020）。2020年4月2日，国际知名期刊《外交学人》刊发了100名中国学者联名《致美国社会各界的公开信》，从人类命运共同体的角度，呼吁全球团结合作。

### 3. 加剧全球环境治理模式的深刻变化

20世纪80年代末和90年代初，无论是保护臭氧层的《蒙特利尔议定书》，还是"里约三公约"，国际法中均确定了"发达国家"和"发展中国家"的二元格局。治理模式是典型的（发达国家）国际社会出资、发展中国家实施履约行动的"自上而下"模式。后疫情时代，伴随着全球经济危机的冲击波，全球环境治理模式将加快从"自上而下"模式转向"自上而下"和"自下而上"并行的新模式（以下简称"并行模式"）。

事实上，"并行模式"变化有迹可循。2008—2009年的"全球金融危机"严重影响了全球气候治理进程，也是哥本哈根气候大会失败的政治经济根源之一。2015年，历经"巴厘路线图"进程和"德班进程"8年磨难终于达成《巴黎协定》，其里程碑式的成功的根本原因在于"国家自主贡献"（NDC）制度创新，确立了全球气候治理变迁中"自下而上"模式的兴起。这种"并行模式"是"不喜欢，但又不得不接受"的模式，也是政府环境治理、企业环境治理和社会环境治理的多元共治模式。

### 4. 加紧东西方两种文明之间的冲突和互鉴

在疫情催化作用下，东方文明的制度有效性更为世界所认可。一个简单而直接的实例就是"戴口罩"的习惯，口罩的防护性或防御性功能在东方广为接受。而在西方文化里，则几乎相反，即使官方强制性要求佩戴口罩，但仍有人认为只有生病的人才需要戴口罩。有分析认为，西方文明起源于海洋，充满了扩张和征伐意识，把世界硬性带入一个统一的经济市场，但无法为世界建立一个和谐有序、可持续发展的系统。以中华文明为代表的东方文明是发源于大陆的农耕文明，把人类、社会、自然和宇宙当成一个整体，崇尚"天人合一"的理念，就容易把世界的万物调和成和谐共存关系。天人合一、和而不同的思想是共谋全球生态文明的思想基础，也是"为世界谋大同"的理论源泉。后疫情时代，东方文明与西方文明也许会将经历剧烈的所谓"文明冲突"的曲折过程，事实将证明东方文明的价值，最终走向包容互鉴。

### 5. 加剧中美环境外交博弈的复杂局势

美国已经连续发起了贸易战、科技战等。后疫情时代，在全球环境治理领域一样会加剧对华博弈和抹黑，以服务遏制"战略敌手"的霸权外交总体战略。当中美成为未来十年全球治理主导者时，这一格局将更加凸显。2020年9月，特朗普总统公然在联合国大会上挑战中国环境治理成效，诋毁中国参与全球环境治理的贡献。拜登政府虽然执政方略与特朗普政府迥然不同，但在同中国斗争方面仍丝毫不减诋毁和施压态势。例如，在2021年全球环境基金第八增资期谈判第一轮磋商中，明确提出借鉴世界银行用资权"毕业"制度安排，胁迫包括中国在内的用资大国的用资权。再例如，在全球气候治理中，中国已经克服困难，提出2030年前实现二氧化碳排放达到峰值、2060年前实现碳中和的战略目标，但是美国仍不依不饶，认为力度不足，继续施压。

### （二）全球环境治理赤字风险将日益加大

后疫情时代，国际政治信任危机、人类危机、经济危机、地缘政治危机相互交织，特别是主要发达经济体政治经济动力不足，导致全球环境治理赤字形势严峻。原计划于2020年举办的气候变化和生物多样性等领域的缔约方大会被迫推迟至2021年年底，对全球气候治理和生物多样性治理等无疑带来了挑战。

### 1. 治理体制赤字挑战

现有环境治理体制基本都侧重于环境要素治理。例如，著名的"里约三公约"

针对的是气候变化、生物多样性和荒漠化等三大环境要素。随着时间的推移，要素治理中存在的体制机制碎片化问题越来越突出，制度壁垒凸显。再例如，"化学品三公约"（《巴塞尔公约》《鹿特丹公约》《斯德哥尔摩公约》）亦是如此，虽然已经尝试了协同增效的探索，但仍面临新的挑战，"1+1+1＜3"的效应依然十分明显。

《巴黎协定》缔约之后，法国牵头力推《世界环境公约》，试图整合资源形成具有约束力的综合性国际制度安排。但此前，美国和俄罗斯等联合国常任理事国都在反对，展望未来，仍步履艰难。

### 2. 治理机制赤字挑战

环境治理机制包括资金、技术、能力建设等操作层面的制度安排和运行机制。以气候治理为例，2009 年爆发金融危机之后，《京都议定书》第二承诺期难以为继，日本、加拿大等甚至直接退出《京都议定书》；新冠肺炎疫情暴发后，绿色气候基金未来 4 年业务规划和用资制度安排在于 2020 年 2 月和 3 月连续两次召开的会议上未能达成共识，本质在于出资国在疫情暴发当下，正努力通过遏制机制来控制资金流量和流速，缓解治理赤字给自身带来的冲击，客观上牺牲了全球环境利益。

### 3. 治理能力赤字挑战

短期内，后疫情时代，各国的首要任务是恢复经济，不会优先治理环境。因此，环境治理能力冲击很大。"绿色复苏"等概念虽然成为国际社会共识，但是常常是"口惠而实不至"，或者给现有工作贴上"绿色复苏"的标签，应对疫情的额外性贡献有限。例如，某全球性的环境基金审批通过的新项目被称为应对疫情的投资，但是投资内容与原来计划并无本质性变化。长远来看，治理能力赤字也不容乐观。发展中国家面临着环境治理能力的巨大需求，但在"西方失势"的大背景下，发达国家提供的帮助比较有限。

## 二、对策建议

深度参与全球环境治理，共谋全球生态文明，构建清洁美丽世界和人类命运共同体，是习近平生态文明思想和习近平外交思想的关键核心内容，也是后疫情时代应对未来全球环境治理的理论武装，需要活学活用、顺势而为。

### （一）坚持发展中国家定位的同时保持建设性、灵活性

中国是世界上最大的发展中国家，虽然已经实现了第一个百年奋斗目标，但从综合发展指数来看依然是发展中国家。正如习近平总书记在 2021 年 7 月中国共产党与世界政党领导人峰会上发表的主旨讲话中强调指出："我愿再次重申，中国永远是

发展中国家大家庭的一员，将坚定不移致力于提高发展中国家在国际治理体系中的代表性和发言权。"

我国一直坚持发展中国家定位，理由很充分。但是，后疫情时代全球环境治理形势错综复杂，需要我国在坚持发展中国家定位和保持理性的同时，展示出一定的建设性和灵活性。这是因为一方面，很多发展中国家已经不将中国视为发展中国家。中国成功应对疫情取得的胜利和对国际社会健康事业作出的巨大贡献很好地展示了中国共产党的治理能力和全球治理贡献，国际社会期待在全球环境治理中同样发挥出重要作用。另一方面，主要发达国家已经不再将中国视为发展中国家。例如，欧盟在 2019 年 3 月发布的《欧中关系战略展望》中明确提出，中国不再是发展中国家，中国既是欧盟目标一致的合作伙伴、利益平衡的谈判伙伴，又是经济竞争对手和制度竞争对手。再例如，美国贸易代表办公室发布了于 2020 年 2 月 10 日生效的一则公告，修订了反补贴法的"发展中国家名单"，将中国、印度、巴西和南非等移除"发展中国家名单"。从长远来看，展示建设性和灵活性，需要克服传统的发展中国家定位的"路径依赖"弊端，及早做好战略准备和能力建设。2020 年，习近平主席在联合国大会上对外宣示 2060 年前实现碳中和的战略目标，就是一种最好的建设性和灵活性的展示。

（二）借助绿色"一带一路"平台宣传习近平生态文明思想

立足习近平生态文明思想和习近平外交思想，借鉴国际惯例和基于联合国系统的国际规则和国际秩序，创新绿色"一带一路"制度安排，指导具体实践。例如，将诸多类似浙江省安吉县践行"绿水青山就是金山银山"理念等的生态文明建设实践转化为国际通用的"最佳实践"或"中国方案""中国故事"。再例如，借鉴国际通用的"赤道原则"或世界银行的环境与社会安全框架制度，创新绿色"一带一路"建设项目环境与社会安全风险防控制度体系，切实维护"一带一路"建设高质量发展。

（三）把握好《生物多样性公约》第十五次缔约方大会的难得机遇

中国将承办《生物多样性公约》第十五次缔约方大会，同各方共商全球生物多样性治理新战略，共同开启全球生物多样性治理新进程（习近平，2021）。党的十九大提出了"构建政府为主导、企业为主体、社会组织和公众共同参与的环境治理体系。积极参与全球环境治理，落实减排承诺"的国家治理现代化方略，为深度参与甚至引领未来全球环境治理奠定了基础。延时召开的《生物多样性公约》第十五次缔约方大会（COP15）既是挑战，也是机遇。把握好大会主题为"生态文明：共建地球生命共同体"的契机，将习近平生态文明思想和战胜疫情后中国高度重视人与环境关系、维护生物安全的一系列制度安排转化为全球生物多样性治理的制度性框架。

特别是借助主场机会，强化国际社会认同的全球生物多样性治理（global biodiversity governance）理念，构建政府为主导、企业为主体、社会组织和公众共同参与的全球生物多样性治理体系。大会成果将围绕创新全球生物多样性治理体系、提升全球生物多样性治理能力开展顶层设计，为未来十年增强全球生物多样性治理水平，实现2030年生物多样性治理愿景和可持续发展议程，奠定良好基础。

同时，可考虑借鉴全球气候治理的"并行模式"，探索全球生物多样性治理领域的"并行模式"。这是因为：第一，主要发达国家都不是生物多样性大国；第二，生物多样性大国都是发展中国家或新兴经济体；第三，美国不是《生物多样性公约》和相关议定书的缔约方；第四，生物多样性的局地性强，全球性不如臭氧层和温室气体；第五，气候变化领域"自下而上"的模式已经开启了"并行模式"新路；第六，为未来中国深度参与全球环境治理预留灵活的战略空间。

# 参考文献

习近平，2021.加强政党合作　共谋人民幸福——在中国共产党与世界政党领导人峰会上的主旨讲话［EB/OL］.新华网，http://www.xinhuanet.com/politics/leaders/2021-07/06/c_1127628738.htm.

郑永年，2020.狂妄的人类与坚韧的病毒［EB/OL］.联合早报，https://www.zaobao.com/forum/views/opinion/story20200331-1041601.

International Monetary Fund，2019. World Economic Outlook：Global Manufacturing Downturn，Rising Trade Barriers［R］.Washington，DC.

International Monetary Fund，2021. World Economic Outlook：Managing Divergent Recoveries［R］.Washington，DC.

United Nations，2020. Transcript of UN Secretary-General's virtual press encounter to launch the Report on the Socio-Economic Impacts of COVID-19［EB/OL］.https://www.un.org/sg/en/content/sg/press-encounter/2020-03-31/transcript-of-un-secretary-general%E2%80%99s-virtual-press-encounter-launch-the-report-the-socio-economic-impacts-of-covid-19.

# 全球主要城市臭氧浓度变化研究

王树堂　王　京　莫菲菲　赵敬敏　奚　旺　周七月　崔永丽　陈艳青

## 一、全球臭氧（$O_3$）浓度变化趋势与标准

### （一）$O_3$浓度变化趋势

从有$O_3$浓度监测以来，全球近地面$O_3$浓度总体呈上升趋势，但近20年在欧洲、美国已缓慢下降（陈世俭等，2005）。研究人员对全球背景站点在1876—2007年的$O_3$浓度数据进行分析，发现全球背景浓度整体呈上升趋势，从10 ppb（1 ppb=$10^{-9}$，约为20 μg/m³）抬升至40 ppb（约为80 μg/m³）。受人类活动影响，$O_3$浓度高值主要集中在中高纬度地区，且北半球浓度明显高于南半球。从时间尺度上看，北半球春季和夏季的$O_3$浓度明显高于秋冬季节。近30多年来，在东亚和南亚地区，$O_3$浓度增加趋势最为明显。研究人员发现亚洲地区的对流层$O_3$增加更为明显。北美和欧洲地区的$O_3$浓度在1979—2003年不断增加，2003年后趋于平缓。欧洲$O_3$浓度在20世纪初期大幅增加，20世纪中期后缓慢增加，21世纪不再显著增长。研究人员对瑞士、德国以及法国高海拔地区背景站点在1930—1990年的$O_3$观测数据进行分析，发现20世纪初期欧洲$O_3$浓度比19世纪末期增加了5倍。

欧洲地区$O_3$背景质量浓度总体相对较低，历年$O_3$背景质量浓度均未超过80 μg/m³（王宗爽等，2010）。美国背景质量浓度在90～105 μg/m³，接近东亚地区水平，2015年后总体保持稳定。东亚地区的日本、韩国自2016年后$O_3$背景质量浓度有明显下降，2017年、2018年韩国有小幅上升，但仍低于2015年水平。中国$O_3$背景质量浓度在2017年前低于日本、韩国，但2016年后有逐年上升趋势。

### （二）不同国际组织、国家和地区$O_3$浓度标准

世界卫生组织（WTO）的$O_3$浓度标准源于《空气质量准则》，通常将$O_3$日最大8 h平均质量浓度限值100 μg/m³作为准则值，160 μg/m³作为过渡目标值，所规定的限值作为其他国家参照的标准。我国$O_3$浓度标准源于《环境空气质量标准》（GB 3905—2012），通常将$O_3$日最大8 h平均质量浓度限值小于160 μg/m³作为二级标

准，这一标准与其他国家相比较为宽松，100 μg/m³ 作为一级标准，这一标准与世界卫生组织标准一致。不同国际组织、国家和地区标准数据如表 1 所示。

表 1　不同国际组织、国家和地区 $O_3$ 质量浓度标准

| 国际组织、国家和地区 | 日最大 8 h 平均质量浓度限值 | 1 h 平均质量浓度限值 | 年达标准则 |
|---|---|---|---|
| 世界卫生组织 | 过渡目标值：160 μg/m³<br>准则值：100 μg/m³ | — | — |
| 中国 | 100 μg/m³（一级标准）<br>160 μg/m³（二级标准） | 160 μg/m³（一级标准）<br>200 μg/m³（二级标准） | 日最大 8 h 平均第 90 百分位数不大于 160 μg/m³ |
| 新加坡 | 100 μg/m³ | — | — |
| 印度 | 100 μg/m³ | 180 μg/m³ | — |
| 韩国 | 120 μg/m³ | 200 μg/m³ | — |
| 日本 | — | 0.06 ppm（1 ppm=10⁻⁶，约为 128 μg/m³）<br>0.12 ppm（警报限值）<br>0.24 ppm（严重警报限值）<br>0.40 ppm（紧急警报限值） | — |
| 欧盟 | 120 μg/m³ | 180 μg/m³（通报）<br>240 μg/m³（警报） | 平均 3 年内每年不能超标 25 次 |
| 德国 | 同欧盟标准 | — | — |
| 英国 | 100 μg/m³ | — | — |
| 美国 | 0.07 ppm（2015 年，约为 150 μg/m³） | 0.12 ppm（约为 260 μg/m³），仅在部分州适用 | 每年第四高的日最大 8 h 平均质量浓度的 3 年均值不大于 0.075 ppm |
| 加拿大 | 126 μg/m³ | — | — |
| 墨西哥 | 140 μg/m³ | 190 μg/m³ | — |
| 埃及 | 120 μg/m³ | 200 μg/m³ | — |
| 南非 | 120 μg/m³ | — | — |

## 二、全球主要城市 $O_3$ 浓度变化

根据 www.aquicn.org 网站的数据分析，全球 22 个城市中，北京 2019 年 $O_3$ 相对污染水平为 45（AQI 转换值，量纲一），北京在 22 个城市中排名靠后，表明北京面临较为严重的 $O_3$ 污染（如图 1 所示）。$O_3$ 未对大气环境质量造成影响的城市有安卡拉、赫尔辛基等。$O_3$ 对大气环境造成严重影响的城市有墨西哥城、北京等。

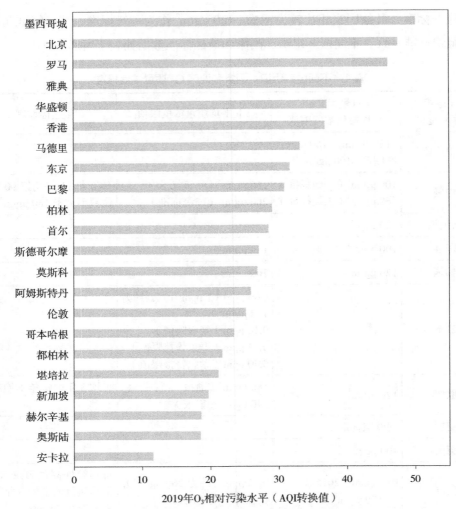

图 1　2019 年全球 22 个城市 O₃ 对大气环境的相对污染水平（AQI 转换值）

数据来源：www.aquicn.org 网站。

（一）亚洲

### 1. 北京

北京位于华北平原北部，气候为典型的北温带半湿润大陆性季风气候，夏季高温多雨，北京为华北地区降雨最多的地区之一，冬季寒冷干燥。随着城市化和区域经济一体化进程加快，北京的空气污染特征也发生了明显的变化，从单一型大气污染转变为复合型大气污染，城市 $O_3$ 污染问题也越发突出（徐晓斌等，1998）。

虽然国内从 2016 年才开始在全国层面重视 $O_3$ 问题，但 $O_3$ 问题的研究和城市层面的管控早在 20 世纪 80 年代便已开始。北京市在北京大学校园监测站观测发现

1997 年 6 月 $O_3$ 最大 8 h 平均质量浓度达 190 μg/m³（张远航等，1998）；在北京市定陵地区 2005 年 6—7 月的观测发现，$O_3$ 1 h 质量浓度最高可达 570 μg/m³，$O_3$ 1 h 质量浓度峰值超过 240 μg/m³ 的情况在 2005 年 6—7 月达到了 13 天，浓度与 20 世纪 80 年代的洛杉矶和 21 世纪头 10 年的墨西哥城相当。

有实验研究表明，北京地区 2001—2006 年 $O_3$ 浓度呈增加趋势。2013 年，北京开始进行连续近地面监测，结果如图 2 所示，表明 2014—2019 年 $O_3$ 质量浓度整体超标，夏季 $O_3$ 污染形势严峻。其中，2013—2015 年 $O_3$ 日最大 8 h 平均第 90 百分位质量浓度值逐年升高，2015 年达到峰值；随后呈平滑下降趋势，2017 年后下降速度明显减缓（张钢锋等，2009）。

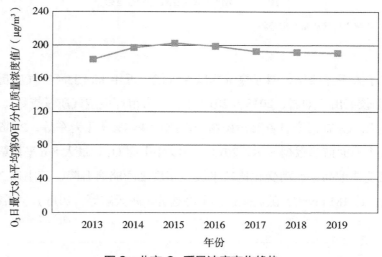

图 2　北京 $O_3$ 质量浓度变化趋势

数据来源：北京市生态环境状况公报。

### 2. 广州

广州地处亚热带沿海，属海洋性亚热带季风气候。广州是中国重要的工业基地、华南地区的综合性工业制造中心。近年来，随着广州对细颗粒物污染的治理，广州空气质量得到改善，但是 $O_3$ 污染问题日益凸显（郑君瑜等，2009）。广东地区 2006—2011 年 $O_3$ 年平均浓度迅速增加。2012 年开始的连续近地面监测数据显示，2012—2015 年广州 $O_3$ 质量浓度超标率在波动中下降，2015 年超标率比 2012 年下降了 9 个百分点；2016—2019 年，$O_3$ 日最大 8 h 平均第 90 百分位质量浓度值呈逐年上升趋势（如图 3 所示）。

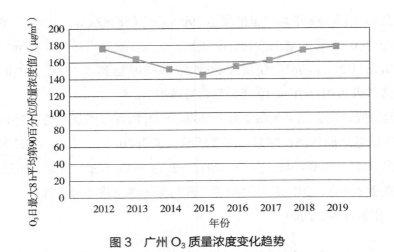

**图3 广州 O₃ 质量浓度变化趋势**

数据来源：广州市环境质量状况公报。

### 3. 上海

上海位于太平洋西岸，属亚热带季风性气候。近年来，上海空气质量持续改善，但 $O_3$ 污染仍较突出（刘岩，2018）。2019 年，上海市环境空气质量指数（AQI）优良天数为 309 天。$O_3$ 在污染日首要污染物的占比达 46.4%（张爱东等，2006）。2013 年开始的连续近地面监测数据显示，2013—2019 年上海 $O_3$ 日最大 8 h 平均第 90 百分位质量浓度值整体偏高，波动变化比较平缓，年度之间略有升降，其中以 2017 年质量浓度为最高，达 181 μg/m³，随后呈连续下降趋势（张天航等，2013）（如图 4 所示）。

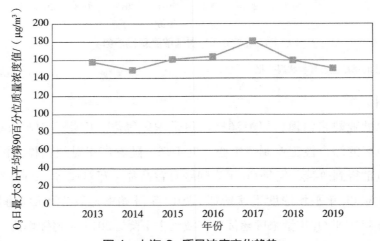

**图4 上海 O₃ 质量浓度变化趋势**

数据来源：上海市生态环境状况公报。

### 4. 东京

日本东京位于日本本州岛关东平原南端，都市圈总人口达 3 700 万人（2016 年），东京是世界上人口最多的城市之一。东京属于亚热带季风气候，夏季高温炎热，冬季较寒冷。

东京将 $O_3$ 和过氧乙酰硝酸酯等大气中可氧化的物质统称为光化学氧化剂（$O_x$），其中 $O_3$ 占绝大部分。当 $O_x$ 小时均值大于 0.12 ppm（约为 240 $\mu g/m^3$）时，当地政府通过大众媒体发出警报并采取应急措施等。当 $O_x$ 小时均值大于 0.24 ppm（约为 480 $\mu g/m^3$）时，则发出光化学污染严重警报。在 2000—2010 年，东京出现 $O_x$ 污染警报的天数明显增加，其中 2001 年达到历史警报天数最多的 23 天。最近几年，东京 $O_x$ 污染天数呈下降趋势，说明 $O_x$ 浓度显著降低。

从日本全国来看，20 世纪 90 年代，日本本州四大工业区的 $O_x$ 日最大 8 h 质量浓度第 99 百分位数 3 年滑动均值仍处于波动上升趋势（王宁等，2016），如图 5 所示。21 世纪初，日本加大了治理力度，自出台《机动车 $NO_x$ 法案》后，1992—2013 年机动车监测站 $NO_x$ 年均浓度累积下降了 57%；非甲烷总烃年均浓度呈大幅下降趋势（如图 6 所示）。

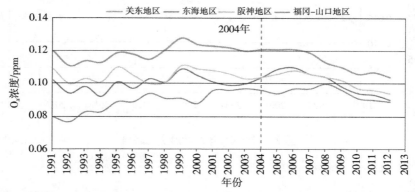

**图 5　日本四大工业区 $O_x$ 日最大 8 h 质量浓度第 99 百分位数 3 年滑动均值逐年变化趋势**

数据来源：www.env.go.jp/doc/toukei/contents。

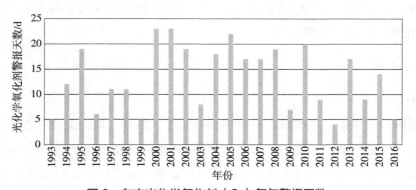

**图 6　东京光化学氧化剂（$O_x$）每年警报天数**

数据来源：http://www.env.go.jp/en/focus/docs/06_at/index.html。

### 5. 首尔

韩国首尔位于朝鲜半岛中部，地处盆地，属于温带季风气候，气候温暖，年平均气温为 11.8℃左右。韩国空气质量标准规定 $O_3$ 年平均浓度小于 0.02 ppm（约为 40 µg/m³）或者日最大 8 h 平均浓度小于 0.06 ppm（约为 120 µg/m³）为达标准则。在 20 世纪 90 年代，首尔的 $O_3$ 浓度逐渐增加，到 21 世纪初期虽缓慢下降，但是自 2005 年以后再次呈增加趋势，总体来说首尔 $O_3$ 年均浓度呈稳步上升趋势，从 1995 年的 0.013 ppm（约为 26 µg/m³）上升到 2017 年的 0.025 ppm（约为 50 µg/m³）。同时由于受亚洲季风影响（7—9 月），首尔 $O_3$ 浓度在夏初最高，同时 $O_3$ 浓度超过标准值的概率最高，主要原因是首尔夏季大气扩散条件不利和高温天气（如图 7 所示）。

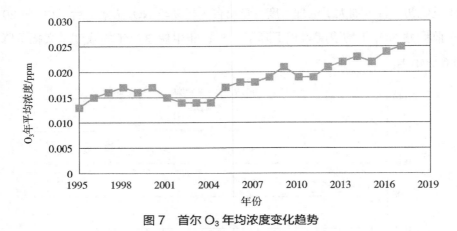

图 7　首尔 $O_3$ 年均浓度变化趋势

数据来源：http://www.airkorea.or.kr。

为控制首尔城市圈的 $O_3$ 浓度水平，研究机构在首尔东部开展了多年监测。通过实施减排政策，首尔的总挥发性有机物和 NO 减少，但 $NO_2$ 没有成比例减少，因此 $NO_2$ 与 $NO_x$ 浓度比较高。机动车是首尔大气污染物排放的主要来源之一，也是首尔东部 $O_3$ 浓度峰值的最主要原因。

### （二）美洲

### 1. 洛杉矶

洛杉矶是美国第二大城市，是美国石油化工、海洋、航天工业和电子工业的主要基地之一。独特的地形地貌是洛杉矶烟雾污染形成的自然地理条件。洛杉矶三面环山，昼夜温差较大，日间比较炎热，是典型的地中海气候。日照强烈，气候干燥，大气扩散条件差，这为光化学烟雾提供了天然有利条件。

　　20 世纪 40 年代，洛杉矶烟雾事件爆发，直到 20 世纪 90 年代，大气环境才得到较大改善，其治理过程经历了 50 多年。从公众认知和政府行为的改变来看，洛杉矶烟雾污染治理经历了 4 个阶段，即盲目期、推责期、改善期和改善后期。21 世纪，洛杉矶的大气 $O_3$ 浓度大幅下降，但仍未达到空气质量标准值（杨昆等，2018）。洛杉矶 $O_3$ 浓度从 1965 年开始波动下降，但下降速率只有 1%/a。一个重要的原因是 $O_3$ 浓度极易受到气象条件变化的影响，高温干燥和强太阳辐射容易造成 $O_3$ 浓度升高（如图 8 所示）。

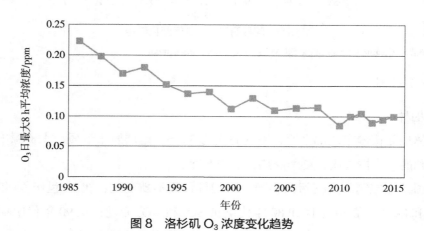

图 8　洛杉矶 $O_3$ 浓度变化趋势

数据来源：Courtesy of the South Coast Air Quality Management District。

### 2. 墨西哥城

　　墨西哥城是墨西哥的首都，位于被称为墨西哥谷的盆地中央，因此先天就有空气不易流通扩散的缺点，再加上人口密集以及大量使用老旧汽车，造成该城举世闻名的严重空气污染。城市无序发展、工业化以及化石燃料消耗增大。在 20 世纪 80 年代末到 90 年代初，$O_3$ 污染较为严重，每年有 40～50 天 $O_3$ 浓度超过 300 ppb（约为 600 μg/m³）。到 90 年代末，超过 300 ppb 的天数减少到仅为 3～4 天，但仍有 85% 的天数的 $O_3$ 浓度超过标准。

　　近年来，随着清洁空气政策的落实，$O_3$ 污染得到有效改善。较 1990 年，2016 年墨西哥城 $O_3$ 污染水平已降低 31%，但在每年 3—5 月仍较为严重。经过长期治理，墨西哥城 $O_3$ 浓度大幅下降，但是目前依然超过当地标准（郭超等，2020），治理任务依然艰巨。目前，墨西哥城 $O_3$ 污染主要来自交通、工业、生活以及其他排放，其中交通排放为主要污染源，占比达 46%（如图 9 所示）。

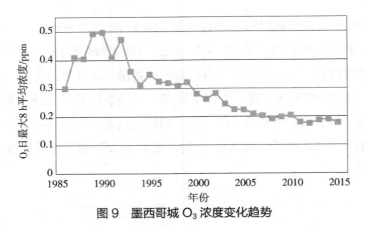

图 9　墨西哥城 $O_3$ 浓度变化趋势

数据来源：Cleaning the air in the MCMA：Air Quality Management。

## （三）欧洲

### 1. 柏林

柏林地处德国东北部平原，平均海拔为 35 m，地层属于沙质，水资源丰富。柏林是温和的海洋性气候，夏季炎热，冬季寒冷。

德国重点控制的大气污染物随着时间推移而不断变化：在 20 世纪 60 年代主要是烟尘和粗尘；在 70 年代和 80 年代侧重 $SO_2$ 和 $NO_x$ 治理；从 90 年代中期开始重视 $O_3$ 污染防治。2001—2018 年，柏林的 $O_3$ 年平均浓度波动不大，日最大 8 h 平均浓度在绝大部分时间低于欧盟空气质量标准，柏林空气质量较好。

几十年来，德国政府不断制定和完善治理空气污染的环保法规。欧盟的法规［如涵盖 9 种污染物环境标准的《欧洲空气质量和清洁空气欧盟委员会指令（2008/50/EC）》］对德国有很大影响。柏林市共设立了约 50 个空气质量监测站点，柏林环保部门每天将各监测站的数据汇总后，通报 $O_3$ 等污染物监测数据。柏林 Berlin Neukölln 站点 $O_3$ 质量浓度变化趋势如图 10 所示。

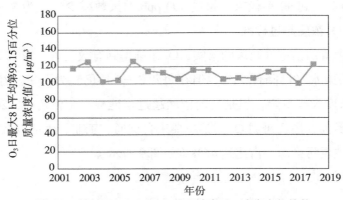

图 10　柏林 Berlin Neukölln 站点 $O_3$ 浓度变化趋势

数据来源：https：//www.eea.europa.eu/data-and-maps/dashboards/。

### 2. 米兰

米兰是意大利最重要的工业中心之一。米兰属于地中海气候，夏季炎热干燥，冬季温和多雨。由于较高的一次污染物排放、不利于污染物扩散的气象条件以及强烈的太阳辐射，米兰在 2003 年的污染情况较为严重，治理任务非常艰巨。1998—2012 年，米兰 2003 年平均浓度在 0.038～0.055 ppm（为 76～110 μg/m³）之间波动，没有表现出明显下降趋势。一般来讲，当 2003 年平均质量浓度小于 40 μg/m³ 或者日最大 8 h 平均质量浓度小于 120 μg/m³ 时，空气质量达标。

为治理空气污染，当地政府在市中心增设交通管控区，加收交通拥堵费，以抑制车辆进城需求，减少汽车尾气排放。据统计，这项政策实施后管控区内车辆减少了 30%，外围地区车辆使用量也减少了 7%。另外，米兰市政府还通过每年数次的周日无车日活动，积极引导民众使用公共交通设施。米兰 $O_3$ 浓度变化趋势如图 11 所示。

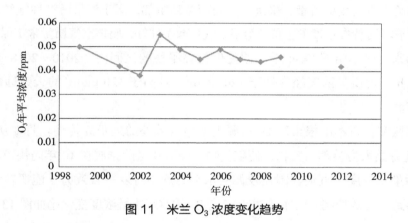

**图 11 米兰 $O_3$ 浓度变化趋势**

数据来源：Design and validation of a multiphase 3D model to simulate tropospheric pollution。

### 3. 伦敦

伦敦位于英格兰东南部平原，地形平坦。伦敦受北大西洋暖流和西风影响，属温带海洋性气候，四季温差小，夏季凉爽，冬季温暖，空气湿润。

自 20 世纪 50 年代以来，英国通过立法治理烟雾，之后伦敦的空气质量大幅度提高。伦敦政府采取了许多措施，如《伦敦市长空气质量战略》针对机动车污染，对 $PM_{2.5}$、$PM_{10}$、$O_3$、$NO_x$ 等大气污染物提出了治理对策，并取得了显著效果。经过 50 多年的治理，伦敦光化学污染得到有效控制，$O_3$ 年平均浓度保持在平稳的区间内，$O_3$ 日最大 8 h 平均第 93.15 百分位质量浓度值低于 120 μg/m³。伦敦 London N.Kensington 监测站 $O_3$ 浓度变化趋势如图 12 所示。

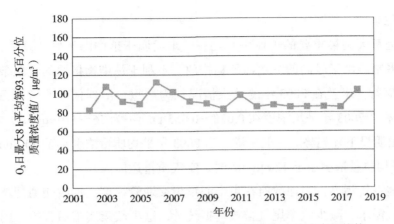

图 12　伦敦 London N. Kensington 监测站 $O_3$ 浓度变化趋势

数值来源：https：//www.eea.europa.eu/data-and-maps/dashboardss。

### 4. 哥本哈根

哥本哈根是丹麦的首都，坐落于丹麦西兰岛东部，属于温带海洋性气候，四季温和。夏季平均气温约为 22℃。哥本哈根空气扩散条件好，整体空气质量常年保持优良。

近年来，哥本哈根 $O_3$ 年平均浓度保持在平稳的区间内。2010—2018 年，其 $O_3$ 日最大 8 h 平均质量浓度经常低于 120 $\mu g/m^3$，且高于 120 $\mu g/m^3$ 的天数远低于欧洲其他城市。

根据监测，哥本哈根市区 $O_3$ 来源主要为区域外的远距离传输。丹麦从 20 世纪 90 年代起开始大力治理污染物，使硫化物、$NO_x$ 和氨的排放在 10 年内快速下降，此后这些污染物浓度一直被控制在较低的水平。近年丹麦一直致力于能源转型，各类污染物得到了有效控制。哥本哈根市安徒生大街 $O_3$ 质量浓度变化趋如图 13 所示。

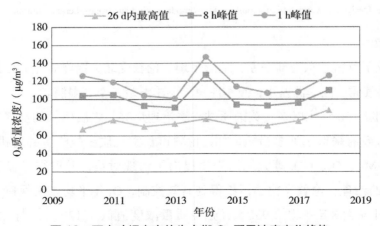

图 13　哥本哈根市安徒生大街 $O_3$ 质量浓度变化趋势

数据来源：https：//www2.dmu.dk/1_Viden/。

### 5. 赫尔辛基

赫尔辛基是芬兰首都和芬兰最大的港口城市，三面环海，属于温带海洋性气候。赫尔辛基是芬兰最大的工业中心，主导产业是机器制造、造船、印刷和服装等产业。

选取赫尔辛基 SMEAR III 观测站数据进行分析。该观测站周边 250 m 内的区域包括 14% 的建筑物、40% 的柏油路面及 46% 的植被，与赫尔辛基市区周边环境类似，$O_3$ 观测数据基本可代表赫尔辛基市。根据该观测站 2006—2019 年 $O_3$ 浓度变化趋势图（如图 14 所示），变化范围在 0~85 ppb（约为 170 μg/m³）之间，其中有效数据点中的 98.7% 都在 49.3 ppb（约为 98 μg/m³）以下。由此看出，2006—2019 年，赫尔辛基的整体 $O_3$ 浓度较低，基本没有对空气质量造成影响。

由于近些年城市的发展和人类活动的增加，尤其是赫尔辛基 SMEAR III 观测站附近交通流量的增加，造成 $NO_x$ 和 VOCs 的排放有所增加，于是 2006—2019 年该观测站 $O_3$ 浓度呈稳步上升趋势，其上升速率约为每年 0.52 ppb（约为 1 μg/m³），$O_3$ 浓度的年中位数值也从 2006 年的 23.1 ppb（约为 46 μg/m³）上升到 2019 年的 30.9 ppb（约为 62 μg/m³）。另外，全球变暖及 $O_3$ 远距离传输可能也是原因。

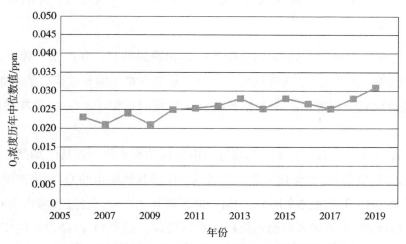

**图 14　赫尔辛基市 SMEAR III 观测站 $O_3$ 浓度变化趋势**

## 三、不同城市 $O_3$ 污染防治对比分析

$O_3$ 污染成因复杂，加上气候因素影响，因此 $O_3$ 污染防治难度很大。不同城市处于 $O_3$ 污染防治的不同阶段。根据城市气候地理条件、$O_3$ 污染程度、治理难度等因素，可以把城市大致分为以下几类。

（一）开展研究和治理时间较早，$O_3$ 污染明显改善，浓度上升势头虽已得到遏制，但 $O_3$ 浓度仍远高于 WHO 准则值（100 μg/m$^3$）

在发达国家的超大城市（以美国洛杉矶和日本东京为代表），由于开展 $O_3$ 研究和治理的时间较早，投入了长时间的努力和大量的管理、技术力量，$O_3$ 污染明显改善，$O_3$ 浓度上升势头已得到遏制。但由于机动车保有量高、工业排放水平高、地理条件不利等原因，$O_3$ 污染仍然是一个主要污染问题，治理难度加大，目前 $O_3$ 污染防治已到"瓶颈期"。

洛杉矶属于光照强烈、扩散条件差的地区，于 20 世纪 60 年代起开始重视 $O_3$ 污染问题并进行了持续治理工作。从 $O_3$ 浓度水平来看，洛杉矶的 $O_3$ 污染得到明显改善，$O_3$ 浓度相比治理初期有大幅下降，目前较为平稳。但由于强烈光照、不利的扩散条件、机动车保有量高、高排放产业多等因素的影响，$O_3$ 污染治理难度大。东京是世界上人口最稠密的地区之一，机动车保有量高。从 20 世纪 90 年代开始，东京针对光化学氧化剂（$O_x$）开展了持续污染防控，但 $O_x$ 浓度控制的效果不显著，到目前为止 $O_x$ 小时浓度超过 240 μg/m$^3$ 的超标现象仍较为普遍。

（二）开展污染防治时间较晚，$O_3$ 污染得到一定改善，但 $O_3$ 浓度仍远高于 WHO 准则值

对于北京、首尔等开展 $O_3$ 污染防治时间稍晚的城市，在严格管控下，$O_3$ 浓度得到一定改善。由于 $O_3$ 生成机理复杂，治理短期内难见明显效果，治理难度很大。因为开展持续监测较晚，短期数据波动且受气候因素影响，$O_3$ 浓度发展趋势仍不明朗。

由于我国污染防治力度大，北京等城市的机动车排放管控持续加严。根据实验数据推断，从 20 世纪 90 年代末起，北京以及中国其他城市的 $O_3$ 污染浓度总体应是下降的。而 2013 年开始的全国 $O_3$ 网络观测结果显示，全国各主要城市的 $O_3$ 污染控制处在"瓶颈期"，虽然颗粒物污染得到有效控制，但是 $O_3$ 污染没有同步下降（闫家鹏，2015）。由于各地 $O_3$ 形成原因差异较大，且 $O_3$ 与 $PM_{2.5}$ 污染具有协同效应，没有特别契合的国外经验可循，未来我国 $O_3$ 污染防治工作需要基于科学研究，开展 $O_3$ 和颗粒物协同治理探索。

（三）开展研究和治理时间较早，背景值不高，$O_3$ 浓度处于 WHO 准则值上下

欧盟对 $O_3$、VOCs 有严格、统一的管理规定。西欧城市日照程度适中、扩散条件好，以德国柏林、丹麦哥本哈根为代表，近年来 $O_3$ 浓度相对平稳，处于 WHO 准

则值上下。

位于南欧谷地的意大利米兰日照强烈、扩散条件差、工业聚集，虽然也按照欧盟环境规定管理，但在不利的气象和地形条件下，仍会出现较高的 $O_3$ 浓度。

（四）日照较弱、温度较低、空气扩散条件好，$O_3$ 背景值较低，$O_3$ 浓度远低于 WHO 准则值

基于欧盟对 $O_3$ 的严格管控，在纬度高、日照较弱、温度较低、空气扩散条件好、污染产业较少、人口密度小的北欧地区，$O_3$ 浓度较低，远低于 WHO 准则值。

这类地区以芬兰赫尔辛基为代表。赫尔辛基市由于 $O_3$ 生成条件弱、前体物排放少，另基于欧盟和本国对 $O_3$ 及其前体物的严格管控，总体上 $O_3$ 背景值较低。值得注意的是，高纬度地区的日照时间和强度的季节变化性很强，$O_3$ 浓度也有显著的季节性变化，夏季 $O_3$ 浓度高于冬季。综合来看，由于峰值较低，这一类城市的 $O_3$ 危害程度低。

# 参考文献

陈世俭，童俊超，Kobayashi K，等，2005.气象因子对近地面层臭氧浓度的影响［J］.华中师范大学学报（自然科学版），39（2）：273-276.

郭超，郜志，2020.关于国内外臭氧限值浓度标准的探究［J］.建筑科学，（2）：163-170.

刘岩，2018.长三角地区植物源 VOCs 排放特征及其对臭氧生成贡献的模拟研究［D］.济南：山东师范大学.

王宁，宁淼，臧宏宽，等，2016.日本臭氧污染防治经验及对我国的启示［J］.环境保护，（16）：69-72.

王宗爽，武婷，车飞，等，2010.中外环境空气质量标准比较［J］.环境科学研究，（3）：253-260.

徐晓斌，丁国安，李兴生，等，1998.龙凤山大气近地层臭氧浓度变化及其他因素的关系［J］.气象学报，56（5）：560-572.

闫家鹏，2015.臭氧污染的危害及降低污染危害的措施［J］.南方农业，9（6）：188-189.

杨昆，黄一彦，石峰，等.2018.美日臭氧污染问题及治理经验借鉴研究［J］.中国环境管理，（2）：85-90.

张爱东，王晓燕，修光利，2006.上海市中心城区低空大气臭氧污染特征和变化状况［J］.环境科学与管理，31（6）：21-26.

张钢锋，谢绍东，2009.基于树种蓄积量的中国森林 VOC 排放估算［J］.环境科学，2009，30（10）：2816-2822.

张天航，银燕，高晋徽，等，2013.中国华东高海拔地区春夏季臭氧质量浓度变化特征及来源分析 [J].大气科学学报，36（6）：683-698.

张远航，邵可声，唐孝炎，1998.中国城市光化学烟雾污染研究 [J].北京大学学报（自然科学版），34（2）：392-400.

郑君瑜，郑卓云，王兆理，等，2009.珠江三角洲天然源 VOCs 排放量估算及时空分布特征 [R].中国环境科学，29（4）：308-310.

# 《莱茵河 2020 年行动计划》实施效果评估结果及 《莱茵河 2040 年行动计划》主要内容

张　敏　李盼文　彭　宁

## 一、莱茵河流域概况

莱茵河是西欧第一大河，发源于瑞士境内的阿尔卑斯山北麓，西北流经列支敦士登、意大利、奥地利、德国、法国和荷兰，最后在鹿特丹附近注入北海。莱茵河全长 1 230 km，流域面积为 18.5 万 km²，流域人口为 5 800 万人，约 3 000 万人以莱茵河及其支流和流域内的湖泊作为饮用水水源（陈维肖等，2019）。19 世纪末，在工业化、城镇化加快发展的大背景下，莱茵河流域面临资源消耗剧增、水资源过度开发、重化工企业聚集、城镇生活以及面源污染叠加等问题，由此引发严重的水质恶化和生态破坏问题，威胁人体健康和生态系统安全。

为了应对严峻的水质污染和生态破坏问题，实现莱茵河流域的可持续开发利用，保护莱茵河国际委员会（International Commission for the Protection of the Rhine，ICPR）于 1987 年发布了具有里程碑意义的《莱茵河行动计划》，明确提出至 1995 年有害污染物排放量降低 50%、2000 年鲑鱼重返莱茵河的目标。行动计划实施以来，莱茵河治理取得积极进展。到 1994 年，绝大多数减排目标已提前实现，工业污染源地区完全达到了减排 50% 的目标，很多污染物甚至减少了 90%，作为莱茵河生态指标的鲑鱼又重返莱茵河（黄娟，2018）。

为了进一步改善水质和恢复生态系统，ICPR 于 2001 年制定了下一阶段的《莱茵河 2020 年行动计划》（*Rhine 2020*，简称《2020 年计划》），设定了到 2020 年生态恢复、污染治理、洪水防范和地下水管理等方面的综合目标。2020 年，ICPR 对《2020 年计划》实施情况进行了评估并发布了评估报告，而且结合《欧洲绿色新政》要求，制定了《莱茵河 2040 年行动计划》（*Rhine 2040*，简称《2040 年计划》），提出了到 2040 年气候适应、生态恢复以及控制新兴污染物等方面的目标。这三部行动计划针对不同阶段的流域环境问题设定了具体目标和路线图，共同构成了莱茵河流域治理顶层设计的有机整体。

## 二、《2020 年计划》目标、主要措施与效果

### （一）目标与评估指标

《2020 年计划》主要内容包括恢复生态系统、减少洪水风险、提高环境质量、保护地下水以及流域综合监测，并包括《鲑鱼 2020 年计划》和《洪水行动计划》两个子规划（如表 1 所示）。此外，《2020 年计划》还支持《欧盟水框架指令》和《欧盟洪水风险管理指令》的实施。

表 1 《2020 年计划》子规划

| 子规划名称 | 目　　　标 |
|---|---|
| 《鲑鱼 2020 年计划》 | ①鲑鱼数量增加至上万条；<br>②鲑鱼可自由洄游至上游的巴塞尔地区；<br>③鲑鱼数量稳定；<br>④野生鲑鱼从北海重返莱茵河 |
| 《洪水行动计划》 | ①洪水风险到 2020 年降低 25%；<br>②下游地区极端洪峰比 1995 年降低 70 cm；<br>③绘制洪水风险地图，识别高风险地区，提高附近居民洪水防范意识；<br>④延长洪水预报周期，以留出充足时间躲避洪水风险 |

### （二）实施《2020 年计划》的主要措施和效果

ICPR 近期对《2020 年计划》实施情况的评估结果显示：莱茵河生态恢复、水质改善、防洪和地下水保护等 4 个方面的目标中大多数已基本实现，但自然岸线改造、降低下游地区洪水高度仍未实现预期目标，制药品、放射剂、微塑料等新兴污染物出现（如表 2 所示）。

#### 1. 针对生态恢复的措施和效果

措施：①建设生态蓄洪区，开展基于自然的河口设计，实施具有生态改善、增强蓄洪等多重效益的项目，比如荷兰在三角洲地区实施的"给河流留出空间"项目恢复了大量蓄洪区并改善了生态系统；②把多个洪泛区划定为自然保护区；③实施河湖连通，修建水流通道，开展莱茵河上游自然恢复工程；④实施亲自然的岸线改造；⑤开展堰坝改造，在莱茵河上游 4 座堰坝和 592 个小型堰坝安装过鱼设施，拆除影响鱼类洄游的 600 个生物阻隔；⑥ 2018 年，鹿特丹南部的哈林格利特大坝被部分开通，为洄游鱼类从北海重返莱茵河提供了重要通道。

表 2　莱茵河《2020 年计划》实施效果

| 预期目标 | 实施效果 | 是否实现预期目标 |
|---|---|---|
| ● 恢复洪泛区 160 km² | ● 恢复洪泛区 140 km² | 基本实现 |
| ● 完成 100 个河湖的清淤和水体联通 | ● 完成 124 个河湖的清淤和水体联通 | 是 |
| ● 岸线生态改造 800 km | ● 岸线生态改造 166 km | 否 |
| ● 饮用水经过简单自然处理即可饮用<br>● 水中所含物质不会对动植物和微生物产生负面影响<br>● 鱼类、贝类和甲壳动物可安全食用<br>● 特定河段适宜游泳<br>● 沉积物的处置不会对环境造成危害 | ● 氮排放量降低 15% ~ 20%<br>● 重金属污染水平持续降低<br>● 完成 10 个沉积物风险地区的修复，沉积物中铅含量持续降低<br>● 营养物污染、汞排放超标<br>● 制药品、放射剂等新兴污染物出现<br>● 偶发农药污染超标<br>● 地下水优良水体比例达 96%，但 33% 的地下水化学物质超标 | 大多数实现 |
| ● 减少 25% 的洪水风险 | ● 减少 25% 的洪水风险 | 是 |
| ● 降低下游地区极端洪水高度 70 cm | ● 降低部分地区的洪水高度 | 否 |
| ● 实现洪水风险地图 100% 全覆盖 | ● 实现洪水风险地图 100% 全覆盖 | 是 |
| ● 延长洪水预报周期 1 倍 | ● 延长了洪水预报周期 1 倍 | 是 |

效果：截至 2018 年，恢复了 140 km² 洪泛区，完成了 124 个河湖的清淤和水体联通，超额完成 2020 年 100 个河湖的清淤和水体联通目标。完成岸线恢复 166 km，未实现 2020 年 800 km 岸线恢复目标。超过 28% 的鲑鱼栖息地实现了和莱茵河的联通，支流与洪泛区的连通等措施改善了栖息地环境，鱼类物种谱系几乎恢复完整，莱茵河湖泊和保护地的典型水生植物实现了自我繁殖，每年有几百条鲑鱼从北海洄游至莱茵河，曾经灭绝的尖吻白鲑被引入莱茵河并实现自我繁殖。

**2. 针对水质安全的措施和效果**

措施：①投资 800 亿欧元建设污水处理厂和城市排水管网，96% 的工业废水和生活污水了实现无害化处理；②实行农药禁售或限制措施，制定药品安全处置指南，开展有机物标识制度和信息宣传；③对沉积物污染场地进行分类，识别危险场地，开展沉积物运输对下游水环境的影响评估，实施危险场地监测；④提高企业防火和突发事故风险意识，对从事危险物质生产的企业实施许可证制度，危险物质容器和运输管道无渗漏，安装防渗设施，实施废水、冷却水和雨水分离；⑤对地下水实施定量和定性监测。

效果：截至 2015 年，进入北海和瓦登海的氮排放量减少了 15%～20%，重金属污染水平持续降低，但是农业源和城市地区径流的营养物质仍难以大幅减少，包括汞在内的有害物质超标。截至 2017 年,莱茵河流域被检测出活性制药品及副产品,农药污染虽大幅减少,但是在小型水体中依然会偶发农药污染超标问题。完成对 22 个沉积物风险地区中的 10 个沉积场风险地区的修复,沉积物中铅的含量持续降低。地下水优良水体比例达 96%,但是由于氮污染严重,33% 的地下水化学物质超标。

3. 针对防洪的措施和效果

措施:①投资 140 亿欧元实施《洪水行动计划》,恢复 140 km² 洪泛区;②河流自然恢复面积超过 5 650 km²,扩大农业面积 14 690 km²,植树造林 1 040 km²,提高土地雨水渗透率;③发布洪水风险地图,完善信息发布制度,延长洪水预报周期,实施信息交换制度,建立全流域统一的低水位监测体系;④开展气候变化对水量平衡、水温和生态系统影响的研究,制定气候变化适应战略。

效果:实现"到 2020 年减少 25% 的洪水风险"目标,工程蓄洪量达 3.4 亿 m³,2030 年计划蓄洪量达 5.4 亿 m³。降低下游地区极端洪水高度 70 cm 的目标未实现。实现洪水风险地图 100% 全覆盖,延长洪水预报时间。

# 三、《2040 年计划》目标与主要措施

## (一)总体目标

《2040 年计划》的总体目标是实现流域地区可持续管理,增强气候韧性,为人与自然创造宝贵的生命线,主要内容包括栖息地联通、水质安全、减少洪水风险、有效管理低水位。《2040 年计划》具体目标如表 3 所示。

表 3 《2040 年计划》具体目标

| 目标 | 具体指标 |
| --- | --- |
| 栖息地联通 | ● 大幅提高莱茵河生态系统功能,恢复生态联通并增加生物多样性 |
| 水质安全 | ● 莱茵河干流及支流的水质、悬浮物、沉积物、水中动植物和地下水质量良好,河水经简单处理即可饮用 |
| 减少洪水风险 | ● 到 2040 年,比 2020 年减少洪水风险至少 15% |
| 有效管理低水位 | ● 完善低水位监测和联合评估方法,对枯水事件的不利影响进行有效管理 |

## (二)主要措施

①基于 IPCC 有关气候变化的最新数据,到 2023 年,开展 2050 年和 2100 年气候变化对莱茵河流量影响情景预测分析;②把经济社会发展纳入用水需求预测,分析农业、工业和生活等不同领域的用水需求;③定期发布气候变化对水生生态系统

及生物多样性影响的报告；④基于流量情景预测，到 2024 年，更新流域水温情景预测分析；⑤到 2025 年，更新莱茵河流域气候变化适应战略；⑥实施暴雨应对措施信息交换制度；⑦加强与利益相关方的合作，实现水资源利用与生态系统保护的协调，把工业、农业、航运、渔业和水电开发纳入莱茵河可持续管理框架，保护莱茵河生态安全。

### （三）拟实施的重大工程

①到 2021 年，建立微生物污染清单制度和联合评估制度，选择代表性参数，确定微生物污染减排评估方法。支持开发微塑料测量和评估标准化方法。

②到 2024 年，开通法国里诺附近的鱼道；到 2026 年，开通马科尔塞姆地区的鱼道；尽快开通德国 Vogelgründiqu 地区的鱼道。

③到 2030 年，拆除 300 个生物阻隔或安装过鱼设施。

④拆除莱茵河支流的堰坝或安装鱼类迁徙设施，以恢复栖息地功能，降低鱼类迁徙致死率。

⑤恢复 200 $km^2$ 洪泛区，完成 100 个河湖和支流水体与莱茵河的联通，实施河岸生态改造 400 km。

## 四、主要经验和特点

### （一）行动计划具有连续性、系统性、针对性

保护莱茵河国际委员会共制定了《莱茵河行动计划》（1987—2000 年）、《莱茵河 2020 年行动计划》（2001—2020 年）和《莱茵河 2040 年行动计划》（2021—2040 年）三部行动计划。这些行动计划针对不同时期流域面临的主要问题，设定了量化目标、时间节点和路线图。ICPR 还对行动计划实施情况进行评估，对未落实或实施效果欠佳的指标，将在下一部行动计划中加强，体现了行动计划连续性、系统性、针对性的特点。在《莱茵河行动计划》基本实现工业污染物达标排放的基础上，《2020 年计划》注重水质安全、生态恢复和防洪为一体的流域综合管理；《2040 年计划》则根据《2020 年计划》评估结果，对微塑料污染、农业面源污染等加大治理力度，并充分考虑气候变化对未来流量和水温的影响。此外，行动计划还综合考虑北海保护、《欧盟水框架指令》《欧洲绿色新政》和联合国 2030 年可持续发展议程要求，把莱茵河治理与更高层面的区域发展规划相适应，以实现协同增效和治理效益最大化。

**（二）完善的技术导则为行动计划的实施提供了重要支撑**

为实现行动计划目标，保护莱茵河国际委员会对流域水质污染、生态状况、河流水温等变化情况进行调查，对污染治理措施的有效性进行评估并发布研究报告，如《莱茵河 1978—2011 年河流水温变化技术报告》《莱茵河 2005—2013 年栖息地联通调查技术报告》《莱茵河流域 2014—2015 年动植物污染措施评估技术报告》，为沿岸国家全面掌握流域现状、及时调整污染防治措施提供科学依据。针对实施过程中出现的制药品、放射剂等威胁人体健康的新兴污染物，发布《新兴污染物减排建议报告》《杀虫剂、防腐剂技术评估报告》，对特定污染物减排提供指导意见和建议，为各国科学决策提供参考。此外，ICPR 还加强与大学和研究机构的合作，联合开展重大问题研究和科技攻关，为实现行动计划目标提供强有力的技术支撑。

**（三）完善的监测评估制度是实现行动计划目标的重要保证**

监测站是河流的"电子眼"，是实现流域综合治理目标的重要保证。保护莱茵河国际委员会在莱茵河及其支流共设有 57 个监测站，这些监测站具有监测对象广泛、监测技术先进、监测标准统一的特点。监测对象从最初的水质逐渐扩展到悬浮颗粒物、底泥、微生物等 100 多种指标，后来还增加了鱼类、无脊椎动物和浮游动物等生物（王思凯等，2018）。技术的先进体现在不仅可以监测常规污染物，还可以快速监测并分析制药品、放射剂等新兴污染物及其含量，为制定有针对性的污染减排措施提供科学依据和数据基础。更重要的是，这些监测站采用统一的监测指标和测算方法，避免了由于方法和参数不同导致的监测结果差异。一旦污染排放超标，国际预警预报平台（International Warning and Alarm Program）可以快速通知沿岸国家，尤其是下游国家和供水厂，实现信息共享和联防联控。

# 参考文献

陈维肖，段学军，邹辉，2019. 大河流域岸线生态保护与治理国际经验借鉴——以莱茵河为例［J］. 长江流域资源与环境，28（11）：2786-2792.

黄娟，2018. 协调发展理念下长江经济带绿色发展思考——借鉴莱茵河流域绿色协调发展经验［J］. 企业经济，（2）：5-10.

王思凯，张婷婷，高宇，等，2018. 莱茵河流域综合管理和生态修复模式及其启示［J］. 长江流域资源与环境，27（1）：215-224.

# 国际经济及环境形势、绿色复苏政策动向及对我国的影响

张剑智　汪万发

　　2020 年，新型冠状病毒肺炎疫情给世界造成了全方位冲击，给人类带来了前所未有的挑战。国际货币基金组织（IMF）于 2020 年 4 月发布的《世界经济展望报告》显示，此次疫情对世界经济的冲击是 20 世纪 30 年代大萧条以来最严重的危机，将导致发达经济体、新兴市场和发展中经济体同时陷入经济衰退。2020 年 6 月 24 日，IMF 发布最新的《世界经济展望报告》，再次将 2020 年全球经济增长率下调为 -4.9%，还表示目前预测有极大的不确定性。2020 年 4 月 17 日，我国国家统计局发布一季度国民经济数据，新冠肺炎疫情对我国经济运行造成了比较大的影响，主要经济指标下滑，如 GDP 同比下降了 6.8%，外资同比下降了 10.8%，外贸同比下降了 6.4%。

　　疫情对全球经济不仅造成了短期巨大冲击，而且有可能会改变全球化格局，加速百年未有之大变局的历史进程。当前，疫情防控背景下的经济复苏是各国面临的共同挑战，美日等国通过"大水漫灌"来对冲疫情，也可能会产生环境污染。国际组织及多家智库呼吁经济刺激政策中要增加绿色复苏和可持续发展内容。研判全球绿色复苏政策动向对我国有重要借鉴和参考意义。

## 一、疫情蔓延对世界各国经济、社会和环境的影响

### （一）疫情蔓延重创世界各国经济的发展，全球经济何时触底尚难以预测

　　IMF 于 2020 年 4 月发布的《世界经济展望报告》预测，2020 年全球经济增长将萎缩 3%，为 20 世纪 30 年代大萧条以来最糟的经济衰退。IMF 于 6 月 24 日发布更新的《世界经济展望报告》，指出一些经济体经济下滑程度比之前预测的更为严重，再次将全球经济增长率下调为 -4.9%，也下调了主要经济体的增长率，其中美国 GDP 增速为 -8.0%，欧元区 GDP 增速为 -10.2%，日本 GDP 增速为 -5.8%，新兴市场为负增长。该报告指出，低收入家庭受到的负面影响尤其严重，损害了 20 世纪 90 年代以来在减少极度贫困方面取得的显著进展。该报告也预测，全球经济活动将

于 2020 年第二季度触底，此后开始回升（如表 1 所示），但此预测取决于第二季度的经济萎缩程度以及负面冲击的严重程度和持续时间，因此存在很大的不确定性。

表 1 《世界经济展望报告》预测概览（2020 年 6 月 24 日）　　　　单位：%

| 经济体 | 2019 年 | 2020 年 | 2021 年 |
| --- | --- | --- | --- |
| 全球 | 2.9 | -4.9 | 5.4 |
| 发达经济体 | 1.7 | -8.0 | 4.8 |
| 美国 | 2.3 | -8.0 | 4.5 |
| 欧元区 | 1.3 | -10.2 | 6.0 |
| 德国 | 0.6 | -7.8 | 5.4 |
| 法国 | 1.5 | -12.5 | 7.3 |
| 意大利 | 0.3 | -12.8 | 6.3 |
| 西班牙 | 2.0 | -12.8 | 6.3 |
| 日本 | 0.7 | -5.8 | 2.4 |
| 英国 | 1.4 | -10.2 | 6.3 |
| 加拿大 | 1.7 | -8.4 | 4.9 |
| 其他发达经济体 | 1.7 | -4.8 | 4.2 |
| 新兴市场和发展中国家 | 3.7 | -3.0 | 5.9 |
| 中国 | 6.1 | 1.0 | 8.2 |
| 印度 | 4.2 | -4.5 | 6.0 |
| 俄罗斯 | 1.3 | -6.6 | 4.1 |
| 巴西 | 1.1 | -9.1 | 3.6 |
| 南非 | 0.2 | -8.0 | 3.5 |
| 低收入发展中国家 | 5.2 | -1.0 | 5.2 |

2020 年 5 月 20 日，联合国开发计划署（UNDP）发布报告 2020 年人类发展报告——《2019 年新冠肺炎疫情与人类发展：评估危机与展望复苏》。报告指出，受到 2019 年新冠肺炎疫情影响，通过全球教育、健康和生活水平等综合指标进行衡量的人类发展指数可能在 2020 年出现衰退。报告称，无论贫富，世界各地的大多数国家都感受到了发展领域的衰退。2020 年的全球人均收入预计将减少 4%。

在应对新冠肺炎疫情的过程中，不同的国家和地区采取了力度不尽相同的应对策略。在严格执行世界卫生组织有关扩大检测、治疗、隔离和接触者追踪建议的国家，疾病的传播得到了减缓，例如在欧洲、东亚的一些国家和地区以及新西兰等国。截至 2020 年 6 月 27 日，全球累计确诊病例超过 983 万例，美国累计确诊病例超过 246 万例。因此，全球经济何时触底尚难以预测，估计 IMF 会再次下调 2020 年全球经济增长率。

根据专家研判和疫苗研发的周期，本次疫情可能将持续一两年或更长的时间。疫情破坏了原本相对稳定的全球宏观经济环境，全球化的发展也受到质疑，世界格局和国家治理都将受到深远影响。

（二）联合国和国际机构广泛关注刺激经济复苏的绿色发展政策，全球智库呼吁各国推动经济绿色低碳发展

为了扭转疫情对经济的影响，许多国家已经实施一些经济刺激计划和救助计划，试图推动疫情后的社会经济复苏。预计将有上万亿美元注入亚太地区的经济，将有可能会产生环境污染，增加温室气体的排放。联合国最近对 53 个国家、230 名经济学家进行的一项调查的结果显示，绿色和气候友好型经济刺激措施是重振经济的最佳选择，无论从长期还是短期来看，都能产生最大的经济效益。联合国相关报告数据显示，到 2030 年气候行动能够撬动 26 万亿美元的经济效益、创造超过 6 500 万个新的就业岗位，使 70 万人免于因空气污染而缩短寿命。

UNDP 于 2020 年 4 月发布《新冠肺炎疫情对亚洲和太平洋地区的社会与经济影响》，强调在疫情恢复过程中需加速可持续发展及低碳发展，平衡短期效益及长期效益，避免重返环境不可持续的发展路径，转移化石能源补贴用于民生保障，制定与气候、能源、环境目标协调的经济刺激政策，促进建立地方性的、更具韧性的供应链体系，推动发展循环经济与共享经济，朝着实现可持续发展目标的方向不断迈进。为了提高应对疫情的效率并减少引发的社会经济危机，政府间需加强协调合作，保持透明的沟通，增加公众对政府的信任。

世界银行于 2020 年 4 月发布《规划新冠肺炎疫情后的经济复苏：决策者的可持续性清单》。强调在经济复苏阶段应通过提升国家发展路径的长期潜力和可持续性来帮助建立经济繁荣与韧性。从长期来看，经济刺激方案必须考虑到 3 个方面：①一是长期增长潜力，关注方案对人力、自然和物质资本的影响。例如，选择更有利于改善人力资本、减少空气污染和水污染、推广利用高新技术的项目。②二是抵御未来冲击的韧性，采取干预措施，建立社会和经济抵御外部冲击和复苏的能力。③三是去碳化和可持续增长轨道，采取措施支持和推广绿色技术。例如，促进可再生能源和电动汽车使用的电网投资，或者植树造林、景观和流域恢复与管理等低碳技术选择方案。

牛津大学于 2020 年 5 月发布由诺贝尔经济学家斯蒂格利茨和气候经济学家尼古拉斯·斯特恩等人撰写的报告《重建得更好：净零排放的复苏》。该报告在研究了

700 份经济复苏计划并采访了 231 位来自各国财政部、中央银行、政策性银行的资深官员和专家后得出结论：与常规投资相比，绿色、低碳和气候友好型经济项目在经济和环境方面会产生"更好的结果"。研究认为：与棕色项目相比，绿色、低碳项目可以创造更多的就业机会。

国际能源署（IEA）与国际货币基金组织（IMF）于 2020 年 6 月 18 日共同发布《可持续复苏》报告。该报告提出了一项 3 万亿美元的绿色复苏计划，将从 2021 年至 2023 年实施。报告提出了 3 个主要目标：刺激经济增长、创造就业机会以及建立更具弹性且更清洁的能源系统。

英国气候变化委员会、法国国际关系研究所、瑞典斯德哥尔摩环境研究所、国际可再生能源机构、世界自然保护联盟、世界资源研究所等多个机构呼吁疫后经济复苏要把握方向，不要回到以前不可持续、不平等和不公正的僵化经济模式，要朝着绿色高质量发展、可持续发展目标推进。

## 二、主要经济体绿色复苏政策动向及分析

### （一）主要经济体绿色复苏的政策动向

随着疫情得到阶段性控制，欧盟、德国、美国、日本等主要经济体开始着手研究经济刺激计划，发布了一系列包含绿色复苏的计划和措施，以期在刺激经济增长的同时实现绿色、可持续化转型。

#### 1. 欧盟积极推动经济绿色复苏计划

欧盟委员会于 2020 年 3 月 10 日发布新的《欧洲工业战略》，以帮助欧洲工业在气候中立和数字化的双重转型中发挥领导作用。欧盟于 2020 年 5 月 27 日正式宣布"欧盟下一代"（Next Generation EU）的经济复苏计划提案，该提案将从 2021 年开始实施并持续至 2024 年，其核心内容是建立总额为 7 500 亿欧元的复苏基金。该提案包括三大支柱：一是支持欧盟成员国经济复苏，如向成员国拨款 3 100 亿欧元、贷款 2 500 亿欧元，为成员国发展绿色经济、进行数字化转型等提供财政支持，将在 2020—2022 年追加 550 亿欧元资金发展欧盟一体化政策，将欧盟"碳中和"项目的支持资金提高到 400 亿欧元。二是增加资金规模，鼓励私人投资，如将欧盟旗舰投资项目"投资欧洲"（Invest EU）资金规模增至 153 亿欧元，动员私人资本投资欧盟项目；设立新的 150 亿欧元"战略投资工具"（Strategic Investment Facility），投资 5G、人工智能、氢能源、近海可再生能源等重点行业和技术，帮助企业实现绿色和数字化的转型等。三是吸取教训以应对卫生危机，如设立预算为 94 亿欧元的卫

生项目，为未来应对卫生危机进行准备；向欧盟民防机制拨付总额为31亿欧元的资金，强化卫生安全，防范再度发生卫生危机。

欧盟计划将资金投入减排行业：每年有910亿欧元用于提高家庭能源效率和绿色供暖，250亿欧元用于可再生能源，200亿欧元用于清洁汽车和5年内的200万个充电站。高达600亿欧元用于建设零排放列车，并计划生产100万t清洁氢气。至少将创造100万个绿色就业岗位，帮助污染行业的工人适应新岗位。将转型（Just Transition）基金总额增加至400亿欧元，从而可将反对绿色措施的抗议风险降至最低，波兰、德国和罗马尼亚等煤炭使用量大的国家将是最大的受益者。

**2. 德国推动绿色电力发展、实施国家氢能战略、促进汽车行业绿色转型**

德国政府于2020年6月3日通过了1300亿欧元的疫后经济复苏刺激计划。该计划涵盖促进消费、企业支持与民众补贴等方面，其预算重点支持气候友好的产业和技术，凸显了德国政府重振经济并摆脱对化石能源和汽车制造业依赖的承诺。该计划包含57个分项，主要包括推动绿色电力发展、实施国家氢能战略、促进汽车行业绿色转型3个方面，将重点改革德国电力行业的征费模式，以促进电力行业的绿色转型。政府将投入约110亿欧元，将零售电价下调2欧分/（kW·h），将有助于减少消费者需支付的绿色附加费。该计划提供70亿欧元用于德国氢能技术的市场推广，并提供20亿欧元用于国际合作等，计划到2040年建设15000 MW的清洁氢气产能。

德国联邦内阁于2020年6月10日通过了《国家氢能战略》，对德国未来氢能的生产、运输、使用和再利用以及相应的技术创新和投资建立了一个统一、连贯的政策框架。通过该战略，德国联邦政府提出了有助于实现国家气候目标，为德国经济创建新的价值链以及进一步发展国际能源政策合作所必需的步骤和措施，保障可再生能源比例不断提高情况下德国能源供应系统的安全性、经济性和气候友好性。推动汽车行业绿色转型，加大电动汽车支持力度。此经济复苏计划可让电动汽车的购买者从更多的补贴中受益。德国对电动汽车的支持力度是整个欧洲最大的——每辆电动汽车的购车补贴将从3000欧元翻倍提升至6000欧元。

**3. 美国将应对气候变化、支持新能源产业等措施排除在当前经济复苏方案以外，未来是否强调绿色复苏有待观察**

美国特朗普总统执政期间，在坚持"美国优先"的原则下，美国政府宣布退出《巴黎协定》，让世界大为震惊。随后，美国又修订或颁布了一系列环境政策，大幅度削减美国环境保护局预算并降低对全球环境基金等国际组织的捐款额度，从全球环境治理的领导者转变为"逆全球化"的推动者。

随着疫情在美国的快速蔓延，美国经济和金融市场受到重创，恐惧加剧，美股在 1 个月内出现 4 次熔断。2020 年 3 月以来，美国政府陆续推出一系列经济援助计划。2020 年 3 月 27 日，美国推出 2 万亿美元的经济援助法案；4 月 17 日，特朗普又宣布 190 亿美元的农业援助计划，帮助受疫情影响的农民和农场主等群体。2020 年 4 月 24 日，特朗普又签署了一项总额约为 4 840 亿美元的援助法案，以增加对小企业贷款项目、医院和新冠病毒检测机构的拨款。

### 4. 日本推出史上最大规模经济刺激计划，主要致力于经济增长

为缓解新冠肺炎疫情对经济造成的冲击，日本内阁会议于 2020 年 4 月 7 日通过历史上最大规模的经济刺激计划，总额达 108 万亿日元（1 美元约合 109 日元），其财政支出达 39.5 万亿日元，主要用于向营业额大幅下降的中小企业提供最高为 200 万日元的补贴；向收入大幅减少的个体经营者发放最高为 100 万日元的补贴；对符合条件的家庭发放生活援助补贴等。此外，政府将资助医疗企业以开发生产新冠肺炎相关药物；资助企业扩大呼吸机、口罩等医疗物资的生产。在金融及税收方面，日本将为面临资金困难的企业提供免息贷款，允许符合条件的企业暂缓缴纳法人税和社会保险费等。6 月 12 日，日本国会又批准了 31.9 万亿日元的 2020 财年第二次补充预算案，这将把日本 2020 财年预算规模扩大至 160 万亿日元。另外，日本政府已批准在未来 5 年内新建 22 座燃煤电厂的计划。日本可再生能源占比的目标是 22%～24%，低于当前全球平均水平，远低于许多欧洲国家水平，此次刺激计划未突出绿色刺激政策。

### 5. 其他一些重要经济体也启动经济刺激计划

疫情期间，法国已调用总额为 5 000 亿欧元的救助资金，包括 3 000 亿欧元的企业贷款担保，以维持就业岗位并支持航空、汽车、餐饮和旅游等关键行业。法国总统马克龙认为，新冠肺炎疫情暴露了法国乃至整个欧洲的"缺陷和弱点"，即过度依赖全球供应链。解决这一问题的"唯一答案是打造一种更强大、更持久的全新经济模式，更努力工作、提高生产力，从而不必依靠任何人""我们需要增加投入以提高我国技术、数字、工业和农业领域的独立性，以便创造更多就业岗位。"

英国财政大臣里希·苏纳尔宣布，将推出 3 300 亿英镑的贷款担保计划，提供 200 亿英镑减税和现金补贴支持小企业，未来还将视疫情发展情况给予进一步的财政支持。

### （二）主要经济体绿色复苏政策的总体分析

#### 1. 2008 年金融危机后，绿色复苏成为主要经济体的应对方案，但此次疫情中绿色复苏是否会成为主要趋势有待观察

多年来，全球主要经济体中的美国、欧盟、日本都在积极争夺未来经济发展的

制高点，绿色发展都曾被高度重视和积极推广。2008 年金融危机后，美国奥巴马政府将"绿色"作为其政策核心，奥巴马新政甚至被媒体称为"绿色新政"。奥巴马政府加大对新能源领域的投入、制定严格汽车尾气排放标准，使得"清洁能源"成为其绿色新政的核心。随着特朗普上台，奥巴马政府"绿色新政"遭受重创、倒退，美国试图削减环境保护措施，这可能会加剧空气污染并引发气候变化危机，未来美国经济复苏中是否会增加绿色复苏政策还有待观察。

**2. 疫情期间全球经济治理加速调整，可能出现新的"绿色壁垒"**

绿色经济是以维护人类生存环境、合理保护资源与能源、有益于人体健康为特征的经济。在全球，很多国家对绿色经济形成高度共识，认为绿色经济能创造出更多商业机会和就业机会，甚至衍生出很多新的行业，将会成为一国经济新的增长点和竞争力。欧盟坚持绿色复苏之路，注重绿色发展和数字经济，将对未来世界经济格局和产业体系调整产生重大影响。欧盟的计划可能对世界其他地区产生直接影响，如对从其他国家进口的碳密集型工业产品征收的碳边境税可能会提高到 140 亿欧元，这可能会形成新的"绿色壁垒"。

**3. 虽然以欧盟为代表的主要经济体在绿色复苏上雄心勃勃，但后疫情时代全球经济要实现低碳化、生态化转型仍困难重重**

随着新冠肺炎疫情不断蔓延，各国政府当前主要工作集中在保障就业稳定、促进经济活动、加强疫情防控等，绿色复苏和环境保护不是最优先事项。以欧洲为例，一方面，聚焦抗疫的欧盟机构要统筹兼顾已力不从心。尽管欧盟委员会反复强调"抗疫和执行'绿色协议'不矛盾"，但其首席发言人马迈尔坦承，由于条件所限，欧盟委员会只能调整工作优先顺序。欧盟委员会也缺乏足够的杠杆来影响成员国财政尤其是抗疫资金的使用。例如德国联邦议院能源委员会就于 4 月 28 日表示，为保障抗疫能源需求，位于鲁尔工业区的达特尔恩 4 号火电站仍将如期投入运营，而《火电退出计划》立法程序受疫情影响则再次推迟。

## 三、国际绿色复苏动态对我国的影响和政策建议

（一）国际绿色复苏动态对我国的影响

**1. 疫情后的可持续性绿色复苏成为国际社会近期关注的重点，我国在疫情后经济复苏过程中能否实现绿色化对全球有重要影响**

国际组织和多家智库、欧洲国家等对疫情后经济发展的可持续性复苏给予较大关注和投入，要求避免从新型冠状病毒危机陷入更深层次的环境危机。我国作为世

界第二大经济体，特别是新兴经济体和发展中国家的主要代表，应从全局、长远的角度思考疫情后绿色发展的走向及其定位。此外，鉴于我国的经济存量和增量，国际社会广泛关注我国后疫情时代的经济复苏计划是否支持低碳经济、绿色经济的增长，而不是支持碳密集型行业，如发展煤电。一些国际非政府组织对我国后疫情时代对外投资和国际经济合作是否能够绿色化更为关注。

**2. 中欧等在绿色发展国际合作、构建绿色发展伙伴领域面临新机遇**

中国国家主席习近平于 2020 年 6 月 22 日在北京以视频方式会见了欧洲理事会主席米歇尔和欧盟委员会主席冯德莱恩。欧方人士纷纷表示，十分看好欧中在绿色和数字领域、构建绿色发展伙伴等领域的合作前景。在国际合作方面，欧盟应会继续展开更有力的"绿色新政外交"，致力于在全球推广落实其环境、气候和能源政策目标。

**3. 绿色发展与战略新兴产业加快融合，绿色发展国际竞争面临新态势**

主要经济体强调以发展创新转型抢占全球"绿色竞赛"先机。新政草案的出台充分体现了欧盟企图以发展转型抢占全球"绿色竞赛"先机的政治雄心和战略考虑。面对日益严峻的气候和环境挑战，欧盟力图通过绿色新政将应对气候挑战和促进增长耦合为一体，即"化紧迫挑战为经济增长的独特机遇"，特别是下大力气发展氢能源技术和清洁能源基础设施。绿色新政草案不仅是欧盟委员会应对气候和环境挑战的新承诺，是引领欧盟未来"转变为一个公平、繁荣、富有竞争力的资源节约型现代化经济体"的新增长战略，也是欧盟大力培育环保、清洁生产、新兴战略产业，抢占全球竞争优势的行动纲领。

（二）政策建议

**1. 制订我国经济绿色复苏计划，与生态环境保护"十四五"规划有机衔接**

面向全球绿色复苏的内在要求和新实践，实现我国在危机中育新机、于变局中开新局，加强我国绿色发展和绿色国际合作，客观上要求我国制订切实可行的经济绿色复苏计划，突出绿色、低碳的目标、内容和措施，并与生态环境保护"十四五"规划有机衔接。特别是加大对新能源发电、新能源汽车充电设施、城际高速铁路和城市轨道交通、智慧城市、海绵城市、特高压输电、工业互联网等领域的投资，并加速完善绿色金融体系建设。

**2. 以绿色复苏推进新型基础设施建设和新型城镇化建设，形成绿色都市圈和城市群，促进经济绿色发展**

从国际经验看，发达经济体在与我国目前相似阶段，出现了人口从城市核心区向郊区流动的态势，带动了都市圈的逐步形成。在有些地区，若干都市圈相互连接，进一步形成大经济区域城市群。

2020年以来，虽受疫情的冲击，我国没有出台简单的经济刺激措施，但是出台了一系列深化改革和扩大开放的绿色复苏经济政策，如2020年政府工作报告中正式布局新型基础设施建设和新型城镇化建设，这将会带动投资需求和消费需求的极大提升，推动我国绿色都市圈和城市群的发展。在绿色低碳消费方面，体现为加大新能源汽车消费鼓励力度，更大规模推动现有建筑节能改造和提高新建绿色建筑标准，更大范围地推进绿色低碳产品政府采购，引导和支持绿色低碳个人消费。

3.牢固树立大局观念，综合研判境外疫情对产业结构升级改造的影响，利用大数据、卫星遥感等技术手段，强化精准和专业化环保督察帮扶，确保坚决打好打胜污染防治攻坚战

2020年是我国全面建成小康社会的收官之年，也是打好污染防治攻坚战的决胜之年，但我国以重化工为主的产业结构、以煤为主的能源结构、以公路货运为主的运输结构尚未根本改变。境外疫情蔓延、中美贸易摩擦加剧将通过贸易进出口、投融资、全球供应链及产业链等渠道，影响国内产业技术的更新换代和经济结构的改造升级，对我国经济增长和社会发展带来新挑战。为此，综合研判境外疫情对我国产业结构升级和中小型企业发展的影响，扎实做好"六稳"工作，全面落实"六保"任务，深入推进环保领域"放管服"，利用大数据、卫星遥感等技术手段，加大对地方环保部门的业务培训力度，强化精准和专业化环保督察帮扶，确保坚决打好打胜污染防治攻坚战。

4.在应对疫情的经济社会复苏进程中，关注公共财政投资项目的绿色化导向并推动绿色供应链迈向新台阶

在疫情刺激计划进程中，各国公共财政投资项目的绿色成色被普遍关注和比较，成为各国国际影响力和软实力的重要来源。根据我国2020年政府工作报告，2020年财政赤字规模比2019年增加了1万亿元，同时发行了1万亿元抗疫特别国债。加强我国公共财政的绿色成分、维护全球供应链稳定发展成为我国对外工作的重要事项，而深化绿色供应链的发展有利于进一步提高对外开放水平和深化国际环境合作，有利于提升我国绿色发展国际影响力和话语权。

5.深化绿色"一带一路"合作领域，创新国际产能合作的绿色新思维模式，推进绿色化基础设施工程建设，推动"一带一路"绿色发展国际联盟等合作机制发挥更大作用

尽管受到新冠肺炎疫情以及全球经济低迷等不利因素影响，"一带一路"合作仍

逆势前行。绿色"一带一路"为沿线国家凝成的命运共同体带来了绿色发展共赢的新局面。应充分发挥"一带一路"绿色发展联盟、"一带一路"生态环保大数据平台的重要作用，深化中日韩、中国—东盟、澜沧江—湄公河、中国—上海合作组织等合作机制。以新冠肺炎疫情防控为契机，创新国际产能合作的绿色新思维模式，加快推进生态环保公共产品和绿色化基础设施工程建设，促进生物多样性保护、海洋环境治理、绿色能源、绿色金融和绿色供应链等领域的合作，打造更开放、更广泛的"一带一路"绿色发展合作伙伴关系，为全球可持续增长注入新的动力。

# 参考文献

康晓，2019. 全球气候治理与欧盟领导力的演变［J］. 当代世界，（12）：57-63.

汪万发，张剑智，2020. 疫情下国际绿色复苏政策动向与影响分析［J］. 环境保护，（20）：64-67.

张生铃，吴自豪，2020. 疫情冲击下的中国宏观经济形势研判［J］. 中国经济报告，（3）：15-23.

European Commission，2020.Recovery Plan for Europe［EB/OL］.［2020-05-27］. https：//ec.europa. eu/info/live-work-travel-eu/health/coronavirus-response/recovery-plan-europe_en.

Mark Leonard，2020. The End of Europe's Chinese Dream［EB/OL］.European Council on Foreign Relations.［2020-05-27］. https：//www.ecfr.eu/article/commentary_the_end_of_europes_chinese_ dream.

# 北美自贸区区域环境治理特点

程天金　韩　絮　廖恺玲俐

## 一、背景

1992 年 8 月 12 日，美国、墨西哥、加拿大三国签署了《北美自由贸易协定》（*The North American Free Trade Agreement*，*NAFTA*），该协定于 1994 年 1 月 1 日正式生效；三国还签署了附属的《北美环境合作协定》（*North American Agreement on Environmental Cooperation*，*NAAEC*）；构成了世界上第一个发展中国家与发达国家签署的，而且在贸易协定中引入附属环境协定来协调与贸易有关的环境问题的区域贸易协定（李寿平，2005），其创新性地将自由贸易与环境保护统筹考虑的模式引人关注［2018 年 11 月 30 日，美国、加拿大、墨西哥签署了名为《美国 - 墨西哥 - 加拿大协定》（*The United States-Mexico-Canada Agreement*，*USMCA*）的新协定，新协定于 2020 年 7 月 1 日正式生效，新协定不在本文讨论之列）。

## 二、NAFTA 中有关环境保护的内容及 NAAEC 主要内容

### （一）NAFTA 中有关环境保护的内容

NAFTA 全篇包括 8 部分 22 章 295 项条款，其中第 7 章、第 9 章、第 11 章、第 20 章、第 21 章中部分条款涉及环境保护方面的内容。NAATA 第 7 章、第 9 章的基本理念是承认贸易自由化不应损害合法的环境目标，但应确保本国产品和进口产品之间的无差别待遇以及避免对贸易造成不必要的障碍。第 7 章"卫生与检疫措施"中第 712 条、第 713 条、第 715 条规定成员国可以实施必要健康保护措施（包括比国际标准更严格的措施）来保护本国的公民、动物或植物，且标准必须建立在科学原则的基础上，并在发现没有科学基础时废除该标准（秦天宝，2002）。此外需要综合考虑社会、政治和经济等多方面因素的影响，通过风险评估确定合适的保护标准和水平。第 9 章"与标准有关的措施"中第 904 条、第 905 条、第 907 条也规定了类似的限制条件，提出每个成员国可以建立适合本国国情的健康、安全和环境保护

标准，并允许成员国采取国际标准甚至更为严格的环境标准（李寿平，2005），但成员国间任何标准的协调都不能降低对人类、动植物生命或健康的保护水平。

第 11 章 "投资" 明确各成员国保证各自的法规高度保护好环境，禁止任何成员国降低环境标准或放松环境法规的有效实施来维持或吸引外国投资，同时第 21 章 "豁免" 中第 2101 条规定允许实施贸易限制措施来保护稀有自然资源，并保护人类、动物或植物。此外，NAFTA 还规定了专门的争端解决机制来解决成员国之间因环境和贸易问题引起的争端，如第 20 章第 2005 条规定此类争端既可以选择 NAFTA 争端解决程序来解决，也可以选择 WTO 争端解决程序来解决。

（二）NAAEC 主要内容

NAAEC 是对 NAFTA 环境条款的补充，共 7 部分 51 项条款，其宗旨即是通过环境和经济政策的合作以提高环境保护水平。NAAEC 从内容上可分为四类，包括总括性条款——目标和成员国义务（第 1～7 条），机制性条款——环境合作委员会运行机制（第 8～19 条），与实施有关的条款——合作与信息提供（第 20～21 条）及争端解决和其他程序性条款（第 22～51 条）。

1. 总括性条款——目标和成员国义务

NAAEC 第 1 条明确了其主要目标，包括通过各成员国之间的合作，促进环境的保护和改善，促进可持续发展；支持 NAFTA 环境目标的实现，避免产生新的贸易壁垒；加强环境法规的制定和实践方面的合作；增进环境法律法规和政策制定的透明度和公众参与。

为实现上述目标，协议第 2～7 条设定了成员国的相关义务，主要包括：各成员国承诺定期编制和公布环境状况报告，完善并有效执行环境法规，公开相关信息等；每一成员国都有建立国内环境保护政策和优先事项的权利，并据此制定和不断完善其环境法律法规，确保其法律法规能够提供高水平的环境保护；各成员国应确保其有关的法律法规、行政裁决等迅速公布或以其他方式提供，使有利害关系的个人和各成员国能够获取这些信息；各成员国应通过适当的政府行动来有效地实施环境法律和法规，以实现提供高水平的环境保护的目标，并确保其司法、准司法和行政程序的公平性、公开性和适当性，可用于制裁或补救违反其环境法规的行为。

2. 机制性条款——环境合作委员会运行机制

为促进三国之间的环境合作，NAAEC 建立了一个有效的管理机构——环境合作委员会（CEC），其专门负责地区环境事务，通过与 NAFTA 的自由贸易委员会（FTC）的合作来解决成员国之间与环境有关的贸易问题（Aguilar et al.，2011）。环境合作委员会由部长理事会、秘书处、联系咨询委员会组成，NAAEC 中第 8～19 条规定了委员会各部门的结构、程序和职能分工等。

### 3. 与实施有关的条款——合作与信息提供

NAAEC 第 20 条和第 21 条规定了环境合作、提供信息和协商等事项。各成员国应尽一切努力，通过合作和协商解决可能影响 NAAEC 实施的任何事项。

### 4. 争端解决和其他程序性条款

NAAEC 第 22～51 条规定了成员国对协定的解释和适用问题产生争端的解决方式、资金分担、信息保护及协定生效、修正、撤回、加入、核准文本等相关内容。

## 三、北美自贸区区域环境治理主要特点

（一）开创了"贸易协定 + 环境协定"这一区域环境制度化治理新模式（北美模式）

NAFTA 是世界上第一个不同于以往具有殖民性质的发达国家与发展中国家之间的贸易协定（佘群芝，2001），不仅对贸易与环境的关系作出了相应的条款规定，而且三国签署了一个独特的、高度创新的附属协定，即 NAAEC。NAFTA 和 NAAEC 共同构成了区域环境治理的基础，统筹考虑了贸易与环境保护问题，构建了"贸易协定 + 环境协定"这一区域环境治理全新模式。"NAFTA+NAAEC"（以下统称《协定》）是当今世界上第一个将保护环境和促进可持续发展内容写入区域贸易协定并付诸实践的国际贸易安排，无论是有关环境条款的拟定、环境机构的设置、环保资金的安排等制度设计方面，还是这些制度设计在条约生效后的贯彻实施方面，都全面强化了环境保护要求，同时协助发展中国家与发达国家在贸易与环境问题上形成了一种建设性的关系，提出了环境和贸易可能相互促进的思想，为区域内解决贸易与环境之间的冲突、协调南北关系开辟了新途径。

（二）构筑了尊重主权、目标明确、约束有限、合作宽泛为主要内容的区域环境治理格局

一是尊重主权。NAFTA 直接规定了一套协调贸易与环境关系的规则，第 9 章则进一步明确各国有决定本国环境保护水平的权利，肯定每个国家都有权选择各自认为合适的环境保护水平及其相应的环境法规，成员国无权干涉别国的环境标准。作为附属协定，NAAEC 保持与 NAFTA 内容的一致，成员国之间没有建立起任何实质性的跨国环境标准，进一步明确"每个国家有建立自己国内环境保护标准的权利"。

二是目标明确。NAFTA 将贸易自由化的目标置于可持续发展的大目标中，成员国为了环境保护，可以采取贸易限制措施。NAAEC 设定了一系列目标，包括促进三国的环境保护与环境改善，加强环境法规制定及贯彻执行方面的合作，增强合作以更好地提高环境水平，避免以环保为借口的贸易保护和新的贸易壁垒，以及增进透明度及公众的参与程度等。为此，成员国皆承诺改善环境法规、有效执行环境法规、报告环境状况、公开有关信息。

三是约束有限。《协定》对各方责任和义务作了有限约束，具体包括 4 个方面内容：①各方应确保其法律法规对环境作出高水平的保护，并应努力继续改进这些法律法规；②每一成员国应通过适当的政府行动以有效地执行其环境法律法规，每年都要根据协定提交一份各自履行其执法义务的报告；③任何国家不得通过降低环境标准来吸引投资；④每一成员国应考虑禁止向另一成员国领土出口在其领土内禁止使用的杀虫剂或有毒物质。

四是合作宽泛。《协定》的框架设计为三方在环境领域奠定了合作的主基调，如果说《协定》在环境责任和义务方面对三方是非常"有限"的约束的话，那么对三方在环境问题上的"合作"则几乎没有限制，NAAEC 授权允许环境合作委员会处理自贸区内任何地方的几乎任何环境问题。

（三）建立了以 CEC 为核心、以多年行动计划为抓手、以资金投入为保障的运行机制

一是建立运行机构。为保障自贸区环境目标的实现，根据 NAAEC 的规定，建立了环境合作委员会（CEC）保障《协定》相关内容的落实。CEC 由理事会、秘书处、联合公共咨询委员会（JPAC）构成。理事会由三国内阁级环境官员组成，是 CEC 的理事机构，每年至少召开一次会议，负责制定 CEC 的总体方向、预算等，并根据目标监督项目的进展情况。秘书处由执行主任领导，包括 50 多名专业人员和支持人员，向理事会提供行政、技术和业务支持，以及理事会可能需要的其他支持；根据理事会的指示，向理事会提交委员会的年度方案和预算，并负责投诉的处理工作。JPAC 由 15 名公民（每个国家 5 名）组成，就 NAAEC 范围内的任何事项向理事会提供咨询意见，并作为秘书处的信息来源，保障公众积极参与各项行动并提高透明度（CEC, 2005）。此外，加拿大和美国都设立了国家咨询委员会，美国也设立了政府咨询委员会，就 NAAEC 的实施和 CEC 的运作向其政府提供具体的建议。

二是制订行动计划。为更好落实《协定》目标，CEC 组织制订了三年行动计划（2005 年以前）及五年行动计划（自 2005 年始），计划中明确工作的重点领域，确

立各重点领域战略目标，以及实现目标的一系列项目计划或举措。

三是明确资金保障。在 NAAEC 中，明确三方每年出资同等金额［根据 CEC 年度预算，各自资助 300 万美元（Allen，2012）］用于《协定》的实施。另外，设立了北美环境合作基金，为公众关注的环境问题的调查研究提供专项资助，任何公民可因环境保护原因提出申请并获得资助和奖励，落实公民环境参与权得以实施的经费保障。

### （四）创建了独特的书面投诉监督方式

北美自贸区环境治理的最特别之处在于创建了投诉机制，相关条款规定允许成员国的团体和个人直接向 CEC 秘书处提交书面投诉（SEM 制度），指控某个成员国未能有效实施其环保法规，秘书处进行审查并认为符合一定条件后，可以将投诉转给有关成员国并要求答复。在理事会考虑投诉和成员国的答复后，如 2/3 以上多数同意，可以要求秘书处提出关于该项争议的事实记录（邓宁，2011），并向公众公开，形成投诉—答复—事实记录—公开这一独特的监督机制。这一制度虽然对被控国没有强制力，投诉结果公开后也不能强制被控国改正，但通过公众向国家施压可以起到一定的督促作用，且对其他成员国也可以起到警示作用，防止类似事件再次发生。

### （五）设计了多种公众参与渠道

《协定》大力倡导公众参与，设计了多种公众参与渠道。NAAEC 规定理事会会议每年必须向公众开放至少一次，至少在一次会议中组织三国环境部长与公众对话，回答与环境保护有关的问题，接受与环境保护有关的投诉，所有理事会决定都必须向公众宣布（CEC，1999）。JPAC 则是直接促进公众参与环境保护的机构。JPAC 在三个国家每年举行公开的咨询会议，由来自非政府组织、工商界、学术界及政府部门的各方代表参加，并向理事会提供咨询会议的总结报告。CEC 创造条件为公众服务，通过发行出版物、建立环境网站等方式，成为北美沟通个人与组织的重要工具。此外，个人或机构可以直接就相关环境问题进行投诉。

《协定》正式生效后，各国的环境保护工作都有了不同程度的进展，但是 NAAEC 还有许多不足。如规定的义务中强制性不够，很多义务基本是程序性的，使当事人在履行义务时有相当大的自由裁量权；各国报告的做法不同，加之没有提供评估绩效的标准，很难从报告中确定各国在多大程度上履行了《协定》所列的义务；没有以一致或综合的方式收集环境信息，使得 CEC "定期" 报告成员国领土内的环境状况存在相当大的挑战。

## 四、北美自贸区区域环境治理成效

### （一）建立4个数据库平台，强化环境信息的搜集整合

CEC 针对气候变化、污染物排放及生态保护等共建立了4个数据库平台，这些平台作为公共专业性工具用于三国协作共享温室气体、黑炭和其他短期气候污染物排放清单数据及大气污染物排放和转移数据等，这4个平台分别为北美环境图集、北美土地变化检测系统、北美气候污染物门户网站和污染物排放与转移登记（PRTR）在线查看网页。如从20世纪90年代中期开始，CEC 通过整合加拿大国家污染物排放清单（NPRI）、美国有毒物质排放清单（TRI）和墨西哥污染物转移登记处报告的数据（RETC），形成了在线清查数据库及报告，并发布于官网；建立了北美污染物排放和转移登记体系，提高了数据的可比性、质量、完整性以及透明度；扩展建立了北美的空气质量系统，以管理、实时分享和公开三国空气质量监测数据，提高了各国国内空气质量管理决策的效率和效果；绘制了北美生态地图，建立了北美生物多样性的信息网络和鸟类网络，列出了北美鸟类保护清单，形成了 NAAEC 对环境潜在影响的评价机制。此外还通过建立网站，发布系列环境法律法规、数据库和一般性新闻，发行几十种出版物以加强专业化信息的传播普及。

### （二）围绕五大主题发布系列专项报告与项目行动计划

CEC 围绕气候变化、生态系统、执法管理、绿色经济和污染物排放五大主题，发布了600余份调查研究报告与项目行动计划，如1997年发布的《大陆污染物传输路径》（CEC，1997）是第一个强调北美大气污染物远程传输关键问题的 CEC 报告，该报告提出了三国在减少污染物排放和监测方面进行合作的机会；发布了《北美温室气体和黑炭排放清单可比性评估》（CEC，2012）及《北美黑炭排放推荐评估方法》（CEC，2015）等，改进对三国小规模生物质燃烧产生的黑炭及其共生污染物排放的评估方法；在跨界危险废物方面，于2013年发布了一项研究报告，阐明了北美铅酸电池贸易、回收利用情况及北美管控铅酸电池的国际条约和法律框架，研究讨论了国家间贸易变化，以及北美各国铅的环境和公共卫生保护水平的差异，并提出了关于二次铅冶炼厂和其他处理此类电池设施的环境无害管理做法的技术指南（CEC，2013）。

### （三）监督产生重大影响

JPAC 在最初4年举行了30多次咨询会议，允许部分公众参与，促进了环境贸易关系和环境的改善。SEM 制度也成为确保政府问责制和改善环境条件的成功监督机制，

超过 300 个利益相关者及社区团体向 CEC 提交了 98 份投诉书，其中加拿大 30 余份，墨西哥约 50 份，美国 15 份，涉及超过 40 项环境法，并产生了 24 项事实记录，内容涉及矿石开采及尾矿库泄漏、不同行业大气污染、湿地保护和渔业污染等（CEC，2019）。

### （四）促进成员国双边合作

《协定》的签署实施促进了成员国之间在边境环境保护和可持续发展方面的双边合作。如为应对 NAFTA 实施后可能造成的环境危害，1996 年，"美墨边境 21 点计划"开始实施，形成了美国和墨西哥边境地区对应的姐妹州，强调公众参与和环境管理的权力下放，将公众参与纳入边境环境治理系统（罗田，2010）。2002 年，在"美墨边境 21 点计划"的基础上发展出了"美墨边境 2012 计划"，提出了 5 项环境目标，包括减少水污染、空气污染、土地污染，减少接触农药及减少化学品的暴露，主要致力于净化空气、提供洁净饮用水、降低暴露于有害物质中的风险以及提高美墨边境地区遭遇危险时的紧急应对能力，该计划覆盖 10 个州（美国 4 个州、墨西哥 6 个州），并在地区工作小组中纳入州的直接领导，通过地方社区的参与来确定项目及优先次序，实现了有效的地方参与。

### （五）提升成员国能力建设水平

《协定》的签署提高了成员国环境管理水平和环境状况，如通过分别针对管理人员、主管和操作员制订的环境无害化培训材料、危险废物管理在线培训材料、消耗臭氧层物质在线培训材料等加强监管能力建设；通过开展 ISO 50001 培训，与私营部门合作，在制造业推动节能标准实施等。值得一提的是《协定》的实施尤其提升了发展中国家墨西哥的能力建设水平。如《协定》生效后，墨西哥成立了环境、自然资源及渔业秘书处来处理环境问题；1996 年，墨西哥对生态均衡及环境保护法进行了修改，每年对环境法规进行更新；1998 年 12 月，墨西哥宪法加入有关环境保护的条款；同年，环境法规中对排入大气和水体中的污染物规定了最高限额；墨西哥现有实际生效使用的官方环境保护法规及条例有 50 个，其执法力度也进一步加强。

## 五、结语

北美自贸区开创了"贸易协定＋环境协定"这一区域环境制度化治理新模式（北美模式），构筑了尊重主权、目标明确、约束有限、合作宽泛为主要内容的区域环境治理格局，建立了以 CEC 为核心、以多年行动计划为抓手、以资金投入为保障的运行机制，创建了独特的书面投诉监督方式，设计了多种公众参与渠道，对自贸区内促进贸易与环境保护协同发展、全面强化区域环境治理有重要参考意义。

# 参考文献

邓宁，2011.论北美自由贸易区对贸易与环境的法律协调［J］.中国石油大学学报：社会科学版，
　（4）：55-58.

李寿平，2005.北美自由贸易协定对环境与贸易问题的协调及其启示［J］.时代法学，3（5）：97-102.

罗田，2010. NAFTA 背景下美国和墨西哥的区域环境合作——以美墨边境地区环境合作为例
　［D］.上海：复旦大学.

秦天宝，2002.《北美自由贸易协定》关于贸易与环境的法律协调［J］.国际经济法论丛，2（6）：
　308-342.

佘群芝，2001.北美自由贸易区环境合作的特点［J］.当代亚太，（6）：28-32.

Aguilar S，Constantino R，Cosbey A，et al.，2011. Environmental Assessment of NAFTA by the
　Commission for Environmental Cooperation：An Assessment of the Practice and Results to Date
　［R］. Commission for Environmental Cooperation.

Allen L J，2012. The North American Agreement on Environmental Cooperation：Has It Fulfilled Its
　Promises and Potential? An Empirical Study of Policy［J］. Colorado Journal of International
　Environmental Law & Policy，23：121-199.

CEC，1997. Continental Pollutant Pathways：An Agenda for Cooperation to Address Long-Range
　Transport of Air Pollution in North America［R］. Commission for Environmental Cooperation.

CEC，1999. Framework for Public Participation in Commission for Environmental Cooperation Activities
　［R］. Commission for Environmental Cooperation.

CEC，2005. Strategic Plan of the Commission for Environmental Cooperation 2005-2010［R］.
　Commission for Environmental Cooperation.

CEC，2012. Assessment of the Comparability of Greenhouse Gas and Black Carbon Emissions
　Inventories in North America［R］. Commission for Environmental Cooperation.

CEC，2013. Hazardous Trade? An Examination of US-generated Spent Lead-Acid Battery Exports and
　Secondary Lead Recycling in Canada，Mexico，and the United States［R］. Commission for
　Environmental Cooperation.

CEC，2015. North American Black Carbon Emissions：Recommended Methods for Estimating Black
　Carbon Emissions［R］. Commission for Environmental Cooperation.

CEC，2019. 25 Years of the Commission for Environmental Cooperation［R］. Commission for
　Environmental Cooperation.

Ten-year Review and Assessment Committee，2004. Ten Years of North American Environmental Co-
　operation［R］. Commission for Environmental Cooperation.

# 医疗废弃物处置国际经验研究与启示

李奕杰 孔 德 张晓岚 唐艳冬

2020 年 2 月 5 日，习近平总书记主持召开中央全面依法治国委员会第三次会议并发表重要讲话。他在讲话中强调，当前，疫情防控正处于关键时期，依法科学有序防控至关重要。

鉴于当前国内新型冠状病毒肺炎疫情暴发所面临的大量医疗废弃物专业消毒、销毁等处理处置问题，本文针对性地调研和梳理了美国、澳大利亚、俄罗斯、日本等国家的医疗废弃物处置相关管理经验。

经研究，上述国家的主要经验包括：建立完善的法律法规体系；建立全流程追踪监管体系，如美国和日本对医疗废弃物排出单位、运输单位、中间处理单位及最终处置单位采取全流程追踪管理和监管；对医疗废弃物进行分类处置，尽量回收再利用；对医疗废弃物排放者和处理者都有严格的要求和管理规定；制定特殊情况下的紧急对策；大部分国家采用焚烧方式处置医疗废弃物等。

基于上述国际经验，结合我国医疗废弃物管理现状，本文提出完善医疗废弃物管理法律法规体系和应急处置机制建设，加强医疗废弃物收集、处置能力建设，加大对医疗废弃物处理处置的财政扶持和保障力度，加强医疗废弃物全过程监管等 4 条工作建议，旨在为当前疫情形势下国内医疗废弃物管理工作提供参考借鉴。

## 一、国际医疗废弃物管理经验

### （一）美国：完善的立法体系和技术路线

#### 1.《医疗废弃物追踪条例》的试行为各州医疗废弃物管理体系的建立起到了试点示范作用

医疗废弃物在美国受到高度监管，《固体废弃物处置法案》和《医疗废弃物追踪条例》（1989—1991 年在部分州试行）是医疗废弃物分类、运输、处理处置等的基础（张加来等，1990）。《医疗废弃物追踪条例》对医疗废弃物的分类、包装、标记等都有明确的规定，并分别列出了医疗废弃物排出单位、运输单位、中间处理单位及最终处置单位需要遵守的事项。例如，在大部分医疗废弃物离开医院之前需在医院的初级处理点对其进行适当的集中和整理，在初级处理点还需对有些医疗废弃物进行初级处理，包括压缩、磨碎或打浆（王蕾等，2017）。这项条例最重要的支柱是追踪监督系统，可以完全掌握、监督从医疗废弃物排出地到最终处置地的所有信息。实施该条例的相关州使用统一的装货清单追踪记录卡进行记录，该记录卡随医疗废弃物一起传递移动。医疗废弃物排出单位、运输单位、中间处理单位及最终处置单位分别在卡上登记并复印保存。

基于《医疗废弃物追踪条例》的试行经验，州政府委员会编制了《州医疗废弃物管理示范指南》（以下简称《示范指南》），各州可依据此《示范指南》管理本州的医疗废弃物。《示范指南》提出通过重复使用、循环利用及源头控制等方法可实现医疗废弃物产量最小化。源头控制需要全社会的参与，措施包括：制造商在医疗产品和包装设计环节考虑废弃物减量因素；医疗产品消费者可以用废弃物减量目标来引导自身的购买、使用及丢弃行为，优先使用安全燃烧、焚烧排放少、热回收潜值高或生物降解性好的材料；研究者在设计实验时可以选择能减少混合废弃物产量的试剂或通过调整实验方案使废弃物不同时产生。《示范指南》还建议，医疗废弃物排出单位、运输单位、中间处理单位及最终处置单位都应该编制医疗废弃物管理和执行计划，列出安全有效管理医疗废弃物的政策和措施，这些计划需要及时修改更新，并公开接受公众监督。

**2. 医疗废弃物处置技术主要为高温蒸汽灭菌处置技术**

美国国会技术评估办公室会从安全性、经济性等方面研究和评价医疗废弃物处置技术，并将成果编成报告，供各州参考，目的是指导各州不断改善对医疗废弃物的管理。高温蒸汽灭菌处置技术主要用于处置感染性废弃物，是美国医疗废弃物处置的主流技术（美国医疗废弃物的90%是用高温蒸汽灭菌处置）（余波等，2009；茹改霞，2017）。其设备的技术特点是在通常的高温蒸汽灭菌设备上应用了前后抽真空技术，在高温灭菌之前对密封包装的医疗废弃物抽真空，可以增加蒸汽对医疗废弃物的穿透性，使高温蒸汽充分与废弃物接触，达到彻底灭菌的作用；灭菌后抽真空，可将处置后的废弃物湿度降低，达到干燥废弃物和驱除异味的作用。高温蒸汽灭菌处置技术具有占地面积小、投资少、对感染性废弃物的处置效果明显等特点，而且操作相对简单，人员不需正规培训（夏诗坂等，1992）。

（二）澳大利亚：对医疗废弃物进行分类，并由专业医疗废弃物管理公司集中处置

在澳大利亚，医疗废弃物会经过严格的分类，对绝大多数医疗废弃物，会选择

填埋或焚烧的处置方式，由专业的医疗废弃物管理公司集中处置；也会在严格消毒的情况下，对部分无毒害的医疗废弃物进行再加工，在各个环节都制定了较为详细的操作流程。

首先，在医院内部会对医疗医护人员进行明确培训，对医疗废弃物进行分置。比如在医院内部会放一些不同颜色的废弃物箱，在内部进行分置处理。若废弃物污染较轻，会被放到一个绿色的回收箱里面，然后由医院内部进行重新消毒、除菌、循环使用。对有辐射性或者有传染性接触的医疗器械，比如针头、绷带或者采血管等和病患有密切接触的医疗器械废弃物，承包给有资质的专门处置医疗废弃物的第三方公司，由其定期到医院回收。比如放到红色回收箱里面的医疗废弃物由第三方公司运输之后，单独保存在需要上锁的一个房间里，只能由有资质的专人进行处置，随即会对废弃物进行填埋或者焚烧。对于可以循环利用的，比如非接触的一次性针头、输液瓶或者输液袋，会统一进行巴氏消毒或者无菌操作，灭菌之后可以循环使用，重新加工成一些桌垫或者其他品种，不作为医疗器械重新使用，算作变废为宝的一种措施。

（三）俄罗斯：医疗废弃物分为 5 个危险等级，以立法确保其回收

### 1. 对医疗废弃物处理进行立法

在俄罗斯，医疗废弃物虽然只占垃圾总量的 2%～3%，却被认为非常危险。俄罗斯政府于 1999 年颁布了《医疗和预防机构垃圾收集、储存和清除规则》，以立法来确保医疗废弃物的回收。在该规则基础上，2010 年 12 月 9 日，俄罗斯又颁布了医疗废弃物管理的专项法案。根据流行病学、病理学和辐射危害程度以及对环境的不利影响，医疗废弃物被分为 5 个危险级别，分别以俄语字母表的前 5 个字母命名。

### 2. 对医疗废弃物进行分类

医疗废弃物被分为 5 个危险级别。第一类是与生活垃圾相类似的固体垃圾，其不具有传染性，比如废纸、塑料、玻璃瓶以及包装材料等，但不包括传染性和皮肤性病等科室垃圾。这类垃圾一般被放置在特大垃圾箱中，颜色以白色标记。第二类包括来源于感染病门诊的垃圾或微生物菌类等，以及血液或其他病人排出的垃圾。根据垃圾的具体形态，收集在以黄色标记的一次性包装内，且垃圾不能超过包装容量的 3/4，也不能放置在露天垃圾箱中。其收集后的最终包装上除了标明基础垃圾类别的字母外，还需要标明收集该垃圾的组织名称，细分到部门、日期和人员姓氏。第三类则是极其危险的垃圾，比如曾接触过特殊危险传染病患者的垃圾、微生物实验室的垃圾等，需放置在红色标记的特殊容器内，在其消毒和存储运输上都有严格

规定。第四类则是含有工业制成品的垃圾，比如过期的药物、消毒物品、化学制剂，以及含汞的垃圾，需要放置在红色标记的特殊包装内，其清理或回收工作只能由取得政府许可证的专业组织操作。第五类则是含有放射性物质的垃圾，在收集和存放这类垃圾时，都必须按照俄罗斯法律对放射性物质的辐射安全标准进行操作。

### 3. 对处理医疗废弃物人员有明确要求

在俄罗斯，18 岁以下的人员禁止从事医疗废弃物回收行业。工作人员除了每年要通过强制安全处理垃圾的培训外，还要按照国家和地区的预防要求进行疫苗接种。工作人员应配备一套工作服和个人防护装备。工作服的清理必须采取集中处理方式，绝对不允许在家里洗工作服，且个人衣服和工作服必须存放在不同的橱柜中。

### （四）日本：全程严格管理，对第三方处理机构实行许可制度

#### 1. 拥有完备的医疗废弃物管理政策及法律法规体系

日本医疗废弃物的管理是基于《废弃物的处理及清扫相关法律》（2018 年修订）（以下简称《废弃物处理法》）相关要求开展的。目前，日本针对医疗废弃物，已经形成了从产生、收集、运输、储存、处理到最终处置各个环节的有效管理体系。从管理分类上，日本并未对医疗废弃物进行定义，而是主要根据其产生源（医疗机构、相关设施、家庭等）、危害性（感染性、非感染性、其他等）甄别管理。如医疗机构所产生的废弃物一般分为感染性废弃物、非感染性废弃物、其他废弃物 3 类。其中，感染性废弃物在《废弃物处理法》中被列入"特别管理废弃物"（等同于国内的"危险废物"）管理体系。对感染性废弃物的处理处置，日本专门制定并颁布了规范性文件《基于废弃物处理法的感染性废弃物处理指南》，该指南经多次修订，目前实施的是 2018 年 3 月最新一次修订的版本。该指南对医疗相关机构（包括医院、诊所、保健站、专业养老机构、动物诊疗设施、医学研究机构等）的感染性废弃物处理处置相关责任主体、管理体系建设、设施内处理、运输、委托处理、最终处置进行了明确要求。此外，全国产业废弃物联合会等政府直接管理的平台组织也陆续发布了《感染性废弃物处理指针》《感染性废弃物收集运输自主基准》《感染性废弃物焚烧处置基准》等行业指南、行业标准。

#### 2. 强化感染性废弃物排放者的责任和处理者的要求

《基于废弃物处理法的感染性废弃物处理指南》强化了感染性废弃物排放者的责任，医疗机构是感染性废弃物的排放者，对废弃物的处理处置负有责任，且相关责任不因支付费用后转由委托第三方处理而转移，责任人须具有医学专业知识或具有 2 年以上环境卫生指导经验，对感染性废弃物的全程处理承担责任；同时加强了

对感染性废弃物运输者及处理者的管理，例如第三方机构资质、合同文本、处理效果追踪等。目前有95%以上的医疗废弃物是医院委托给第三方机构处理，对其委托和处理情况，必须有详细的书面报告。对第三方机构采用许可制管理，感染性废弃物运输机构、处理处置机构需分别取得当地政府颁发的特别管理废弃物运输许可证、处理许可证，从业许可证每5年需更新一次。日本的感染性废弃物遵循"产业废弃物管理票制度"，从感染性废弃物离开医疗机构，到进入运输环节，到中间处理环节，再到最终处置环节，以A—E的5联单形式进行追踪管理。

在容易违法投弃废弃物的地点安装摄像头并鼓励居民举报，一旦发现违法丢弃的情况，警方将开展调查，可处以0.12亿日元（约合60万元人民币）的罚款，可判处法人代表1.2亿日元（约合600万元人民币）的罚款并吊销营业执照。

不仅要求医疗机构严格遵守处理处置规定，也要求病人配合执行。比如有些医院在抽血后，护士会嘱咐患者把贴在针口上的创可贴扔到医院卫生间的专门垃圾桶里，因为有血迹的垃圾要另外处理。

### 3. 对可回收废弃物进行再利用

1997年，医院开始实行废弃物容器登记制度，对容器生产厂家及产品的质量进行评定，通过鉴定合格后才能正式生产和使用（李前喜等，2003）。可回收医疗废弃物的处理程序也越来越方便，比如一次性针头的处理，若回收公司把废弃物容器发放给医院，容器满了以后，回收公司会来回收这些废弃物桶并运到工厂，用2 000℃的高温使其熔解成钢水，之后再制造成钢管等产品。

### 4. 制定特殊情况下的紧急对策

在日本《传染病法》中，根据传染力和危险性，将"指定传染病"分为五类。在突发情况下，环境省会基于实际情况对各行政区政府医疗废弃物的处理进行指导。截至目前，日本环境省已基于突发疫情制定多份专项意见及指南。例如，2009年，针对东南亚暴发的人感染禽流感疫情，为防止疫情在日本扩散，日本环境省于2009年3月编制了《应对新型流感的废弃物处理指南》；2019年，针对刚果民主共和国暴发的埃博拉出血热，日本环境省于2019年8月下达了《关于应对埃博拉出血热的废弃物处理的通知》，要求各地方重视相关动态，一旦发现日本国内出现疫情，根据新修订的《基于废弃物处理法的感染性废弃物处理指南》有效应对，妥善处理所产生的医疗废弃物。

## 二、完善国内医疗废弃物管理工作的建议

为应对当前我国发生的新型冠状病毒肺炎疫情，生态环境部已于2020年1月

28 日紧急印发《新型冠状病毒感染的肺炎疫情医疗废弃物应急处置管理与技术指南（试行）》并已实施。在此基础上建议借鉴国际经验，采取以下措施。

### 1. 完善医疗废弃物管理法律法规体系和应急处置机制建设

我国在医疗废弃物处置方面，采取由专业机构承担并授予行政许可的方式进行，国家出台了一系列政策、规范、标准，确保对医疗废弃物进行安全处置。按照国家总体规划，各省（自治区、直辖市）以市为单位将本地产生的医疗废弃物就近集中收集并运输到医疗废弃物集中处置单位。但从本次湖北省应对新型冠状病毒的实践看，现有医疗废弃物处理体系承担日常性处置任务尚可，而面对新型冠状病毒大面积暴发情况下的医疗废弃物处理显然力不从心。当需要紧急动员各方面力量（如垃圾焚烧机构、危险废弃物处置机构）参与处理时，囿于现行法律规范体系的局限性，地方环境管理部门无法突破当前法律制度框架而允许其他机构分担医疗废弃物处置任务。

建议借鉴国际相关法律法规，进一步完善国家医疗废弃物处理处置相关法律法规。一是按照环境健康风险程度推进医疗废弃物分级分类管理，优化资源配置，把处置设施和能力用到最要紧、最关键的医疗废弃物处置上（刘君武等，2004）。二是对特殊情况下的医疗废弃物处置进行特事特办，在机制、制度设计上，在保证环境和人体健康安全的前提下，赋予相关单位科学合理调配各类医疗废弃物处理处置设施的权力，以在最短时间内进行应急处置。

### 2. 加强医疗废弃物收集、处置能力建设，特别是对突发大规模传染性疫情下应急处置能力的科学规划和建设

我国现有医疗废弃物处置设施多是 2003 年 SARS 后国家统一规划，并由国家财政资金支持建设的，目前已普遍进入服务寿命中后期，设备稳定运行水平已经在下降。同时，原有医疗废弃物处置设施是按照 2003 年城市人口和医疗机构床位数量规划建设的，经过十几年发展，目前处置能力明显不足。一些地区医疗废弃物处置定价偏低，有的地区医疗废弃物处置费用七八年未进行调整，影响了处置单位设备更新和技术进步。本次新型冠状病毒疫情下，门诊和治疗机构的一次性手套、防护服、口罩等全部作为医疗废弃物处理，医疗废弃物产生量激增。原来以医院病床数为基础进行测算的医疗废弃物产生量无法反映应急情况下的处置需要，在疫情期间，武汉等多地医疗废弃物产生量较平日以数倍剧增，给安全处置工作带来极大压力。

建议对全国医疗废弃物处置设施运行情况进行一次全面普查，尽快摸清现状和问题，有针对性地进行设备更新、技术升级、能力扩容。更为重要的是，要立足于突发重大传染性疫情进行医疗废弃物处置设施和处置能力建设的规划，按照平战结

合原则配备设备和资源，平时能够满足一般性医疗废弃物处置需求，紧急情况下能够迅速提升处置能力，保障应急响应需求。还要对医疗废弃物应急处置能力布局进行科学合理规划，原则上以省（自治区、直辖市）为单位建设若干个工程技术支持中心。

### 3. 加大对医疗废弃物处理处置的财政扶持和保障力度

医疗废弃物处置是承担保障国家卫生防疫安全任务的基础性工作，应由国家提供财政支持（杨波，2018）。如2003年SARS之后，国家就支持每个省（自治区、直辖市）建设一座医疗废弃物处置设施；本次疫情期间，凡涉及疫情的战略性保障物资（如医疗设备、防护用具、消杀药剂等），很多地方均实行政府统一调配、集中使用，对取得战疫决胜起到了关键性作用。

建议如下：一是将医疗废弃物处置设施建设纳入国家环境基础设施建设规划，由国家统一规划、财政资金予以保障。二是建立国家医疗废弃物处理应急物资储备和保障体系，对防护服、消杀药剂等消耗品进行战略性储备。三是将医疗废弃物处理机构纳入突发卫生事件应急响应体系，在物资、管理上予以保障。

### 4. 加强医疗废弃物全过程监管

医疗废弃物管理包括分类收集、暂存、转移、处置等环节，其中分类收集和暂存由医疗卫生机构负责，转移和处置由医疗废弃物处置单位负责。涉及的政府管理职能部门如下：卫生健康部门主要负责对医疗卫生机构进行监管，交通部门负责对转移运输过程进行监管，生态环境部门负责对医疗废弃物安全处置进行监管，公安部门负责对医疗废弃物严重环境违法案件进行查处打击。做好医疗废弃物全过程管理，要遵循安全、规范、全过程相衔接可追溯原则，全面落实医疗卫生机构、运输单位和处置单位责任，进一步完善各部门齐抓共管的工作机制，合力搞好监管（郭娟，2012）。卫生健康部门要对一些地区存在的医疗废弃物分类收集、暂存不规范，上下游管理环节"脱钩"，暂存库不符合"三防"标准，医疗废弃物登记、称重不到位等问题进行深入整治；生态环境部门加强统一监督管理（余结根等，2011）。同时，要积极推动各相关方医疗废弃物管理信息公开，积极创造条件，为社会监督提供方便，对违法违规事件要严肃查处、严厉打击、公开曝光（祁亚娟等，2017）。要通过5G、互联网＋、手机应用程序、人工智能等信息化、智慧化手段加强监管，建立以医院科室为起点，延伸到暂存、转移、最终处置全链条的医疗废弃物全过程监管系统，通过内外结合、人防与技防相结合的方式，多措并举加强医疗废弃物监管。

# 参考文献

郭娟，2012.完善我国医疗垃圾管理法律制度的思考［J］.西南农业大学学报（社会科学版），
　（7）：41-46.

李前喜，冈本真一，2003.日本的医疗垃圾处理系统［J］.上海环境科学，（7）：508-518.

刘君武，易新娥，2004.借鉴国外经验建立新的医疗废弃物管理体系［J］.中国护理管理，（6）：
　58-59.

祁亚娟，牛冰玉，2017.医疗垃圾之战略决策［J］.中国社区医师，（18）：164-166.

茹改霞，2017.医疗垃圾处理技术的研究进展［J］.广东化工，（21）：140.

王蕾，赵娜，王滨松，等，2017.医疗废弃物管理对环境影响的初探［J］.环境科学与管理，（8）：
　10-13.

夏诗坂，朱新华，宋增仁，1992.美国医疗废弃物的处理概况［J］.国外环境科学技术，（3）：
　25-27.

杨波，2018.上海市医疗垃圾处理现状及经济对策研究［J］.环境科学与管理，（9）：62-66.

余波，张斌，黄正文，2009.几种医疗垃圾处理技术综述［J］.广州环境科学，（2）：1-5.

余结根，李荣，刘少锋，2011.医疗垃圾分类和集中处理的现状及对策［J］.临床合理用药，
　（1A）：142-143.

张加来，许嘉，1990.美国医疗废弃物对策的动向［J］.世界环境，（2）：8-10.

# 借鉴国际矿山尾矿库风险防范管理经验，
# 推进我国尾矿库环境安全管理

周　波　张彦著　张剑智

## 一、全球尾矿库事故总体情况

### （一）全球尾矿储存设施事故的严重性不断增加

近年来，全球尾矿储存设施（tailings storage facility，TSF）发生溃坝的总次数虽然在减少，但严重溃坝的次数却在增加。例如，2014 年的波利山尾矿事故和 2015 年的萨马尔科尾矿事故分别造成了超过 2 500 万 m³ 规模的尾矿渣泄漏并进入周边生态环境系统。尾矿安全事故不仅造成生态环境影响，同时也带来直接的经济损失。例如，必和必拓公司（BHP）向雷诺基金会提供了 1.74 亿美元，仅用于萨马尔科大坝溃决后的补救和赔偿计划，同时也面临着潜在的巨额民事索赔。

2001 年，国际大坝委员会（ICOLD）发布了《尾矿坝：危险事件风险》（*Tailings Dams：Risk of Dangerous Occurrences*）报告。该报告提出迫切需要对尾矿库设施规划、管理和监管进行改革。研究者认为所检查的 221 起事故都是可以避免的——建造和维护尾矿库设施的技术知识是存在的，但对尾矿安全储存的意识不到位和管理不善是大多数事故的原因。尽管国际社会已经认识到这一点，并随后制定了许多新的措施、准则和改进后的做法，尾矿库安全事故仍然不断发生。此外，随着矿产资源品位下降、尾矿量增加以及气候变化带来的更多极端天气事件，尾矿的安全储存问题就变得更具挑战性。如果防范和应对不力，将导致尾矿安全事件继续发生，影响生态环境、社区安全、人体健康以及采矿企业的信誉和经济效益。

1940—2010 年尾矿储存设施事故严重程度数据分析显示，1980 年以来，严重和非常严重的事故明显增加。研究者分析了历史采矿指标（如各种金属的生产成本和价格），发现这些指标与事故严重程度之间存在相关性。

### （二）尾矿库事故原因解析

根据相关研究，绝大部分的尾矿库事故可以归于几个主要原因，如漫顶或溢流、地震、边坡失稳、地基条件问题、设计或施工缺陷、腐蚀等，而尾矿库管理不善和缺乏对尾矿坝维护的资金投入等导致尾矿库事故的频繁发生。例如，在漫顶或管道问题所引发的尾矿坝事故中，都存在较长时间的管理不善问题；地震导致的溃坝是因为尾矿坝初始设计未充分考虑抗震因素。以下简要分析引起尾矿坝事故的主要原因。

①溢流是指由于坝后（尾矿库中）水位的增加而导致坝顶持续超载。水位升高直至超过坝顶可能是由于坝顶侵蚀、沉降，管理不善或重大气候事件（如暴雨）引起的。漫顶则是尾矿库内的尾矿流体波浪式冲刷尾矿坝顶的现象，往往是由于强风天气原因或由于塌方使尾矿流体进入尾矿库并挤占体积等原因。通常，持续的漫顶或溢流比阶段性漫顶更容易造成尾矿坝安全问题。

②当坝内剪应力超过坝料的抗剪强度时，会发生静态边坡失稳破坏，最常见的情况是导致下游边坡的一部分发生旋转或滑动破坏，从而导致大坝漫顶或溃坝。尾砂的剪应力随尾砂密度的增大而增大。通过致密化、自然蒸发和沉积后的固结，可以产生更高的密度。超固结尾矿空隙率较低，其体积随剪应力的增大而增大。尾矿堆积后的压实度对路堤边坡的稳定性影响很大。在尾矿脱水的情况下，随着新添沉积物导致的大坝升高，很容易发生压实，因此脱水尾矿特别是过滤尾矿静态边坡失稳的可能性通常低于浆态尾矿。

③地震事件可导致：土壤液化——地震事件期间发生的过量孔隙水压力反过来将抗剪强度降低到几乎为零，这种事故的特点是所需时间短（大约几分钟）；边坡失稳——即使没有足够高的孔隙压力，持续的应力可能导致边坡失稳；裂缝——损害大坝的挡土功能或路堤沉降，可能降低坝顶高程，从而降低可用干舷，引发漫顶。

④如果坝下浅层的土壤或岩石太松，无法支撑大坝，则可能发生地基破坏。在这种情况下，将发生沿事故平面的移动，这可能导致：地基中的设施张开或断裂，造成渗漏；大坝和附属结构的相对水平移动导致其不能按原始设计运行等。

⑤尾矿坝体内部侵蚀过程可分为 4 个阶段：起始、延续、形成侵蚀管的过程和破裂的开始。在恒定荷载下，内部侵蚀可能直接导致溃坝，则可能削弱大坝，使其在受到外部荷载变化时迅速溃坝。

（三）尾矿坝事故率远高于传统蓄水坝

研究表明全球可能有 30 000 个工业矿山（SNL，2016 年数据）。按照 18 401 个矿区的全球库存量计算，过去 100 年的事故率估计为 1.2%。这比传统挡水坝的事故率高出两个数量级以上，据报道，传统挡水坝的事故率仅为 0.01%。目前，尾矿坝溃坝事件约为每十年 20 起。事故主要发生在高达 30 m、最大尾矿量为 500 万 m³ 的中小型尾矿坝中。溃坝后，释放的尾矿通常约为设施内尾矿的 1/5。

根据其他较为保守的研究估计，与其他传统的蓄水大坝相比，尾矿坝的溃坝可能性要高出 10 倍以上，但这两种结构之间的差异仍然很大。导致尾矿坝溃坝概率高于其他土工构筑物或大坝的重要因素包括水位较高、对尾矿材料特性缺乏了解、场地和岩土工程勘察不当以及缺乏监测等。与尾矿储存设施（TSF）发生的溃坝事故相比，不太严重的事故通常没有得到很好的监控和记录。目前很可能没有监测到的小型运行和非运行尾矿库设施数量约为数千个，这些设施在全球范围内可能导致数千起环境事件，且其中大多数可能是未报告的。根据美国环境保护局对严重事故的分类和定义，相关分析认为可以合理估计过去 100 年中严重环境事故的发生率至少是上述 18 401 个世界矿区大坝事故率（1.2%）的两倍，因此约为 2.4%。为了更好地估计事件发生的概率，需要更好地监测此类事件的频率。卫星图像、安装在无人机上的高精度传感器可用于检测尾矿库植被状况的变化，这些变化往往可反映尾矿坝渗漏造成的损害。卫星图像还可用于评估现场是否发生了环境事件并改进对此类事件的记录。

### （四）尾矿坝事故的地理分布及基于坝高的分布

针对各国尾矿坝事故分布的差异，Rico 等（2008）认识到，由于很多国家未公开信息，他们收集的案例不全，但仍可以发现，74% 的尾矿事故案例来自这些国家和地区：美国（39%）、欧洲（18%）、智利（12%）和菲律宾（5%）。在欧洲的 26 例中，38% 发生在英国，62% 发生在其他 9 个国家（保加利亚、法国、爱尔兰、意大利、马其顿、波兰、罗马尼亚、西班牙和瑞典）。

对世界尾矿坝溃坝高度分布的分析表明，55.9% 的溃坝发生在 15 m 以上的坝上，而发生在高于 30 m 的坝上的溃坝只占 22.6%。因此，尾矿坝溃坝统计数据显示低坝发生的溃坝较多，高坝发生的溃坝相对较少。仅考虑欧洲时，尽管有一些差异，但分布相似。47.4% 的欧洲事故发生在大坝高度超过 15 m 时，而对世界其他地方而言，这个数字是 43.2%。相比之下，欧洲 15～30 m 尾矿坝的事故率（42.1%）高于世界其他地区（31.1%）。此外，欧洲所有的尾矿坝事故都发生在高度小于 45 m 的坝上。分布情况如图 1 所示。

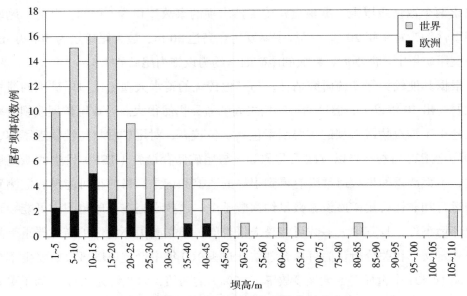

图 1　基于尾矿坝高度的尾矿坝事故分布

（五）尾矿库事故对生态环境造成严重危害

由于一些尾矿中存在砷、氰化物或重金属等有毒物质，尾矿泄漏事故可能对自然生态环境以及人体健康构成威胁。这些物质向河流水体系统的释放则会使污染物的浓度直接增高。污染物浓度的下降速率通常随特定污染物的变化而变化，例如砷、镉和铅浓度的下降速率要快于铜、锰和锌。尾矿中暴露于氧气和水的硫化物的存在会导致硫酸的产生，这被称为酸性矿液排水（acid mine drainage），并可能含有重金属和砷。酸性矿液排水被公认为采矿业中最严重的环境问题之一。在许多旧的和废弃的尾矿库的设计、建造或运行过程中都没有意识到酸性矿液排水对环境的影响，也没有采取措施以减少酸性渗滤液的产生或防止渗滤液进入地下水或地表水。从生命安全的角度，尾矿库溃坝初期则会造成洪流淹没等安全事故，并随着尾矿泄漏物质进入周边自然水体，进一步引发有毒物质进入食物链而造成对周边生物及人群的生命健康威胁。尾矿溃坝泄漏对鱼类和陆生动物的影响是掩埋、淤泥堵塞鳃和水化学毒性影响的综合。一般来说，尾矿泄漏后，水的 pH 值会降低到很低的水平。而泄漏对植被和可耕作物的影响与漫滩污染物浓度增加有关。联合国环境规划署于 2017 年发布的《矿山尾矿库：安全无事故》（*Mine Tailings Storage: Safety Is No Accident*）报告系统性地对比分析了几种尾矿主要处置技术的优缺点及环境影响，结果如表 1 所示。

表1　与尾矿主要处置技术有关的环境问题概述

| 方式 | 优点 | 缺点 |
|---|---|---|
| 尾矿库不脱水 | ● 更经济的构造；<br>● 在尾矿中保持水分，可以防止呈现酸性；<br>● 限制硫化物的氧化 | ● 耗水量大；<br>● 高渗风险；<br>● 尾矿坝倒塌高损坏风险；<br>● 较大的生态足迹和栖息地干扰；<br>● 只有在关闭矿井之后才能进行修复 |
| 尾矿库较浓尾矿物质 | ● 大坝倒塌造成的损坏风险降低；<br>● 由于水量较小，渗漏风险较低；<br>● 减少尾矿量；<br>● 占地面积略小 | ● 额外费用（增稠，粘贴，抽水）；<br>● 相对较大的占地面积和栖息地的丧失；<br>● 较耗水；<br>● 浆状尾矿的泵送成本很高；<br>● 只有在关闭矿井之后才能进行修复 |
| 尾矿库将尾矿与粗粒废物混合 | ● 大坝倒塌造成的损坏风险降低；<br>● 由于水少，渗水风险降低；<br>● 占地面积较小，可存储单独的废物流 | ● 附加费用（增稠，粘贴，抽水，大坝需要）；<br>● 相对较大的生态足迹和栖息地损失；<br>● 适度耗水；<br>● 浆状尾矿的泵送成本很高；<br>● 只有在关闭矿井之后才能进行修复 |
| 尾矿库脱水 | ● 相对经济的结构（必须安装排水系统操作） | ● 仅比不脱水的水库贵一点；<br>● 封闭后排水可能需要被动处理 |
| 尾矿回填 | ● 减少表面存储面积；<br>● 地下水污染风险低；<br>● 循环利用更多的水，减少了尾矿的体积；<br>● 需要较少的修复 | ● 额外费用（增稠，粘贴，抽水，路障）<br>● 渗漏；<br>● 仅用于地下矿山 |
| 尾矿过滤干堆 | ● 减少用水；<br>● 消除了与大坝倒塌有关的灾难性尾矿流的风险；<br>● 减少了尾矿渗漏至地下水层的风险；<br>● 减少了存储空间，可在矿山运营期间逐步进行修复；<br>● 更容易获得许可；<br>● 如果将潜在的产酸（PAG）材料干燥堆叠，则可应对长期渗漏；<br>● 可能进行一些逐步的回收 | ● 采用现代过滤和输送技术的高成本和适中的运营成本；<br>● 需要地面管理系统以防止风和水的侵蚀。 |

## 二、国际尾矿库环境安全监管情况

　　联合国机构及欧洲、澳大利亚等都高度重视矿山尾矿管理设施的安全监管，出台了系列政策、法规、标准、安全指南及最佳实践，强化日常监管，尽量减少尾矿坝的安全事故及环境影响。

（一）联合国欧洲经济委员会强调尾矿库设施安全管理

自 20 世纪 90 年代初以来，联合国欧洲经济委员会（United Nations Economic Commission for Europe）致力于预防和应对工业事故，特别是在欧洲区域具有跨界影响的工业事故。1992 年的联合国欧洲经济委员会《工业事故越境影响公约》通过尽可能地防止事故发生、减少事故发生的频率和严重性来帮助欧洲国家保护环境和人民安全免受此类事故的影响。

联合国欧洲经济委员会认识到尾矿库重大事故对欧洲人民健康和环境造成的破坏性影响以及跨国界影响造成更深远和更严重的政治后果，例如 2010 年在匈牙利 Kolontar 发生的铝污泥泄漏事件或 2012 年发生在芬兰 Talvivaara 矿业公司的事故中。尽管许多欧洲国家对尾矿库的管理越来越重视，但其运营、监测和管理仍需进一步改善，并需应对气候变化可能会增加自然灾害（如地震和洪水等造成的重大灾害）引起的工业事故的可能性这一挑战。2014 年，联合国欧洲经济委员会发布的《尾矿库管理设施安全指南和最佳实践》中提出了 13 条"尾矿管理设施安全原则"（safety principles for tailings management facilities），如表 2 所示。

**表 2　尾矿管理设施安全原则**

| |
|---|
| ①政府应发挥领导作用，创造最基本的促进尾矿管理设施发展、安全运行和退役的导则 |
| ②尾矿管理设施的操作人员对保障尾矿设施的安全，以及制定和实施安全管理程序，利用技术和管理体系提高安全性、降低风险负有主要责任 |
| ③根据有关准则和最佳做法，关于尾矿设施的设计、建设、运行和关闭，应根据具体案例、具体地形条件等因素逐案考虑，要考虑气候、水文、地形、地质、尾矿性质等多种因素 |
| ④仅资质合格且经过认证（符合国家法律法规和安全管理条例等）的从业人员才能从事尾矿库的规划、设计、施工、经营管理和关闭工作，且应在运营管理计划书中说明其相关的能力和资质 |
| ⑤所有利益相关方均应认可管理尾矿安全的系统方法，并且在所有情况下均应确保采用高质量的"规划—建造—运营—封闭—修复"的全生命周期方法 |
| ⑥应该在尾矿库的规划和设计阶段纳入对尾矿管理设施生命周期的考量，并通过模拟与实践进一步完善 |
| ⑦尾矿管理设施的安全尤其取决于负责其规划、设计和项目批准的人员，因此建筑公司、运营商、政府和商业检查员、救援服务人员以及矿山关闭和修复专业人员应在必要时接受适当的培训和资质认证 |
| ⑧尾矿管理设施应符合有关国家的建筑、安全和环境规范标准，并考虑到国际最佳做法，且应具有一个有关主管部门评估和认可的运营计划或指南 |
| ⑨应基于风险评估对尾矿管理设施进行分类，并考虑到特定的风险参数 |
| ⑩应在评估最佳的尾矿库选址和后期的施工运营计划中考虑土地使用规划、水文地质条件 |

| ⑪对因其规模或危险物质的存在而对邻近社区和土地使用构成潜在风险的尾矿管理设施，还应确保按照国际公认的程序向这些社区和个人提供信息。让其参与的目的是制订社区能够理解的应急计划，以减轻可能发生的事故的影响 |
| --- |
| ⑫对可能会引起跨境环境影响的尾矿设施建设项目，应与邻国政府、《欧洲经济委员会跨界环境影响评估公约》（简称《Espoo公约》）进行通报和协商。应进行环境影响评估 |
| ⑬应根据欧洲经济委员会《在环境问题上获得信息、公众参与决策和诉诸法律的公约》（《简称奥尔胡斯公约》）的规定来运营尾矿设施。如果所涉问题具有跨界性质，则《阿拉木图准则》中关于在国际上促进适用《奥尔胡斯公约》原则的原则应得到尊重 |

#### （二）澳大利亚的尾矿库环境安全监管制度

澳大利亚是世界上重要的矿产资源出口国，被称为"坐在矿车上的国家"，尤其是澳大利亚的西部拥有丰富的铁矿石储量。由于开矿会造成植被破坏、土壤破坏，影响地表水和地下水以及产生大量废弃物，因此，澳大利亚十分重视矿山环境的保护。澳大利亚矿山环境安全由联邦政府和州（领地）政府两级监管，州（领地）政府负责对属地内的矿产资源的勘探、开发和环境保护的日常监管，以及与勘探、开发有关的基础设施建设、环境影响评价等的审批和监管。

**1. 尾矿库环境影响评价制度**

澳大利亚法律要求企业在采矿权审查和授予之前，必须进行环境影响评价，并经审查通过，才能进行尾矿库选址建设。而且，要求选矿厂在对尾矿库项目进行规划设计时，必须要进行环境影响评价，查明尾矿库建设是否会对尾矿库环境及其附近地区的环境带来不良影响，并在环境影响评价的基础上提出方案和措施，以最大限度地减轻尾矿库建设对环境的不利影响。

澳大利亚的矿产能源部、环保局和各州的资源开发部都有权力对尾矿库项目进行环境影响评价，但是在具体的执行过程中有不同的分工。矿产能源部一般审查可能造成轻微环境影响的尾矿库项目，审查企业提交的书面评价；环保局则是对那些位于环境敏感区域（如海岸带、自然保护区等）的尾矿库项目和具有高环境风险的项目进行审批；各州资源开发部负责审批按照各州协定规定开发的对环境产生影响的大型项目。三个部门通过合作进行环境监管，在尾矿库建设项目上严把环境影响评价关。

澳大利亚环境影响评价法规定，负责对尾矿库建设项目进行环境影响评价的主管部门对选矿厂提交的环境影响报告书进行审查后，根据该报告发表评审意见，并以该意见作为尾矿库环境管理部门审批尾矿库项目的基本依据，从而达到在尾矿库建设初期监管环境的目的。西澳大利亚州明确规定，在进行尾矿库建设前，选矿厂必须要向相关管理部门提交尾矿库项目的环境影响评价报告，如表3所示。

表3 西澳大利亚州尾矿存储设施的危险等级

| 影响类型 | 危险等级 | | |
|---|---|---|---|
| | 高 | 中 | 低 |
| | 影响或损害的程度或严重性 | | |
| 人员伤亡 | 很可能会发生人员伤亡 | 有可能会发生人员伤亡 | 不太可能会发生人员伤亡 |
| 环境污染（如化学品或辐射污染了水、土壤或空气）对人体健康产生负面影响 | 因长期暴露在污染环境，人体健康会受到永久或长期损伤 | 暴露在污染环境的影响是有限的，人体健康可能会受到暂时的负面影响 | 牲畜的损失是有限的或没有受到潜在影响 |
| 环境污染使人们财产蒙受损失 | 很可能大量损失牲畜 | 可能损失一些牲畜 | 损失牲畜的可能性很低 |
| | 很可能造成巨大财产损失（包括商业、工业、农牧业、公共设施、基础设施都受到影响），经济难以恢复 | 暂时损失部分财产，但经济可以恢复 | 财产损失可能性很小 |
| | 尾矿库存储设施很可能损失，难以修复 | 尾矿库存储设施损失有限，可以修复 | 尾矿库存储设施损失很小 |
| 环境污染或直接影响造成环境设施损害，文物或有历史价值的物品也受到影响 | 自然环境（包括土壤、地表水和地下水）很可能受到永久或长期的影响 | 自然环境可能受到暂时的影响 | 自然环境受到的影响有限 |
| | 动植物很可能受到永久或长期的影响 | 动植物可能受到暂时的影响 | 动植物受到的影响有限 |
| | 文物或有历史价值的物品很可能受到永久的影响 | 文物或有历史价值的物品可能受到暂时的影响 | 文物或有历史价值的物品受到的影响有限 |

**2. 尾矿库区环境保护和修复治理制度**

在澳大利亚，选矿厂要依法编制库区环境保护和尾矿库的闭库规划，将环境保护和生态恢复放在重要位置。企业在采矿之前，就要制订尾矿库的闭库计划，将闭库后的环境修复成本列入支出项目。在验收选矿厂治理尾矿库环境成果时，由政府主管部门组织有关部门和专家，根据选矿厂提交的《开采计划和开采环境影响评价报告》，进行分阶段验收。

此外，选矿厂要建设尾矿库，就必须缴纳尾矿库区环境修复抵押金，缴纳抵押金的目的也是促进选矿厂做好对被尾矿库占据的土地的生态环境修复工作。抵押金缴纳数额由市政府、选矿厂在工程技术人员提出的环境修复方案中的预算基础上确定，但是必须能够保证尾矿库的环境修复。选矿厂如果不缴纳环境修复抵押金，也可以申请银行对环境修复进行担保，向银行交担保费。银行可以根据矿山开采的价值、利润以及企业治理环境的手段来考虑担保风险的大小，从而确定担保费用。环境修复抵押金制度是督促选矿厂做好环境保护工作的激励措施，如选矿厂对环境治理的效果好，政府可以通过降低抵押金来奖励企业；如选矿厂对环境治理的效果不好或没有治理环境，政府即可动用抵押金来开展环境修复工作。如果选矿厂不遵守法律的规定，既不缴纳环境修复抵押金，也不对环境进行治理，那么政府的矿业主管部门有权终止该选矿厂的开采，这将会给企业带来极大的经济损失，是企业不想要的。因此，选矿厂最好的选择还是做好环境治理工作。

### 3. 矿山环境监察员巡回检查制度

《澳大利亚矿山环境管理规范》规定，矿山选矿厂必须每年向矿业主管部门提交该企业的环境执行年度报告书。每年在规定的时间内，企业需总结过去一年的环境治理工作情况，而且选矿厂所做的矿区环境修复工作必须以文件的形式进行记载，并通过计算机进行管理。如果选矿厂在规定的期限内没有向矿业主管部门提交环境执行年度报告书，主管部门会再次通知提交；倘若经过两次通知后仍不提交，矿业主管部门就将考虑告知授予企业矿业权的主管部门收回该选矿厂的采矿权。政府的矿业主管部门在审查年度环境执行报告书后，矿区环境监管员会对选矿厂的环境治理情况进行现场抽查。如果发现尾矿库的环境未治理好，对库区附近的居民生活环境造成不利影响，矿业主管部门则会口头或者通过信件方式通知选矿厂进行整改；如果选矿厂拒绝进行整改且其行为严重影响环境安全，矿业主管部门会发出书面指导，或者是矿区环境监察员在现场直接书面通知；如果发现矿区环境问题严重，可向矿区环境监管部门反映，由环境监管部门责令选矿厂停止开采，可对选矿厂处以罚金并收回其采矿权。

### （三）其他主要矿业国家对尾矿库的监测情况

全球为数不多的国家制定了有效的尾矿坝监测准则和法规。总体而言，西方国家对尾矿坝的监测较好。主要原因包括：①西方发达国家相对完善的法规体系和项目批准条例将尾矿坝监测与运营许可及其他项目批准相关联，并由监管部门强制执行；②大型矿业公司清楚如果没有有效的尾矿坝安全计划（其中，监控是重要的一部分），则会带来诸多风险。尾矿坝安全事件会对企业信誉造成不利影响，并对其股票价值产生负面影响。芬兰环境研究所（Finnish Environment Institute）的研究梳理了一些国家对尾矿坝的监管情况，如表 4 所示。

表 4　主要国家尾矿库 / 尾矿坝监管情况

| 主要国家 | 尾矿库 / 尾矿坝监管情况 |
|---|---|
| 波兰 | 尾矿坝监测不在《地质和采矿法》范围之内，而主要受《建筑法》和设计与建造相关规范的约束。相关法规规定应对尾矿坝进行年度检查，并且至少应每五年进行一次定期检查 |
| 匈牙利 | 采矿当局有义务对尾矿坝进行年度检查。根据《采矿法》，采矿公司必须任命一名专家，由其召集相关的技术负责人进行每周检查 |
| 罗马尼亚 | 尾矿库的具体规定受法律管辖，罗马尼亚水和生态环境部以及工业和资源部发布了相关法律法规 |
| 英国 | 尾矿坝受 1975 年《水库法》（*Reservoir Act 1975*）的管制。该尾矿坝适用于仍然装有水并且能够容纳高于自然地面水量 25 000 m³ 水的尾矿库。矿山和采石场中的废渣堆和潟湖的液体废物要遵守 1969 年《矿山和采石场法》和 1971 年《矿山与采石场条例》等相关法律法规，其中规定了有关其尾矿库稳定性和安全性的详细要求。其他适用于尾矿库管理设施的法律包括 1974 年《健康与安全法》和 1995 年《环境法》 |
| 芬兰 | 尾矿坝或其他大坝的安全监控程序是根据《大坝安全操作规范》制定的。据此，安全监测计划包括由合格的专家进行的定期检查（每五年）、维护人员的年度检查（在中间年份的）以及根据基本检查中定义的程序进行的两次检查之间的常规监测 |
| 美国 | 采矿法规是各州的责任。州与州之间的司法程序有所不同，其重点是约束监测结果而不是操作程序。例如，在内华达州，采矿法规和垦殖局（与其他州、联邦和地方机构合作）根据法规对采矿活动进行监管 |
| 加拿大 | 加拿大的不列颠哥伦比亚省（British Columbia）制定了指导方针，建议定期检查和审查，审核、独立检查和独立审查是尾矿监管计划的主要部分 |
| 南非 | 南非的采矿业受到 1998 年《水法》、1991 年《矿产法》和 1996 年《矿山健康与安全法》的监管。矿产与能源部（Department of Minerals and Energy）负责实施法律的规定。政府采矿法律于 1976 年生效，要求尾矿坝在任何情况下都必须保持 0.5 m 的最小干舷，以便能应对"百年一遇"的大暴雨而不会造成尾矿坝漫顶或溢流等风险 |

## 三、我国尾矿库的管理现状及主要环境安全风险

### （一）我国尾矿库的管理现状

2012 年，我国国家科技支撑计划"尾矿库风险分级及监测、预警技术研究"课题建立了全国尾矿库基础数据库。该数据库显示，截至 2012 年年底，全国共有尾矿库 12 273 座，其中在用库 6 633 座，在建库 1 234 座，已闭库 2 193 座，停用库 2 213 座（其中废弃库和强制取缔关闭库 1 304 座）。其中，库容在 100 万 m³ 以下的五等库有 9 125 座，约占尾矿库总数的 74.4%，而且非公有制企业占相当大的比例。

这些小型尾矿库绝大部分是在一定历史条件下形成的，普遍存在未批先建、选址不合理、无正规设计、设备设施简陋、不按设计组织施工、从业人员素质不高、生产管理粗放、安全防范措施落实不到位等问题。另外，"三边库""头顶库"问题棘手，简易关闭的尾矿库问题也普遍存在。

我国政府高度重视尾矿库安全管理，根据《中华人民共和国安全生产法》《中华人民共和国矿山安全法》《中华人民共和国环境保护法》《中华人民共和国固体废物污染环境防治法》《中华人民共和国环境影响评价法》《中华人民共和国矿产资源法》等，先后出台了《尾矿库安全监督管理规定》《尾矿库安全规程》《深入开展尾矿库综合治理行动方案》等部门规章和安全标准。2007—2018 年，相继组织开展了尾矿库专项整治和综合治理行动，以及"头顶库"综合治理，中央财政给予了必要保障，带动地方和企业加大投入，对无主库、废弃库、"头顶库"和危库、险库、病库进行了治理。在三等以上尾矿库全部建立在线监测系统，取得了一定成绩。但是，尾矿库安全管理方面仍然存在不少问题：一是部分企业安全监管不到位，存在很大安全隐患。部分尾矿库不按设计运行、在线监测系统运行不稳定、应急物资储备不足、没有开展应急演练等。二是尾矿库尤其是"三边库""头顶库"安全风险仍然很大，而尾矿库企业安全风险管控能力有待进一步提升。

2020 年 2 月，八部委联合印发《防范化解尾矿库安全风险工作方案》。方案明确要求，自 2020 年起，在保证紧缺和战略性矿产矿山正常建设开发的前提下，全国尾矿库数量原则上只减不增，不再产生新的"头顶库"。要求各地采取等量或减量置换等政策措施对本地区尾矿库实施总量控制，逐步减少现有尾矿库数量。方案明确提出，严禁在距离长江和黄河干流岸线 3 km、重要支流岸线 1 km 范围内新（改、扩）建尾矿库。方案还对尾矿库应急响应机制提出了明确的要求，一是尾矿库企业要建立健全应急机制；二是要加强完善和演练应急预案；三是强化多部门联合应急抢险机制。

（二）我国尾矿库的主要环境安全风险

尾矿库在选矿厂生产过程中起到的主要作用是进一步净化尾矿水、降解污染物、填埋堆存选矿厂生产产生的固体废物，因此，选矿厂建设尾矿库的目的就是为了保护矿山环境。但是实际上我国相当一部分尾矿库在建设、运作流程中却存在许多危及环境安全的因素。通过调研发现，影响尾矿库环境安全的各种危险、有害因素主要出现在几个阶段。

第一是在尾矿库选址时未按照法律法规要求，在饮用水水源保护区、重要生态功能保护区，或者靠近河道、公路、铁路及居民生活区等区域选址。这类地方首先是生态环境敏感区域，不允许建设对环境具有高危风险的设施，并且一旦出现尾矿库溃坝事故，将对环境造成难以想象的损害，后果将极其严重。另外，尾矿库建在这些地方，即便没有发生因尾矿库垮塌造成的泥石流等环境灾害，也可能因为有毒物质泄漏，污染地下水、地表水，污染生活水源，给附近的人们生活带来不利影响。

据实际调查分析，部分选矿厂（尤其是小型矿山选矿厂）在对尾矿库进行选址时不遵守法律对环境保护的要求，往往考虑减少运输成本，在选矿厂附近不符合选址设计规范的条件下，而勉强选址、建设，这样建成的尾矿库先天条件不足，是导致尾矿库环境安全隐患的诱因。

第二是由于在对尾矿库进行设计时缺少测绘资料、气象资料、水文资料、地质勘察资料等相关技术资料的支撑，或者是没有经过相关具有尾矿库设计、建设资质的设计部门进行工程设计，在尾矿库建设施工过程中盲目施工。此外，在尾矿库的建设中没有正规的施工团队，多数企业委托农民工或者自行施工，缺少施工原始记录，给尾矿库运营中的维护、检修工作带来许多麻烦；也有的选矿厂将尾矿库工程建设转包给他人，且不重视对施工过程的监督，这导致尾矿库施工质量大打折扣，整体工程质量大幅下降。在对尾矿库项目的施工监管方面，针对无资质的施工单位，我国缺乏健全的监督管理部门，也没有做好施工、竣工验收和备案工作。

第三是尾矿库的运行流程中产生的问题。尾矿库的正确使用是保证足额使用年限的基本，但是实际使用中却存在许多影响坝体安全稳定性的情况。比如，尾矿输入的正确方式应该是由初期坝内侧逐渐向尾矿库尾部均匀推进，但实际可能并未如此操作；又或者尾矿库的后期坝的建设并未在库内尾砂堆放至一定高度时开始。另一个严重的问题是，个别选矿厂为了降低生产成本，在尾矿库库容不足的情况下实行超量储存，使已达设计服务年限的尾矿库超期服役，这些选矿厂置环境安全问题不顾。

第四是尾矿库的安全管理问题。尾矿库的安全管理一般分为三个阶段：施工期管理、运营期管理和服务期满后的闭库管理。实际上，企业在尾矿库的运作过程中往往没有注意各阶段的不同侧重点，也没根据各阶段的特征进行有效管理，导致管理混乱。甚至在经济利益的驱动下，在实际的操作过程中出现了很多违反尾矿库管理的现象，不同程度地威胁着尾矿库的安全，进而对尾矿库环境安全造成威胁。

尾矿库的服务期不长，多则几十年，少则几年，包括整个选矿企业的施工期和尾矿的存储期。在尾矿库服务期限内存在的环境隐患主要是尾矿废水、有毒有害废弃物对环境造成的污染。尾矿废水中的有害物质浓度超过排放标准时，尾矿废水流入水系会使地表水受到污染，进而污染水生生物。

最严重的是尾矿库溃坝的环境危害。由于在选矿过程中经受了破磨，尾矿砂质量减小，表面积增大，堆存时易流动和陷漏，对地面植被造成破坏，尤其是在雨季极易引起塌陷和滑坡。一旦溃坝，将造成更严重的生态环境污染和环境破坏，以及人员伤亡和财产损失等。影响比较大的尾矿库溃坝事故有 2008 年山西省临汾市襄汾县新塔矿业有限责任公司发生的特大尾矿库溃坝，最终导致 277 人遇难，对环境造成了严重的污染和破坏，在社会上的影响极其恶劣；还有 2011 年，湖北省郧西县人和矿业开发有限公司的柳家沟尾矿库一号排水井封堵，井盖断裂，导致约 6 000 $m^3$ 尾矿泄漏，造成约 2 km 长的山涧河沟的环境受到污染。

## 四、政策建议

（一）借鉴国际先进经验，强化尾矿库的科学设计、安全施工和安全培训，提高新建尾矿库安全性和稳定性

我国尾矿库中，95% 以上使用的是稳固性最差的上游法筑坝，即在山谷或山坡处修建坝体进行圈围，随着尾矿增多，再不断加高坝体来增加库容。相对于中游法筑坝和下游法筑坝，上游法筑坝的溃坝和尾矿水渗滤风险更大，而且人类的迁徙活动使尾矿库下游的环境发生了很大的变化。国际先进的脱水尾矿处理技术和先进的尾矿堆存方式值得我国矿山企业学习，可大大降低对环境的不利影响。

（二）运用高科技手段，对正在运行的尾矿库特别是"头顶库"开展智能在线安全监测，强化监督管理，确保尾矿库安全运行

利用卫星遥感与地面基站，进一步完善"天地一体化"的尾矿库监测和风险评估信息网络平台。建议四等及以上尾矿库和部分位于敏感区的五等尾矿库必须安装在线监测系统，明确专人管理，确保监测系统完好，强化监测数据的应用，遇异常波动时必须及时预警、处置并报告；其他五等尾矿库要安装位移桩等安全设施，并做好观测、记录，严禁无监测监控设施（系统）或非正常使用运行，切实保障尾矿库运行安全，提升尾矿库雨情监测能力，有效防范汛期和极端气候引发的尾矿库溃坝重大事故。

（三）尾矿库企业要完善应急预案，切实健全应急机制，强化多部门联合应急机制，加强我国危库、险库、废库及运营库情况的安全监管

尾矿库的安全性受到多种内外因素的影响，如果管理不当，就会引发各种环境和安全问题。而实际上一些矿山企业为了节省成本，在尾矿库运行中超库容运行，

还有的尾矿库存在防洪排水能力低、安全维护不够等安全隐患。借鉴国际上尾矿库环境安全的监管经验，明确我国矿山企业是尾矿库安全的第一责任人，进一步提高企业的环境风险意识，完善"一厂一策"应急预案，健全应急响应机制。

地方各级人民政府要认真履行尾矿库安全环保监管主体责任，完善多部门联合应急救援联防联动机制，特别是完善我国危库、险库、废库及运行库的监管工作，把防止和减少尾矿库生产安全事故和环境事件，保障人民群众生命财产安全，保护生态环境作为一项政治任务来抓。

# 参考文献

Arhurst：Mining and Environment：Case Studies from Americas，2018［R］. http：//www.natural-resources.org/minerals/CD/guideline.htm.

Azam S，Li Q，2010. Tailings dam failures：a review of the last one hundred years［J］. Geotechnical News，28（4）：50-54.

Bowker L N，Chambers D M，2015. The risk，public liability & economics of tailings storage facility failures［R］.

Chambers D，2016. Tailings dam failures 1915-2016［R］. http：//www.csp2.org/tsf-failures-1915-2016.

Gavin J，2016. The legal and regulatory environment of mining［R］. Monograph Series Australasian Institute of Mining and Metallurgy：161-169.

Kreft B K，Saarela J，Anderson R，2015. Tailings Management Facilities：Legislation，Authorisation，Management，Monitoring and Inspection Practices［R］.

Rico M，Benito G，Salgueiro R，et al.，2008. Reported tailings dam failures. A review of the European incidents in the worldwide context［J］. Journal of Hazardous Materials，152：846-852.

Roche C，Thygesen K，Baker E，2017. Mine Tailings Storage：Safety Is No Accident［R］. A UNEP Rapid Response Assessment. United Nations Environment.

Rosenbaum W A，2015. Environmental Politics and Policy［M］. Washington D C：CQ Press.

Zhao Y H，2019. Environmental dispute resolution in China［J］. Journal of Environmental Law，16（2）：154-192.

# 欧盟一次性含塑湿巾的最新管理政策及对我国的启示

张　敏　张慧勇　李　樱

## 一、含塑湿巾的产业现状

2018 年全球湿巾市场规模达到 136 亿美元，全球平均每秒要消费约 14 000 张湿巾。2015—2019 年，全球湿巾市场的年均增长率约为 6%（贺雅卿，2020）。根据中国造纸协会生活用纸专业委员会的数据，2013—2018 年，我国湿巾消费量从 151.1 亿片增加到 466.8 亿片，年均增长率达 25.3%，规模从 18.5 亿元扩大至 55.7 亿元，年均增长率达 24.7%。按照这一趋势发展，预计到 2025 年，我国的湿巾规模将达到 233 亿元。

受新冠肺炎疫情影响，全球湿巾消费需求呈井喷式增长。据国际固体废物协会估计，疫情期间一次性塑料制品使用量增加了 250%～300%，口罩、湿巾等防护用品消费激增。英国市场调研机构 Technavio 报告称，2020—2024 年全球湿巾市场规模预计将增长 57.5 亿美元，年均增长 7% 左右。

湿巾的主要材质是水刺无纺布。水刺无纺布可由不同来源的纤维制成，包括化纤（聚酯纤维）、棉花和木原纤维，这三种纤维制成的水刺无纺布分别占水刺无纺布总量的 52%、3% 和 45%。根据《2019 年中国非织造材料产量统计报告》，2017—2019 年，我国水刺无纺布产量从 75 万 t 增加到 95.5 万 t，其中约 70% 的水刺无纺布用于湿巾生产，而塑料约占湿巾原材料的 50%，推算可知，2017—2019 年我国湿巾的塑料用量从 26.5 万 t 增长到 33.4 万 t（如图 1 所示）。

据英国 BBC《塑料大战》（War on Plastic）节目报道，世界 90% 以上的湿巾中都含有塑料成分。而在我国，上海公益组织仁渡海洋在 2019 年通过第三方检测机构对我国市场上的湿巾品牌进行了一次不完全调查。在抽样检测的 21 种湿巾中，15 种湿巾含有塑料成分，占比达到 71%。商家在湿巾产品标识上并未标明是否包含塑料成分，消费者难以辨识。

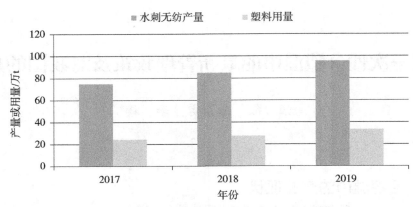

图 1　2017—2019 年我国水刺无纺布产量及塑料用量

数据来源：亚洲无纺布协会。

## 二、含塑湿巾的环境危害

过去几年，因湿巾使用引发的环境问题已受到各国不同程度的关注。英国每年消费 110 亿片湿巾。2017 年，在伦敦东部发现了一个超级巨大的堵塞团块，其重量为 130 t。2018 年，英国《卫报》发表文章称，环境保护组织 Thames 21 在泰晤士河 116 m² 的河岸上收集到了 5 453 片湿巾，这些含塑湿巾和脂肪、油污混合后变成团块，进入河道并淤积在河岸上，因此湿巾正在改变英国河流的形态。英国水务公司协会（Water UK）的数据表明，英国城市每年 93% 的下水道堵塞由湿巾造成，这些不可降解的塑料材质湿巾成为市政管理难题，英国政府每年要花费约 1 亿英镑用于处理下水道堵塞。据《纽约时报》报道，2010—2015 年，伦敦在湿巾相关环境问题上的花费达 1 800 万美元。

除了带来市政管理问题，含塑湿巾还是海洋塑料污染的重要来源。一旦被鱼类吞食，其中的微塑料会在鱼类体内沉积，导致鱼类死亡并通过食物链进入家庭餐桌，危害人体健康。科学家在 114 种淡水生物和海洋生物体内发现了微塑料。2018 年，韩国仁川大学和绿色和平首次在全球范围内研究食盐中微塑料的含量，在对全球 21 个国家（地区）39 种品牌的食盐检测后发现，超过 90% 的食盐都含有微塑料，其中海盐中塑料含量最高，且高含量的食盐更多分布在亚洲。据《纽约时报》报道，2018 年欧洲胃肠病学联合会发布研究确认，在人体内发现了多达 9 种不同种类的微塑料。奥地利维也纳医药大学和联邦环境局研究人员估计，全球 50% 的人口的体内都有微塑料。

含塑湿巾对陆地环境的破坏体现在进入城市垃圾处理系统的湿巾主要通过填埋

和焚烧方式被处理，被填埋的塑料垃圾降解周期达数百年之久，其分解产生的有毒气体和渗滤液将造成二次污染。而塑料垃圾焚烧产生的重金属和有毒气体会造成空气污染，并危害人体健康。

## 三、中国含塑湿巾管理方面存在的主要问题

（一）国家湿巾标准未规定湿巾外包装标识塑料成分，制约了公众对含塑湿巾的认识和参与限塑行动的积极性

国家质量监督检验检疫总局和国家标准化管理委员会于 2012 年联合颁布的湿巾国家标准中，对外包装上应标明湿巾的原材料作出了规定，但对原材料是否含塑并没有明确规定。目前市面上销售的湿巾产品外包装上对湿巾原材料的说法不统一，有的叫水刺无纺布，有的叫棉柔无纺布，无一例外的是这些原材料名称都未体现其中的塑料成分，这就制约了公众对含塑湿巾的认识和参与限塑行动的积极性。

（二）一次性含塑湿巾未进入"限塑名单"

2020 年 1 月 16 日，国家发展改革委、生态环境部发布《关于进一步加强塑料污染治理的意见》，对塑料袋、一次性塑料餐具、一次性塑料吸管、快递塑料包装等 13 类塑料制品的生产、销售和使用加以限制，但是一次性含塑湿巾并未进入"限塑名单"之中。2020 年 8 月 31 日，商务部发布的《关于进一步加强商务领域塑料污染治理工作的通知》中，提出将分阶段、分步骤禁止不可降解塑料袋、一次性塑料吸管、一次性塑料餐具和一次性塑料用品的使用。但是，在这些最新出台的法规和"限塑名单"中，一次性含塑湿巾还没有被列入限塑优先领域，并未纳入清单式管理。

## 四、欧盟及行业协会对湿巾的管理政策

一次性含塑湿巾作为塑料污染的重要来源，已得到欧盟国家的广泛关注。英国、欧盟和行业协会已把湿巾垃圾作为其减塑或循环经济战略的重要内容，通过出台政策措施、统一测试方法、制定包装标准等，对一次性含塑湿巾进行管控，提升公众环保意识，减少一次性湿巾对水体的污染。

（一）英国政府倡导湿巾回收利用，鼓励开发不含塑料的湿巾替代品

2018 年 1 月，时任英国首相特雷莎·梅承诺到 2042 年消除所有"可避免的塑

料垃圾"。英国环境、食品与农村事务部表示，将鼓励创新，使湿巾等一次性塑料制品可重复使用，并与行业组织合作以支持开发不含塑料、可降解的湿巾替代品。英国政府督促湿巾制造商开发不含塑料的湿巾替代品、对湿巾垃圾进行回收。英国环境、食品与农村事务部发言人表示："我们将继续与湿巾制造商和零售商合作，确保包装上的标签清晰，并让人们知道如何正确处理湿巾垃圾。"

2018 年 4 月，在英国，包括多家全国性超市在内的 42 家零售商与生产商宣布签署《英国塑料协定》（*UK Plastics Pact*），这是英国首次由商家自发签署的减少塑料污染的协定。该协定承诺：到 2025 年前，所有签约方所使用的塑料包装 100% 可循环使用、可回收、可降解；通过改进包装设计，让消费者减少一次性塑料包装的使用。据悉，英国 80% 的塑料包装来自这些企业，而回收利用不足一半。英国玛莎公司（Marks &Spencer）宣布，其产品塑料包装 100% 要回收。

（二）欧盟出台新规，湿巾正式成为其"限塑令"的管控对象

2018 年 1 月，欧盟提出的《欧盟循环经济塑料战略》中，把遏制塑料污染作为循环经济的重点，并制定了塑料战略目标：到 2030 年，欧盟市面上的所有塑料包装可以重复利用和回收，防止和减少塑料制品对环境的影响，尤其是对水生环境和人体健康的影响，并且通过创新和可持续的商业模式、产品和原料，促进循环经济转型。

2018 年 10 月，欧盟委员会通过"史上最严限塑令"。根据该法令，欧洲海滩上最常见的 10 种一次性塑料产品将在 2021 年禁止使用，包括烟头、食品盒、气球和气球杆、杯子和杯盖、塑料瓶、塑料袋、塑料餐具、塑料包装纸、卫生用品和棉签。

为了进一步限制海洋塑料垃圾，2019 年 6 月，欧洲议会和欧盟委员会联合发布《减少特定塑料产品的环境影响指令》，这是针对海滩一次性塑料产品、可氧化降解塑料和塑料渔具的专项法规。由此，86% 的海滩一次性塑料产品被纳入该指令的管控范围，一次性含塑湿巾也正式成为欧盟"限塑令"的管控对象。该指令针对一次性含塑湿巾的管理措施包括包装标识、生产者责任延伸和消费者意识提升。该指令要求：①生产者应在湿巾外包装上注明湿巾垃圾的正确或不当处置方法、湿巾的塑料含量、随意丢弃或不当处置方式引发的负面环境影响；②实行生产者责任延伸制度，生产者应承担湿巾垃圾收集、运输和处置费用，数据收集、上报费用，以及消费者意识提升费用；③生产者应告知消费者湿巾等一次性塑料产品的重复利用和废物管理方法以及最佳实践，让消费者了解乱扔垃圾和不当处置对环境尤其是海洋环境的负面影响，以及对污水管网的影响，提升公众环保意识。

### （三）全球最大行业协会制定湿巾测试和包装标准

欧洲非织造布协会（EDANA）出台了首个《湿巾制品可冲散性指南》，该指南确立了湿巾生产、测试和包装标准，要求湿巾生产商在产品包装上明确一次性湿巾垃圾的正确处理方法。然而，目前市场上90%的湿巾制品由不可降解材料制成，因此，欧洲非织造布协会倡导"不可冲散"（do not flush）政策，呼吁消费者不要将"不可冲散"湿巾垃圾冲入市政污水系统，而应该放到垃圾桶并由当地政府回收处置。许多欧盟成员国都采纳了该协会的湿巾包装标准。

2019年2月26日，代表湿巾生产商的全球两大贸易组织——美国无纺布工业协会（INDA）与欧洲非织造布协会共同发布了《第四版可降解无纺布制品可冲散性评估指南》（GD4）。该指南对湿巾的可冲散性测试方法和标准限值做了统一规定，厂商应根据测试结果，在湿巾外包装上采取统一的"可冲散"或"不可冲散"标识。早在2015年，欧盟就立法通过了《第三版可降解无纺布制品可冲散性评估指南》，并表示将采纳第四版指南以统一测试方法并强化标准要求。欧盟成员国正积极采纳该标准。2019年2月初，西班牙根据GD4的湿巾测试方法和标准限值，制定了本国湿巾"可冲散性"标准。该标准规定，对于"不可冲散"但经常在卫生间使用的婴儿湿巾和消毒湿巾，必须在包装上统一标注"不可冲散"字样。

## 五、解决方案：源头减塑，发展替代品

用于制造湿巾的纤维除了化纤之外，还有棉纤维和再生纤维素纤维。再生纤维素纤维又称黏胶纤维，是取材于林木或其他植物、加工还原天然木材中的纤维素而制成的纤维。通过生物降解，再生纤维素纤维湿巾会慢慢地与堆肥土壤融为一体，回归自然。目前市面上很多湿巾采用聚酯纤维和黏胶纤维混合制成，还没有100%的黏胶纤维制成的湿巾。此外，产业界也有一些新的技术尝试，比如从甲壳类动物的外壳上提取纤维素，或者直接采用木浆制作无纺布。

随着全球"限塑"呼声日益高涨和消费者环保意识提高，可降解、环境友好型湿巾的需求将增多。再生纤维素纤维除了具有环境友好特性外，还具有产能高、价格低的优势，具有较好的经济效益、社会效益和环境效益，是一次性含塑湿巾原材料的理想替代品。根据中国化纤协会统计数据，按新加坡赛德利集团推算，中国可再生纤维素纤维产能将从2019年的510万t增至2024年的630万t，可满足湿巾原材料的需求（如图2所示）。从经济成本看，再生纤维素纤维的价格比棉纤维低，在兼顾使用性能外，将产生一定的价格优势，具有经济可行性。

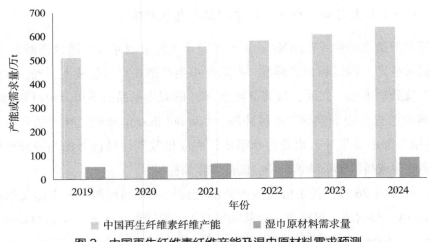

图2　中国再生纤维素纤维产能及湿巾原材料需求预测

数据来源：中国化纤协会统计数据，按新加坡赛德利集团推算。

## 六、政策建议

**（一）把一次性含塑湿巾纳入我国循环经济战略和限塑政策管控范围**

完善法律法规，把含塑湿巾纳入我国塑料战略和循环经济战略，使含塑湿巾成为与不可降解塑料袋、一次性塑料吸管等常规塑料污染物并列的管控对象；加快湿巾生产和使用标准体系建设，明确湿巾外包装标示基材成分，推行无塑湿巾产品检测认证并采用"绿色标识"；强化市场监督执法和闭环管理，切实减少含塑湿巾的负面环境影响。

**（二）建立完善湿巾生产、消费、回收、处置标准化体系，规范湿巾产业健康发展**

推行生产者责任延伸制度，明确湿巾垃圾分类处理方法；尝试一次性不可降解湿巾押金回收制度，通过市场机制减少湿巾随意丢弃现象，并加强收集和处置一体化建设；加强宣传引导，提升消费者环保意识，减少含塑湿巾的使用，倒逼产业转型升级，推动湿巾产业健康发展。

**（三）加强国际合作与交流，支持技术研发，鼓励推广含塑湿巾替代品**

与欧盟加强包括一次性含塑湿巾在内的限塑政策的交流和经验推广；借鉴欧盟在塑料制品生产标准认证等方面的做法和最佳实践；加强企业和行业层面的技术交

流，出台支持政策和激励措施，鼓励企业生产绿色、低碳、环保的无塑湿巾，从源头上减少塑料垃圾污染。

# 参考文献

贺雅卿，2020. 湿巾发展概况和个人护理用湿巾新趋势［J］. 造纸信息，(5)：5.

全国非织造科技信息中心，2019 年中国非织造材料产量统计报告［R］.

中国产业用纺织品行业协会，2018 年非织造布行业发展报告［R］.

Directive（EU）2019/904 of the European Parliament and of the Council of 5 June 2019 on the reduction of the impact of certain plastic products on the environment. Official Journal of the European Union.

McIntyre K，2020. 2018—2019 年全球非织造布行业发展动态［J］. 生活用纸，20 (3)：8.

Sheridan P，Jamison O，2019. WhatSuP effect［J］. Wastes Management，(4)：58.

# 借鉴国际经验，构建我国化学品全生命周期环境管理体系

吴广龙　任　永

新兴经济体的消费和生产正在迅速增长，全球经济发展和人口增长态势影响着化学品的市场需求。快速扩大的化学品市场需求既带来风险，也创造机遇。建筑业、农业、电子行业、化妆品行业、采矿业和纺织业等化学密集型行业的市场规模不断扩大，推动化学品市场需求的扩增。全球供应链以及化学品和化学密集型产品贸易正变得越来越复杂。现代产品通常含有数百种化学物质，其中很多可能具有危险性，比如在包括玩具在内的各种产品中也普遍发现无意产生的污染物，大量化学污染物从生产过程、产品和废物中释放出来。全球供应链的复杂性、化学品和化学密集型产品的跨境贸易和回收利用为化学品管理带来了各种挑战。

2000—2017 年，全球化学工业产能（不包括药品）从大约 12 亿 t 增加到 23 亿 t。联合国环境规划署（UNEP）发布的《全球化学品展望Ⅱ》最新数据显示，2018 年全球商业流通中的工业化学品总数估计为 4 万～6 万种，其中 6 000 种化学品的流通量占总量的 99% 以上。预计 2017—2030 年，化学品销售额将再次翻倍。化学品环境管理已经成为影响世界各国可持续发展的重大问题之一。近年来我国学者针对国内外化学品管理政策进行了广泛的研究，但仍未明确我国在化学工业飞速发展态势下对化学品管理的新需求，因此亟需在总结各国化学品管理经验的基础上，继续查缺补漏，完善具有我国特色的化学品管理政策体系。本研究从化学品管理机构、法律法规体系、化学品注册评估、化学物质分类管理、化学品申报登记、化学品进出口、风险筛查与管理、高产量化学品、有毒有害化学品、新化学物质、内分泌干扰物管理等方面，对比分析了我国和美国、日本、欧盟等发达国家和地区在化学品管理上的差距，提出了我国化学品全生命周期管理的政策发展建议。

## 一、化学品的发展趋势

### （一）化学品生产和销售

2017 年，全球包括药品在内的化学品的销售额合计达到 5.68 万亿美元。在边界

条件不变的设想下，根据石油化学产品的基础成分（乙烯、丙烯、丁二烯、苯、甲苯和二甲苯）的历史产量和预测增长率，化学品产能增长率将超过人口增长率，且这种情况至少会持续到 2030 年。

（二）化学品的使用和危害

化学品的商业使用主要集中在石油加工、炼焦及核燃料加工业、化学原料及化学制品制造业、医药制造业、化学纤维制造业、有色金属冶炼和压延加工业、纺织业及新型煤化工产业等行业。近几十年来，化学品给社会带来了巨大利益的同时，也在其生产、使用、运输、储存、销售以及处置过程中给人体和环境带来了难以预料的危害。在药品等化学品生产过程中，每千克产品会产生 25～100 kg 的废物，资源利用效率十分低下。世界卫生组织在 2018 年估计，由环境中的化学品引起的全球疾病风险导致了大约 160 万人死亡、4 500 万人残疾或寿命减少。其中因化学品造成的死亡原因中，心血管疾病占 32.7%，慢性阻塞性肺疾病占 26.7%，癌症占 19.8%，自残占 10.7%，中毒占 5.0%，慢性肾病占 1.9%，先天性异常占 1.9%，肺炎占 1.4%。根据国际劳工组织估计，在 2015 年，有近 100 万工人因接触有害物质而死亡，包括灰尘、蒸气和烟雾。胎儿、婴儿、儿童、孕妇、老年人和贫困者尤其容易受到化学品接触的影响。贫困者的接触风险可能格外高，因为他们经常生活在危险废物垃圾场和生产设施等相关排放源附近。女性和男性接触化学品的风险也可能不同。例如，女性更容易接触到某些化妆品中所含的危险化学品，而在某些部门工作的男性的职业接触量要高得多。同时，化学污染物对除人类外的生物种群也会产生多种不利影响。2015 年的一项研究估计，某些化学品引起的神经行为缺陷每年仅在欧盟造成的代价便超过 1 700 亿美元，而发展中国家和转型期经济体承受的代价比经济发达国家还要大。

（三）国际社会对化学品问题采取的行动

国际社会已通过具有法律约束力的条约，就某些最有害的化学品和一些全球关切的问题采取了协调一致的行动（如表 1 所示）。其中《蒙特利尔破坏臭氧层物质管制议定书》和《国际卫生条例（2005）》几乎得到了全世界的普遍批准。这些多边条约促进了部分管制行动、提高了认识，并成功地减少了对目标化学品和废物的某些接触。2017 年生效的《关于汞的水俣公约》已经有 100 多个签署国和批约方，但还需要更多的国家重视这项公约的重要性，并积极推动公约的签署和批准。

表 1　具有法律约束力的相关多边条约的缔约方数目（截至 2020 年 4 月）

| 条约名称 | 生效时间 | 缔约方数 |
|---|---|---|
| 《蒙特利尔破坏臭氧层物质管制议定书》 | 1989 年 | 197 |
| 《国际卫生条例（2005）》 | 2007 年 | 196 |
| 《关于禁止发展、生产、储存和使用化学武器及销毁此种武器的公约》 | 1997 年 | 193 |
| 《控制危险废物越境转移及其处置巴塞尔公约》 | 1992 年 | 187 |
| 《关于持久性有机污染物的斯德哥尔摩公约》 | 2004 年 | 184 |
| 《关于在国际贸易中对某些危险化学品和农药采用事先知情同意程序的鹿特丹公约》 | 2004 年 | 161 |
| 《关于汞的水俣公约》 | 2017 年 | 119 |
| 《作业场所安全使用化学品公约》 | 1993 年 | 21 |
| 《预防重大工业事故公约》 | 1997 年 | 18 |

　　各项条约旨在针对具体的化学品和问题，许多危险物质超出了这些条约规定的范围。虽然《蒙特利尔议定书》的执行是公认的成功事例，但其他许多条约在多大程度上实现了目标尚不确定。就《斯德哥尔摩公约》的情况而言，2016 年成效评估的结论是"公约为持久性有机污染物整个生命周期的管制工作提供了有效和有活力的框架"。不过，成效评估也确定了需要进一步开展工作的领域，如工业化学品监管和评估计划方面的差距，以及存在大量过期农药和多氯联苯剩余库存等。其他条约的执行工作也取得了显著进展。然而，还需进一步努力才能实现全面执行，如《国际卫生条例（2005）》在化学品方面的规定。

## 二、国内外化学品管理政策研究

### （一）美国化学品管理政策研究

　　美国联邦政府在 1976 年颁布的《有毒物质控制法》（TSCA）基础上，逐步建立了《美国综合环境应对、赔偿和责任法》及美国《应急计划与社区知情权法案》在内的化学品管理法规体系。美国的化学品管理机构以美国环境保护局（EPA）和各州环境保护部门为主，其中美国 EPA 主要负责 5 种化学品管理制度和项目（如表 2 所示）。通过 EPA 与企业间的对话机制和企业提供的信息，进行不同的化学品管理。

　　美国各州环境保护部门在配合联邦政府开展化学品环境管理工作的同时，也会根据各州实际情况，制定更为严格具体、分类详细的州级化学品管理法律法规（如表 3 所示）。

表2 美国EPA负责实施的主要化学品安全管理制度和项目

| 制度和项目 | 预生产申报制度 Pre-manufacture Notification (PMN) | 化学品数据报告制度 Chemical Data Reporting / Inventory Update Reporting (CDR/IUR) | 高产量化学品挑战项目 High Production Volume (HPV) Challenge Program | 有毒物质排放清单制度 Toxics Release Inventory (TRI) | 风险管理计划制度 Risk Management Plan (RMP) |
|---|---|---|---|---|---|
| 简称 | Pre-manufacture Notification (PMN) | Chemical Data Reporting / Inventory Update Reporting (CDR/IUR) | High Production Volume (HPV) Challenge Program | Toxics Release Inventory (TRI) | Risk Management Plan (RMP) |
| 开始年份 | 1979年 | IUR为1986年 CDR为2012年 | 1998年 | 1986年 | 1999年 |
| 法规条目 | 40 CFR 720 TSCA Section 5 | 40 CFR 710 TSCA Section 8(a) | 自愿项目 | 40 CFR 372 EPC RA Section 313 | 40 CFR 68.130 CAA Section 112(r) |
| 更新周期 | 随时报告 | 4年或5年 | 规定期限内报告一次 | 1年 | 5年 |
| 基本情况 | EPA公布TSCA名录。生产或者进口不属于TSCA名录中的化学物质时，需要提前至少90天提交PMN申报。申报内容包括化学物质的危害信息，但不强制要求提供这些危害的测试信息 | IUR于2012年更名为CDR。CDR收集针对单个生产点超出一定数量的高产量化学品名录，涉及列入TSCA名录中的化学物质的生产量、加工量和用途等暴露信息。收集现有化学物质的生产量、生产地、生产单位，可汇总得到相同物质的全国产量 | EPA列出全国超出一定数量的高产量化学品名录。企业和进口商自愿提交这些化学物质的相关危害信息，并对已有的数据信息进行初步评价 | EPA列出TRI化学物质名单。生产、排放列入名单的化学物质且超过一定数量的企业，必须向EPA提交该化学物质的生产、使用、储存、排放量，以及企业向外转移以处理的量等信息 | EPA列出RMP化学物质名单。生产、加工、储存、经营名单中的化学品且超出一定量的企业，需提交风险管理计划，并向EPA和相关地方部门报告 |
| 针对物质 | 新化学物质 | 现有化学物质 | 现有化学物质 | 现有化学物质 | 现有化学物质 |
| 信息收集性质 | 偏于化学物质的信息收集，针对物质的"认识性"工作，是常规的"认识性"工作 | 偏于化学物质的信息收集，针对物质的"认识性"工作，是常规的 | 偏于化学物质的信息收集，针对物质的"认识性"，是常规"认识性"工作 | 介于日常和应急、认知和管理之间 | 偏于企业应急管理范畴，针对企业，是预防事故发生的"前瞻性和管理性"工作 |
| 信息收集内容 | PMN收集化学物质的危害信息和暴露信息，属于预测性的估测信息 | CDR收集化学物质的暴露信息，属于回顾性信息 | HPV收集现有化学物质的固有危害信息 | TRI收集化学物质的暴露信息，属于回顾性的事实信息，只是TRI与CDR相比，收集的暴露信息更详细 | RMP是借着化学物质找到需要管理的企业，收集企业防范风险的综合性计划信息 |

表3 美国部分州政府化学品安全管理法律法规

| 州 | 法律法规名称 | 签署年份 | 适用范围 |
|---|---|---|---|
| 加利福尼亚州 | 《加利福尼亚州饮用水安全与有毒物质强制执行法》(Safe Drinking Water and Toxic Enforcement Act of 1986) | 1986年11月 | 秉持信息公开和减少有毒化学品的宗旨，保护加利福尼亚州的饮用水源，使水源不含具有致癌性、发育毒性或生殖毒性的化学品，并要求州政府在发现该类化学品出现在饮用水中时及时通知加利福尼亚州居民，以提高加利福尼亚州居民的生活质量 |
| | 《加利福尼亚州环境污染物和生物监测计划》(California Environmental Contaminant and Biomonitoring Program) | 2006年 | 通过评估人体和生物体内血液、尿、乳汁和脂肪组织中外源性化学物质的含量来表征在人体内的暴露水平，并跟踪和监控这些化学品的暴露，研究其对环境的污染和人体健康损害之间的关系 |
| | 《绿色化学品法》(AB 1879 和 SB 509) | 2008年9月 | 为了减少或消除有毒有害化学品在消费品中的使用，府识别、分析和管理化学品 |
| | 《绿色化学行动》(Green Chemistry Initiative) | — | 提倡重新设计化学品及其生产过程，并鼓励借助绿色化学来减少或消除有害物质的使用和产生 |
| | 《加利福尼亚州安全化妆品法》(California Safe Cosmetics Act) | — | 要求制造商标记和公开产品中化学品的含量，鼓励民众购买和使用含有更少毒物质的化妆品 |
| | 《加利福尼亚州预防采购法》(California Precautionary Purchasing Law) | — | 强制要求政府部门在采购产品时，应选择含有低毒化学品或者可循环利用、能源效率高的产品 |
| 马萨诸塞州 | 《减少有毒物质使用法》(TURA) | 1989年 | 旨在促进该州企业安全和清洁生产，并提高企业的经济效益。为有效实施该法，要求建立减少有毒物质研究所(Toxics Use Reduction Institute, TURI)，帮助该州企业在生产过程中减少并消除使用有毒物质。完成了"减少50%有毒物质，但不限制经济繁荣"的设定目标 |
| 缅因州 | 《关于控制儿童产品中有毒化学品的法律修订案》(Toxic Chemicals in Children's Products) | 2011年6月 | 修正了旧的有毒化学品清单。2011年9月1日，缅因州健康与人类服务部和缅因州疾病控制预防中心联合发布了有毒化学品清单(Chemicals of Concern List, CCL) |

续表

| 州 | 法律法规名称 | 签署年份 | 适用范围 |
|---|---|---|---|
| 缅因州 | 《高关注化学品清单》（Chemicals of High Concern List, CHCL） | 2012年7月1日 | 约70种高关注化学品被列入清单。列入高关注化学品清单的条件是被认定为具有致癌性、内分泌干扰性、致生殖发育毒性。若在家居粉尘、室内空气、饮水、家庭环境取样检测中发现高关注化学物质清单（CHCL）上的物质，且该物质曾用于或正在用于消费品中，则可将其归类为"优先化学品"（List of Priority Chemicals, LPC） |
| | 《促进安全使用化学品的行政命令》（Maine Executive Order Promoting Safer Chemicals in Consumer Products and Services） | — | 是在消费品及其服务中促进安全使用化学品的行政命令，在替代品评价上法方面开展了有益的尝试 |
| 华盛顿州 | 基于《华盛顿州儿童安全产品法》（Washington Children's Safe Product Act）制定的优先化学品名单的收集制度 | 2010年年初 | 列出了含66种物质的优先化学品清单（LPC），包括甲醛、双酚A、镉和各种邻苯二甲酸盐等。要求玩具、化妆品、珠宝等儿童产品生产商在使用优先化学品后，必须report报政府环境保护部门 |
| 明尼苏达州 | 《限制婴儿瓶和婴儿用水杯使用双酚A（BPA）的议案》 | 2009年5月 | 规定自2010年1月起制造商不得生产并销售含BPA的儿童物品；2011年1月1日前，零售商不得销售含BPA的儿童物品 |
| | 《保护儿童健康免受有毒化学品损害法案》（Children's Health Protection from Toxic Chemicals in Products） | 2010年 | 规定在2010年7月1日前，州应当颁布高关注化学品清单（CHCL），由州环境保护局定期修订检查。如果有证据表明清单上的化学品不会出现在儿童产品中，该种化学品可以被移出该清单 |
| 夏威夷州 | 《夏威夷州预防原则》（Hawaii Precautionary Resolutions） | 2004年 | 减少化学品对人体和环境造成的危害 |
| 俄勒冈州 | 《减少有毒物质使用和危险废弃物法》（The Toxics Use Reduction and Hazardous Waste Reduction Act） | 1989年 | 减少州内有毒物质使用和危险废弃物 |
| | 《关于对电子设备的生产者实行全过程责任模式（Oregon Producer Responsibility System for the Management of Obsolete Electronics）的法案》 | — | 对电子设备的生产者实行全过程责任模式，争取将产品生命周期中所有阶段对环境的影响降到最低 |
| 新泽西州 | 《新泽西州工人和团体知情权法》（New Jersey Worker and Community Right-to-Know Act） | — | 依据法律及时向公众披露化学品暴露数据和危害健康的相关信息，以促进和提高公众对化学品的理解，使公众拥有更多信息以监督企业和政府 |

美国在化学品环境管理领域，不管是联邦政府还是州政府，都是基于生产和使用的环境、经济、社会、政治、科学等多方面的综合管理，其主要管理经验包括以下几点：①在管理手段上，实施预防原则，减少化学品的使用；对化学品污染防控从末端控制转为源头减排；针对化学品产业链进行全过程管理，同时注重化学品含量、毒性和产品使用信息的收集，构建化学品环境管理基础。②在法律强制手段上，实施单一化学品和群组化学品相结合的管控模式，颁布和出台相应的单一化学品和高关注 / 优先化学品禁令和法案。③在科技手段上，建立生物监测和环境健康追踪系统，同时开展化学品优化筛选管理、替代物评价、绿色化学和环境设计。④在经济手段上，实施产品分类和标签信息管控，同时开展环保行政采购行动。⑤在舆论监督手段上，及时披露化学品暴露和健康风险信息，以提高公众意识和能力。

（二）日本化学品管理政策研究

日本负责化学品管理的三个主管部门分别是厚生劳动省、经济产业省和环境省，三部门共同实施的《化学物质审查与生产控制法》是日本化学品管理的核心法律。日本颁布的《化学物质管理促进法》等 6 部工业化学品法律、约 30 部特定用途化学品法律、限制化学品排放和废弃法律、保护消费者安全和大气污染防治法律，以及近百项政令和省令构成了日本化学品法律法规体系（如表 4 所示）。

表4　日本化学品管理法律法规体系

| 法律法规 | 管理对象 | 法律法规目标 |
| --- | --- | --- |
| 《食品卫生法》 | 食品、添加剂、洗涤剂等 | 防止化学品通过食入或饮用水造成卫生危害，确保食品安全 |
| 《农用化学品管理法》 | 农用化学品 | 化学品风险评价与风险管理 |
| 《肥料管理法》 | 化学肥料等 | 管理肥料的注册、测试等 |
| 《爆炸品控制法》 | 火药、爆炸物、引爆物等 | 管理火药、爆炸物等物品的生产、销售、贮存、运输等环节 |
| 《有毒有害物质控制法》 | 特定有毒物质、有害物质 | 化学品风险评价与风险管理 |
| 《高压气体安全法》 | 高压气体 | 预防高压气体造成的灾难事故，管理高压气体的生产、储存、销售、运输以及处理等环节 |
| 《医药事务法》 | 药品、化妆品、医疗器械等 | 对药品、化妆品、医疗器械等开展管理 |
| 《家具物品质量标签法》 | 纺织产品、塑料物品等 | 确保家具物品的正确标签，保护一般消费者的利益 |
| 《大气污染控制法》 | 有害的大气污染物 | 化学品风险管理 |

续表

| 法律法规 | 管理对象 | 法律法规目标 |
|---|---|---|
| 《废弃物处置与清理法》 | 废弃物 | 化学品风险管理，目标是通过压缩与控制废弃物的排放来保护生态环境，改善公众健康 |
| 《水污染控制法》 | 废水 | 化学品风险管理，通过对废水排放的管理，实现对地表水与地下水环境质量的保护 |
| 《工业安全与健康法》 | 职业场所涉及的化学品 | 化学品风险评价与风险管理 |
| 《含有害物质家居产品控制法》 | 包含在家居产品中的物质 | 化学品风险管理，通过采取必要的措施，管理包含在家居产品中的有害物质，保护人体健康 |
| 《化学物质审查与生产控制法》 | 化学品（除农用化学品、肥料、药品等受其他法律法规管理的化学品） | 化学品风险评价与风险管理 |
| 《特定危险废物与其他废物进出口控制法》 | 特定的危险废物 | 确保合理执行《巴塞尔公约》，管理国内危险废物的出口、进口、运输和处置，保护人体健康与生态环境安全 |
| 《关于掌握特定化学物质环境释放量以及促进改善管理的法律》 | 化学品（包括消耗臭氧层物质） | 化学品风险管理，通过对指定化学品环境释放与转移数量的申报，促进企业自愿提高对化学品的管理水平，减少化学品的风险 |
| 《土壤污染对策法》 | 特定有害物质 | 化学品风险管理，通过实施有效的管理对策，防治土壤污染，控制特定有害物质 |
| 《食品安全基本法》 | 食品、食品添加剂、农用化学品、兽药、包装容器等 | 通过建立基本原则，采取最为广泛的促进政策，明确中央政府与地方政府在食品安全管理中的责任，确保食品安全 |

同时，日本也根据《化学物质审查与生产控制法》制定了清晰的化学品管理制度（如表5所示）。

表5　基于《化学物质审查与生产控制法》建立的主要化学品管理制度

| 制度名称 | 管理对象 | 管理内容 |
|---|---|---|
| 新化学物质审查制度 | 新化学物质登记类型包括常规申报、少量申报、低产量申报、低关注高分子化合物申报和中间体申报等。除常规申报外，其余登记类型必须是日本境内的企业才可以申请 | 企业生产或进口新化学物质前，必须向三部门提交新化学物质特性信息。若获得生产许可，三部分联合开展对生产和使用企业的现场检查，完成《化学物质审查与生产控制法》规定的对企业的监督管理工作。常规申报的新化学物质登记后，如未被指定列入相应管理清单，则登记满5年后将被列入已公示新化学物质名录，并予以公布，按照现有化学物质进行管理 |

| 制度名称 | 管理对象 | 管理内容 |
|---|---|---|
| 风险评估制度 | 日本全国约有 28 000 种现有化学物质。根据每种化学物质的暴露等级（预计向环境中的排放量）和危害等级（有害程度），通过矩阵筛选出风险高的化学物质，将其作为优先评估对象 | 参考《全球化学品统一分类和标签制度》及《化学物质审查与生产控制法》的相应规定，将人体健康危害和最低预测无效应浓度（PNEC）从高到低设定为一级、二级、三级和四级 4 个危害等级。该制度通过危害与暴露评估矩阵，筛查年排放量大于 10 t 且有可能对人体健康形成损害或对生活环境、动植物的繁殖或生育造成损害，有必要进一步收集危害和暴露信息的化学物质，将其列为优先评估化学物质。通过开展详细的风险评估，进一步识别优先评估化学物质的危害及风险程度，并采取必要的管理措施，确保风险在可接受范围内 |
| 分级管理制度 | PBT 类名单中包含 33 种（类）物质；PT 类名单中包含 23 种（类）物质；PB 类名单中包含 38 种（类）物质；优先评估化学物质名单中包含 208 种（类）物质 | 根据危害和风险，日本将化学物质分为 4 个主要的管理名单，采取不同的管理措施。第一类特定化学物质指具有持久性、生物蓄积性和毒性的化学物质，即 PBT 类物质，采取的措施基本是禁止生产和进口；第二类特定化学物质指具有持久性、毒性的化学物质，即 PT 类物质，政府根据需要可以限制其生产和进口量；第三类为监视类化学物质，指具有持久性、生物蓄积性，但毒性不明的化学物质，即 PB 类物质，政府对其危害进行长期监视；第四类为优先评估化学物质，确定优先开展环境与健康风险评估工作，详细掌握危害和使用情况 |
| 基本信息报告制度 | 所有的新化学物质和现有化学物质的生产和进口企业均需要在每年 6 月 30 日前提交基本信息报告，报告上一财政年度（4 月 1 日到次年的 3 月 31 日）的生产和进口情况 | 生产、进口化学物质超过一定数量的企业每年向政府报告上一年度化学物质的生产、进口等相关信息 |

除了三部门共同负责的《化学物质审查与生产控制法》的实施，环境省和经济产业省共同负责的《关于掌握特定化学物质环境释放量以及促进改善管理的法律》也相应建立了 PRTR 制度、安全技术说明书制度（SDS 制度）、促进企业进行自主管理制度和化学物质指定制度等。这些制度与法律法规相辅相成，共同形成了科学和行之有效的化学品管理体系。

日本化学品管理的经验主要集中在以下几点：①日本《化学物质审查与生产控制法》是世界上最早、最完整的综合性化学品法律，制定了清晰的化学品管理制度。此外，日本还通过制定近百项政令和省令，法律法规等基本涵盖了日本化学品从生产、使用、消费到废弃的全过程。②职能管理部门相对集中，部门职能既有联系、也有区别，各委员会、各省厅之间分工明确，有良好的协调机制，有利于政策的迅速制定与出台，且不同省厅通过长时间的合作管理、有效沟通，能够保证法律法规政策的良好落实。③日本发布了《优先评估化学物质风险评估方法》《优先评估化学物质风险评价技术指南》，建立了日本化学品协作知识数据库（J-CHECK）和化学品风险信息平台（CHRIP），收录了约 25 万种化学物质的信息，完成了 1 400 种化学物质的监测计划，持续跟踪化学物质的环境暴露信息，为化学品的风险评估和管理提供了技术和数据支撑。

（三）欧盟化学品管理政策研究

受到全球经济增速变缓、英国脱欧的政治不确定性、持续的贸易冲突等的影响，2019 年前 9 个月，欧盟化学品产量同比下降 0.7%。欧洲化学工业委员会（the European Chemical Industry Council，Cefic）预测 2020 年欧盟化学品产量将与 2019 年持平。欧盟是世界上化学品控制和管理体系最为完整的地区，从 20 世纪 70 年代开始就制定了有关化学品管理的法律法规（如表 6 所示），其化学品管理体系涵盖了生产（进口）、转移释放、存储运输、事故应急、履行国际公约等各个方面。

表6 欧盟化学品管理法律法规体系

| 法律法规名称 | 主要内容 |
| --- | --- |
| 《关于化学品注册、评估、授权与限制的法规》（REACH 法规） | 是欧盟内部统一控制现有化学物质和新化学物质的生产、上市销售及使用的法规，该法规对欧盟境内生产和进口的化学物质实施全面注册、评估、许可和限制制度。把化学物质分为现有化学物质、新化学物质、一般化学物质、高度关注的化学物质等类别来管理 |
| 《欧盟物质和混合物的分类、标签和包装法规》（CLP 法规） | CLP 法规是一项全面涵盖物质和混合物的横向立法，其目标对象是工人和消费者［13］ |
| 《关于限制在电子电气设备中使用某些有害成分的指令》（RoHS 指令） | 是由欧盟立法制定的一项强制性标准，该标准于 2006 年 7 月 1 日开始正式实施。该标准的目的在于消除电子产品中的铅、汞、镉、六价铬、多溴联苯和多溴联苯醚共 6 种物质。于 2011 年 7 月 1 日修订，重新定义了电子电气并扩大产品管控范围至 11 类电子电气设备。主要用于规范电子电气产品的材料及工艺标准，使之更加有利于人体健康及环境保护 |
| 《欧盟危险化学品进出口管理法规》 | 实施《鹿特丹公约》在国际贸易中对某些危险化学品和农药的预先知情同意（PIC）程序；在保护人类健康和避免环境受到潜在危害的国际危险化学品行动中促进合作并唤起共同责任；健全危险化学品的使用安全，为保护环境作出贡献 |

在欧盟的化学品管理方面，REACH 法规考虑和平衡了很多重要的因素，将化学品污染防治和环境保护放在重要的位置，包含的 131 项规定建立了化学品的监控体系，也建立了完整的化学品风险预防和控制制度（如表 7 所示）。

表7 REACH法规的主要管理制度

| 制度分类 | | 制度主要内容 |
|---|---|---|
| 一般管理制度 | 分类管理和名录制度 | 把化学物质分为现有化学物质、新化学物质、一般化学物质、高度关注的化学物质等类别来管理 |
| | 包装和标记制度 | 制定了一些与包装和标记有关的要求 |
| | 数据分享制度 | 第30条建立的化学物信息交流论坛制度就是为了促进数据分享 |
| | 公众知情制度 | 第119条规定了公众通过互联网获取信息的问题,如"欧洲化学品管理局持有的有关物质的纯度、杂质的成分和/或被认为危险的添加剂等信息,应当可由公众在互联网上自由、免费地获取" |
| 化学品登记和评估制度 | | 在化学品的评估方面,第44条规定,为了协调各成员国的评估方法,欧洲化学品管理局应当和成员国合作,从促进评估工作的角度,开发优先物质的评价标准。优先顺序的排列应是建立在风险基础上的方法,该方法应当考虑有毒信息、暴露信息、吨位信息等因素 |
| 授权和限制制度 | | 第55条规定,授权的目的是在保证高度关注物质带来的风险得到适当控制的同时,且在经济和技术可行的情况下寻找可替代物质的同时,确保欧盟内部市场得到良好的运转。为此,所有的生产者、进口者和下游用户在对高度关注物质申请授权的时候,应当分析替代的可得性,考虑替代的风险及技术和经济可行性。<br>第56条规定:"除非具有本条例规定的特殊情形,生产者、进口者或者下游用户不得把'需要提交授权申请的化学物清单'所列的物质投放市场或者供自己使用。"在限制方面,第67条规定的一般要求为:除非遵守了限制条件,本条例提出限制的化学物质不应当被生产、入市或者使用。对于因化学物质的科学研究和开发需要而进行的化学物质生产、入市或者使用,则不适用此限制 |
| 对供应链的全过程监控制度 | | 第34条规定,物质或者配制品供应链的任一行为者,应当把以下信息沿着供应链向上传递给行为者或者分销商:化学品特性的信息;任何导致怀疑安全数据册中规定的风险管理措施适当性的信息。<br>第37条规定,下游用户或者分销商应当为登记的准备提供信息帮助。为了使一种未被确认的使用方法成为化学数据册确认的使用方法,每一个下游用户有权就该使用方法以最简短的一般描述方式,通过书面或者电子形式,传递给向他供应物质或者配制品的生产者、进口者、下游用户或者分销商 |

　　欧洲化学品管理局负责对REACH法规规定的有关化学品的科学、技术、污染防治等方面的管理,这些管理与欧盟各环境保护机构的法律实施相互协调和配合。欧洲化学品管理局侧重于污染的预防和环境风险的控制,以及化学品的生产、进口、入市和使用,而环境保护机构则侧重于化学物质的污染排放标准制定、污染排放监管和对违法行为的查处。二者相互配合,对欧盟化学品污染的预防、监管和查处有着非常重要的作用。

　　欧盟化学品管理的经验主要集中在以下几点:①建立了以REACH法规为核心的全面系统的、综合的化学品管理立法,取代了之前实施的40多部有关化学品的条例和指令，形成了统一的注册评估和授权程序，建立了适用于所有化学品的单一的立法制度。②建立了独立自主的化学品管理局，增强了法律法规的可操作性和执行性，提高了管理效率，节约了管理成本。③建立了统一的化学品信息中央系统数据库和数据交换网络，对引起特别关注的化学品进行计算机筛选，也便于信息公开和共享。④引入了风险预防的化学品风险管理原则。改善了化学品风险评估和管理制度，尤其是在优先性高风险有毒化学品、事故应急风险管理等方面。

（四）我国化学品管理政策体系

我国已有生产使用记录的化学物质有4万多种，其中3 000余种已被列入《危险化学品目录》，这些化学物质具有毒害、腐蚀、爆炸、燃烧、助燃等性质。这些化学物质包括具有急性毒性或者慢性毒性、生物蓄积性、不易降解性、致癌性、致畸性、致突变性等危害的化学品，和数十种已被相关化学品国际公约列为严格限制和需要逐步淘汰的物质。此外，尚有大量化学物质的危害特性还未明确和掌握。同时，我国也是危险化学品生产、使用、进出口和消费大国。截至2015年年底，我国共有危险化学品企业近29万家（其中生产企业1.8万家，经营企业26.5万家，储存企业0.55万家），从业人员近千万人。与美国、日本和欧洲发达国家在20世纪80年代中期就建立了化学品安全和环境管理法律法规体系相比，我国化学品管理起步较晚，法律法规体系还不健全。在化学品安全生产管理领域，虽然我国制定了比较齐全的法律、法规、制度，但在环境管理领域还未建立较为完善的法律法规体系，缺少化学品环境管理的专项法律法规。虽然《化学物质环境风险评估与管控条例》于2019年1月征求意见，但至今还未发布。虽然《危险化学品安全管理条例》（国务院令第645号）涉及一些危险化学品环境管理的内容，但化学品全过程环境管理制度还未建立。我国化学品管理法律法规体系主要由与化学管理相关的国家法律、国务院条例和部门规章以及地方法规组成（如表8所示）。此外，国务院化学品管理相关部门还通过发布规划、细则等对化学品管理提出具体要求。如2017年9月，国家安全监管总局印发了《危险化学品安全生产"十三五"规划》，规划到2020年，形成较为完善的危险化学品法律法规标准、政府安全监管、安全科技支撑、宣传教育培训体系，企业安全生产主体责任得到有效落实，较大及以上危险化学品生产安全事故和有重大影响的事故得到有效遏制。2018年7月2日，工业和信息化部发布了修订后的《〈中华人民共和国监控化学品管理条例〉实施细则》（工业和信息化部令第48号），对监控化学品的生产管理、经营和使用管理、进出口管理、数据申报和保存等进行了明确规定。

表 8  我国化学品管理体系分类及内容

| 序号 | 管理体系分类 | 法律法规名称 | 涉及化学品的管理内容 |
|---|---|---|---|
| 1 | 全国人大批准发布的法律 | 《中华人民共和国环境保护法》《中华人民共和国大气污染防治法》《中华人民共和国水污染防治法》《中华人民共和国固体废物污染环境防治法》《中华人民共和国职业病防治法》《中华人民共和国突发事件应对法》等 | 《中华人民共和国环境保护法》是我国环境保护基本法，所有领域的一部环境保护综合性法，但未对化学品提出具体管理措施。国家法律对末端污染控制、职业暴露保护、事故应急等方面提出了基本要求，但也无具体管理措施，如《中华人民共和国水污染防治法》《中华人民共和国大气污染防治法》《中华人民共和国固体废物污染环境防治法》《中华人民共和国职业病防治法》《中华人民共和国突发事件应对法》等 |
| 2 | 国务院颁布的法规 | 《危险化学品安全管理条例》（国务院令第645号）、《中华人民共和国监控化学品管理条例》（国务院令第190号，2011年国务院令第588号对部分条款进行了修订）、《安全生产许可证条例》（国务院令第397号，2014年国务院令第653号对部分条款进行了修订） | 《危险化学品安全管理条例》与化学品管理直接相关，适用于危险化学品的生产、使用、储存、经营和运输的安全管理。《中华人民共和国监控化学品管理条例》对我国境内从事监控化学品的生产、经营和使用活动作出要求。《安全生产许可证条例》规定对危险化学品生产企业实行安全生产许可制度 |
| 3 | 由国务院有关部委制定发布的部门规章 | 《危险化学品生产企业安全生产许可证实施办法》（2011年国家安监总局令第41号）、《危险化学品安全使用许可证实施办法》（2012年国家安监总局令第57号）、《危险化学品经营许可证管理办法》（2012年国家安监总局令第55号）、《危险化学品重大危险源监督管理暂行规定》（2011年国家安监总局令第40号）、《危险化学品建设项目安全监督管理办法》（2012年国家安监总局令第45号）、《新化学物质环境管理办法》（2020年生态环境部令第12号）等 | 《危险化学品生产许可证实施管理办法》《危险化学品经营许可证管理办法》等主要关注危险化学品安全生产、安全使用、以及加强危险化学品登记管理和规范危险化学品经营活动等；《危险化学品重大危险源监督管理暂行规定》对从事危险化学品生产、储存、使用和经营的危险化学品重大危险源的单位的辨识、评估、登记建档、备案、核销及其监督管理作出要求；《危险化学品建设项目安全监督管理办法》对新建、改建、扩建危险化学品生产、储存的建设项目以及危险化学品生产、储存的建设项目（2003年国家环境保护总局令第17号）规定对新化学物质实施生产或进口前申报登记，开启了我国新化学物质环境管理的新篇章。2020年，生态环境部对该办法进行了修订，颁布了《新化学物质环境管理登记办法》，优化调整申请类别设置，申报数据要求以及化学物质测试机构的管理要求等 |
| 4 | 地方法规 | 少数省（自治区、直辖市）也颁布了一些化学品环境管理相关的地方法规，如《天津市有毒化学品污染环境防治办法》等 | 地方法规主要对辖区内生产、使用化学品的污染防治以及废弃化学品的收集、暂存、销售、运输和处置作出具体规定 |

我国没有单一的部门进行化学品管理。生态环境主管部门主要负责废弃危险化学品处置的监督管理，组织危险化学品的环境危害性鉴定和环境风险程度评估，确定实施重点环境管理的危险化学品，负责危险化学品环境管理登记和新化学物质环境管理登记；依照职责分工调查相关危险化学品环境污染事故和生态破坏事件，负责危险化学品事故现场的应急环境监测。此外，应急管理部门、市场监管部门、公安部门、交通部门等依照各自的职责分工，分别负责危险化学品安全监督管理、生产许可证管理、公共安全管理和运输安全管理等。2018 年国务院机构改革后，生态环境部负责首次进口化学品、有毒化学品的进出口登记以及对新化学物质生产、进口和流向的登记与环境影响监管。生态环境部首次设置固体废物与化学品司。固体废物与化学品司的设立表明我国将会对固体废物、化学品、重金属污染等进行全面防控，也是我国化学品管理体系的一次巨大进步。

## 三、国内外化学品管理体系的比较

各国化学品管理体系和发展模式不尽相同，本文通过横向比较，梳理了国内外化学品管理体系（如表 9 所示）。

通过对发达国家和地区化学品管理的主要机构、涉及的主要法律法规以及在化学品管理中采取的部分管理行动或计划的综合分析，可以看出发达国家和地区化学品管理的起源较早，管理法律法规、制度与技术相对完善。自 20 世纪 70 年代开始，美国、日本、欧盟等发达国家和地区就开展了全面的化学品管理，并且取得了显著的管理成效。分析美国、日本、欧盟等国家和地区的化学品管理工作，基本的切入点与整体管理思路是"以制定法律法规为基础，以建立制度为核心，以开展管理行动为落脚点"。从表 9 中可以看出，化学品管理法律法规是发达国家和地区开展化学品管理的基础依据，美国、日本、欧盟等国家和地区都制定了化学品管理的基本法律，例如美国的《有毒物质控制法》、日本的《化学物质审查与生产控制法》、欧盟的 REACH 法规等。依托这些法律法规，建立了一系列的化学品管理制度，包括化学品申报登记制度、风险测试与评价制度、授权许可制度、GHS 分类标签制度、PRTR 制度等，这些制度对各类化学品管理行动的实施作出了明确的规定。在上述化学品管理思路的指导下，发达国家和地区坚持预防原则、全生命周期原则、有限管理原则、责任分担与公众参与原则等，构建了与化学品末端污染控制和治理不同的化学品源头管理模式。这种管理模式的突出特点是以科学、透明的化学品风险评价与风险管理为核心，坚持风险预防原则，从源头开展对化学品的管理与控制，以最大限度减少化学品在其整个生命周期内对人体健康与生态环境构成的风险。

表9 国内外化学品管理体系的比较

| 国家和地区 | 美国 | 欧盟 | 日本 | 中国 |
|---|---|---|---|---|
| 化学品管理机构 | 环境保护署、职业安全与健康管理局、食品与药品管理局、消费品安全委员会、交通运输部等 | 欧盟理事会、欧盟委员会、欧盟委员会环境总司、欧洲工作安全与健康署、欧洲化学品管理局、欧洲环境局、欧洲食品安全局、欧洲药品局等 | 环境省、经济产业省、厚生劳动省等 | 生态环境部、农业农村部、商务部、交通运输部、国家卫生健康委员会、国家药品监督管理总局、公安部、外交部、应急管理部、工业和信息化部、国家市场监督管理局、海关总署等 |
| 核心法律法规 | 《有毒物质控制法》 | 《关于化学品注册、评估、授权与限制的法规》 | 《化学物质审查与生产控制法》 | 《危险化学品安全管理条例》 |
| 法律法规体系 | 《有毒物质控制法》、《资源保护与回收法》（RCRA）、《联邦杀虫剂、杀鼠剂、杀菌剂法》（FIFRA）、《应急计划与社区知情权法案》（EPCRTKA）、《清洁水法》（CWA）等 | 《关于化学品注册、评估、授权与限制的法规》、《欧盟物质和混合物的分类、标签和包装法规》、《欧盟危险化学品进出口管理法规》（304/2003/EC，简称PIC法规）等 | 《化学物质审查与生产控制法》《关于掌握特定化学物质环境释放量以及促进改善管理的法律》《有毒有害物质控制法》《工业安全与健康法》等 | 《中华人民共和国安全生产法》《中华人民共和国职业病防治法》《中华人民共和国药品管理法》《危险化学品安全管理条例》《农药管理条例》《安全生产许可证条例》等 |
| 化学品注册评估 | 《有毒物质控制法》 | 《关于化学品注册、评估、授权与限制的法规》 | 《化学物质审查与生产控制法》 | 《新化学物质环境管理登记办法》 |
| 化学物质分类管理 | 《有毒物质控制法》物质名录 | 《欧盟物质和混合物的分类、标签和包装法规》 | GHS分类管理行动 | 《新化学物质环境管理登记办法》《危险化学品目录》《中国现有化学物质名录》《优先控制化学品名录》《中国严格限制的有毒化学品名录》等 |

续表

| 国家和地区 | 美国 | 欧盟 | 日本 | 中国 |
|---|---|---|---|---|
| 化学品申报登记 | 《有毒物质释放清单管理计划》(TRI 管理计划)、《化学品数据报告条例》(CDR 计划) | E-PRTR 管理行动 | PRTR 管理行动 | 《危险化学品登记管理办法》《新化学物质环境管理登记办法》等 |
| 化学品进出口管理 | 《有毒物质控制法》 | 《欧盟危险化学品进出口管理法规》(PIC 法规) | 《化学物质审查与生产控制法》 | 《化学品首次进口及有毒化学品进出口环境管理规定》《易制毒化学品进出口管理目录》 |
| 风险筛查与管理 | 风险管理计划(RMP) | 《关于化学品注册、评估、授权与限制的法规》 | 优先评价物质(PACs)筛查计划 | 《新化学物质环境管理登记办法》 |
| 高产量化学品管理 | 高产量化学品(HPV)挑战项目 | 《关于化学品注册、评估、授权与限制的法规》 | HPV 挑战计划 | 《优先控制化学品名录》 |
| 有毒有害化学品 | PBT 物质的管理行动 | 《关于化学品注册、评估、授权与限制的法规》 | 《化学物质审查与生产控制法》 | 《危险化学品目录》《中国严格限制的有毒化学品名录》《剧毒化学品目录》《高毒物品目录》《易制毒化学品进出口管理目录》等 |
| 新化学物质管理 | 新化学物质管理计划 | 《关于化学品注册、评估、授权与限制的法规》 | 《化学物质审查与生产控制法》 | 《新化学物质环境管理登记办法》《新化学物质危害评估导则》 |
| 内分泌干扰物管理 | 内分泌干扰物筛选计划 | 《内分泌干扰物管理战略》(短期、中期、长期行动) | SPEED'98 战略计划 | — |

## 四、我国化学品全生命周期管理建议

同国外发达国家相比，虽然我国在化学品安全生产管理领域制定了比较齐全的法律、法规、制度，但在环境管理领域还未建立较为完善的法律法规体系。为实现化学品全生命周期环境管理，需要全面分析化学品生命周期的演进，包括化学品产生及消亡所涉及的资本、技术密集程度的变化，分析其市场需求、生产地域、生产要素等一系列相关因素，为化学品管理人员提供决策支持，同时考虑化学品在不同生命周期阶段所涉及因素的复杂性和差异性，对不同生命阶段予以区别对待。因此，构建化学品全生命周期环境管理体系，需要从政策法规、基础信息、技术支撑、风险管理、多部门协调、公众意识等多方面开展工作。进而促进化学品全生命周期管理过程中各利益相关方尽快转变观念，给予化学品环境管理应有的重视和支持力度，加大在化学品环境管理法规建设、人员培养、基础设施及能力建设等方面的投入，迅速提升我国化学品全生命周期环境管理水平。

（一）积极推进我国化学品环境管理立法

借鉴国际的先进立法理念，改变过去重化学品安全管理、轻环境管理的观念，将化学品安全管理与环境管理协调起来。以可持续发展为指导思想，既要促进贸易和环境保护的可持续协调发展，又要注意与国际化学物质环境公约要求及国际化学物质控制法规体系的接轨。强化我国化学品立法研究，加快化学品环境立法进程，建立和完善以新化学物质登记、现有化学物质风险评估和管控、基本信息报告等为基本制度的化学品环境管理制度体系。同时，整合国内现有不同部门的化学品管理相关法规制度，避免出现多龙治水局面，保证化学品管理工作的顺利推进。

（二）建立化学品全生命周期管理体系

建立化学品全生命周期管理体系，对化学品的生产、使用、运输、存储、废物处理等全生命周期进行管理。建立中国化学品管理电子数据库，实时掌握化学品管理的各环节，实行数据的动态更新。通过对大数据的分析，总结化学品管理的经验并及时发现问题，为下一步管理目标及方针的确定提供技术保障。

（三）将化学品环境规制纳入环境影响评价制度

在区域开发和项目建设两个层面形成化学品环境风险防控的风险评价机制，把化学品产业对区域环境的影响纳入化学工业园区开发建设规划中。同时，进一步完善化学品环境风险评价的技术标准与规范，把涉及重点环境管理化学品的建设项目纳入环境影响评价及审批制度。

（四）开展现有化学物质危害筛查与风险评估工作

制订和实施现有化学物质危害筛查和风险评估计划，摸清我国高产量化学品的危害特性、环境暴露情况等基础数据，识别优先评估化学物质，逐步开展详细的环境与健康风险评估，为精准实施风险管控提供决策依据。

（五）加快构建我国化学物质环境与健康风险评估技术体系

加快构建化学物质环境与健康风险评估技术体系，研究并制定化学物质风险评估框架和技术方法，建立化学物质危害信息基础数据库，收集并动态更新化学品危害特性、暴露数据以及管理信息。建立有毒有害物质环境调查制度，及时动态地掌握有毒有害化学物质在我国环境介质中的污染和赋存状况，为化学品风险评估和风险管理提供技术支撑。

（六）加强公众参与

建立健全公众监督、参与机制。通过公众参与有奖问答等方式加大环保宣传力度；建立多渠道环境问题投诉机制，及时掌握群众举报的环境问题；采取媒体监督等方式，对相关化学品生产、使用企业进行监督管理。

# 参考文献

边红彪，张丽莉，2009. 中日化学品管理模式和法律法规体系比较［J］. WTO 经济导刊，（10）：88-89.

冯涧，2013. 我国化学品污染法律控制研究［D］. 昆明：昆明理工大学.

高升，陈茜，2011. 欧盟 REACH 法规的经验和启示［J］. 上海商学院学报，（2）：64-68.

霍立彬，于丽娜，聂晶磊，等，2013. 美国州级化学品环境管理法规及其进展［J］. 环境工程技术学报，3（4）：358-362.

李仓敏，张丽丽，郑玉婷，等，2019. 日本化学品环境管理对我国的启示［J］. 现代化工，（39）：1-4.

李晓亮，葛察忠，2017. 环保新常态下环境保护综合名录工作的定位与重点探究［J］. 中国环境管理，（5）：25-30.

聂晶磊，霍立彬，2014. 美国五部化学品环境管理制度比较研究［J］. 现代化工，34（1）：18-22.

王蕾，汪贞，刘济宁，等，2017. 化学品管理法规浅析［J］. 中国环境管理，（5）：41-46.

叶从胜，李运才，2002. 国外化学品管理法规概况［J］. 安全、环境和健康，2（3）：31-33.

赵静，王燕飞，蒋京呈，等，2020. 化学品环境风险管理需求与战略思考［J］. 生态毒理学报，15（1）：72-78.

张静，陈会明，李晞，等，2011. 美国化学品法规改革新进展及应对建议［J］. 现代化工，31（3）：82-86.

European Chemical Industry Council，2018. Facts & Figures of the European Chemical Industry［R］.

United Nations Environment Programme，2019. Global Chemicals Outlook Ⅱ［R］.

United Nations Environment Programme，2020. Status of Signature，and Ratification，Acceptance，Approval or Accession［R］. http：//www.mercuryconvention.org/Countries/Parties/tabid/3428/language/en-US/Default.aspx.

World Health Organization，2018. The Public Health Impact of Chemicals：Knowns and Unknowns：Data Addendum for 2016［R］. http：//apps.who.int/iris/handle/10665/279001.

# 国外海洋非政府组织针对太平洋大垃圾岛海洋垃圾的监测与工程治理案例分析

闫　枫　施　川　梁莎莎

太平洋大垃圾岛（The Great Pacific Garbage Patch）也称太平洋大垃圾聚集团，是世界上最大的海洋塑料聚集地，位于夏威夷群岛和加利福尼亚州之间的海域。太平洋大垃圾岛是世界海洋的 5 个海上塑料堆积区中最大的，对海洋生态造成了严重的破坏，并对海洋环境修复形成了重大的影响。

本文以国外海洋非政府组织——海洋清理组织（The Ocean Cleanup）开展的相关工作和项目作为案例，梳理和分析了该项目通过前期可行性分析、科学研究、航测、依靠浮动屏障和洋流作用来建造海洋垃圾清洁工程样机原型、实际运行样机以进行迭代更新、构建海洋垃圾清洁应用商业模式等方式，科学处理该区域的大量漂浮废弃物的全过程，并为我国开展相关海洋垃圾治理、参与全球和区域海洋垃圾管理方面的工作及合作提出具体政策建议。

## 一、研究成果特点分析

### （一）形成机理分析

总部位于荷兰的海洋清理公益组织（The Ocean Cleanup）研究小组模型估算，太平洋大垃圾岛因其海漂垃圾具有强度大、浮力强的特性，因此大垃圾岛的体积在海洋环境中具有相当大的弹性，且易形成塑料长距离传输效应（Laurent et al.，2018）。塑料在离岸前进的过程中，被汇聚的水流输送，最后在垃圾岛中积累，并一直停留在海面。一旦这些塑料进入回旋区，在海浪和海洋生物的影响下，塑料将持久地漂浮和悬浮在某一固定区域，然后逐渐降解成更小的微塑料。随着越来越多的塑料被丢弃到环境中，太平洋大垃圾岛的微塑料浓度也将继续增加。

该项研究的最新成果量化了来自入海河流的塑料污染物，还通过收集有关人口密度、垃圾管理、地形、水文和水坝位置的数据，然后将其与不同河流塑料流动情况的现场测量数据进行校准，并为构建全球年度入海河流的塑料垃圾总重量模型提供支撑（Laurent et al.，2018）。这一模型运行的基本概念已经被证明是实际可行的。在 2019 年，该研究已经对初级海洋垃圾清理系统（该机构称为 001/B 系统）设计进行了多次改进、优化，并致力于开发能够稳定运行的海洋垃圾清理系统（该机构称为 002 系统）。

（二）测量估算垃圾岛尺寸

该垃圾岛覆盖的面积约为 160 万 km²，是得克萨斯州面积的两倍或法国的三倍。支持该研究的科学家小组运用抽样方法进行了详细计算。测量阶段投入成本主要包括：652 张水面网、两架对收集碎片进行航拍的飞机和多艘采样航船（共进行 30 个航次的采样）。测量方式主要是在同一时间段内在不同地点取样，目的是较为准确地预测海洋垃圾碎片的尺寸和塑料漂移的情况。

测量人员捕获拖网样品，然后在船上工作站比对数据表中的若干标准，包括每次拖曳的日期、持续时间和最终坐标。根据相关信息，测量团队就能够确定被监测塑料的确切位置。在之后的数据处理阶段，通过安装在所有参与船舶上的 GPS 跟踪器记录中的数据表确认所有拖曳的位置和持续时间。研究人员通过拖曳的总距离与网的特性，就能够计算出总测量面积。

（三）测定垃圾岛位置

由于季节和年度的风向、洋流变化，太平洋大垃圾岛的位置和形状也在不断变化。漂浮的物体因受洋流和较少的风向影响，很可能保持在垃圾岛上。通过模拟北太平洋的聚集程度，研究人员能够定位垃圾岛的位置，垃圾岛的大致区域位于北纬 32° 和西经 145°。该垃圾岛的位置具有明显的季节和年度变化，主要表现为经度上的变化，从西向东形成季节性漂移。

（四）取样和估算垃圾岛垃圾总量

经测量小组取样和估算，垃圾岛海洋垃圾塑料总量为 1.8 万亿块，重量约为 8 万 t（重量相当于 500 架巨型喷气式飞机的重量）。

该垃圾岛中心的密度最高，边界的密度最低。研究团队在估算重量时，仅考虑较为密集的中心区域，如果在估计时将较不密集的外部区域也考虑在内，则垃圾岛垃圾总重量将接近 10 万 t。

（五）测算垃圾聚集度

该研究应用质量浓度模型，从多任务模式中对垃圾聚集度数据进行识别。垃圾岛塑料质量浓度的水平分布呈现为从中心到外部区域逐渐减少，中心质量浓度达到 100 kg/km$^2$，外部区域质量浓度逐渐减小到 10 kg/km$^2$。

（六）分析垃圾垂直分布情况

海洋清理公益组织在 2013—2015 年进行了 6 次实地测量，形成了塑料垃圾的垂直分布情况图。该实测结果表明，具有一定浮力的塑料垃圾主要分布在海平面上下几米之内，风速、海况和塑料浮力等因素也会影响塑料质量的垂直分布情况。浮力较强的塑料最终会浮出海面，且大的垃圾碎片比小的碎片会更快地在海面上重新铺展（Reisser et al.，2015）。

（七）分析垃圾持久性

太平洋大垃圾岛的碎片特征（如塑料的类型和生命周期等）证明塑料在该区域具有较强的滞留能力。自 1970 年以来，相关机构对垃圾岛中的塑料进行测量。计算结果表明，该区域微塑料质量浓度呈指数增长，证明该垃圾岛中的塑料输入量大于输出量。

（八）对塑料垃圾尺寸进行分类

从此前相关区域尺度研究和针对太平洋大垃圾岛监测收集的塑料分类统计结果来看，其中绝大部分为刚性或硬质聚乙烯（PE）或聚丙烯（PP）或废弃渔具（特别是渔网和绳索），范围从小碎片到较大的物体以及米级的渔网（Reisser et al.，2015）。垃圾岛内的塑料主要为四类：微塑料（0.05～0.5 cm）、中型塑料（0.5～5 cm）、大型塑料（5～50 cm）和超大型塑料（50 cm 以上）。

如进一步考虑总质量因素，在垃圾岛中发现的垃圾碎片中的 92% 由大于 0.5 cm 的物体组成，并且总质量的 3/4 由大型塑料和超大型塑料构成。在垃圾绝对数量统计方面，垃圾数量的 94% 由微塑料构成。

（九）航测数据分析

C-130 型大力神飞机负责执行大范围空中远程航测，携带的传感器主要包括合成孔径的激光雷达、短波段红外成像仪、RGB 数码相机。航测小组由 3 名传感器工程师、7 名导航员和 10 名塑料垃圾监测研究人员构成。航测数据主要包括多光谱图像与带有地理信息的图片数据。通过机器学习算法和研究人员人工分析，最终形成海洋垃圾大碎片（大于 0.5 m）的空间分布图（MerelKooi et al.，2015）。

（十）对海洋生物的威胁评估

由于塑料的大小和颜色，其易被动物混淆并作为食物摄入体内，同时对较大型海洋生物构成缠绕风险，也对种群构成整体行为、健康和生存方面的威胁。

研究表明，其中 84% 的海洋垃圾样品含有过量的有毒化学品。大约 700 种物种会接触到海洋垃圾碎片，其中 92% 的物种与塑料发生相互作用，17% 受塑料影响的物种被列入国际自然保护联盟（IUCN）受威胁物种红色名单。在 84% 的塑料样品中发现了至少一种具有持久生物累积毒性（PBT）的化学品，因此接触和食用这种塑料垃圾碎片的物种也同时在摄取附着在塑料上的化学品（Gall et al., 2016）。

（十一）对人类社会经济的影响分析

一旦塑料进入海洋食物网，就有可能污染人类食物链。清理和消除海洋塑料也会造成巨大的经济负担。通过生物积累的过程，塑料中的化学物质将进入以塑料为食的动物体内，并且当这些动物成为猎物时，这些化学物质将被传递给新的捕食者（Chen et al., 2017），沿着包括人类在内的食物链进入人体，相应的化学物质将会长期存在于人体内。

联合国相关报告曾估计，塑料对海洋生态系统造成的环境损害约为 130 亿美元，包括涉及的海滩清理费用和对渔业造成的经济损失等。

## 二、海洋垃圾工程治理案例相关特点分析

自 2015 年以来，该公益组织的团队一直在开发海洋垃圾治理工程系统，还对系统进行了航空测量，并在荷兰测试其原型。在初期进行了为期两周的拖网测试，即通过船舶拖曳 120 m 长的一截屏障，在距离美国旧金山金门大桥 92 km 的开放水域进行了收集试验。

该系统由 600 m 长的浮子组成，被设计用来捕获从直径只有毫米级的小块到大碎片的塑料垃圾，包括大量的废弃渔网（几十米宽）。浮子位于水面，底部是 3 m 深的锥形裙状帘。浮子为系统提供浮力，防止塑料流过系统，而裙状帘阻止海洋塑料碎片从下面逸出。系统和被捕获塑料都由洋流承载，风和浪会推动系统运行，浮子刚好位于水面的上方，而塑料主要就在水面的下方。因此，该系统比塑料以更快的速度移动，从而捕获塑料（如图 1 所示）。

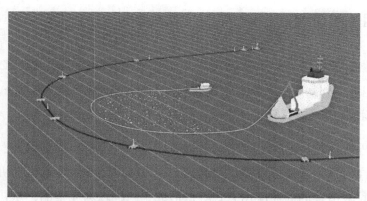

**图 1 海洋清理组织推动的海洋垃圾收集装置工程示意**

通过该系统的计算机仿真模型分析，如大规模的清理系统（大约 60 个单体系统的船队）运行，可以在 5 年时间内清理 50% 的太平洋大垃圾岛垃圾。从中长期考虑，如果将该系统部署到全球主要海洋回旋区，与源头管控和减少入海垃圾的措施结合起来，预计到 2040 年能够清理掉该垃圾岛约 90% 的塑料垃圾（如图 2 所示；Raynaud，2014）。

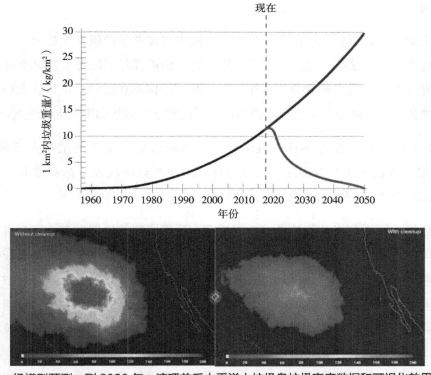

**图 2 经模型预测，到 2030 年，清理前后太平洋大垃圾岛垃圾密度数据和可视化效果对比**

## 三、相关政策建议

（一）借鉴国外相关海洋垃圾监测与工程治理案例经验，在加强我国相关海洋塑料垃圾监测方法研究基础上，提升对塑料垃圾的溯源分析能力，推动海洋垃圾陆源污染控制的精准施策

上述国外海洋垃圾治理工程案例通过前期可行性分析、科学研究、航测、依靠浮动屏障和洋流作用来建造海洋垃圾清理工程样机原型、实际运行样机以进行迭代更新、海洋垃圾清理的商业应用方式等，形成了一种较为完整的，从初始研究、监测、分析到治理的模式，为我国开展相关海洋垃圾治理工作提供了一定参考。建议在加强我国对海洋塑料垃圾在陆源、河口与海岸、近岸和相关海域的监测方法研究基础上，加强对塑料垃圾轨迹跟踪和形成溯源分析，鼓励海洋垃圾工程治理领域的技术创新活动，推动海洋垃圾陆源污染控制及协同治理的精准施策。

（二）建议持续跟踪了解国外海洋垃圾监测及治理的相关政策和应用技术，加大对海洋垃圾相关重点领域的研究支持力度，努力形成海洋垃圾管理重要环节的自主可控态势

加大对海洋垃圾监测和陆源污染控制方法等重点领域的研究支持力度，完善陆源海洋垃圾监测方法标准化，促进形成更为完善的海洋垃圾陆源监测标准体系，努力形成相关海洋垃圾监测和分析方法、工程清理等体系建设的自主可控态势，为我国海洋垃圾监测与陆源污染控制等提供自主可控的技术储备和决策支持咨询能力。

（三）统筹国内在海洋垃圾监测技术、工程治理、政策研究等方面的工作，分析研究现阶段我国参与全球和区域海洋垃圾治理的阶段性目标和需求，为我国参与全球、区域海洋垃圾交流与合作提供支持

加强国内海洋垃圾监测技术、工程治理、政策研究的协同配合，形成机构和研究团队间更大范围的协同增效态势。结合西北太平洋行动计划、东亚海协作体、中日韩环境部长会议等相关区域环境机制，除继续保持海洋垃圾公众宣传、教育及净滩活动和青年群体交流等方面的已有合作形式外，进一步分析研究我国参与全球和区域海洋垃圾治理的阶段性目标和需求，加强我国在国际和区域海洋垃圾领域的参与力度。通过有效梳理，将国内海洋塑料垃圾治理良好经验进行分享和推广，讲好相应中国故事，构建和完善海洋垃圾治理案例的区域知识共享平台，为我国参与全球、区域层面海洋垃圾治理交流与合作提供更加坚实的支持。

# 参考文献

Chen Q L, Reisser J, Cunsolo S, 2017. Pollutants in plastics within the North Pacific Subtropical Gyre ［J］. Environmental Science and Technology, 52（2）: 446-456.

Gall S, Thompson R C, 2019. The impact of debris on marine life ［EB/OL］. The Oceans Cleanup. https: //theoceancleanup.com/oceans.

Kooi M, Reisser J, Slat B, The effect of particle properties on the depth profile of buoyant plastics in the ocean ［R］. Scientific Reports 92（1-2）: 170-179. http: //doi.org/10.1038/srep33882.

Lebreton L C M, Slat B, Ferrari F, 2018. Evidence that the Great Pacific Garbage Patch is rapidly accumulating plastic ［R］. Scientific Reports 8, no. 4666. https: //doi.org/10.1038/s41598-018-22939-w.

Lebreton L C M, Van der Zwet J, Damsteeg J, et al., 2017. River plastic emissions to the world's oceans ［J］. Nature Communications, 8（15611）. http: //doi.org/10.1038/ncomms15611.

Raynaud J, 2014. Valuing Plastics: The Business Case for Measuring, Managing and Disclosing Plastic Use in the Consumer Goods Industry ［R］. Trucost, UNEP.

Reisser J, Slat B, Noble K, 2015. The vertical distribution of buoyant plastics at sea: an observational study in the North Atlantic Gyre ［J］. Biogeosciences, 12: 1249-1256.

# 欧盟 REACH 法规对持久性有机污染物（POPs）类化学物质的管理及其对我国的启示

王昊杨　彭　政　任　永　杨　森

　　欧盟国家对持久性有机污染物（POPs）的管理一直领先于《关于持久性有机污染物的斯德哥尔摩公约》（以下简称《公约》），在《公约》增列的 18 种新 POPs 中，有 15 种由欧盟或其成员国提名 [①]。相较对《公约》起引领作用的欧盟国家，我国对 POPs 的管理一直被动地由《公约》义务推动。对于同一种潜在 POPs，欧盟国家从欧盟物质评估起就向生产和使用行业公开风险信息，逐步确定风险和影响，传递物质管控和淘汰的政策压力，并适时向《公约》提名该物质；而在我国，通常在物质被《公约》提名或增列为 POPs 后，行业才开始采取应对措施，研发、生产、应用 POPs 替代品的时间比欧盟国家晚 5～10 年。新物质评估体系不完善、行业信息不全、准备措施晚导致我国新 POPs 的增列谈判及增列之后的 POPs 管理一直处于被动地位。

　　欧盟《关于化学品注册、评估、授权与限的法规》［REACH，（EC）No.1907/2006］明确将 POPs 在内的，具有持久性、生物累积性、毒性的物质列为高度关注物质，推动潜在 POPs 在《公约》的增列。在《公约》增列后，随即将物质转为由欧盟 POPs 法规［（EU）No. 2019/1021］[②]进行管控，形成"REACH 法规—POPs 公约—POPs 法规"的管控体系。REACH 法规作为开放的化学物质筛选、评估、识别机制，是管控体系的支柱。

　　我国目前的化学品管理框架与欧盟 REACH 法规有很多相似之处。于 2020 年 4 月 29 日印发的《新化学物质环境管理登记办法》[③]明确了我国化学品登记、备案以及新化学物质的物理化学性质、毒性与环境风险评估的责任方和管理方式 [④]，与 REACH 法规中建立物质档案和评价体系的思路类似；于 2020 年 5 月发布的《优先

---

① 见附表 1。

② POPs 法规［（EC）No.850/2004］于 2014 年 4 月 29 日生效后，经历了多次实质性内容修订，于 2019 年 6 月 20 日进行了第一次重述（Recast），新的 POPs 法规编号为（EU）No.2019/1021。

③ 生态环境部令第 12 号，于 2021 年 1 月 1 日正式实施。

④ 我国对 HBCD 的管理措施见附表 4。

控制化学品名录（第二批）（征求意见稿）》也借鉴了欧盟对高度关注物质的评估方法和管理措施。综上，本文以新增列和潜在 POPs 为例，分析 REACH 法规对 POPs 的识别、评估、管理方式，并与我国化学品管理框架进行对比研究，提出 POPs 类化学物质管理的建议。

## 一、REACH 法规概述及管理方式

欧盟化学品管理的立法体系有 7 个重要支撑法规，分别为 REACH 法规，分类、标识和包装（CLP）法规［（EC）No. 1272/2008］，杀生物剂产品法规［BPR,（EU）528/2012］，事前通知同意（PIC）法规［（EU）649/2012］，化学剂指令（CAD, Directive 98/24/EC），致癌物质和诱变剂指令（CMD, Directive 2004/37/EC），废物框架指令（WFD, Directive 2008/98/EC）和 POPs 法规。其中，REACH 法规数据全、风险分析和管控能力强，与行业责任分工清晰、法律约束力强，是欧盟化学品法规中的核心，也广泛影响了全球化学品管理战略制定。欧盟的化学品法规互相交叉、形成规范管理体系，主要依赖根据 REACH 法规"无数据、无市场"的强制要求建立的化学品信息数据网络。REACH 法规也是唯一覆盖包括欧盟成员国在内的整个欧洲经济区（EEA）的市场规定。

REACH 法规是一套独立的法规，不仅适用于"新"物质，还适用于 REACH 法规生效前的"已存在"物质[①]。REACH 法规明确了新物质风险评估的责任方应为行业，而不是公共系统，逐渐形成公私分明的责任关系，降低了政府管理成本并有效加强了企业进行风险评估的主动性。

（一）REACH 法规的管理方式

### 1. 注册

REACH 法规下的注册程序建立了收集和分析化学物质性质和危害信息流程。REACH 法规严格要求，如果企业在 EEA 区域生产或对某种化学物质进行市场交易，这种化学物质必须在欧洲化学品管理局（ECHA）进行注册，否则产品不能进入市场。

注册时需要提供的信息包括物理化学性质、危害、使用时的风险管理手段和相

---

① 欧洲化学品管理分为三个阶段：1967 年欧共体出现之前，各国各自管理；1967 年至 REACH 法规生效前，化学品由数种法规和指令进行管理。已存在物质法规［ESR,（EEC）No.793/93］是其中一种可全面评估和控制已存在物质（1982 年前进入市场的物质）的法规。1994—2007 年，欧盟委员会经商各成员国，出台了 4 个优先物质（亟需关注的、对人体健康和环境有潜在影响的物质）清单，共列入了 141 种物质。

应作为科学证据支撑的实验数据。REACH 法规遵循"一种物质、一次注册"的原则，以便建立物质身份信息（SIP）。如果不同公司生产或进口同一种物质，他们必须联合提交注册申请，共享测试数据以避免重复和不必要的测试，所以企业间需要努力协商以获取已经注册物质的测试数据。只有用于产品或过程研发（PPORD）的化学物质具有 5 年的注册豁免期，但需要向 ECHA 报备。

### 2. 评估

REACH 法规下的评估分为两种类型：一是档案（dossier）评估，即 ECHA 检查注册的物质档案是否包含法规要求的物质身份、性质和安全分析信息，分类并逐条评估该化学物质应该遵守的规定。企业在截止日期前可以更新物质档案，档案评估结果将用于物质评估、统一分类和高度关注或限制物质标识、识别；二是物质（substance）评估，是由 ECHA 牵头，和欧盟成员国对社区滚动行动计划（CoRAP）中的物质进行人体健康和环境风险评估，其中包含两个步骤，即先确定优先评估物质，再判断物质风险、确定物质的关注程度。

CoRAP 是欧盟物质评估中优先性排序的机制。ECHA 和欧盟成员国将根据物质的危害信息［潜在 PBT 特性，内分泌干扰性，致癌、致畸、生殖毒性（CMR）特性］、用途的风险暴露信息和注册用量，决定进入 CoRAP 的优先评估物质。各成员国每年都可以起草 CoRAP，ECHA 于当年秋季公布 CoRAP 并于第二年春季确定物质名单、评估年、评估国、可能存在的风险等信息。CoRAP 包含未来三年、约 100 种物质的评估顺序，成员国负责在一年时间内评估一种或几种当年物质并起草决议。

值得注意的是，评估流程相对灵活独立，任何成员国都可以自愿公布没有注册或非 CoRAP 物质的评估意向。流程同样都是 ECHA 和负责物质评估的成员国（eMSCA）以互相配合和制约的方式开展风险评估。ECHA 和 eMSCA 共同起草或修改决议并发送给注册企业，并根据企业的回复对决议进行修改，这个过程可能持续若干轮。

物质评估的最重要作用是判断物质风险，确定是否为高度关注物质，高度关注物质的识别标准有：①符合 CLP 法规中的 CMR 标准；②符合 REACH 法规附件 XIII 中具有持久性、生物累积性、毒性（PBT）或高持久、高生物累积性（vPvB）的标准；③造成 CMR 或 PBT/vPvB 同等关注度。目前 REACH 法规高度关注名单中有 209 种物质。

最终，ECHA 和 eMSCA 将出具决议，决议内容包括：①物质的关注程度，即物质是否被列为高度关注物质；②提出进一步风险管理手段、统一分类和标识、职业暴露限度和法律手段。如果判定风险不能控制，权威机构可以禁止该物质，也可以决定是否限制该物质的用途或需要提前授权该用途。

### 3. 授权

授权程序将在物质被认定为高度关注物质后启动。授权的主要目的有两个：一是确保高度关注物质在生命周期内被合理管控，二是促进高度关注物质在技术和经济上可行的替代品的开发。一旦物质被 ECHA 决定列为高度关注物质，那么该物质会同时被列入授权候选名单，供货商有义务：①向消费者提供物质安全性数据；②向消费者传达物质的安全用途；③在 45 天内回复消费者的要求；④如果每年生产或进口的高度关注物质超过 1 t，或生产的物品里高度关注物质浓度超过 0.1%，则需要向 ECHA 报备。

ECHA 定期评估候选名单里的物质，决定其列入授权名单的优先性。具有 PBT/vPvB 特性、使用范围广、使用量大的物质将被优先考虑列入授权名单。决定物质进入授权名单的因素包括：①市场被禁止的时间（日落日期）；②最终申请日期[①]；③审查拟授权用途的审查周期；④免于授权用途。其中，免于授权用途需要 ECHA 和欧盟委员会共同决定。目前，授权名单里一共有 54 种化学物质，包含 7 种 POPs[②]。

如果有企业在规定时间内申请授权名单物质的生产和使用，ECHA 下的风险评估委员会（RAC）将评估申请用途的风险、风险管理措施是否合理有效；如果该用途有替代品，将同时评估替代品风险。社会经济影响评估委员会（SEAC）将评估通过授权的社会经济效益、该用途是否有替代品可以满足市场需求并预测相应时间。最终，欧盟委员会将出具决议，规定是否通过申请、授权有效期、定期更新替代品生产和使用信息，明确风险管理手段，如建立环境监测管理项目，并定期上报欧盟委员会。

### 4. 限制

除了 ECHA 可以针对高度关注物质提出限制手段以外，任何一个欧盟成员国或 ECHA，如果认为某种化学物质对健康和环境有不可接受的风险，都可以启动限制程序。限制程序通常用于限制或禁止生产、进口、市场流通或使用一种物质，或者设置使用该物质的技术规范或特别标识。目前，限制名单中有 70 种物质，包含 3 种 POPs 物质[③]。

在启动限制程序前，需要向公众公开意向后再开始准备提案材料，以起到提前

---

① 如果申请者想在日落日期后使用该物质，必须在最终申请日期前提交授权申请。

② 授权名单中的 7 种 POPs 分别为四溴联苯醚、五溴联苯醚、六溴联苯醚、七溴联苯醚、六氯环己烷（林丹）、六溴环十二烷和 PCDD/PCDF。

③ 限制名单中的 3 种 POPs 分别为全氟辛酸及其盐类和相关化合物、十溴联苯醚和五氯酚。

警示的作用。意向公开后的 12 个月之内必须准备好物质的档案信息，档案背景信息包括物质身份、识别风险、物质的替代品信息和成本及限制该用途的环境和人体健康效益。如果资料符合 REACH 法规的规定，ECHA 将进行为期 6 个月的公众咨询，任何利益方都可以在 ECHA 网站上进行评议。

意向公开的 9 个月内，RAC 将进行物质的环境和人体风险评估，SEAC 将进行物质的社会经济影响评估，从两方面为欧盟委员会提供建议。收到建议的 3 个月内，欧盟委员会将提交物质列入限制名单的修正案草案，内容为物质的限制条件（限制用途和时间）。最终，将由成员国和欧洲议会审议后决定是否通过修正案。一旦通过，该限制条例会具有法律效力，行业（包括生产商、进口商、分销商、下游使用企业和销售商）必须服从，欧盟成员国负责该修正案的执法工作。

（二）REACH 法规对六溴环十二烷（HBCD）管理的案例分析

HBCD 是一种 POPs，于 2013 年增列入《公约》附件 A。欧盟于 2016 年淘汰 HBCD 的生产，于 2018 年随着特定豁免用途到期，正式淘汰该物质的使用。根据 ECHA 数据统计，2006 年 HBCD 在整个欧洲的消耗量为 12 000 t，生产量、使用量和主要用途与我国情况类似[①]。

### 1. 从优先物质到 REACH 法规管理[②]

在 2007 年 REACH 法规生效前，HBCD 作为已存在物质，被多种法规和指令管理。1994—2007 年，HBCD 是已存在物质法规（ESR）下 141 种优先物质中的一种。REACH 法规生效后，有 8 家企业联合注册 HBCD 的生产和使用[③]。2008 年，瑞典牵头对 HBCD 进行了物质评估，并根据物质的环境和健康风险标准，判断 HBCD 为 PBT 物质。征求各成员国同意后，将 HBCD 认定为高度关注物质和授权候选物质，并在网站上公开相应的管控手段、安全用途、分类标识和职业暴露风险要求。2009 年，ECHA 提名将 HBCD 列入授权名单，规定了物质日落日期和最晚授权申请日期。最晚授权申请日期前，有 13 家企业联合申请授权使用 HBCD，RAC 和 SEAC 对申请进行了评估。最终，欧盟通过了该授权，同时采取了 SEAC 的意见，认为 HBCD 的替代品的生产将于 2017 年 8 月前满足行业需求，授权审核期（即授权有效期）应于该月结束；在此之前，如果高分子阻燃剂（替代品）生产可以满足需求，

---

① 根据中国塑料加工工业协会的统计，2015—2017 年，我国每年 HBCD 生产量约为 1.8 万 t，其中 EPS 的生产中使用 HBCD 的量为 9 400 t，XPS 的生产中使用 HBCD 的量为 6 000～8 000 t，13% 出口到其他国家。

② 详细信息和时间轴梳理请参考附表 2。

③ 根据 ECHA，有 4 家企业已标注停产。

授权期可以提前结束。此外，申请企业需要每 3 个月向欧盟委员会提供更新信息，信息包括替代品在市场上的可获得性和替代品在授权用途中的测试及产品鉴定进展；在此期间，申请企业还要建立空气、水、土壤中 HBCD 的监测系统，按时上交监测报告。

2. "REACH 法规 –POPs 公约 –POPs 法规"管控 [①]

在 HBCD 于 2008 年被欧盟认定为高度关注物质的同时，《公约》缔约方之一挪威利用风险评估报告和管控手段信息，向 POPs 审查委员会（POPRC）提议增列 HBCD 为 POPs，并列入《公约》附件 A。2013 年 5 月，HBCD 在第七次缔约方大会批准增列，特定豁免用途为发泡聚苯乙烯（EPS）和挤塑聚苯乙烯（XPS）（主要作为阻燃剂使用），HBCD 随即转为受欧盟 POPs 法规管理。POPs 法规规定，2016 年 3 月 22 日起，不允许生产 HBCD 浓度大于 100 mg/kg 的含 HBCD 产品（物质、混合物和物品）或流入市场，含 HBCD 阻燃材料库存可以在 2016 年 6 月 22 日前销售或用于建筑行业。HBCD 在欧盟唯一的特定豁免用途为 EPS，该用途于 2018 年 2 月 21 日到期 [②]，标志着 HBCD 在欧盟国家被淘汰。

## 二、REACH 法规对 POPs 物质管控的特点

结合最新列入《公约》附件 A 的 POPs［全氟辛酸（PFOA）及其盐类和相关化合物］、3 种正在提名 POPs 的物质［全氟己基磺酸（PFHxS）及其盐类和相关化合物、甲氧 DDT（methoxychlor）、得克隆（Dechlorane Plus）］、1 种欧盟最新提名限制名单的全氟化合物［全氟己酸（PFHxA，十一氟己酸）及其铵盐（APFHx）］[③] 的 REACH 法规管理要求，发现 REACH 法规设置了规范的"优评"标准，针对高风险物质进行多次评估，社会经济影响评估专业化、规范化，形成与企业沟通的固定机制，程序公开透明，值得借鉴。

（一）设置"优评"标准，提高筛选效率

欧盟有明确的优先物质评估标准，并且在 CoRAP 名单中会明确说明物质符合的标准。CoRAP 是滚动更新名单，每年更新一次并提供含当年在内共三年的物质评估计划。提名来源有每年 ECHA 的筛选成员国提名，优先评估物质标准设置与高度关

① 详细信息和时间轴梳理请参考附表 3。
② 该授权审核有效期到期后 6 个月，特定豁免用途终止。即 2017 年 8 月 21 日为最终授权审核日，2018 年 2 月 21 日为特定豁免到期日。
③ 具体请参考附表 5。

注物质类似，也是《公约》评估提名 POPs 的关键标准。

但是，这 6 种物质都不是通过 CoRAP 作为优先评估物质而触发物质评估程序的。实际还是通过其他法规或学术界、公益群体对某种有毒物质的关注而触发 POPs 类优评物质评估。目前，欧盟对潜在 POPs 进行评估时，一是以已存在物质法规下的优先物质清单作为基础，如 HBCD。二是其他法规对物质的提名触发 REACH 法规评估，如 PFOA 首先因其生殖毒性引起国际社会广泛关注，欧盟国家通过 CLP 法规提名标识 PFOA 的生殖毒性，进而引发 ECHA 对物质进行 PBT 评估，认定该物质还具有 vP/B/T 的特性，应视为高度关注物质。同样，杀生物剂产品法规于 2002 年禁止了甲氧 DDT 的生产和使用；2014 年，ECHA 提议进行该物质的 PBT 特性测试并于 2019 年向《公约》提名该物质。三是成员国对化学物质的关注和管理，如 2014 年英国公布评估得克隆的意向，2017 年德国公布评估 PFHxA 的意向，得克隆和 PFHxA 都不是 CoRAP 里计划评估的物质。

（二）三阶段进行物质风险评估，推动《公约》物质增列

REACH 法规下的风险评估分为三个阶段，以环境与人体健康风险分析为主。在第一阶段，由企业自行提交物质风险评估信息；在第二阶段，由 ECHA 或各成员国进行物质评估，确定物质具有 PBT/CMR 特性后触发高度关注物质评估，该评估由欧盟委员会负责审核并出具决议；在第三阶段，企业申请授权或物质被成员国提名限制名单后，ECHA 下属委员会再次进行物质的风险评估，此次风险评估将综合考虑替代品和物质的供应链分配及使用情况，决定该物质是否可以被授权或限制生产使用。

ECHA 下的 PBT/vPvB 风险评估标准与《公约》采取的标准一致，欧盟国家在确定 PBT/vPvB 物质或该物质被视为高度关注物质后，向《公约》POPRC 提名该物质，同时进行授权或限制的评估。这样可以推动其他缔约方国家对物质的筛查和限制，避免欧盟化学品企业因物质管控导致的市场收缩，开拓替代品的全球市场。

（三）社会经济影响评估辅助，决定限制用途和时间节点

社会经济影响评估在企业申请授权或物质被提名限制名单后启动，即采取管理手段时才会有相应经济、社会影响，而 REACH 法规评估阶段不涉及社会经济影响评估。社会经济影响评估由 ECHA 下的社会经济委员会负责，其将基于物质排放量、人体健康影响、污染修复、供应链影响、物质替代、行业意愿等因素进行经济成本核算，并综合考虑相应措施造成的就业或征地的社会冲突。

欧盟充分利用了社会经济影响评估的作用，通过环境效益、社会效益、经济效

益的综合权衡和评估,决定物质用途管控的最佳条件。风险评估的信息将被用于社会经济影响评估,ECHA 和欧盟委员会采用这两种评估,决定物质的关键时间节点:日落日期、授权日期、特定豁免结束日期或各用途的限制日期。

（四）与生产、使用行业紧密联系,确保行业有所准备

ECHA 或任何成员国对物质采取 REACH 法规程序都需要行业配合。根据 REACH 法规要求针对物质进行档案评估和物质评估时都需要行业不断提供信息;除此之外,对物质进行优先评估、PBT/CMR 测试,以及将物质提名高度关注物质、提名授权或限制名单,在行动前都需要在 ECHA 网站上将意向公开并跟踪反馈。虽然最终决议由欧盟委员会出具,但是在出具最终决议之前,评估方都要将决议返回注册企业征求意见。

另外,欧盟委员会采取相对强硬的手段促进替代品的生产和使用。如果企业申请了授权物质使用,该企业同样有责任按季度向 ECHA 汇报该物质的替代品的使用和市场情况,ECHA 也将据此跟踪评估授权决议,尽可能降低授权物质对环境和人体健康的危害。

（五）信息公开透明,改变公众化学品需求理念

一旦物质被 ECHA 决定为高度关注物质,会通过网站、新闻等方式向大众公开该物质的风险和风险管理手段、统一分类和标识、职业暴露限度和法律手段。物质的供货商有义务立即向消费者公开物质安全性数据、安全用途,在 45 天内回复消费者的要求。REACH 法规程序透明度相对较高,通过加强信息宣传,引导公众对环境、人体安全性的要求和监督,削减消费者对高度关注物质的需求,加快完善替代品供应链,促进绿色化学品市场的形成。

## 三、我国化学品登记、评估、管控手段政策差距分析

通过对比《新化学物质环境管理登记办法》、《中国现有化学物质名录》（以下简称《现有名录》)、《优先控制化学品名录》、《中国严格限制的有毒化学品名录》和关于《公约》生效、《公约》修正案生效的公告对应的欧盟法规,根据管理上的相似点和不同点进行差距分析（详细对比见附表 6）。

（一）缺乏物质环境风险优先评估标准

POPs 的主要特点为 PBT/CMR 特性,《化学物质环境风险评估技术方法框架性

指南（试行）》已经提供了评估步骤。目前，我国《现有名录》中收录了约 5 万种现有物质，数目非常大，但是缺少优先评估物质，尤其是优先进行 PBT/CMR 特性测试的标准，无法建立优评物质清单。

（二）企业风险评估和管理责任意识尚未建立

我国目前没有出台正式文件对化学物质风险评估和管理的责任进行明确划分。企业登记化学物质时需要提供初步的风险筛查结果，但应该采取的筛查标准、材料审核费用、运行过程中采取的风险控制手段由谁规定、由谁承担尚不明确。相比，REACH 法规明确规定，欧盟企业启动任何 REACH 法规程序（包括注册、评估、申请授权物质生产使用）时都需要提供相应风险识别信息、管理手段、替代品 / 替代技术信息，启动程序的费用相应也由成员国或企业承担。

（三）社会经济影响评估政策参考作用不强

当国际社会提出对 POPs 的限制时间和手段后，我国才开展社会经济影响评估，这样的评估只能用于估算替代成本，而不能用于衡量物质用途、用量带来的影响，也不能将时间进程作为考虑因素。换言之，开展社会经济评估的时候，淘汰POPs 的条件已非假设，而是事实，再加上对应用行业情况掌握不全，因而评估无法为公共部门提供多样化的政策参考和最合适、总体影响最小的物质淘汰管理政策选择。

（四）生产和使用行业没有及时参与政策制定

目前我国在 POPs 或潜在 POPs 被评估的时候未公开评估信息、征求意见，导致国内生产和使用企业没有充足时间接触、消化政策可能引起的变化，意识和反应通常慢于外企或中外合资企业；此外，这也会导致行业内最新替代品、替代技术的更新信息反馈不及时，信息不对称可能会造成政策延误。

（五）POPs 淘汰没有阶段性政策

目前我国制定的关于 POPs 的管理办法的基本模式是限定物质的某种用途在特定日期前被淘汰，如对 HBCD，自 2016 年公告发布后，相关部门和行业有 5 年特定豁免期进行淘汰工作。但是政策没有提供阶段性目标，比如建立 5 年内分步淘汰HBCD 的指标、鼓励替代品使用和废物无害化管理的技术指南和策略，造成行业意愿性不强、拖延物质淘汰进程。

## 四、政策建议

### （一）参考《公约》评估标准，建立"优评""优控"物质体系

参考《公约》对化学物质的 PBT/CMR 评估方法，建立物质"优评""优控"标准。此外，为了提高筛选效率，建议：①利用已有的《优先控制化学品名录》《中国严格限制的有毒化学品名录》等管理政策，对名录物质进行筛选；②关注已有其他法规对物质的管理，如我国禁用和限用农药名单，加强与相关部门的沟通合作；③加强舆情监测体系建设，重视学术界、公益群体对某种有毒物质的关注，开放利益相关方对"优评""优控"物质的提名。

### （二）加强与欧盟国家在高度关注物质管理上的合作

目前，我国与欧盟国家的合作依靠国际赠款或双边合作机制，大部分资源都放在帮助我国淘汰管理 POPs 和含 POPs 废物。应当加强与欧盟国家在高度关注物质管理问题上的合作，借鉴欧盟国家物质评估的技术和管理经验，让 POPs 管控问题从"打补丁"过渡到早发现、早管理。

### （三）重视社会经济影响评估的专业作用

建立专业化社会经济影响评估专家团队。对于优先控制的 POPs 或潜在 POPs，根据物质的环境和人体健康影响，对管控措施进行社会经济影响评估；根据优控物质的用途、用量、替代品情况确定时间节点，分步建立限制性条款，设置阶段性淘汰目标，帮助行业建立政策缓冲，尽量降低社会经济影响。

### （四）对行业生产和使用替代品采取硬监督措施

目前我国鼓励对 POPs 或潜在 POPs 的替代品的生产和使用，通过行业调研获得行业替代品（替代技术）的信息。应建立物质替代品生产和使用的固定信息获取、交换机制，加强行业沟通宣传，督促行业对替代品的研发和试用，对物质的淘汰情况进行周期性评估。

### （五）加强信息公开，鼓励公众参与

注重对物质评估、控制政策制定程序的透明度建设，通过网站、微信公众号等形式加强信息宣传，鼓励行业、公众进行意见反馈和咨询，引导公众对环境、人体安全性的要求和监督，让消费者对高环境风险、高健康风险物质有警惕意识，加快完善替代品供应链，促进绿色化学品市场的形成。

附表 1  18 种新 POPs 提案国家及增列信息统计

| 序号 | 中文名称 | 《公约》附件 | 决议 | 提案提交方 | 提案提交时间 | 通过风险管理评估时间 | 提案通过并纳入《公约》时间 | 通过风险管理评估会议 | 通过增列提案的缔约方大会 |
|---|---|---|---|---|---|---|---|---|---|
| 1 | α-六氯环己烷 | A | SC-4/10 | 墨西哥 | 2006 年 7 月 | 2008 年 10 月 | 2009 年 5 月 | POPRC4 | COP4 |
| 2 | 六氯环己烷 | A | SC-4/11 | 墨西哥 | 2006 年 7 月 | 2007 年 11 月 | 2009 年 5 月 | POPRC3 | COP4 |
| 3 | 十氯酮 | A | SC-4/12 | 欧洲联盟及其作为《公约》缔约方的成员国 | 2005 年 | 2007 年 11 月 | 2009 年 5 月 | POPRC3 | COP4 |
| 4 | 六溴联苯 | A | SC-4/13 | 欧洲联盟及其作为《公约》缔约方的成员国 | 2005 年 | 2007 年 11 月 | 2009 年 5 月 | POPRC3 | COP4 |
| 5 | 六溴联苯醚和七溴联苯醚（商用八溴联苯醚） | A | SC-4/14 | 欧洲联盟及成员国 | 2006 年 7 月 | 2008 年 10 月 | 2009 年 5 月 | POPRC4 | COP4 |
| 6 | 林丹 | A | SC-4/15 | 墨西哥 | 2005 年 6 月 | 2007 年 11 月 | 2009 年 5 月 | POPRC3 | COP4 |
| 7 | 五氯苯 | A, C | SC-4/16 | 欧洲联盟及其作为《公约》缔约方的成员国 | — | 2008 年 10 月 | 2009 年 5 月 | POPRC4 | COP4 |
| 8 | 全氟辛烷磺酰氟、全氟辛烷磺酸及其盐类 | B | SC-4/17 | 瑞典 | 2005 年 7 月 | 2008 年 10 月 | 2009 年 5 月 | POPRC4 | COP4 |
| 9 | 四溴二苯醚和五溴二苯醚（商业五溴二苯醚） | A | SC-4/18 | 挪威 | 2005 年 1 月 | 2007 年 11 月 | 2009 年 5 月 | POPRC3 | COP4 |

续表

| 序号 | 中文名称 | 《公约》附件 | 决议 | 提案提交方 | 提案提交时间 | 通过风险管理评估时间 | 提案通过并纳入《公约》时间 | 通过风险管理评估会议 | 通过增列提案的缔约方大会 |
|---|---|---|---|---|---|---|---|---|---|
| 10 | 工业硫丹及其相关异构体 | A | SC-5/3 | 欧洲联盟及其作为《公约》缔约方的成员国 | 2007 年 7 月 | 2010 年 10 月 | 2011 年 5 月 | POPRC6 | COP5 |
| 11 | 六溴环十二烷 | A | SC-6/13 | 挪威 | 2008 年 6 月 | 2012 年 10 月 | 2013 年 5 月 | POPRC8 | COP6 |
| 12 | 多氯萘 | A、C | SC-7/14 | 欧盟及其成员国 | 2011 年 5 月 | 2013 年 10 月 | 2015 年 4 月 | POPRC9 | COP7 |
| 13 | 十溴二苯醚（商业混合物，商用十溴二苯醚） | A | SC-8/10 | 挪威 | 2013 年 5 月 | 2014 年 10 月 | 2017 年 4 月 | POPRC10 | COP8 |
| 14 | 三氯杀螨醇 | A | SC-9/11 | 欧盟及其成员国 | 2013 年 5 月 | 2016 年 9 月 | 2017 年 4 月 | POPRC12 | COP8 |
| 15 | 六氯丁二烯 | A、C | SC-7/12，SC-8/12 | 欧盟委员会及其成员国 | 2011 年 5 月 | 2013 年 10 月 | 2017 年 4 月 | POPRC9 | COP8 |
| 16 | 五氯苯酚及其盐和酯 | A | SC-7/13 | 欧盟委员会及其成员国 | 2011 年 5 月 | 2013 年 10 月 | 2015 年 4 月 | POPRC9 | COP8 |
| 17 | 短链氯化石蜡 | A | SC-8/11 | 欧盟及其成员国 | 2006 年 | 2016 年 9 月 | 2017 年 4 月 | POPRC12 | COP8 |
| 18 | 全氟辛酸及其盐类和相关化合物 | A | SC-9/12 | 欧盟及其成员国 | 2015 年 6 月 | 2016 年 9 月 | 2019 年 4 月 | POPRC12 | COP9 |

**附表 2 HBCD 的 REACH 法规历程**

| REACH 法规程序 | | 主要历程 | 主要结论内容 |
|---|---|---|---|
| REACH 法规生效前 | | 在 2007 年 REACH 法规生效前，HBCD 作为已存在物质，被多种法规和指令管理。根据已存在物质法规（ESR），1994—2007 年，HBCD 被列入两个优先物质清单，是 141 种优先物质中的一种。优先物质的风险控制措施已并入 REACH 法规的管理规定 | |
| 注册 | 2010—2013 年 | 巴斯夫（BASF）等 8 家企业注册 HBCD 的生产和销售 | HBCD 在 REACH 法规生效后的注册生产、销售 |
| | 2016—2019 年 | 4 家企业宣布停产，其中 2019 年停产企业位于爱尔兰都柏林 | — |
| 评估 | 优先评估 | 2007 年 10 月 | 欧盟委员会通过 HBCD 的环境和健康风险评估报告 | 此风险评估经历了 REACH 法规生效前后的过渡期；生效后，由 ECHA 下的 REACH 法规 PBT 专家组通过了风险评估报告，认为通过 HBCD 的 PvBT（持久性、高生物累积性、毒性）特性，可以将其认定为 PBT 物质 |
| | | 2008 年 3 月 | REACH 法规生效前的专家组（瑞典化学品署）提交 HBCD 的 PBT/vPvB 鉴定 | |
| | | 2008 年 5 月 | 最终风险评估总结报告通过审核 | |
| | 高度关注物质评估 | 2008 年 5 月 8 日 | 意向日期，即瑞典（提交国）申请进行档案评估的日期 | 成员国协议（MSC Agreement）表明，HBCD 及其主要非对映异构体因其 PvBT 特性，被认为是高度关注物质 |
| | | 2008 年 6 月 30 日 | 开始对高度关注物质档案进行一致性评估，同时进行公众咨询 | |
| | | 2008 年 8 月 14 日 | 公众咨询结束 | |
| | | 2008 年 10 月 8 日 | 成员国签署协议，同意将 HBCD 列为高度关注物质 | — |
| | | 2008 年 10 月 28 日 | 列入授权候选名单 | |

续表

| REACH 法规程序 | | 主要历程 | 主要结论内容 |
|---|---|---|---|
| 增列授权名单过程 | 2009 年 1 月 | 2009 年第一轮授权推荐中，HBCD 被 ECHA 推荐进入授权名单 | 各成员国同意 HBCD 进入 REACH 法规附件 XIV，序号为 03，日落日期为 2015 年 8 月 21 日，最晚申请日期（即最晚授权申请日期）为 2014 年 2 月 21 日 |
| | 2009 年 6 月 | 列入授权名单 | |
| 授权与限制 | 2014 年 2 月 13 日 | 13 家公司联合申请授权 HBCD 用于两种 EPS 用途：①用于生产建筑使用的 EPS 阻燃珠粒，作为阻燃助剂；②用于生产建筑内使用的阻燃 EPS 物品 | 社会经济影响评估委员会认为，替代品的生产将于 2017 年 8 月前满足行业需求，因此授权审核期于 2017 年 8 月 21 日结束；在此之前，如果高分子阻燃剂（替代品）生产可以满足需求，授权期可以提前结束。为了保证替代品的生产尽快满足市场需要，申请企业需要每 3 个月向欧盟委员会提供更新信息，信息包括替代品在市场上的可获得性和替代用途中的测试及验证进展。申请企业需要建立监测项目以确认 HBCD 排放和泄漏到空气、水、土壤中的量。第一次报告日期为 2016 年 12 月 31 日，第二次报告日期为 2017 年 8 月 21 日（授权审核到期日），两次报告均需提交至企业所在成员国的权威机构 |
| 授权申请和补批 | 2015 年 1 月 8 日—9 日 | 1 月 8 日，ECHA 下的风险评估委员会、社会经济影响评估委员会确认接收申请；1 月 9 日，欧盟委员会确认接收申请 | |
| | 2016 年 8 月 1 日 | 欧盟委员会通过授权决议 | |
| | 2018 年 2 月 21 日 | HBCD 特定豁免用途到期期 | 欧盟全面禁止 HBCD 的生产和使用 |

附表 3　HBCD 在《公约》中的增列历程

| 《公约》机制 | 时间 | 主要历程 | 主要结论内容 |
|---|---|---|---|
| 缔约方提名 | 2008 年 6 月 18 日 | 《公约》缔约方之一挪威提议将 HBCD 认为是潜在的 POPs，并列入《公约》附件 A 中 | |
| POPs 审查委员会（POPRC） | 2009 年 10 月 | POPRC5 审核了挪威的提案 | 认为 HBCD 符合《公约》附件 D 的筛选条件 |
| | 2010 年 10 月 | POPRC6 中，决定建立 HBCD 风险档案 | 按照《公约》附件 F 的要求，建立临时专家组，以继续评估 HBCD 的风险和管控手段，并邀请各成员国和观察员在 2011 年 1 月 8 日前提交附件 F 中要求的信息 |
| | 2011 年 10 月 | POPRC7 接受了风险管理评估 | 决定推荐列入《公约》附件 A、附件 B 或附件 C 中，并邀请临时专家组继续评估 HBCD 在 EPS 和 XPS 泡沫中的替代品的成本、效果、风险等，并收集 HBCD 的生产和使用量，特别是在 EPX 和 XPS 泡沫中的使用量 |
| | 2012 年 10 月 | POPRC8 接受了专家组的 HBCD 风险评估报告和替代品评估报告，并修改了 POPRC7 的决议 | 决定推荐将 HBCD 列入《公约》附件 A，并设置特定豁免用途为作为阻燃剂在建筑 EPS 和 XPS 中使用。 |
| 缔约方大会（COP） | 2013 年 5 月 | COP6 接受了 POPRC 的建议，将 HBCD 列入《公约》附件 A 中，要求缔约方在豁免期内逐步停止 HBCD 的生产和使用。同时，修正案对 HBCD 在建筑中 EPS 和 XPS 的应用予以特定豁免 | |

附表 4　HBCD 在我国的限制和风险管理措施

| 时间 | HBCD 在我国的限制和风险管理措施 | |
|---|---|---|
| 2014 年 | HBCD 被列入环境保护部发布的《重点环境管理危险化学品目录》，该目录已于 2016 年 7 月 13 日废止 | |
| 2015 年 | 《危险化学品目录》和《"高污染、高环境风险"产品名录》 | HBCD 生产、储存、使用、运输和经营的所有过程均应当按照《危险化学品安全管理条例》等有关管理规定和制度的要求，接受安全监督管理和环境管理控制。这两个名录分别于 2017 年更新，其中关于 HBCD 的管控措施保持不变 |
| 2016 年 12 月 | 《〈关于持久性有机污染物的斯德哥尔摩公约〉新增列六溴环十二烷修正案》 | 环境保护部、外交部、国家发展改革委等 11 个部委联合发布了关于《〈关于持久性有机污染物的斯德哥尔摩公约〉新增列六溴环十二烷修正案》生效的公告。自 2016 年 12 月 26 日起，HBCD 的生产、使用、进出口均被禁止，但建筑物中的 EPS、XPS 等特定豁免用途除外 |
| 2017 年 12 月 | 《优先控制化学品名录（第一批）》 | 自 2017 年 12 月 28 日起，纳入排污许可制度管理，限制使用、鼓励替代，实施清洁生产审核及信息公开制度 |
| 2017 年、2019 年 | 《中国严格限制的有毒化学品名录》 | 针对《斯德哥尔摩公约》和《鹿特丹公约》的相关限制，HBCD 于 2019 年 12 月，被列入生态环境部、商务部、海关总署共同发布的《中国严格限制的有毒化学品名录》（2020 年）。在此之前，HBCD 已被列入于 2017 年发布的《中国严格限制的有毒化学品名录》，该名录中的 HBCD 限制条款与 2020 年版相同 |

附表5　5种POPs和潜在POPs的REACH法规评估和《公约》增列历程

| POPs/潜在POPs | 注册 | 评估 时间 | 评估 历程 | 授权 | 限制 时间 | 限制 主要内容 | 列入《公约》POPRC | 列入《公约》COP决议 |
|---|---|---|---|---|---|---|---|---|
| 全氟辛酸（PFOA）及其盐类和相关化合物 | REACH法规下未注册，但为已存在物质。PFOA为CLP流程提名 | 2013年6月 | 在PFOA于2011年12月通过CHL并被确定有生殖毒性后，ECHA对物质进行了PBT评估，因该物质具有vPBT的特性、被认定为PBT物质（高度关注物质），并于同月进入授权候选其名单 | 尚未进入授权名单 | 2014年2月 | 德国和挪威表示意向，于同年10月提交提案 | 2015年6月，欧盟及成员国建议将PFOA列入《公约》附件A | 2019年5月，列入《公约》附件A |
|  |  |  |  |  | 2015年 | ECHA出具风险评估报告和社会经济影响报告 |  |  |
|  |  |  |  |  | 2017年6月 | 欧盟将其列入限制名单，并要求2020年7月4日起禁止PFOA的生产和市场流通，并逐步淘汰其市场流通和使用 |  |  |
| 全氟己基磺酸（PFHxS）及其盐类和相关化合物 | 目前在REACH法规下尚未注册 | 2015年4月 | 瑞典公开PBT特性测试意向 | 尚未进入授权名单 | 2018年4月 | 挪威提出限制生产和市场流通的意向 | 2018年10月，挪威提议将PFHxS列入《公约》附件A | 正在审议 |
|  |  | 2016年12月 | 评估国（瑞典）完成PBT特性测试，该物质因其vPvB特性，被认定为vPvB物质 |  | 2019年4月 | 征集替代品等相关信息 |  |  |
|  |  | 2017年7月 | 经公开咨询后进入高度关注物质名单 |  | 2020年6—9月 | ECHA针对RAC和SEAS的评估报告进行公众咨询 |  |  |

续表

| POPs/潜在POPs | 注册 | 评估 时间 | 评估 历程 | 授权 | 限制 时间 | 限制 主要内容 | 列入《公约》POPRC | 列入《公约》COP决议 |
|---|---|---|---|---|---|---|---|---|
| 甲氧DDT（methoxychlor） | 已根据杀生物剂产品法规禁用，不符合REACH法规下的注册条件，不允许注册 | 2014年12月 | ECHA公开PBT特性测试意向 | 欧盟已于2002年禁用该物质，该物质未进入授权和限制名单 | | | 2019年2月，欧盟提议将甲氧DDT和得克隆列入《公约》附件A。 | 正在审议 |
| | | 2017年5月 | 该物质因其PvBT特性，被认定为PBT物质 | | | | | |
| 得克隆（Dechlorane Plus） | 有两家企业分别于2013年和2017年注册生产，有一家企业已于2017年停产 | 2014年4月 | 英国公开PBT特性测试意向 | 尚未进入授权名单 | 2019年5月 | 挪威提议将该物质列入《公约》。按照REACH法规要求，挪威需要在2021年12月前向ECHA提交限制档案 | 2019年10月，POPRC 15认为甲氧DDT和得克隆符合POPs的筛选条件。2020年2月，ECHA在其网站公开对POPRC风险信息的公众咨询并于同年4月结束 | |
| | | 2017年11月 | 因为其vPvB特性，被认定为vPvB物质，并经公开征求意见后进入高度关注物质名单 | | 2020年4—6月 | 挪威提议限制该物质的生产和使用，ECHA网站公开了征集物质替代可能性、潜在替代品社会经济影响信息 | | |
| | | 2018年1月 | 进入授权候选名单 | | | | | |
| | | 2020年4—12月 | 新一轮征集集物质档案信息（主要为致癌性、生殖毒性等信息） | | | | | |
| 全氟己酸（PFHxA，十一氟己酸）及其铵盐（APFHx）氟化合物（PFAS） | 目前在REACH法规下尚未注册，欧盟认为没有生产行业直接排放PFHxA。欧盟已于2019年6月决定制订淘汰全氟化合物（PFAS）的行动计划，以淘汰PFAS所有非必要用途的生产和使用 | 2017年11月 | 评估国（德国）认为该物质累积性和毒性不符合PBT/vPvB物质标准，但是该物质造成了与PBT物质相同程度的关注，建议提名为高度关注物质 | 尚未进入授权名单 | 2020年3—9月 | 德国提出限制意向，即禁止该物质的生产和市场流通，正在进行为期6个月的公众咨询 | 尚未启动《公约》提名程序 | |
| | | 2018年11月 | 认定为高度关注物质 | | | | | |

附表 6　我国化学品登记、评估、管控政策与欧盟 REACH 法规的对比

| 类别 | 我国化学物质管理政策 | 对应欧盟法规 | 相似点 | 区别 中国 | 区别 欧盟 |
|---|---|---|---|---|---|
| 新化学物质 | 《新化学物质环境管理登记办法》（生态环境部令 12 号） | REACH 法规注册 | 注册按照产量（进口量）进行分级 | 新化学物质登记按照产量、进口量和浓度不同，分为 3 种注册方式：①常规登记（10 t 以上）；②简易登记（1～10 t）；③备案（小于 1 t 或含量不超过 2% 的聚合物或属于低聚合物） | 对所有在 EEA 生产或进口至 EEA 的化学物质，如果数量超过 1 t，必须要提供安全信息并在 ECHA 注册。注册者需要提供物质暴露评估报告。根据其暴露风险不同，分为每年 1～10 t 和每年 10 t 以下，采取不同的风险管控手段。只有用于产品或过程研发的化学物质有 5 年的注册豁免期 |
|  |  | REACH 法规注册 | 需要注册的化学物质范围很广 | 明确不包括医药、农药、化妆品、食品、食品添加剂、饲料、饲料添加剂、肥料等特殊用途的非工业用途化学物质 | REACH 法规定注册范围很广，包括其他法规已经严格规定的放射性物质、药品、食品或饲料、杀虫剂和农药，但是以上均豁免分离于 REACH 法规注册或注册要求。其他有特别规定的，如食品包装和化妆品，同样需要注册，但是 REACH 法规降低了风险评估的要求 |
|  |  | REACH 法规注册 | 鼓励申请人共享新化学物质登记，并保护商业秘密 | 以鼓励手段为主，不强制 | REACH 法规强制要求申请人共享登记信息，申请时申请人要进行数据检索（pre-registry/inquiry），避免重复工作，保证一种物质对应一条注册 |
|  |  | REACH 法规注册 | 与之前的政策有所融合 | 新化学物质定义为未被列入《中国现有化学物质名录》的化学物质，但如果实施了新用途管理的化学物质被纳入其他用途，需要按照《新化学物质环境管理登记办法》管理 | 已存在物质法规下的 141 种物质被列为优先物质，其风险评估并报告经 REACH 法规专家组审议并沿用，欧盟推荐管控手段（EC Recommendation in Official Journal）也被沿用，目前该法规法规已由 REACH 法规取代 |

续表

| 类别 | 我国化学物质管理政策 | 对应欧盟法规 | 相似点 | 区别 | |
|---|---|---|---|---|---|
| | | | | 中国 | 欧盟 |
| 新化学物质 | 《新化学物质环境管理登记办法》（生态环境部令 12 号） | REACH 法规评估 | 均有设有专家委员会，由专家委员会对环境风险、人体健康风险进行评估，并考虑社会经济影响 | | REACH 法规下的风险评估分为 3 个阶段，环境与健康和社会经济影响评估由各专家组评估。第一阶段：企业自行提交物质风险评估信息；第二阶段：需要进行优先评估，高度关注物质评估（以环境和人体健康为主）；第三阶段：企业申请授权，将物质列入限制候选名单后，ECHA 下属委员会将进行物质的风险评估和社会经济影响评估 |
| | | REAC 法规授权 | 鼓励高风险物质的替代品和替代技术广，以鼓励手段为主 | 鼓励环境友好型化学物质的研发和推广 | REACH 法规对替代品生产和使用有相对强制性。如果化学物质被列入授权名单，企业申请物质豁免用途，ECHA 会对替代品的生产和使用情况进行评估并设置授权时限，并要求豁免企业定期上报替代品使用情况 |
| | | REACH 法规限制 | 对前后风险评估变化导致政策限制的物质，将采取限制条件 | 与法律、法规、标准相抵触或不符合《公约》条件的物质将被撤销登记证 | 每年生产或进口的高度关注物质超过 1 t，或生产的物品里高度关注物质浓度超过 0.1%，则需要向 ECHA 报备 |
| | | 法律效力 | 对违规行为进行处罚 | 最多不超过 3 万元人民币 | 最多可达到 2 200 万欧元 |

续表

| 类别 | 我国化学物质管理政策 | 对应欧盟法规 | 相似点 | 区别 | |
|---|---|---|---|---|---|
| | | | | 中国 | 欧盟 |
| 新化学物质 | 《中国现有化学物质名录》 | 已存在物质法规 [ESR，(EEC) No. 793/93，已于2006年12月REACH法规生效前宣布废止]；REACH法规注册 | "新""旧"物质按照"有所区分 | 目前，《中国现有化学物质名录》包括2003年10月15日前已在中国生产、销售、加工或进口的化学物质，或之后进入市场的物质。目前REACH法规中无"新"已列入的物质；取得常规登记满5年的物质将被列入现有名录，简易登记和备案的化学物质不列入 | 欧盟法规下"已存在物质"被定义为1982年前"新"物质实质性管理区分方面有不同要求 |
| | 《优先控制化学品名录》 | REACH法规授权和限制 | 对《公约》管控物质有严格的限制要求 | 根据《公约》要求提出相应的生产、使用、进出口限制 | REACH法规在物质被列为POPs之前就对物质提出了相应的管控手段，即物质被列入授权名单并被提出日落日期后，生产和使用的限制也同时出台。物质被列为POPs后，即转由POPs法规进行管理 |
| | 《中国严格限制的有毒化学品名录》 | POPs法规和CIP法规 | 满足《鹿特丹公约》要求 | 生态环境部、商务部、海关总署按照我国通过的《公约》《汞公约》《鹿特丹公约》的要求进行进出口限制 | 列入《鹿特丹公约》的物质将转由PIC法规进行管理 |
| 履约工作 | 关于公约生效、公约修正案生效的公告① | POPs法规和CIP法规 | 根据公约修正案对管制POPs物质进行管理和限制 | 依托履约协调机制，联合各部委发布公告 | 如果该物质被《公约》列为POPs，该物质在《公约》下的管制会直接转为POPs法规，由此对废物管理提出具体要求，并遵循CIP法规对进出口进行管理 |

---

① 分别为：《关于禁止生产、流通、使用和进出口林丹等持久性有机污染物的公告》，《关于持久性有机污染物的斯德哥尔摩公约》、《关于汞的水俣公约》、《关于〈关于持久性有机污染物的斯德哥尔摩公约〉生效公告》，新增列九种持久性有机污染物的斯德哥尔摩公约 附件A、附件B和附件C修正案》，《关于六溴环十二烷等修正案》生效的公告、《关于〈关于持久性有机污染物的斯德哥尔摩公约 附件A修正案〉生效的公告》，和新增列硫丹的《关于持久性有机污染物的斯德哥尔摩公约 附件A修正案》和新增列硫丹对的《关于禁止生产、流通、使用和进出口滴滴涕、氯丹、灭蚁灵及六氯苯的公告》等。

# 参考文献

环境保护部.《关于汞的水俣公约》生效公告［EB/OL］.（2017-08-15）［2017-08-15］. http：// www.mee.gov.cn/gkml/hbb/bgg/201708/t20170816_419736.htm. 2017 年 8 月 15 日.

环境保护部.关于《〈关于持久性有机污染物的斯德哥尔摩公约〉新增列六溴环十二烷修正案》生效的公告［EB/OL］.（2016-12-27）［2016-12-27］. http：//www.mee.gov.cn/gkml/hbb/bgg/201612/ t20161228_378327.htm 2016 年 12 月 27 日.

环境保护部，外交部.关于《关于持久性有机污染物的斯德哥尔摩公约》新增列九种持久性有机污染物的《关于附件 A、附件 B 和附件 C 修正案》和新增列硫丹的《关于附件 A 修正案》生效的公告［EB/OL］.（2014-03-24）［2014-03-24］. http：//www.mee.gov.cn/gkml/hbb/bgg/201404/ t20140401_270007.htm. 2014 年 3 月 24 日.

环境保护部.关于禁止生产、流通、使用和进出口滴滴涕、氯丹、灭蚁灵和六氯苯的公告［EB/OL］. （2019-04-16）［2019-04-16］. http：//www.mee.gov.cn/gkml/hbb/bgg/200910/t20091022_174552. htm. 2019 年 4 月 16 日.

生态环境部.关于禁止生产、流通、使用和进出口林丹等持久性有机污染物的公告［EB/OL］. （2019-03-11）［2019-03-11］. http：//www.mee.gov.cn/xxgk2018/xxgk/xxgk01/201903/ t20190312_695462.html. 2019 年 3 月 11 日.

生态环境部.新化学物质环境管理登记办法［EB/OL］.（2020-04-29）［2020-04-29］. http：//www. gov.cn/gongbao/content/2020/content_5530350.htm.2020 年 4 月 29 日.

European Chemical Agency. Chemical safety report/Exposure scenario roadmap.［EB/OL］.（2021-01-30） ［2021-01-30］. https：//echa.europa.eu/regulations/reach/registration/information-requirements/ chemical-safety-report/csr-es-roadmap.

European Chemical Agency. Registration.［EB/OL］.（2021-02-12）［2021-02-12］. https：//echa. europa.eu/regulations/reach/registration.

European Chemical Agency. Evaluation.［EB/OL］.（2021-02-12）［2021-02-12］. https：//echa. europa.eu/regulations/reach/evaluation.

European Chemical Agency. Authorisation.［EB/OL］.（2021-01-30）［2021-01-30］. https：//echa. europa.eu/regulations/reach/authorisation.

European Chemical Agency. Restriction.［EB/OL］.（2021-02-12）［2021-02-12］. https：//echa. europa.eu/regulations/reach/restriction.

European Chemical Agency. Understanding REACH.［EB/OL］.（2021-02-12）［2021-02-12］. https： //echa.europa.eu/regulations/reach/understanding-reach.

European Chemical Agency. Information on Chemicals.［EB/OL］.（2021-03-13）［2021-03-13］. https：//echa.europa.eu/information-on-chemicals.

UNEP All POPs listed in the Stockholm Convention［EB/OL］.（2021-03-05）［2021-03-05］. http：// www.pops.int/TheConvention/ThePOPs/AllPOPs/tabid/2509/Default.aspx.

# 第 三 章

# 气候变化趋势与应对

# 全球主要国家碳排放达峰综述

王树堂　崔永丽　莫菲菲　赵敬敏　周七月

## 一、全球碳排放达峰情况概述

根据世界资源研究所发布的报告，截至 2017 年，全世界已经有 49 个国家的碳排放实现达峰。其中，有 19 个国家早在 1990 年以前就实现了碳排放达峰，这些国家包括德国、匈牙利、挪威、俄罗斯等。1990—2000 年实现碳排放达峰的国家有 14 个，包括法国、英国、荷兰等。2000—2010 年实现碳排放达峰的国家有 16 个，包括巴西、澳大利亚、加拿大、意大利、美国等。

研究一个国家的温室气体排放峰值时，需要综合考虑经济发展速度、工业化、城镇化、能源发展、控制技术等诸多因素，分析能源活动、工业生产过程、农业、废弃物处理等各领域的温室气体排放规律与特点。

碳排放总量和经济发展水平有一定相关性。随着经济发展，碳排放总量出现先上升后下降趋势，但这一变动趋势在不同国家呈现不同特征。通过对主要发达国家以及发展中国家温室气体排放源和气体构成的初步分析，发现这些国家温室气体排放峰值一般是在经济增长速度较低、人均 GDP 较高的条件下出现的。二氧化碳排放峰值出现时间一般比甲烷排放峰值和氧化亚氮排放峰值晚 10 年左右，而且二氧化碳排放量比重越高，温室气体排放峰值越难出现；能源活动温室气体排放峰值出现时间一般比工业生产过程排放峰值晚 10 年左右，控制非能源活动温室气体排放容易使峰值提早出现。部分国家碳排放达峰时间、碳中和时间如表 1 所示，G20 成员国二氧化碳年度排放总量趋势如图 1 所示。

表 1　部分国家碳排放达峰时间、碳中和时间

| 序号 | 国家 | 碳达峰时间 | 碳中和时间 |
|---|---|---|---|
| 1 | 日本 | 2020 年以前 | — |
| 2 | 新西兰 | 2020 年以前 | 2050 年 |
| 3 | 韩国 | 2020 年以前 | 2050 年 |
| 4 | 美国 | 2007 年 | — |
| 5 | 西班牙 | 2007 年 | 2050 年 |

续表

| 序号 | 国家 | 碳达峰时间 | 碳中和时间 |
|---|---|---|---|
| 6 | 瑞士 | 2000 年 | 2045 年 |
| 7 | 丹麦 | 1996 年 | 2050 年 |
| 8 | 比利时 | 1996 年 | 2050 年 |
| 9 | 荷兰 | 1996 年 | 2050 年 |
| 10 | 瑞典 | 1993 年 | 2045 年 |
| 11 | 波兰 | 1992 年 | 2056 年 |
| 12 | 哥斯达黎加 | 1999 年 | 2021 年 |
| 13 | 法国 | 1991 年 | 2050 年 |
| 14 | 英国 | 1991 年 | 2050 年 |
| 15 | 卢森堡 | 1991 年 | 2050 年 |
| 16 | 德国 | 1979 年 | 2050 年 |

数据来源：https：//www.wri.org/。

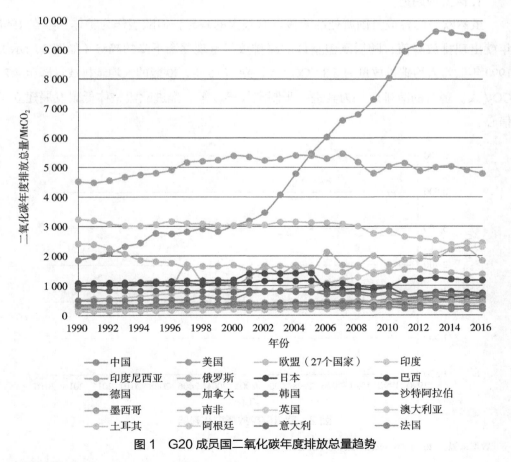

图 1　G20 成员国二氧化碳年度排放总量趋势

数据来源：https：//www.climatewatchdata.org/ghg。

①欧盟作为整体，早在 1990 年就出现碳排放峰值，但各成员国出现峰值的时间横跨 20 余年。德国碳排放总量在 1979 年达峰后，呈现稳定下降状态；英国、法国等于 1990—1991 年出现碳排放峰值；意大利、西班牙等在 2007 年左右出现碳排放峰值。②美国于 2007 年出现碳排放峰值，比英国、法国晚 15 年以上，但美国碳排放峰值出现的时间（2007 年）是在全球金融危机爆发前，这种峰值的时间真实性尚需观察。③日本碳排放量呈现波动式上升的趋势，2005 年第一次出现峰值，经历 2006—2009 年的短暂下降后，2010—2013 年继续呈上升趋势，2013 年第二次出现峰值，随后的 2014—2016 年，碳排放量有所下降。

## 二、主要国家和地区低碳发展措施和经验

### （一）欧盟及主要成员国

#### 1. 碳排放趋势

虽然欧盟的各成员国所处的阶段具有很大的差异，但欧盟作为整体，早在 1990 年就出现排放峰值，随后欧盟整体的碳排放量呈现逐渐下降的趋势（如图 2 所示）。1990 年欧盟人均碳排放量为 6.8 t $CO_2$/ 人，到 2016 年，欧盟的人均碳排放量降至 4.7 t $CO_2$/ 人。现有的减排成果为其进一步制定气候政策、推进欧盟整体低碳发展建立了信心。

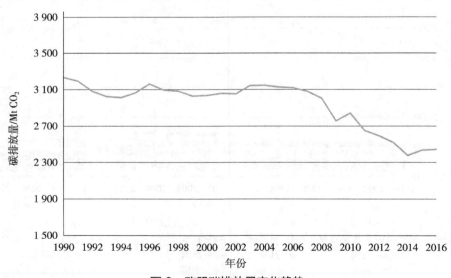

图 2　欧盟碳排放量变化趋势

数据来源：https://www.climatewatchdata.org/。

#### 2. 欧盟低碳发展措施和经验

欧盟的碳排放与经济发展取得了"硬脱钩"。欧盟的气候政策、碳排放交易市场和低碳文化是低碳发展的三个关键要素，这三个要素相互依存、相互制约，共同推动着欧盟整体的低碳发展。

（1）严格的气候政策是欧盟低碳发展体系的基础

欧盟将政策同法律结合在一起，对气候政策进行严格立法，要求成员国根据欧盟整体的减排目标确定自身低碳发展的可行方案，从而自上而下地拉动欧盟总体减排目标的实现（孙钰等，2012）。虽然全球气候谈判具有很强的不确定性，使得欧盟必须在综合自身内部战略和对外政策的基础上不断地修改和完善气候政策，但从欧盟最新制定的一系列气候政策来看，完善碳排放交易体系、发展可再生能源和提高能效依然是其气候政策的主要目标。

（2）碳交易市场是实现低碳发展的主要工具

作为全球最先进的碳交易体系，欧盟碳排放交易体系（EUETS）已进入第三阶段，碳排放交易体系中不同类别的碳价已成为最具参考价值的碳交易市场价格（陈怡等，2019）。通过成熟的碳交易市场，欧盟正在将交易盈利投入低碳技术研发和低碳技术创新中，如欧盟的碳捕集和碳封存项目以碳交易盈利作为后续资金。同时，碳排放交易体系为私营经济体提供了广阔的平台，使得私营经济体参与欧盟的低碳转型，将他们同欧盟的气候政策密切连接起来，以此形成低碳发展的市场推力，自下而上地推动着欧盟减排目标的实现（温照杰，2019）。此外，欧盟碳排放交易体系作为欧盟气候政策的主要策略，在加快推动欧盟低碳转型的同时，也缩小了欧盟各成员国间的经济差异，促进了欧盟经济一体化。

（3）低碳文化通过对民众理念的影响推动低碳发展

巩固低碳发展成果的同时，又促进了低碳发展的多元化。重视低碳文化使欧盟的低碳发展体系不局限于"生产"领域，同时也扩展到"消费"领域。随着产品碳核算体系的完善，低碳文化将对产品市场和能源市场产生更加深远的影响。通过席卷欧洲的"慢城运动"，不难发现，基于文化创新的低碳理念融入居民生活和城市建设中，为欧盟的低碳发展扩充了更加丰富的内容。

#### 3. 英国低碳发展政策和措施

英国于 2008 年通过了《气候变化法案》，以法律形式明确了中长期减排目标。随后，气候委员会为英国设定了具体的低碳发展路线图：2008—2030 年，年均温室气体排放量降低 3.2%；2030—2050 年，年均排放量降低 4.7%。英国确定低碳电力是低碳发展的核心。从 2008 年到 2030 年，电力的排放强度从超过 500 g $CO_2$/

（kW·h）降低到 $50\,g\,CO_2/$（kW·h）。

英国重视综合运用限制和激励两种手段促进温室气体减排。一方面，限制高污染、高排放和高能耗的企业发展；另一方面，英国政府也采取了税收优惠、减排援助基金等一系列激励措施，引导企业主动采取措施减少温室气体排放。税收优惠主要是指企业可以与政府签订减排协议，如果企业能够完成协议上的减排目标，政府可以给企业最高 80% 的税收减免。减排援助基金主要是在减排技术的推广、减排工程的建设方面向企业提供资金支持。"碳基金"主要面向中小企业，目前主要是通过向企业提供节能技术的咨询和帮助企业购买节能设备，实现既定的减排目标。在消费领域，英国政府通过财政补贴和税收优惠来提高居民的节能环保意识，以消费引导生产，取得了积极效果。

### 4. 法国低碳发展政策和措施

法国于 2000 年颁布《控制温室效应国家计划》，明确了减排措施选取和制定原则：①确保先前制定的减排措施得到有效落实；②利用经济手段来调节和控制温室气体排放。该计划提出了三类不同的减排措施，并明确了措施的适用范围。第一类减排措施包括资助、法律法规、标准、标记、培训和信息宣传，适用领域是工业、交通、建筑、农林、废物处置和利用、能源、制冷等行业。第二类减排措施是指利用经济手段（以生态税为核心，还包括增值税优惠、绿色证书制度等）来限制排放，适用领域是农林、能源及高能耗行业。第三类减排措施包括城市空间发展控制，发展城市公共交通和基础交通设施，提升建筑物节能效果和发展清洁能源。

### 5. 德国低碳发展政策和措施

1987 年，德国政府成立了首个应对气候变化的机构——大气层预防性保护委员会。德国积极发展清洁能源和可再生能源。德国于 2010 年 9 月和 2011 年 8 月分别提出能源概念和加速能源转型决定，形成了完整的能源转型战略和路线图。与 1990 年相比，2030 年温室气体排放量降低 55%，至 2050 年温室气体的排放量至少降低 80%。

德国政府通过税收手段促进低碳发展，比如对油气电征收的生态税，以及以二氧化碳排放量为基准征收的机动车税等。德国政府认为低碳发展给德国经济带来了直接的好处，如增加就业岗位、环保技术出口以及环保相关服务业增长等。德国在建筑节能方面走在欧洲各国前列。2002 年，德国发布了新的《建筑节能条例》，对建筑保温、供热、热水供应和通风等设备技术的设计和施工提出了具体要求。

### （二）美国

#### 1. 碳排放趋势

相比 20 世纪 90 年代和 21 世纪前五年，美国的碳排放量呈现明显的稳中有降趋势（图 3）。2007 年达到接近 55 亿 t $CO_2$ 当量的峰值后，排放量出现显著下降，即使经济复苏之后排放增量也很有限。2016 年排放量降低到 48 亿 t $CO_2$ 当量，是 1995 年以来的最低值，比 1990 年高 6%。由于人口持续增加，人均排放量的降低更为明显。

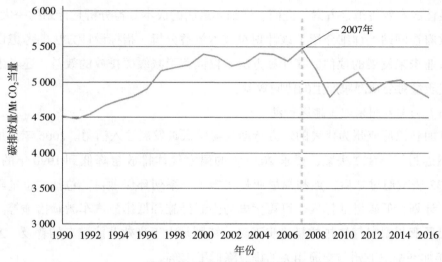

图 3 美国碳排放量变化趋势

数据来源：https：//www.climatewatchdata.org/。

总体来看，美国温室气体排放与经济发展呈现相对"脱钩"趋势。与 1990 年相比，2013 年美国 GDP 增长了 75%，能源消费增长了 15%（其中化石能源消费增长了 10%，电力消费增长了 35%），人口增长了 26%，而碳排放量只增长了 6%，已经呈现出明显的相对"脱钩"趋势。美国能源消费可以分为两个阶段来看：1990—2007 年，总体处于上升通道；2008 年后开始出现下降以及稳中有降的趋势。2008 年能源消费总量下降有显著的经济原因，2008 年以后能源消费稳中有降的重要原因是"页岩气"革命和其他变革引发的技术进步。

#### 2. 低碳发展措施和经验

（1）颁布《应对气候变化国家行动计划》

该计划的目标是全面减少温室气体排放，并保护美国免受日益严重的气候影响。通过制定并切实落实清晰的国家战略，美国政府不但能够保护本国人民，而且能够提振国际社会应对气候变化的雄心。这一目标是有可能实现的，但前提是多个经济部门必须联合开展行动。其中，减排的最大机遇存在于 4 个领域——电厂、能源效率、氢氟碳化合物和甲烷，这些领域都已明确被列入气候变化应对计划。虽然许多细节还有待完善，但总体而言，该计划将有利于美国迈向更加安全的未来。

（2）推出《清洁电力计划》

该计划要求 2030 年之前将发电厂的二氧化碳排放量在 2005 年水平上削减至少30%，这是美国首次对现有和新建燃煤电厂的温室气体排放进行限制。该计划只提出电的减排目标和指导原则，不规定具体的实现路径和方法，允许各州整合资源，形成最佳成本效益组合方案。全面、详细和透明的成本效益分析是计划的一大亮点。美国政府在网站上详细介绍了该计划对成本效益分析、指标设计方法的考虑以及对电力行业未来发展的预估。其计算方法不仅涵盖了减缓碳排放的效益，还考虑到改善空气质量对公众健康产生的协同效益。

（3）美国各州采取了地区行动

以加利福尼亚州为代表的地方行动为美国低碳发展注入活力。2006 年，加利福尼亚州通过了 AB32 法案，要求 2020 年的温室气体排放量降低到 1990 年的水平。在 AB32 法案通过之后，加利福尼亚州实施了一系列环保项目，包括"总量限制与交易"计划、低碳燃油标准、可再生电力强制措施和低排放汽车激励措施等。目前加利福尼亚州温室气体排放量稳步下降，特别是由于高效节能汽车的普及，2005—2012 年加利福尼亚州与交通相关的排放降低了 12%。

除以上政策和行动之外，美国应对气候变化领域最主要的政策行动还包括：一是清洁空气法案。美国环境保护局于 2014 年 6 月提出指导现有电厂运行和电厂新建的规定。要求电力行业到 2030 年，在 2005 年的基础上减排 30%，可以通过改善公共卫生、减少碳污染而获得 550 亿～930 亿美元。二是发动机和机动车标准。按照最新的机动车燃油经济性标准，美国市场上各车企到 2017—2025 年，各款新车的燃油经济性平均值应当达到 54.5 mi/gal [①]，约合百公里 4.3 L 油耗，比当前车辆水平几乎提高一倍。三是能源效率标准。美国能源部预计该能效标准的贡献为 2030 年累计减碳 30 亿 t。该能效标准可以帮助全国消费者每年节约数十亿的电费。

（三）日本

**1. 碳排放趋势**

如图 4 所示，1990 年起，日本碳排放量呈现缓慢上升趋势，2005 年第一次出现

---

① 1 min=1.609 344 km；1 gal（美制）=3.785 43 L。

峰值，经历 2006—2009 年短暂下降后，2010 年开始继续呈上升趋势，2013 年第二次出现峰值，随后的 2014—2016 年，碳排放量有所下降。

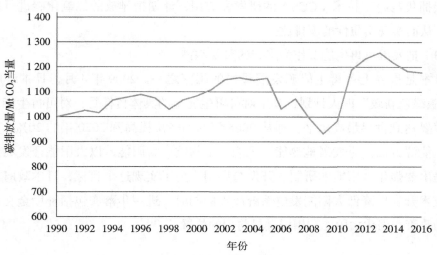

图 4 日本碳排放量变化趋势

数据来源：https://www.climatewatchdata.org/。

### 2. 低碳发展措施和经验

（1）法律规范低碳经济发展

2008 年 5 月，日本政府资助的研究小组发布了《面向低碳社会的十二大行动》。2009 年 4 月，日本又公布了名为《绿色经济与社会变革》的改革政策草案，规定了抑制温室气体排放的基本措施。实行温室气体核算、报告、公布制度。即一定数量以上的温室气体排出者负有核算温室气体排出量并向国家报告的义务，国家对所报告的数据进行集中计算并予以公布的制度。根据该政策规定，伴随着生产活动而在相当程度上排出较多温室气体并由政令规定的排出者（称为"特定排出者"），每年度必须由各事业所分别就温室气体的排出量向事业所管大臣进行报告。事业所管大臣将报告事项及计算的结果通知环境大臣及经济产业大臣，国家对所报告的数据进行集中计算并公布。

（2）重视低碳技术的研制开发

日本每年投入巨资发展低碳技术。根据日本内阁府 2008 年 9 月发布的数字，在科学技术相关预算中，仅单独立项的环境能源技术的开发费用就达近 100 亿日元，其中创新型太阳能发电技术的预算为 35 亿日元。日本有许多能源和环境技术走在世界前列，如综合利用太阳能和隔热材料、削减住宅耗能的环保住宅技术，利用发电时产生的废热为暖气和热水系统提供热能的热电联产系统技术，以及废水处理技术、塑料循环利用技术等。这些都是日本发展低碳经济的优势。

日本政府于 2019 年 4 月提出 2070 年前后碳排放量降至零的新目标。日本高度重视碳捕集与封存技术（CCS）的研发和应用，计划把排放的二氧化碳进行回收再利用，从而实现实质性的零排放。

（3）把发展可再生能源作为降碳的重要举措

日本是世界上可再生能源发展最快的国家之一。2009 年 4 月，日本政府推出"日本版绿色新政"四大计划，其中对可再生能源的具体目标是：对可再生能源的利用规模要达到世界最高水平，即从 2005 年的 10.5% 提高到 2020 年的 20%。日本在可再生能源方面注重发展地热能、风能、生物能、太阳能，以太阳能开发利用为核心，提出要强化太阳能的研制、开发与利用。为了实现这个目标，日本政府在积极推进技术开发以降低太阳能发电系统成本的同时，进一步落实包括补助金在内的政府鼓励政策，强化太阳能利用居世界前列的位置。

## 三、促进我国低碳发展的对策建议

我国地域辽阔，自然资源和人力资源在空间上分布极不均匀，不同地区的经济发展水平和社会发展方式都呈现较大的差异性，由此导致不同地区的经济发展、城镇化水平、能源消耗和碳排放呈现区域差异性。因此，在国家整体碳排放达峰目标要求下，各省（自治区、直辖市）应根据经济发展水平、能源结构和产业结构特征，因地制宜，制定碳排放达峰目标时间和任务。

（一）加强顶层设计，不断完善法律法规政策标准体系

制定低碳发展整体战略，并与全面深化改革部署和经济社会发展战略建立紧密联系。加快应对气候变化立法，在 2030 年前将二氧化碳排放管控纳入法律，在国家层面制定总体的时间表、路线图。建立温室气体减控排目标分配与责任体系，不断完善排放清单、统计制度和排放标准等。

制订《二氧化碳排放达峰行动计划》，尽快启动碳排放峰值管理进程，从排放量增速、峰值幅度和达到峰值后减排路径等方面，形成峰值管理框架，构建倒逼机制，切实争取尽早排放达峰（柴麒敏等，2020）。明确近期、中期、长期的战略路径选择，近期的战略重点是提高制造业能源效率，提升能源结构低碳化程度；中期的目标则是逐步实现交通和建筑领域的低碳转型，构建低碳产业主导的产业体系，建设低碳城市、低碳园区与低碳社区；长期目标则是追求经济发展与碳排放"脱钩"，摆脱对化石能源的依赖，普及低碳生活方式和消费方式，建设低碳社会。

## （二）借鉴国际经验，健全我国碳市场机制

充分借鉴欧盟在碳排放交易市场运行过程中的管理经验（姚明涛等，2017），建设全国性碳排放交易市场，完善碳定价制度，加快建立起完善的总量设定与配额分配的方法体系，兼顾区域差异和行业差异。在配套管理方面，进一步完善碳交易注册登记制度、碳交易平台建设、碳交易标准制度等。重视碳市场覆盖范围外的部门减排目标设定、减排目标责任制、能源效率政策等的协调。

## （三）促进可再生能源和低碳技术推广应用

构建完整的低碳技术体系，加强低碳技术研发、示范和推广应用。分行业梳理低碳技术、碳捕集技术、碳封存和二氧化碳再利用技术：在重工业领域，利用电气化、氢能、碳捕集与封存及生物质能源来逐步实现钢铁、水泥等重工业领域的完全脱碳；在能源供应方面，深入研究推动天然气、包括大水电在内的可再生能源和核能的发展与应用，使之尽量满足新增能源需求，进而逐步取代煤炭；在能源消费方面，继续加强提高能源效率和节能技术的研究及应用。

## （四）推进低碳文化创新，引导低碳生活方式

将低碳文化作为我国低碳发展体系的重要组成部分，重视低碳文化创新，尝试将传统文化同低碳文化相互融合，进行文化创新，提升民众对低碳发展理念的认识，引导民众形成低碳生活方式。通过"全国低碳日"等宣传活动，加强低碳消费价值观的培养和引导。开展企业碳减排"创先锋"活动，激励先进企业发挥示范引领作用，带动形成低碳发展的社会氛围。

# 参考文献

柴麒敏，徐华清，2020. 全球温室气体排放差距报告评述与政策建议［J］. 世界环境，（2）：55-58.

陈怡，孙莉，李晓梅，等，2019. 欧盟长期温室气体低排放发展战略草案的分析和对中国的启示借鉴［J］. 世界环境，（5）：69-71.

孙钰，李泽涛，姚晓东，2012. 欧盟低碳发展的典型经验与借鉴［J］. 经济问题探索，（8）：180-184.

温照杰，2019. 中国与 OECD 国家碳排放达峰进程分析［D］. 哈尔滨：哈尔滨工业大学.

姚明涛，熊小平，赵盟，等，2017. 欧盟汽车碳排放标准政策实施经验及对我国的启示［J］. 中国能源，39（8）：25-30，38.

# 欧盟二氧化碳减排经验与对我国的启示

莫菲菲　王树堂　崔永丽　赵敬敏　周七月

2015 年 6 月，我国提出二氧化碳排放 2030 年左右达到峰值并争取尽早达峰等一系列国家自主贡献目标。2020 年 9 月 22 日，国家主席习近平在第 75 届联合国大会一般性辩论上发表重要讲话，进一步郑重承诺，二氧化碳排放力争于 2030 年前达到峰值，努力争取 2060 年前实现碳中和。中国提出这一远大目标将对全球应对气候变化产生积极影响，同时这也是一个具有挑战性的艰巨任务。

1990 年起，欧盟正式开启长达 30 多年的经济增长与碳排放"脱钩"的发展路径。寻求更大的减排目标是欧盟长期以来的气候立场，欧盟委员会几乎每年都在考虑提出更具雄心的温室气体减排目标的可能，其一系列举措也彰显了欧盟进一步深化低碳发展的决心，长期以来赢得了较高的国际赞誉。欧盟在二氧化碳减排进程上为国际社会作出了积极示范，其减排经验对我国具有较强的可参考性。

## 一、欧盟二氧化碳减排历史进程与中长期目标

### （一）欧盟二氧化碳减排历史进程

从欧盟二氧化碳历史排放量来看，欧盟 28 国（EU28）整体排放量已于 1979 年达峰。1980—2008 年，排放量有所波动，2008 年金融危机以后稳中有降。从 GDP 上看，欧盟经济基本呈现平稳上升趋势。由于 EU13new（2004 年后加入欧盟的成员国）的经济总量远低于 EU15（2004 年前加入欧盟的成员国），因此，欧盟整体的碳排放与经济增长主要由 EU15 贡献（如图 1 所示）。

欧盟 2030 年中期气候目标、2050 年碳中和技术路线均以 1990 年排放量作为基线。此后，欧盟 30 年间的经济增长和温室气体排放呈现出较为显著的"脱钩"趋势，但 EU15 和 EU13new 的"脱钩"特征却相去甚远（如图 2 所示）。EU15 在欧盟经济总量和温室气体排放量中都占据多数，因此相比于 EU13new，EU15 与欧盟整体的"脱钩"趋势最为接近，而 EU13new 的"脱钩"潜力更大，可带动欧盟未来继续减排（中国尽早实现二氧化碳排放峰值的实施路径研究课题组，2017）。

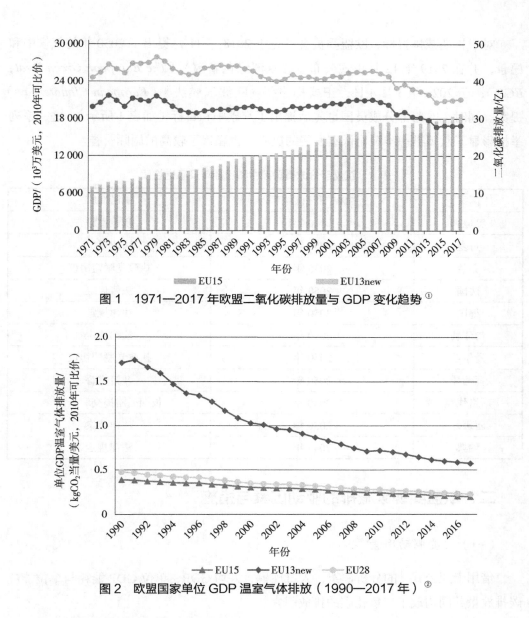

图1 1971—2017 年欧盟二氧化碳排放量与 GDP 变化趋势 [①]

图2 欧盟国家单位 GDP 温室气体排放（1990—2017 年）[②]

（二）欧盟二氧化碳中长期减排目标

寻求更大的减排目标是欧盟长期以来的气候立场。2014 年，欧盟率先公布了 2030 年温室气体相比 1990 年减排 40% 的目标；2018 年，曾欲将该目标提升至 45%，但未能形成法案；2020 年 10 月 6 日，欧洲议会通过了将 2030 年目标提高至 60% 的提议。

--------

① 数据来源：IEA，2019；BP plc，https://www.bp.com/。

② 数据来源：UNFCCC，2018；IEA，2019（不含 LULUCF 部门）。

对于长期减排目标，欧盟委员会首先于 2018 年 11 月提出了 2050 年的气候中和愿景，并在 2019 年 12 月正式公布了《欧洲绿色新政》（*The European Green Deal*, *EGD*）；于 2020 年 3 月 4 日，正式提出了《欧洲气候法》（*European Climate Law*）提案。同时，欧盟部分成员国也先后提出了其碳中和目标（如表 1 所示）。这一系列举措彰显了欧盟进一步深化低碳发展的决心，也赢得了较高的国际赞誉。

表 1　欧盟部分成员国碳中和目标年及承诺性质

| 国家 | 碳中和目标年 | 承诺性质 |
| --- | --- | --- |
| 奥地利 | 2040 年 | 政策宣誓 |
| 丹麦 | 2050 年 | 法律规定 |
| 芬兰 | 2035 年 | 执政党联盟协议 |
| 法国 | 2050 年 | 法律规定 |
| 德国 | 2050 年 | 法律规定 |
| 匈牙利 | 2050 年 | 法律规定 |
| 爱尔兰 | 2050 年 | 执政党联盟协议 |
| 葡萄牙 | 2050 年 | 政策宣誓 |
| 斯洛伐克 | 2050 年 | 长期战略提交联合国 |
| 西班牙 | 2050 年 | 法律草案 |
| 瑞典 | 2045 年 | 法律规定 |

## 二、欧盟实现碳减排的驱动因素与措施

### （一）主要驱动因素

借用卡亚公式[①]的分析框架，人口规模、人均 GDP、单位 GDP 能耗与单位能耗碳排放量共同构成了二氧化碳的排放因素。

如表 2 所示，2019 年，欧盟二氧化碳排放量相比 1970 年降低了 $726.53 \times 10^6$ t $CO_2$。在影响二氧化碳排放量变化的 4 个主要因素中，人口规模、人均 GDP 对欧盟二氧化碳排放是正贡献；单位 GDP 能耗与单位能耗二氧化碳排放是减排的主要因素。单位 GDP 能耗下降贡献的二氧化碳减排达到 $3\ 412.15 \times 10^6$ t/$10^3$ 美元，单位能耗二氧化碳排放的下降带来了 $1\ 836.42 \times 10^6$ t 的碳减排。可见，经济结构调整和技术进步带来的能源结构优化和能源效率提高是二氧化碳减排的最主要因素。

---

① 碳排放量 = 人口规模 × 人均 GDP × 单位 GDP 能耗 × 单位能耗碳排放量。

表 2　2019 年欧盟二氧化碳排放量相对于 1970 年变化的因素分解

| 影响 | 碳排放量 /<br>$10^6$ t$CO_2$ | 人口规模 /<br>$10^6$ 人 | 人均 GDP/<br>（$10^3$ 美元 / 人） | 能耗 /<br>（t/$10^3$ 美元） | 单位能耗<br>二氧化碳排放 |
|---|---|---|---|---|---|
| 绝对影响 | −726.53 | 625.451 | 3 896.58 | −3 412.15 | −1 836.42 |
| 相对影响 | −17.91% | 86.09% | 536.33% | −469.65% | −252.77% |

（二）欧盟实现碳减排的主要措施

**1. 历史上欧盟实现碳减排的主要措施**

（1）建立健全欧盟碳市场

欧盟积极实践和推动采用碳排放限额交易体系作为激励减排的工具。欧盟碳市场由免费配额、拍卖、新进入者配额、创新基金、现代化基金等五部分组成，目前已经覆盖全境不到 50% 的排放，交易规则在不断完善（中国尽早实现二氧化碳排放峰值的实施路径研究课题组，2017）。金融危机之后，欧盟碳市场遭遇一定困境，欧盟通过设立市场稳定库存、改革电力市场、建立碳价格通道等措施，稳定了碳交易市场。

（2）明确碳市场外减排目标的分配

对于碳市场外的行业，大约有 60% 的目标减排量是通过分解决议进行设置的，即成员国之间的磋商与利益分配机制。这些目标被分解到各成员国的年度计划里，涵盖了住房、农业、废弃物和交通（不包括航空和海运）。在 2013 年推行的《监督机制法规》（*Monitoring Mechanism Regulation，MMR*）中设置了温室气体减排的汇报原则，用以促使各行动得到及时推进，以达到 2020 年的一揽子计划目标。

（3）不断完善能源政策，提高能源效率

欧盟能源政策的重点之一就是提高能源利用效率、促进可再生能源和替代能源的开发和在欧盟及发展中国家的推广利用，实现能源多样化和清洁化。1995 年《欧盟能源政策白皮书》代表着欧洲共同能源政策的形成，此后欧盟陆续颁布了《欧洲理事会关于 1998—2002 年能源部门行动框架计划的决定》《2003—2006 年欧洲智能能源计划》《2007—2009 年欧盟能源行动计划》。得益于此，欧盟国家的能源强度比美国低 30%（齐绍洲，2010）。

欧盟颁布了《可再生能源指令》（RED I 和 RED Ⅱ），加严了欧盟生物能源可持续性标准，并将其扩展到基于生物质和沼气的热能和电力领域。固定上网电价政策（feed-in-tariff）也是被广泛采用的促进可再生电力发展的经济激励措施（中国尽早实现二氧化碳排放峰值的实施路径研究课题组，2017）。

（4）鼓励低碳技术创新

2019 年，欧盟低碳能源研发支出（不含核能）为 15.8 亿欧元，能源研发在欧盟预算中的份额占 11%。2016 年低碳能源专利数量为 592 万项，其中，与可再生能源相关的占 19.9%，与高效系统相关的占 23.6%，与智能系统相关的占 21.8%，与可持续交通相关的占 17.8%，与核安全相关的占 1.1% 等（International Energy Agency，2020）。

### 2.《欧洲绿色新政》提出未来五年行动规划

《欧洲绿色新政》进一步规划了未来五年（2020—2024 年）的详细行动方案（European Commission，2019）。具体来看，当前《欧洲绿色新政》的五年规划主要是为其 2030 年中期气候目标的实现提供行动方案，在能源、农业、交通等部门均制定了详细举措，其大致行动规划涵盖：①提供清洁、经济和安全的能源；②推动工业向清洁循环经济转型；③高能效和高资源效率建造和翻新建筑；④零污染目标，以实现无毒环境；⑤保护和恢复生态系统与生物多样性；⑥从农场到餐桌：实现公平、健康、环保的食物系统；⑦加快可持续智能机动车的转型。

### 3. 长期气候目标下欧盟规划的行动措施

根据欧盟 2018 年制定的 2050 年气候长期目标文件《人人享有清洁地球》，其设计的 8 种低碳路径均涉及几大核心问题（European Commission，2018）。

一是提高能源效率，最大化实现低能耗、高效益。能源效率的提高与能源结构的低碳化是欧盟气候政策的核心，当前已提出 2050 年一次能源需求相比 2005 年下降 32%～50% 的愿景。另外，这一政策将零排放建筑的推广纳入其中。二是实现可再生能源与电力的最大限度部署与使用。这一政策旨在从供给侧提升能源的电气化水平，如已计划将可再生发电技术的电力供应提高到 80% 以上。三是拥抱清洁、安全与互联的交通。欧盟电动汽车在 2050 年占比超过 90% 的计划显示了欧盟对交通系统将由可再生能源驱动的高发展要求。四是欧盟的各产业应具有循环经济的竞争优势。为实现这一目标，行业层面的能源需求较 2015 年下降 22%～31%。五是大力发展智能互联的基础设施网络。这一计划与中国新基建中人工智能、工业互联网的发展目标不谋而合，需要成员国间、行业间的通力配合。六是创造持续性的碳汇收益。重点关注生物质能的发展，同时提高农业、林业的碳汇能力。七是通过碳捕集、利用与封存技术（CCUS）处理剩余的二氧化碳排放。欧盟委员会高度重视 CCUS 技术在锁定化石能源基础设施碳排放中的巨大潜力，该技术预计能封存 5 000 万～9 000 万 t 的基础设施碳泄漏。

## 三、欧盟碳减排的经验与启示

### （一）建立了完善的低碳发展法律法规政策体系和发展路线图

欧盟要求成员国根据欧盟整体的减排目标确定自身低碳发展的可行方案，从而自上而下地推动欧盟整体减排目标的实现（邹骥等，2015）。

这个过程主要依靠：一是统一的路径共识。在涉及气候变化领域的重大事项时，一般是由欧盟委员会先以绿皮书的形式提出一项政策咨询文件，尽最大努力形成统一共识。二是完备的立法程序。气候变化相关法律遵循"共同决定"的程序，即由欧洲议会和欧盟（环境部长）理事会共享立法权，两个机构都批准后才能成为正式法律。三是系统的法律政策。2007年7月，欧盟委员会发布了"气候与能源"一揽子计划草案，首次完整地提出了欧盟2020年的低碳发展目标和相关政策措施，此后陆续颁布了《2030年气候和能源政策框架》《2050年迈向具有竞争力的低碳经济路线图》等（李艳芳，2010）。此外，欧盟委员会已出台首部《欧洲气候法》，将到2050年实现气候中和的目标写入法律。2019年12月，欧盟委员会发布了《欧洲绿色新政》，规划了未来5年在能源和能效、循环经济、农业、交通等8个领域的低碳转型政策和措施。

### （二）鼓励欧盟各成员国根据各国实际情况制定二氧化碳减排目标

欧盟各成员国出现峰值的时间横跨20余年，主要原因是欧盟各成员国自然资源禀赋和经济社会发展水平呈现较大差异性。例如，德国早在1979年就实现碳排放达峰，意大利实现碳排放达峰的时间是2005年，明显晚于欧盟整体达峰时间。针对欧盟各成员国制定碳中和目标时间，如奥地利碳中和目标时间是2040年，瑞典碳中和目标时间是2045年，法国和德国等的碳中和目标时间是2050年。

### （三）不断健全欧盟碳排放权交易市场

作为全球最先进的碳排放权交易体系，欧盟碳排放权交易市场已进入第三阶段，碳排放交易体系中不同类别的碳价已成为最具参考价值的碳交易市场价格。通过不断完善的规则稳定碳市场交易，欧盟正在将交易收益投入低碳技术研发和低碳技术创新中。同时，碳排放交易体系为私营经济体提供了广阔的平台，使得私营经济体参与欧盟的低碳转型，将他们同欧盟的气候政策密切连接起来，以此形成低碳发展的市场推力，自下而上地推动着欧盟减排目标的实现。《欧盟绿色新政》考虑继续扩大欧盟碳市场覆盖的行业范围，尝试将建筑物排放、海运业排放纳入交易市场。同时，欧盟正计划与全球伙伴一起开发全球碳市场。

### （四）努力提高能源效率

能源效率提高是实现碳减排目标的重要贡献因素，未来欧盟的能源政策同样以"能源效率优先"为原则。当前，欧盟正在交通、工业和建筑领域深挖能源效率潜力，并在各部门层面实施这一原则。欧盟出台的《能源效率行动计划》分析了各行业提高能源效率的潜力，提出了 75 项具体措施，覆盖了建筑、运输、制造、金融和教育等行业。提高能效的措施包括提高能源标准、强化市场手段，以及提高数字化和电气化程度。例如，通过能效标识制度，指导消费者选择购买高能效产品。根据欧盟能源司的数据，欧盟能源效率水平不断提高。

### （五）大力发展可再生能源，制订稳健的能源发展规划，建立统一的电力市场

可再生能源的使用和燃料转换是欧盟电力部门减少温室气体排放的重要推动因素。根据欧盟 28 国可再生能源发展中期报告，欧盟 28 国 2013 年可再生能源在能源结构中的比例已经从 8% 提高至 15%，2018 年可再生能源在欧盟能源消费量中占 18%，同年欧盟温室气体排放总量相比 2005 年下降了 17%，相比 1990 年下降了 23%。预计 2030 年欧盟内部的可再生能源占全部能源消费的比重将提高到 30%。欧盟在可再生能源领域的大量投资得益于出台稳健的可再生能源法律法规、制定积极的减排目标以及出台相关的国家政策和激励措施。

欧盟建立了统一的电力市场，在有效消除"能源孤岛"的同时也扩大了市场容量，促进了可再生能源的大范围消纳。统一电力市场的建设更好地发挥了欧盟互联大电网错峰避峰、水火互济、跨流域补偿、减少备用等综合效益，促进北欧水电、风电和南欧光伏发电等清洁能源的高效利用。

## 四、促进我国低碳发展的对策建议

为实现国家主席习近平在第 75 届联合国大会一般性辩论上提出的"二氧化碳排放力争于 2030 年前达到峰值，努力争取 2060 年前实现碳中和"的气候承诺，进一步提高能源效率、优化能源结构是我国当前迫切需要的气候与能源行动。建议加强以下 5 个方面的工作。

### （一）通过立法建立预期稳定的中长期气候目标

气候变化法的拟定有利于加强我国低碳发展路径的权威，体现国家意志。因此，

我国应加快气候变化方面的立法进程。国家发展改革委曾在 2014 年就研究制定《中华人民共和国应对气候变化法》草案召开研讨会，这说明我国已具备气候立法研究的实践基础（陈阳，2015）。我国尽早完成《中华人民共和国应对气候变化法》的立法工作，对外有利于彰显我国应对气候变化的积极态度，对内也有助于将气候行动正式作为经济发展的内生驱动因素。

（二）分配减排目标时，应注意各区域间经济水平与区域发展定位的差异

我国地域辽阔，自然资源和人力资源在空间上分布极不均匀，不同地区的经济发展水平和社会发展方式都呈现较大的差异性，由此导致不同地区的经济发展、城镇化水平、能源消耗和碳排放呈现区域差异性。因此，在国家整体碳排放达峰目标要求下，各省（自治区、直辖市）应根据经济发展水平、能源结构和产业结构特征以及减排潜力，因地制宜，制定碳排放达峰目标时间和任务。支持有条件的地区开展近零碳乃至零碳示范区建设。同时要强化监督考核评估，强化相应的措施。

（三）推动全国碳排放权交易体系的建设

充分借鉴欧盟在碳排放交易市场运行过程中的管理经验，建设全国性碳排放交易市场，通过市场规则的完善，保障碳市场价格信号的稳定。完善碳定价制度，加快建立起完善的总量设定与配额分配的方法体系。在配套管理方面，进一步完善碳交易注册登记制度、碳交易平台建设、碳交易标准制度等。全国碳市场应适时扩大覆盖行业范围，并探索与国际碳市场联通，以增强市场流动性和提升市场效率。

（四）提升能源效率的同时，注重部门间的特征差异

制定以能源效率提升为首要原则的能效政策。在近期，工业、建筑、交通和火电部门的能效技术将对碳排放控制发挥重要作用。通过减少价格壁垒等方式激励能源部门的技术创新，从而提升电力供给的电气化与智能化水平。与此同时，应注意政策目标部门间的特征差异。例如，在碳市场内电力部门能效政策的制定过程中，应考虑与碳价机制如何形成协调效应，以保障能效技术的投入能够产生市场回报；在碳市场外，可通过对部分部门进行碳税试点等方式，提升能源利用效率及工业过程的碳减排率。

（五）大力发展可再生能源，建立与低碳技术相适应的电力市场机制

提升能源结构低碳化程度，继续大力推广水电、风电、光伏发电、生物质能发电。加大第四代核电、海洋地热能发电、大规模海上风力发电、第二代生物质能、

智能电网、高效太阳能建筑等技术的研发和推广应用。进一步提供技术创新的税费减免等政策支持。另外，应建设与低碳技术相适应的电力市场机制，如建设更具弹性的电力网络，推进电力系统智能化发展，增强对可再生能源的消化能力，加速分布式可再生能源发展。

# 参考文献

李艳芳，2010.各国应对气候变化立法比较及其对中国的启示［J］.中国人民大学学报，24（4）：58-66.

齐绍洲，2010.中欧能源效率差异与合作［J］.国际经济评论，（1）：138-148.

中国尽早实现二氧化碳排放峰值的实施路径研究课题组，2017.中国碳排放：尽早达峰［M］.北京：中国经济出版社.

邹骥，傅莎，陈济，等，2015.论全球气候治理——构建人类发展创新路径的国际体制［M］.北京：中国计划出版社.

European Commission，2018. A clean planet for all. A European strategic long-term vision for a prosperous, modern, competitive and climate neutral economy［EB/OL］.（2018-11-28）［2020-10-17］. https：//eur-lex.europa.eu/legal-content/EN/TXT/PDF/?uri=CELEX：52018DC0773&from=EN.

European Commission，2019. The European Green Deal［EB/OL］.（2019-12-11）［2020-10-17］. https：//ec.europa.eu/info/sites/info/files/european-green-deal-communication_en.pdf.

International Energy Agency，2020. European Union 2020 Energy Policy Review［R/OL］.（2020-07-31）［2020-10-17］. https：//www.oecd-ilibrary.org/energy/european-union-2020_29733c64-en；jsessionid=V8fydLWhdL7S1cqFSHXkOC34.ip-10-240-5-85.

# 碳中和、气候中和、净零排放等相关概念辨析

刘　侃　张慧勇　王　冉　张　敏　姚　颖　李　樱

2020 年 9 月 22 日，国家主席习近平在第 75 届联合国大会一般性辩论上发表重要讲话，提出中国将提高国家自主贡献力度，采取更加有力的政策和措施，二氧化碳排放力争于 2030 年前达到峰值，努力争取 2060 年前实现碳中和。国际社会普遍对中国的承诺表示赞赏，期待中国为落实该承诺即将采取的具体行动。对于中国实现碳中和的各类讨论迅速增加，"碳中和""气候中和""净零排放"等概念频繁出现且混用，在一定程度上给具体行动方案的制定造成困扰。本文梳理比较了相关术语（如 IPCC 等）、有关国家和地区目标、碳中和认证等领域使用的上述概念，以期厘清相关范围界定，为决策提供参考。

## 一、气候中和

### （一）IPCC 的定义

应《联合国气候变化框架公约》（以下简称《公约》）巴黎气候变化大会邀请，政府间气候变化专门委员会（IPCC）组织完成了有关全球升温 1.5℃后的影响及相关排放路径的特别报告《全球升温 1.5℃特别报告》（以下简称《特别报告》）。

根据《特别报告》中的术语界定，"气候中和"（climate neutrality）是指"人类活动对气候系统没有净影响的状态。要实现这种状态，需要平衡残余二氧化碳排放与二氧化碳移除以及考虑人类活动的区域或局地生物地球物理效应，例如人类活动可影响地表反照率或局地气候"。"气候系统"（climate system）是"由 5 个主要部分（大气圈、水圈、冰冻圈、岩石圈、生物圈）以及它们之间的相互作用组成的高度复杂的系统。气候系统随时间演变的过程受到自身内部动力的影响，还受到外力的影响，诸如火山喷发、太阳活动变化和人为活动（如不断变化的大气成分和土地利用变化等）"（IPCC，2018）。

### （二）欧盟气候中和目标

欧盟委员会于 2019 年 12 月 11 日发布了《欧洲绿色新政》（*European Green*

*Deal*），其作为欧盟落实联合国 2030 年可持续发展议程和可持续发展目标战略的有机组成部分。《欧洲绿色新政》中提出，欧盟到 2050 年率先实现"气候中和"，即温室气体净排放量为零（no net emissions of greenhouse gases）的目标，并在全球范围内领导推行（European Commission，2019）。

为落实《欧洲绿色新政》，欧盟委员会于 2020 年 3 月出台了《欧洲气候法》（草案），其中阐述了 2050 年气候中和的概念，等同于温室气体净零排放（net zero greenhouse gas emissions），"包括经济所有部门和补偿（compensation）""不仅仅指剩余（remaining）的二氧化碳，还包括剩余的其他温室气体排放"。

（三）自愿行动和碳中和认证中的定义

"气候中和现在"（Climate Neutral Now）倡议是由联合国气候变化组织于 2015 年启动的，旨在鼓励社会每个人采取行动，帮助到本世纪中叶实现气候中和。参与倡议的政府、机构和个人可以通过"测量—减排—补偿（compensation）"来抵消自身的气候足迹，继而推动全球气候中和。根据该倡议的定义，"气候中和常会被人视为'碳中和''净零'的同义词，是通过温室气体排放与地球自然吸收能力之间的平衡来实现的。气候中和并不等同于零排放，而是要将现有排放尽量减少至可以通过地球吸收能力来清除"。

## 二、净零排放

（一）IPCC 的定义

根据《特别报告》，净零排放是指"规定时期内人为移除以抵消排入大气的温室气体的人为排放量""如果涉及多种温室气体，则净零排放的量化取决于用于比较不同气体排放量的气候指标（如全球变暖潜势、全球温度变化潜势等以及选择的时间范围）"。

（二）相关组织报告中的定义

世界资源研究所报告提出，净零排放近似于《巴黎协定》中提到的"在本世纪下半叶实现温室气体的人为排放与汇的清除之间的平衡"。在全球层面上，净零排放意味着在既定时间段（通常为 1 年）实现温室气体人类排放与清除的平衡；在国家层面上，净零排放（不考虑减排量的国际转移）是指"在目标年，来自该国境内排放源的温室气体排放不超过该国境内汇的清除"。如果考虑减排量的国际转移，则需在计算排放量或清除量时减去国际转移的量（Levin et al.，2020）。

在能源转型委员会、落基山研究所的报告中，"净零""净零碳排放""净零碳"三个概念混用，是指能源和工业体系整体或特定经济部门不排放二氧化碳的情景——可以是不产生任何二氧化碳排放，也可以是产生的二氧化碳被捕集并被使用或封存（Energy Transitions Commission，2020）。

（三）有关国家目标

### 1. 英国

英国是全球首个通过净零排放法案的主要经济体。

2019 年 6 月 12 日，英国政府提出了《2008 年气候变化法（2050 年目标修正案）》（*Climate Change Act 2008 with 2050 Target Amendment*），拟对 2050 年的排放目标作出修订。该修正案于 2019 年 6 月 27 日生效。其中，2050 年的排放目标修改为"2050 年英国净碳账户（net UK carbon account）应在 1990 年基线基础上，降低至少 100%"。1990 年基线包括"1990 年净二氧化碳排放和其他受控温室气体在基线年的净排放量"。

英国国家统计局（UK Office for National Statistics，2020）在《英国温室气体净零排放和不同的政策措施》中指出，净零排放是指英国全部温室气体排放等于或少于从环境中移除的温室气体，可通过温室气体减排和去除等综合手段实现这一目标，温室气体移除主要包括自然环境吸收与利用碳捕集和封存等技术加以抵消。

2020 年 6 月，英国气候变化委员会依法向议会提交减排进展报告。报告中使用的净零目标是"到 2050 年，温室气体净排放量减少至 0"（Committee on Climate Change，2020）。

### 2. 美国

2019 年，拜登在竞选中提出"清洁能源革命与环境正义计划"（*The Biden Plan To Build A Modern，Sustainable Infrastructure and An Equitable Clean Energy Future*），在 2050 年之前实现 100% 的清洁能源经济和全经济范围内的净零排放，但是并未给出具体定义。

（四）自愿行动和碳中和认证中的定义

争做零跑者（Race to Zero）全球行动由两位气候行动高级别倡导者牵头，旨在动员来自企业、城市、地区、投资者的领导力量和支持，实现健康、韧性的零碳复苏。该行动集合了众多全球领先的净零倡议（net zero initiative）[①]，目前已覆盖 452 个城市、22 个地区、1 101 个企业、45 个大型投资者和 549 家大学。

加入争做零跑者行动的净零倡议对净零目标的特征有很大的共识，其中包括：①净零目标的范围应该包括数据可支撑范围内的所有活动、所有温室气体（更具体是指《京都议定书》下的温室气体）；②应该立即采取行动，在 2050 年之前达到净零，并设定阶段性目标；③抵消机制需要符合稳健的标准（如额外性、持久性、可核证性等）。

## 三、碳中和

### （一）IPCC 的定义

根据《特别报告》，二氧化碳净零排放是指"在规定时期内，人为二氧化碳移除在全球范围抵消人为二氧化碳排放。二氧化碳净零排放也被称为碳中和"。

### （二）相关组织报告中的定义

世界银行在报告中指出，碳中和或脱碳并不等同于零排放，排放在一定程度上可以通过自然碳汇或负排放来抵消。脱碳意味着二氧化碳的净零排放，以及短寿命温室气体（如 $CH_4$ 等大气寿命为几天、几周或几十年的温室气体）排放的稳定（Fay et al., 2015）。

经济合作与发展组织（OECD）专家在报告中通过专栏方式简述了有关概念。报告从《特别报告》的术语定义出发，认为碳中和是在全球层面上通过平衡残余二氧化碳排放与二氧化碳移除实现的二氧化碳净零排放；碳中和不等同于温室气体净零排放或气候中和，后两个概念考虑了所有温室气体的排放。在相关国家宣示中，经常出现碳中和与净零排放的概念混用的情况（Roch et al., 2019）。

### （三）有关国家和地区目标

#### 1. 日本

日本在 2019 年 6 月提交给 UNFCCC 的《〈巴黎协定〉下长期战略》（*The Long-term Strategy under the Paris Agreement*）中提出构建"脱碳社会"，即"在本世纪下半叶实现温室气体人为排放与吸收汇移除的平衡（全球碳中和）"，并致力于在本世纪下半叶尽早实现。为此，日本设定了长期目标，即"到 2050 年将温室气体排放降低 80%"。

---

[①] 独立动员非政府主体的零碳承诺且满足争做零跑者行动的最低标准的零碳组织或倡议可以参加争做零跑者行动。目前行动下有包括 C40、碳中和联盟、气候承诺等在内的 18 项倡议。

在 2020 年 3 月提交的更新国家自主贡献中，日本提出依靠突破性创新（如人工光合作用，其他碳捕集、封存和利用技术，实现氢能社会），尽可能在 2050 年实现"脱碳社会"。2020 年 10 月，日本首相菅义伟在临时国会上发表首场施政演说，宣布日本"到 2050 年实现温室气体净零排放，即实现碳中和、脱碳社会"。

### 2. 美国加利福尼亚州

2018 年，美国加利福尼亚州州长签署执行令 B-55-18，提出加利福尼亚州应在 2045 年之前尽早实现碳中和，并在 2045 年之后保持负碳排放。根据《加利福尼亚州实现碳中和：为加利福尼亚州空气资源委员会开发的路径情景》（*Achieving Carbon Neutrality in California*），碳中和意味着"所有排放到大气中的温室气体与从大气中移除的温室气体相当，移除可通过碳汇或碳捕集和封存来实现"。

### （四）自愿行动和碳中和认证中的定义

### 1. 英国《碳中和证明规范》

2010 年 5 月，英国标准协会发布了全球首个碳中和标准《碳中和证明规范》（PAS 2060：2010），旨在制定规范，阐明碳中和的具体要求，重塑碳中和概念的可信度。2014 年，英国标准协会对该规范进行了更新，发布了 PAS 2060：2014。2014 版规范未对碳中和的概念进行修订。规范提出，碳中和是一种处于碳中性（carbon neutral）的状态，而碳中性则是在确定的时间段内，标的物温室气体排放导致大气中全球温室气体排放净增长为零的情形（British Standards Institution，2014）。

### 2. 中国《大型活动碳中和实施指南（试行）》

2019 年，我国发布《大型活动碳中和实施指南（试行）》（以下简称《指南》），对大型活动的碳中和进行规范。《指南》中的"碳中和"是指通过购买碳配额、碳信用的方式或通过新建林业项目产生碳汇量的方式抵消大型活动的温室气体排放量。其中，碳配额是指"在碳排放权交易市场下，参与碳排放权交易的单位和个人依法取得，可用于交易和碳市场重点排放单位温室气体排放量抵扣的指标"。碳信用是指"温室气体减排项目按照有关技术标准和认定程序确认减排量化效果后，由政府部门或国际组织签发或其授权机构签发的碳减排指标"。

## 四、温室气体达峰

### （一）《巴黎协定》和 IPCC 的定义

2015 年通过的《巴黎协定》设定了明确的气候目标，即"把全球平均气温升幅控制在工业化水平 2 ℃之内，并努力将气温升幅限制在工业化前水平以上 1.5 ℃之内"，并提出了实现上述目标的初步路径，"缔约方旨在尽快达到温室气体排放的全球峰值，同时认识到达峰对发展中国家缔约方来说需要更长的时间；此后利用现有的最佳技术迅速减排……在本世纪下半叶实现温室气体的人为排放与汇的清除之间的平衡"。

《特别报告》通过对第五次评估报告以来的研究进行盘点，提出了"二氧化碳累积排放和未来非二氧化碳辐射强迫决定着升温限制在 1.5 ℃的机会"。如果要实现 1.5 ℃目标，需要"到 2030 年，全球人为二氧化碳净排放量在 2010 年的水平上减少约 45%，到 2050 年左右达到净零"。

《巴黎协定》文本中使用的是"全球温室气体排放峰值"的表述。从图 1 中可以看到，为实现《巴黎协定》的 1.5 ℃目标，在全球层面上需要实现的是累积净二氧化碳的达峰 [如图 1（b）所示]，即当年二氧化碳的净零排放 [如图 1（a）所示] 以及对非二氧化碳辐射强迫的控制 [如图 1（c）所示]。

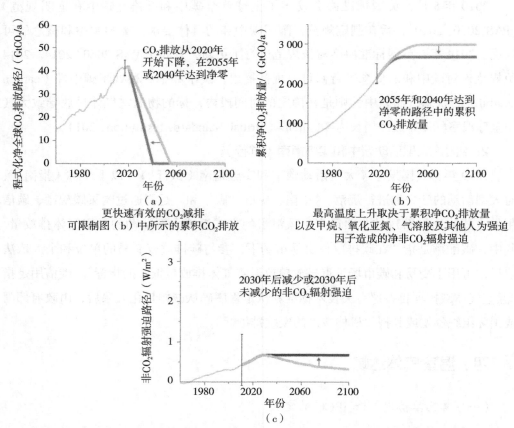

图 1 《特别报告》中对 1.5 ℃目标下全球二氧化碳排放和非二氧化碳辐射强迫的模拟路径

### （二）相关组织报告中的定义

世界资源研究所的报告认为，达峰是温室气体排放从增加到降低的拐点。报告为具体国家达峰判定设置了两条标准：①温室气体排放最大值出现在 5 年前（距离最新一次清单数据年），以便确定最大值是短期波动还是长期趋势；②该国无条件承诺未来排放低于历史排放最大值（Levin et al., 2017）。

此外，由于中国的达峰目标是指二氧化碳排放的达峰，而非所有温室气体排放的达峰，因此报告认为中国全经济领域的排放是否能在 2030 年达峰取决于非二氧化碳类温室气体的排放增长情况，因而存在不确定性。

## 五、碳达峰和二氧化碳达峰

"碳达峰"通常见于中国学者的研究，尤指能源消费的二氧化碳排放达到峰值（何建坤，2013；柴麒敏等，2015）。研究关注点集中在如何尽早实现达峰、峰值水平、达峰路径等。

中国达峰相关气候目标使用的是"二氧化碳达到峰值"的表述。如 2015 年中国提交的国家自主贡献提出"二氧化碳排放 2030 年左右达到峰值并争取尽早达峰"。此次对外宣示的达峰目标也明确是指"二氧化碳排放力争于 2030 年前达到峰值"。

综上，在研究术语和概念、各国宣示、碳中和认证三个层面，对"气候中和""碳中和""净零排放""达峰"等概念有不同的界定和使用。各国在实际承诺中，对"气候中和""二氧化碳净零排放""碳中和"等概念通常并不做区分，多与"净零排放"混用，且大多覆盖所有经济部门、所有温室气体。因此，制定具体行动方案时，需科学论证、统筹考虑，清楚界定气候目标的内涵，以便为后续落实工作提供明确指导。

## 参考文献

柴麒敏，徐华清，2015. 基于 IAMC 模型的中国碳排放峰值目标实现路径研究［J］. 中国人口·资源与环境，（6）：37-46.

何建坤，2013.$CO_2$ 排放峰值分析：中国的减排目标与对策［J］. 中国人口·资源与环境，（12）：1-9.

生态环境部，2019. 大型活动碳中和实施指南（试行）［EB/OL］.http://www.mee.gov.cn/xxgk2018/xxgk/xxgk01/201906/t20190617_706706.html.

British Standards Institution, 2014.PAS2060: 2014: Specification for the demonstration of carbon neutrality [R/OL].http: //www.doc88.com/p-3877426630293.html.

Climate Change Act 2008 [EB/OL].https: //www.legislation.gov.uk/ukpga/2008/27/contents.

Climate Neutral Now [EB/OL].https: //unfccc.int/climate-action/climate-neutral-now.

Committee on Climate Change, 2020.Reducing UK emissions: 2020 Progress Report to Parliament [R/OL].https: //www.theccc.org.uk/publication/reducing-uk-emissions-2020-progress-report-to-parliament/.

Energy and Environment Economics, 2020.Achieving Carbon Neutrality in California, Pathways Scenarios Developed for the California Air Resources Board [EB/OL].https: //ww2.arb.ca.gov/sites/default/files/2020-10/e3_cn_final_report_oct2020_0.pdf.

Energy Transitions Commission, 2020.Making Mission Possible: Delivering a Net-Zero Economy [R/OL].https: //www.energy-transitions.org/wp-content/uploads/2020/09/Making-Mission-Possible-Full-Report.pdf.

European Climate Law [EB/OL].https: //ec.europa.eu/clima/policies/eu-climate-action/law_en.

European Commission, 2019.European Green Deal [EB/OL].https: //ec.europa.eu/info/sites/info/files/european-green-deal-communication_en.pdf.

Fay M, Hallegatte S, Vogt-Schilb A, et al., 2015.Decarbonizing Development: Three Steps to a Zero-Carbon Future.Climate Change and Development [R/OL].Washington, DC: World Bank.https: //openknowledge.worldbank.org/handle/10986/21842.

IPCC, 2018.附件 1: 术语表 [R] // 全球升温 1.5℃: 关于全球升温高于工业化前水平 1.5℃的影响以及相关的全球温室气体排放路径的 IPCC 特别报告.

Levin K, Rich D, 2017.Turning Points: Trends in Countries' Reaching Peak Greenhouse Gas Emissions over Time [R/OL].Working Paper.Washington, DC: World Resources Institute.http: //www.wri.org/publication/turning-points.

Levin K, Rich D, Ross K, et al., 2020.Designing and Communicating Net-Zero Targets [EB/OL].Working Paper.Washington, DC: World Resources Institute.Available online at www.wri.org/design-net-zero.

Policy Speech by the Prime Minister to the 203rd Session of the Diet [EB/OL].https: //japan.kantei.go.jp/99_suga/statement/202010/_00006.html.

Race to Zero Campaign [EB/OL].https: //unfccc.int/climate-action/race-to-zero-campaign#eq-4.

Roch M, Falduto C, 2019.Key questions guiding the process of setting up long-term low-emissions development strategies [R/OL].OECD/IEA Climate Change Expert Group Papers, No.2019/04, OECD Publishing, Paris, https: //doi.org/10.1787/54c2d2cc-en.

Submission of Japan's Nationally Determined Contribution (NDC) 2020 [EB/OL].https: //www4.unfccc.int/sites/ndcstaging/PublishedDocuments/Japan%20First/SUBMISSION%20OF%20JAPAN%27S%20NATIONALLY%20DETERMINED%20CONTRIBUTION%20 (NDC).PDF.

The Biden Plan to Build a Modern, Sustainable Infrastructure and an Equitable Clean Energy Future [EB/

OL］.https：//joebiden.com/climate-plan/.

The longterm Strategy under the Paris Agreement［EB/OL］.https：//unfccc.int/sites/default/files/
resource/The%20Long-term%20Strategy%20under%20the%20Paris%20Agreement.pdf.

UK Office for National Statistics，2020.Net zero and the different official measures of the UK's
greenhouse gas emissions［R/OL］.https：//www.ons.gov.uk/economy/environmentalaccounts/
articles/netzeroandthedifferentofficialmeasuresoftheuksgreenhousegasemissions/2019-07-24.

University of Oxford，2020.Mapping of current practices around net zero targets［R/OL］.https：
//4bafc222-18ee-4db3-b866-67628513159f.filesusr.com/ugd/6d11e7_347e267a4a794cd586b1420404
e11a57.pdf.

# 农业生物多样性保护在《生物多样性公约》
# 履约中的发展与建议

高 磊

农业发展与全球生物多样性的命运密切有关。全球农业用地占陆地表面积的 1/3,中国农业用地占全球农业用地总量的 9.9%（Li et al., 2020）。最新资料显示,2018 年全世界作物产量为 92 亿 t,比 2000 年提高了 50%,其中产量的一半主要来自甘蔗、玉米、小麦和大米。然而二十多年来,由于人口的持续增长和饮食结构的根本性改变,农业扩张已成为生物多样性丧失的重要驱动力之一（赵国松等,2014）。农业生态系统（英文缩写为 agro-ecosystems）作为《生物多样性公约》（以下简称《公约》）履约中不可或缺的一个重要组成部分,在《公约》谈判的进程中经历了一系列的发展和演变。从《公约》开始提出"可持续农业发展"到"爱知生物多样性目标"（以下简称"爱知目标";徐靖等,2018）,再延伸到"'沙姆沙伊赫到昆明'人与自然行动议程",再到最新的"2020 年后全球生物多样性框架"（以下简称"2020 年后框架"）,农业生物多样性保护伴随的《公约》履约发展受到越来越多人的关注（弓成等,2020）。

2021 年,《公约》第十五次缔约方大会（COP15）在云南昆明召开,大会重要议题之一将是通过"2020 年后框架",为未来十年全球生物多样性保护制定新的蓝图。研究农业生物多样性的履约进展,提出中国未来农业发展的清晰脉络,不仅有利于推动实现"2020 年后框架",塑造中国作为 COP15 东道国和主席国的国家形象,也是实现农业可持续发展和《公约》履约的客观需求。

## 一、农业生物多样性在《公约》履约中的发展

### （一）《公约》及其议定书中的条款

《公约》及《名古屋议定书》和《卡塔赫纳生物安全议定书》在具体条款中对涉及"农业""粮食""食物"[①]的履约工作进行了相关要求（如表 1 所示）。其中,《名古屋议定书》的条款明确揭示了"农业"和"粮食"的生物多样性保护与粮食安全、生计保障、减贫、应对气候变化等方面息息相关。

---

① "粮食"和"食物"分别为《名古屋议定书》和《卡塔赫纳生物安全议定书》中的中文翻译原文,英文均为"food"。

表 1 《公约》及其议定书中涉及"农业""粮食""食物"的条款

| 序号 | 《公约》及其议定书 | 关键词 | 章节 | 条款具体内容 | 涉及的其他方面 |
|---|---|---|---|---|---|
| 1 | 《生物多样性公约》 | 粮食 | 序言 | 意识到保护和持久使用生物多样性对满足世界日益增加的人口的粮食、健康和其他需求至为重要，而为此目的取得和分享遗传资源和技术是必不可少的 | 生物多样性保护与粮食需求 |
| 2 | | 农业 | 附件一（查明和监测）第 2 款 | 以下物种和群体：受到威胁；驯化或栽培植物种的野生亲系；具有医药、农业或其他经济价值；具有社会、科学或文化重要性；或对生物多样性保护和持久使用的研究具有重要性，如指标物种 | 需查明和监测物种和群体 |
| 3 | | 粮食 | 前言 | 认识到遗传资源对于粮食安全、公共健康、生物多样性的保护以及减缓和适应气候变化的重要性 | 遗传资源重要性 |
| 4 | | | 附件：货币和非货币性惠益 | 针对优先需要开展研究，如健康和粮食安全，考虑到提供遗传资源的缔约方国内遗传资源的利用情况 | 粮食安全 |
| 5 | | | 附件：货币和非货币性惠益 | 粮食和生计保障惠益 | 粮食和生计保障 |
| 6 | 《名古屋议定书》 | 农业 | 前言 | 认识到农业生物多样性的特殊性质，其独有特点和需要区别性解决方案的问题 | 区别性解决方案 |
| 7 | | 农业、粮食 | 前言 | 认识到各国在粮食和农业遗传资源方面相互依存，以及在减贫及应对气候变化方面，遗传资源对于实现世界粮食安全和农业可持续发展的特殊性和重要性，并承认《粮食和农业植物遗传资源国际条约》和粮农组织粮食和农业遗传资源委员会在这方面的根本作用 | 减贫、应对气候变化 |
| 8 | | | 前言 | 回顾与《公约》协调一致制定的《粮食和农业植物遗传资源国际条约》下的获取和惠益分享多边制度 | — |
| 9 | | 粮食 | 第 8 条：特殊考虑 | 考虑遗传资源对于粮食和农业的重要性及其对于粮食安全的特殊作用 | 粮食安全 |

续表

| 序号 | 《公约》及其议定书 | 关键词 | 章节 | 条款具体内容 | 涉及的其他方面 |
|---|---|---|---|---|---|
| 10 | | 农业、食物 | 简介 | 生物安全……同时亦承认现代生物科技在提高人类生活质量方面具有极大的潜力，特别是在满足食物、农业及卫生保健这些不可少的需求方面 | 生物安全 |
| 11 | | | 第7条（提前知情同意程序的适用）第2款 | 以上第1款中所述"有意向环境中引入"并非指拟直接用作食物或饲料或加工的改性活生物体 | |
| 12 | 《卡塔赫纳生物安全议定书》 | | 第7条（提前知情同意程序的适用）第3款 | 第11条应在拟直接用作食物或饲料或用于加工的改性活生物体首次越境转移之前予以适用 | 直接用作食物或饲料加工 |
| 13 | | 食物① | 第11条第1款、第4款、第5款、第6款、第7款、第8款、第9款 | 具体介绍"关于拟直接用作食物或饲料或加工的改性活生物体的程序" | |
| 14 | | | 第18条（处理、运输、包装和标志）第2款 | 每一缔约方应采取措施，要求：（a）拟直接用作食物或饲料或加工的改性活生物体……生物体应附有单据 | 关于运输单据的要求 |
| 15 | | | 附件二 | 按照第11条需提供的关于拟直接用作食物或饲料或加工的改性活生物体的资料 | 关于提供资料的要求 |

① "粮食"和"食物"分别为《名古屋议定书》和《卡塔赫纳生物安全议定书》中的中文翻译原文，英文均为"food"。

（二）缔约方大会关于农业生物多样性的决定

农业生物多样性是一个广义术语，它包括与粮食和农业相关的生物多样性的所有组成部分，以及构成农业生态系统的生物多样性的所有组成部分：维系农业生态系统关键作用、结构和过程所必需的基因、物种和生态系统层次的动物、植物和微生物等所有品种和可变性。农业生物多样性是遗传资源、环境、农民使用的管理体系和实践相互作用的结果。从《公约》缔约方大会（COP）第二届开始，每次都有具体议题针对农业生物多样性进行讨论，并最终作为大会成果的决定（如表2所示）。农业生物多样性的议题由广至深、由整体至具体，从最初仅关注的"遗传资源"层面到整体的"保护及可持续利用"，再发展到多维度的议题——包括与"农业生物多样性"相关的土壤、传粉、贸易、能源、营养和健康等。

表2　COP2至COP13中关于农业生物多样性保护的相关决定及涉及的主要内容

| 序号 | 缔约方大会 | 决定条款 | 决定的议题 | 涉及的主要内容 |
|---|---|---|---|---|
| 1 | COP2 | Decision II/15 | 联合国粮农组织的全球粮食和农业植物遗传资源保护和利用系统 | 粮食和农业植物遗传资源 |
| 2 | | Decision II/16 | 在保护和利用粮食和农业植物遗传资源国际技术会议上的声明 | 粮食和农业植物遗传资源 |
| 3 | COP3 | Decision III/11 | 农业生物多样性的保护和可持续利用 | 农业生物多样性的保护；同时建议考虑 COP2 中 Decision II/7 有关内容 |
| 4 | COP4 | Decision IV/6 | 农业生物多样性 | 保护和可持续利用 |
| 5 | COP5 | Decision V/5 | 农业生物多样性：审查工作方案第一阶段，并通过（一个）多年工作方案 | 加强多方合作；提高能力建设和案例研究；提出保护和可持续利用授粉的国际倡议 |
| 6 | COP6 | Decision VI/5 | 农业生物多样性 | 工作方案的执行；国际授粉媒介倡议；土壤生物多样性；动物遗传资源；贸易自由化的影响；基因使用限制技术的应用带来的影响 |
| 7 | | Decision VI/6 | 《粮食和农业植物遗传资源国际条约》 | 粮食和农业遗传资源 |
| 8 | COP7 | Decision VII/3 | 农业生物多样性 | 工作方案的执行；国际贸易；粮食和农业遗传资源 |

续表

| 序号 | 缔约方大会 | 决定条款 | 决定的议题 | 涉及的主要内容 |
|---|---|---|---|---|
| 9 | COP8 | Decision VIII/23 | 农业生物多样性 | 食物和营养生物多样性跨领域的倡议 |
| 10 | COP9 | Decision IX/2 | 农业生物多样性：生物燃料和生物多样性 | 生物燃料的可持续生产和使用 |
| 11 | COP10 | Decision X/34 | 农业生物多样性 | 农业生物多样性对粮食安全和营养的重要性；粮食和农业遗传资源 |
| 12 | | Decision X/37 | 《生物燃料与生物多样性》第2款、第3款、第4款 | 可持续农业；粮食及能源安全 |
| 13 | COP11 | Decision XI/25 | 《生物多样性的可持续利用：食用森林猎物和可持续野生动物管理》第12款 | 可持续小规模粮食生产和收入替代办法 |
| 14 | | Decision XI/27 | 《生物燃料与生物多样性》第1款 | 粮食及能源安全 |
| 15 | COP12 | Decision XII/5 | 生物多样性促进消除贫困和发展 | 粮食安全和营养 |
| 16 | | Decision XII/21 | 《生物多样性与人类健康》第4款、第5款 | 粮食、营养与人类健康 |
| 17 | COP13 | Decision XIII/1 | 执行《公约》和《2011—2020年生物多样性战略计划》以及实现爱知生物多样性指标的进展情况 第28款 | 粮食和农业遗传资源 |
| 18 | | Decision XIII/3 | 加强执行《2011—2020年生物多样性战略计划》和实现爱知生物多样性指标的战略行动，包括生物多样性主流化和将其纳入各个部门的战略行动 | 粮食安全和营养；农业、林业、渔业与保护生物多样性；粮食安全；粮食和农业遗传资源；粮食和农业的可持续发展等 |
| 19 | | Decision XIII/5 | 《生态系统恢复：短期行动计划》第4款 附件第13段、第15段 | 在相关规模上评估生态系统恢复的潜在成本，包括粮食安全；将监测进程纳入粮食方案；生态系统恢复活动如何支持农业 |
| 20 | | Decision XIII/6 | 《生物多样性与人类健康确认、强调》第6款、附件（b）（c） | 农业生态系统中其他生物多样性；农业生产；粮食与健康；粮食生产；粮食和营养等 |
| 21 | | Decision XIII/15 | 政府间科学政策平台关于授粉媒介、授粉和粮食生产的评估对《公约》工作的影响 | 授粉媒介、授粉和粮食生产；将生物多样性纳入粮食和农业部门的主流化 |

2016年12月，COP13高级别会议通过了《关于保护和可持续利用生物多样性促进人类福祉的坎昆宣言》。190多个国家承诺致力于将生物多样性纳入主流化工作，承诺"要牢记农业、林业、渔业和旅游部门严重依赖生物多样性及其组成部分，以及生物多样性所支撑的生态系统功能和服务，上述这些部门还以各种直接和间接的方式影响生物多样性……各个部门需采取具体行动"（薛达元，2017），国家的承诺再次表明农业生物多样性在《公约》履约中的重要性。

（三）"爱知目标"和"2020年后框架"

联合国于2010年在日本名古屋正式通过了《2011—2020年生物多样性战略计划》（以下简称《战略计划》）及其"爱知目标"，与农业生物多样性相关的目标是其行动目标7（"到2020年，农业、水产养殖及林业覆盖的区域实现可持续管理，确保生物多样性得到保护"）和行动目标9（"到2020年，入侵外来物种和进入渠道得到鉴定和排定优先次序，优先物种得到控制或根除，同时制定措施管理进入渠道以防止入侵外来物种的进入和扎根"）。

2016年12月，COP13启动制定"2020年后框架"的工作，为《战略计划》后续工作的筹备进程及时间表编写提案。2020年1月，"2020年后框架"零案文发布，其目标相对"爱知目标"来说有了很大的变化（如表3所示）。农业生物多样性的目标从"可持续的农业、水产养殖和林业"变为"保护和加强农业生物多样性的可持续利用"，其中对授粉媒介、土壤健康、土壤虫害防治、无害生物的农业流程、可持续管理下的农业地区、作物以及受到保护的家养动物遗传多样性都建议作为长期监测目标，这一变化又一次表明农业生物多样性在目前《公约》履约中被重视的程度进一步加大。

表3 "爱知目标"和"2020年后框架"中关于农业生物多样性的目标设置

| 目标 | "爱知目标" | "2020年后框架" |
|---|---|---|
| 目标1 | 对生物多样性的认识得到提高 | 规划与恢复 |
| 目标2 | 将生物多样性价值纳入主流 | 保护区 |
| 目标3 | 改良激励措施 | 野生动植物保护与恢复，减少人与野生生物的冲突 |
| 目标4 | 可持续的生产与消费 | 野生动植物可持续利用 |
| 目标5 | 生境丧失减半或减少 | 外来入侵物种 |
| 目标6 | 可持续管理水生物资源 | 减少污染 |
| 目标7 | 可持续的农业、水产养殖业和林业 | 气候变化与生物多样性 |
| 目标8 | 减少污染 | 野生动植物可持续管理使人获取惠益（包括粮食安全） |

| 目标 | "爱知目标" | "2020 年后框架" |
|---|---|---|
| 目标 9 | 防止和控制外来入侵物种 | 可持续农业 |
| 目标 10 | 易受气候变化影响的生态系统 | 基于自然的解决方案的生态系统服务 |
| 目标 11 | 保护区 | 城市生物多样性 |
| 目标 12 | 降低物种灭绝的风险 | 惠益分享 |
| 目标 13 | 维护遗传多样性 | 主流化 |
| 目标 14 | 生态系统服务 | 供应链 |
| 目标 15 | 生态系统恢复的复原力 | 可持续消费 |
| 目标 16 | 获取遗传资源和分享其带来的惠益 | 生物安全 |
| 目标 17 | 生物多样性战略和行动计划 | 激励措施 |
| 目标 18 | 传统知识 | 资源调动 |
| 目标 19 | 共享信息和知识 | 信息获取 |
| 目标 20 | 调动各种来源的资源 | 公平参与 |

## 二、农业生物多样性保护履约面临的主要困难

### （一）国际形势严峻

为实现农业的可持续发展，需要对农业生物多样性进行保护，其受到的预期与非预期的威胁仍很大，但国际上没有做好相应的应对准备或对策。虽然 190 多个国家在《坎昆宣言》承诺致力于将生物多样性纳入主流化工作，但相当一部分国家的农业、林业、渔业等部门对生物多样性保护主流化的关注并不多，相关的宣传、培训、资金支持还远远不足。

### （二）"爱知目标"实现情况并不理想

针对"爱知目标"行动目标 7 的"林业可持续"、"农业可持续"和"水产养殖可持续" 3 个要素来说，IPBES 的全球评估显示，其中 2 个要素无进展，1 个要素有一定进展；全球生物多样性展望第四版（GBO-4，2014 年）和第五版（GBO-5，2020年）评估显示，所有要素均只有一定进展。目前该目标面临的普遍挑战是：全球化肥和农药使用率稳定，不过使用量很高；粮食和木材生产中的生物多样性继续下降，粮食生产仍然是全球生物多样性丧失的主要驱动因素之一。

针对"爱知目标"行动目标 9 的 4 个要素评估来看，只有"发现并区分外来入

侵物种"这一初始要素获得积极进展，其他均显示无进展或有一定进展。该目标面临的普遍挑战是：资源、知识、能力和认识有限，以及缺乏必要的法律框架。世界自然保护联盟（IUCN）的《全球引进和入侵物种登记簿》表明，2000—2010年，外来入侵物种数量累积增加了约 100 种，此后入侵明显减缓，但 2017 年的一次全面调研发现，没有迹象表明入侵放缓，至少和旅行与贸易相关的无意引进没有放缓。

（三）"2020 年后框架"的制定和通过仍需推动

原定于 2020 年 2 月在昆明举行的《公约》不限名额工作组第二次会议因新冠肺炎疫情影响，改在意大利罗马召开，会上对"2020 年后框架"初稿进行了首次磋商，但结果未能充分反映生物多样性丧失的严峻性和紧迫性。"2020 年后框架"中解决造成生物多样性丧失的间接驱动因素（如农业、基础设施等行业的可持续发展）并未获得缔约方的共识。在框架制定过程中，巴西、玻利维亚等提出重点与《联合国气候变化框架公约》《粮食和农业植物遗传资源国际条约》以及其他国际公约或条约进程衔接，世界自然保护联盟及大多数国家支持考虑生产部门对生物多样性保护和可持续利用的影响。农业生物多样性作为影响《公约》履约的一个重要方面，还需要在制定"2020 年后框架"议程中进一步推动。

## 三、关于加强农业生物多样性保护相关工作的建议

（一）加强农业生物多样性保护主流化工作

一是在国际上加强双边、多边合作，在充分了解农业生物多样性履约进展的基础上，与各国在农业生物多样性主流化方面深入研究、交流；在履约谈判进程中提出中国意见和中国方案，不被西方国家"牵着鼻子走"。

二是在国内政策上继续深入贯彻新发展理念，把农业的绿色发展摆在突出的位置。继续推进农业的减量增效、绿色替代、种养循环、综合治理等工作；加强动植物种质资源保护利用，推进种质资源收集保存。

三是加强相关人员的培训。开展较以往更灵活便捷的培训方式，如线下与线上结合的培训；依靠国家、部委或国际项目开发内容丰富的培训资料，组织相关机构、科研院所开发更优质的培训资源；加强相关主流化工作的延伸服务，以培训为桥梁，增强管理者和企业机构的互动和交流。

（二）加强非国家利益相关方的参与

一是加强国际层面政策的研判。"沙姆沙伊赫到昆明"人与自然行动议程（以下简称"行动议程"）由埃及、《公约》秘书处联合我国共同发起。该行动议程以在线平台的形式，收集并展示不同领域的非国家利益相关方在生物多样性方面所做出的具体承诺和贡献，以促进各方为生物多样性保护及其可持续利用广泛采取行动。在大的目标（类别）的设定中，为农业生物多样性留有一席之地——"粮食和健康"。虽然具体的议题还在设置中，但相信在历次 COP 中提及的粮食安全、农业遗传资源、农业的可持续发展和目前国际关注的农业生物多样性恢复、生态修复等议题会被考虑作为指标。

2019 年，中法联合发布的《中法生物多样性保护和气候变化北京倡议》中提出："鼓励所有部门的所有行为者和利益相关方对生物多样性保护作出具体和明确的承诺和贡献，以刺激和支持政府在'沙姆沙伊赫到昆明'人与自然行动议程框架内采取行动，并促进强有力的'2020 年后全球生物多样性框架'"。

二是加强相关行业和企业对农业生物多样性保护的重视。首先，在行业层面，开展有关农业生物多样性保护活动清单的梳理工作，挖掘行业内生物多样性保护过程中面临或可能面临的情况以及风控需求，帮助企业明确业务所涉及的生物多样性保护范围。其次，作为农业生物多样性保护的重要主体和获益方，企业与之密切相关。使相关企业意识到自身发展与农业生物多样性保护密切相关，从法律方面有利于规避法律风险，从企业社会责任方面有利于树立良好企业形象，从企业自身长远发展方面可以获取稳定的材料和创新来源。最后，鼓励行业内开展自主交流，制定行业指南，制定保护农业资源环境与生物多样性的相关行业标准或指引。鼓励相关企业在保证粮食安全和企业发展的同时，制定自主承诺或企业战略规划，将农业生物多样性保护纳入企业发展中。

（三）推进可持续农业发展

一是加强国际合作。在国际上通过建立双边和多边的伙伴关系，加强各国农业可持续发展、优势农业互补的研究，加强与发达国家在有机农业技术发展方面的交流合作。

二是推进国内可持续农业发展。我国在 2015 年就出台了全国农业可持续发展规划，今后要结合"十四五"规划，深入推进农业绿色发展。在技术上，可以开展有机土壤改良（如正大集团苍南园区种植新型耐盐碱油菜以进行土壤改良，亿利集团种植甘草以改良库布齐沙漠等），低碳土地改造等以优化土地利用结构。在一些农业关键区域，对稀有或濒危的农业物种（包括野生亲缘物种）以及生态系统，加强农业生物种质资源库和基因库的建设，以保护农业生物多样性。

三是提高国家自主贡献力度。我国将提高国家自主贡献力度，采取更加有力的政策和措施，二氧化碳排放力争2030年前达到峰值，努力争取2060年前实现碳中和。农业是实现碳中和的非常关键的一环，因此，要调节非作物生境，利用生态方法，减少化学农药的使用以减少农业的碳排放量（如正大集团在慈溪园区采取水淹法治虫[①]）。以人工促进自然恢复，重构低碳农田生态系统。采取水陆、林地农田、草地农田等多系统交织的策略，在建立农田生态系统多样性的同时，鼓励建立农田生物多样性，减少碳排放量，增加碳汇储备。

（四）推行"基于自然的解决方案"

2020年9月，《山水林田湖草生态保护修复工程指南（试行）》印发，提出"用基于自然的解决方案"，多措施并举、系统修复、综合治理，对农业空间和城镇空间提出了新要求。基于自然的解决方案（NbS）包括支持重要的生态系统服务、保护生物多样性、改善生计、健康饮食和可持续粮食系统中的粮食安全，是全球共同努力实现《战略计划》和《联合国气候变化框架公约》目标和可持续发展目标的重要组成部分。2020年7月23日，IUCN正式发布NbS全球标准，由8个准则及一系列指标构成，旨在使全球政府、企业和公民社会确保NbS实施的有效性。NbS与"人与自然和谐共生""人类命运共同体"等生态文明理念不谋而合。中国在相关体制机制建设、政策工具设计方面已经进行了有益的探索，包括生态保护红线、河湖长制、"一带一路"绿色发展国际联盟等。利用基于自然的解决方案，以协调的方式解决农业生物多样性丧失、土地和生态系统退化等问题。

总之，我国作为世界农业大国，已将农业发展融入经济、社会发展中，在努力避免先破坏后保护的同时，使农业生物多样性保护与经济发展同步进行。我国高度重视农业生产方式的转变，积极采取有力措施，保护生物多样性，促进可持续利用，有效促进农产品供应链的可持续性。在面对新型冠状病毒肺炎疫情对全球农业带来的影响时，我们应该坚决贯彻国家主席习近平在二十国集团领导人特别峰会上的讲话精神，与各方一道共同维护世界农业稳定和粮食安全。2021年，COP15已在昆明举办，在此重要时期，我们应作出对全球农业发展的中国贡献。

---

① 水淹法防治害虫：大水漫灌稻田，淹没秧苗7h，配合稻田鱼、泥鳅等的养殖，可有效消灭75%的稻纵卷叶螟幼虫、稻飞虱，从而达到虫害防治、减少稻田农药使用量、减少农业的碳排放量的目的。

# 参考文献

弓成,刘云慧,满吉勇,等,2020.基于生物多样性和生态系统服务的生态农场景观设计 [J].中国生态农业学报,28(10):1499-1508.

吴杨,潘玉雪,张博雅,等,2020. IPBES 框架下的生物多样性和生态系统服务区域评估及政策经验 [J].生物多样性,28(7):913-919.

徐靖,耿宜佳,银森录,等,2018.基于可持续发展目标的"2020 年后全球生物多样性框架"要素研究 [J].环境保护,46(23):16-22.

薛达元,2017.《生物多样性公约》履约新进展 [J].生物多样性,25(11):1145-1146.

赵国松,刘纪远,匡文慧,等,2014. 1990—2010 年中国土地利用变化对生物多样性保护重点区域的扰动 [J].地理学报,69(11):1640-1650.

Li L, Hu R C, Huang J K, et al., 2020. A farmland biodiversity strategy is needed for China [J]. Nature Ecology & Evolution, 4(6):772-774.

# 全球气候治理面临的环境政策挑战分析及我国应对建议

周　波

## 一、气候治理相关政策制度的演进

在联合国框架下，从 1990 年国际气候谈判启动，迄今为止的 30 余年间，国际气候治理制度的演进大致经历了以下几个阶段：第一阶段为 1990—1994 年，是国际气候谈判正式启动，《联合国气候变化框架公约》（以下简称《公约》）达成，全球气候治理框架得以确立的阶段。第二阶段为 1995—2005 年，是《京都议定书》达成并生效的阶段。《京都议定书》遵循"双轨制"，在其第一承诺期内，为发展中国家和发达国家规定了不同的责任与义务，贯彻了《公约》中共同但有区别的责任原则。其中，规定发展中国家要在《公约》下采取进一步应对气候变化的措施，而发达国家则需履行具有法律约束力的定量减排目标和义务。第三阶段为 2005—2015 年，是《巴黎协定》的达成阶段。2015 年 12 月 12 日，《公约》近 200 个缔约方在巴黎气候变化大会上一致同意通过《巴黎协定》。2016 年 4 月 22 日，《巴黎协定》由 175 个国家正式签署，为了规避各国自利行为的倾向，设计出"国家自主贡献"的机制。据巴黎气候大会主席国法国提供的数据，到 11 月 1 日，共有 92 个缔约方批准了《巴黎协定》，其温室气体排放量占全球总量的 65.82%，跨过了协定生效所需的两个门槛。2016 年 11 月 4 日，在人类应对气候变化的努力中，具有历史性意义的《巴黎协定》正式生效，它是继《公约》和《京都议定书》后，在全球应对气候变化的进程中具有里程碑意义的成果，是全球为共同努力应对气候变化、拯救地球而迈出的关键一步。

## 二、全球气候治理面临的环境政策挑战

《公约》是世界上第一个旨在减少温室气体排放和缓解全球变暖的国际公约，也是人类应对越来越严峻的环境变化问题的最重要协商机制，在其基础上形成了很多国家间的合作条约和国际环境政策协议。但是自 1992 年《公约》达成以来，人类未能有效抑制气候变化的步伐。

（一）制定环境政策时各国分歧不断

大气没有国界。当温室气体被排放后，无论其从世界上哪个地方被释放出来，对人类整体的环境变化而言，其效果都是一样的。正是由于环境外部性问题难以克服，这就使得各国从自身的经济现实出发，迫切需要进行全球一致的减排行动，但同时最好是除了自身以外的其他所有国家全部进行减排，这样既不会影响本国经济发展对能源消费的需求，又能得到较好的环境治理效果。当所有国家都秉持这种"搭便车"的想法时，环境政策就会出现不合作结果。

表 1 显示了历届联合国气候变化大会的进展，其中充满了发达国家与发展中国家在减少温室气体排放问题上的不信任，也曾出现就一些关键承诺多轮协商后无果的状况，而对于深受诟病的"搭便车"现象，在巴厘岛会议时达到了矛盾激化的临界点。对于广大发展中国家而言，实施环境治理既要付出减缓经济增长的代价，又有可能面临污染转移等环境代价，这使得历届气候变化大会的谈判都很艰难。

表 1 历届联合国气候变化大会一览

| 时间 | 会议 | 地点 | 主要内容 |
|---|---|---|---|
| 1992 年 6 月 | 联合国环境与发展会议 | 里约热内卢 | 签署《联合国气候变化框架公约》 |
| 1995 年 4 月 | 《公约》第一次缔约方大会 | 柏林 | 通过同意对《公约》内容立即展开谈判的"柏林授权" |
| 1996 年 7 月 | 《公约》第二次缔约方大会 | 日内瓦 | 对"柏林授权"的议定书起草问题未获一致意见 |
| 1997 年 12 月 | 《公约》第三次缔约方大会 | 京都 | 通过《京都议定书》 |
| 1998 年 11 月 | 《公约》第四次缔约方大会 | 布宜诺斯艾利斯 | 通过"布宜诺斯艾利斯行动计划" |
| 1999 年 11 月 | 《公约》第五次缔约方大会 | 波恩 | 通过《公约》附件所列缔约方国家信息指南 |
| 2000 年 11 月 | 《公约》第六次缔约方大会 | 海牙 | 艰难达成"没有美国参加的妥协方案" |
| 2001 年 10 月 | 《公约》第七次缔约方大会 | 马拉喀什 | 通过《马拉喀什协定》 |
| 2002 年 10 月 | 《公约》第八次缔约方大会 | 新德里 | 通过《德里宣言》 |
| 2003 年 12 月 | 《公约》第九次缔约方大会 | 米兰 | 俄罗斯拒绝批准《京都议定书》 |
| 2004 年 12 月 | 《公约》第十次缔约方大会 | 布宜诺斯艾利斯 | 对《京都议定书》正式生效后的情况进行研讨 |
| 2005 年 12 月 | 《公约》第十一次缔约方大会 | 蒙特利尔 | 通过"蒙特利尔路线图" |
| 2006 年 11 月 | 《公约》第十二次缔约方大会 | 内罗毕 | 达成"内罗毕工作计划"；讨论"适应基金"的使用 |

续表

| 时间 | 会议 | 地点 | 主要内容 |
|---|---|---|---|
| 2007 年 12 月 | 《公约》第十三次缔约方大会 | 巴厘岛 | 通过"巴厘岛路线图" |
| 2008 年 12 月 | 《公约》第十四次缔约方大会 | 波兹南 | 讨论"后京都时代"长期减排目标 |
| 2009 年 11 月 | 《公约》第十五次缔约方大会 | 哥本哈根 | 商讨《京都议定书》第一承诺期到期后的后续方案 |
| 2010 年 11 月 | 《公约》第十六次缔约方大会 | 坎昆 | 重点讨论资金和技术转让问题，呼吁重建发达国家和发展中国家之间的互信 |
| 2011 年 12 月 | 《公约》第十七次缔约方大会 | 德班 | 实施《京都议定书》第二承诺期；建立"德班增强行动平台"特设工作组 |
| 2012 年 11 月 | 《公约》第十八次缔约方大会 | 多哈 | 加拿大、俄罗斯宣称退出《京都议定书》 |
| 2013 年 11 月 | 《公约》第十九次缔约方大会 | 华沙 | 通过"华沙 REDD＋框架" |
| 2014 年 12 月 | 《公约》第二十次缔约方大会 | 利马 | 讨论气候谈判新协议，但未展开实质性磋商 |
| 2015 年 12 月 | 《公约》第二十一次缔约方大会 | 巴黎 | 讨论制定全球新气候变化协议 |
| 2016 年 11 月 | 《公约》第二十二次缔约方大会 | 马拉喀什 | 讨论如何落实《巴黎协定》规定的各项内容，督促各国提出明确规划安排 |
| 2017 年 11 月 | 《公约》第二十三次缔约方大会 | 波恩 | 达成名为"斐济实施动力"的一系列积极成果 |
| 2018 年 12 月 | 《公约》第二十四次缔约方大会 | 卡托维兹 | 艰难完成《巴黎协定》的实施细则谈判 |
| 2019 年 12 月 | 《公约》第二十五次缔约方大会 | 马德里 | 关于核心议题《巴黎协定》第 6 条未达成共识 |

### （二）环境政策本身存在设计缺陷

除了发展中国家和发达国家出于彼此的不信任而导致的气候变化全球合作举步维艰外，来自顶层设计的缺陷也会导致全球环境政策易于陷入"制度陷阱"。

从图 1 中可见，在 20 世纪后半叶，OECD 成员国是全球能源消费的主要力量，发达国家一直是全球气候环境变化的主要责任方。1997 年，由包括部分 OECD 成员国在内的 37 个工业国和欧盟共同签署了具有法律约束效力的《京都议定书》，旨在延缓气候变化的步伐。虽然《京都议定书》被寄予了很高的期望，但其结果却让人大为意外。自 1997 年签订文件以后，全球的主要能源消费量呈现出更快的上升趋势。虽然 OECD 成员国和欧盟的主要能源消费量得以降低或维持在较小的波动范围内，但是来自非 OECD 成员国的消费量却呈现出加速上升的趋势，在从协议签订后到 2018 年的 18 年间，非 OECD 成员国的主要能源消费量增长了 1.07 倍。

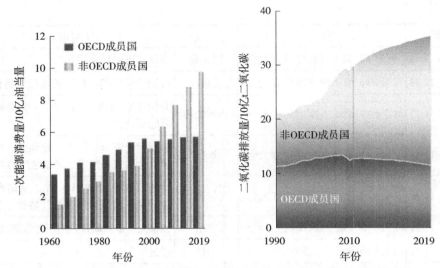

**图 1 全球按地区统计的一次能源消费变化情况及产生的二氧化碳排放量**

数据来源:《BP 世界能源统计年鉴》。

显而易见,《京都议定书》存在巨大的设计缺陷,由于其正文与主要附件内容并未对发展中国家在第一个协议期(1997—2012 年)内的减排义务进行明确规定,使得在发展中国家承诺的减排期(2012 年开始)到来之前,就已经达到了一个较高的初始能源消费和碳排放水平,原本的气候协议已失去了意义。所以当《京都议定书》无法继续发挥功能而被《巴黎协定》取代后,各国寄希望于背负着签约国信用的"国家自主贡献"(NDCs)机制能够发挥作用。然而,《巴黎协定》的前途并非就是充满光明的。

从表面上看,图 1 中的结果是一种政策制定过程中的疏忽或者谈判妥协的产物,但实际上揭示出一定的短视问题,谈判时的各国均只关注当时的最大碳排放来源。《京都议定书》签署时的西方工业国是当时的主要排放国,因此《京都议定书》只关注如何限制西方工业国减排,而忽略了发展中国家。《巴黎协定》签订时中国是当时最大的碳排放国,因此又针对中国设计了 NDCs 机制。

从表 2 分地区看,亚太地区国家一次能源消费占全球的 43.2%,其中中国和印度分别占 23.6% 和 5.8%;北美洲、欧洲、中东地区、拉丁美洲、非洲分别为 20.4%、14.8%、6.5%、5.1%、3.3%。2019 年中国一次能源消费量达 32.7 亿油当量,居世界第一位,占全球能源消费总量的比例增加到 23.6%。其中,中国、美国和印度 3 国能源消费的增量占全球增量的 2/3 以上。

表 2　2019 年主要国家和地区一次能源消费情况

| 国家和地区 | 消费量 / 亿油当量 | 同比增速 /% | 占比 /% |
| --- | --- | --- | --- |
| 中国 | 32.7 | 4.3 | 23.6 |
| 美国 | 23.0 | 3.5 | 16.6 |
| 印度 | 8.1 | 7.9 | 5.8 |
| 俄罗斯 | 7.2 | 3.8 | 5.2 |
| 日本 | 4.5 | −0.2 | 3.3 |
| 加拿大 | 3.4 | 0.2 | 2.5 |
| 德国 | 3.2 | −3.0 | 2.3 |
| 韩国 | 3.0 | 1.3 | 2.2 |
| 巴西 | 3.0 | 1.3 | 2.1 |
| 伊朗 | 2.9 | 5.0 | 2.1 |
| 全球 | 138.6 | 2.9 | 100.0 |
| OECD 成员国 | 56.7 | 1.5 | 40.9 |
| 欧盟 | 16.9 | −0.2 | 12.2 |

　　从历史累积能源消费可以清楚地看到主要责任方，美国仍然是历史上最大的主要能源消费国和碳排放国，因此，特朗普政府退出《巴黎协定》的行为广受诟病，其妄图逃避自身的历史责任并将带来更多新的污染。中国在短短几十年内就积累了全球第二的能源消费量，因此应当尽快发展低碳经济。西方工业国出于对历史排放负责的精神，也应该尽力支持其他国家走上使用清洁能源的发展道路。而最大的问题来自俄罗斯、印度、巴西、印度尼西亚等国，其未来能源消费存在巨大的潜力和不确定性，使得现有的《公约》框架并不能实质促成这些国家实现节能减排的目标。

## 三、我国应对全球气候治理制度挑战的几点建议

　　全球气候治理进程中，我国用诸多努力展示出开放、合作的态度，超出了外界的预期，受到国际社会的高度评价，国际社会对我国的期望在不断增加，希望我国能够在全球气候治理中发挥更大的作用，逐渐从全球应对气候变化的参与者，成为贡献者和引领者。当然这也会增加我国的国际压力。我国作为世界第二大经济体和第一大排放国，必须要回应国际社会的关切，但同时也需要保证我国国家战略的实现，避免在这两个方面发生矛盾冲突。

　　第一，我国应该积极参与到全球气候治理的制度体系建设中，推进全球环境治理新规则、新标准的形成。我国要利用好 G20 平台、中欧对话等机会，积极推进气

候治理多边合作进程，不断总结我国过去在低碳城市、新能源、能源扶贫、智慧电网等领域的建设经验，推进全球环境治理新规则、新标准的形成，以有利于全球气候合作的进一步加深。

第二，维护负责任大国形象，主动承担与自身国情、发展阶段和实际能力相符的国际责任。顺应世界绿色低碳发展潮流，把握我国综合国力和国际影响力不断上升的历史性机遇，主动承担与自身国情、发展阶段和实际能力相符的国际责任，以更大力度和更好效果应对气候变化。围绕 2020 年后应对气候变化行动的碳达峰、碳中和目标愿景，努力争取二氧化碳排放总量尽早达到峰值。

第三，妥善运筹好大国关系，积极与发达国家加强沟通，继续维持中美两国气候合作框架。推进同美国、欧盟、加拿大、日本、澳大利亚等发达国家和地区的政策对话与务实合作，就多边气候协议的建设性寻找各方分歧和技术障碍解决方案。为了维护中美过去 20 多年来的气候谈判成果，我国应该尽量维持现有的中美环境技术合作框架体系，不断加强政治、经济合作，求同存异，达成共识，使中美在国际气候谈判中更加默契。

第四，夯实发展中国家战略依托，推进气候变化南南合作。加强同"基础四国"、"立场相近发展中国家"、小岛国、最不发达国家和非洲国家的沟通协调。在"一带一路"建设和国际产能合作中突出绿色低碳元素，引导海外投资更多流向低碳领域。在实施中国气候变化南南合作基金相关项目活动过程中，增加低碳、绿色要求，提升我国在全球环境基金、绿色气候基金中的影响力。

# 参考文献

戴利汤森，2011. 珍惜地球：经济学、生态学、伦理学［M］. 北京：商务印书馆.

汉密尔顿·杰伊·麦迪逊，2014. 联邦党人文集［M］. 北京：商务印书馆.

库拉，2017. 环境经济学思想史［M］. 上海：上海人民出版社.

李程宇，2015.《京都》15 年后：分阶段减排政策与"绿色悖论"问题［J］. 中国人口·资源与环境，（1）：1-8.

诺斯托马斯，2013. 西方世界的兴起［M］. 北京：华夏出版社.

Victor D G，2019. Global warming: why the 2℃ goal is a political delusion［J］. Nature，459（7249）：909.

# 欧美气候援助经验及启示

莫菲菲　王树堂　奚　旺　崔永丽

应对气候变化问题是国际社会关注的热点之一。发展中国家由于缺乏资金和技术，其应对气候变化能力普遍不足，更容易受到气候变化的不利影响。1992 年签订的《联合国气候变化框架公约》（以下简称《公约》）规定发达国家应向发展中国家提供资金与技术以帮助发展中国家应对和适应气候变化。《公约》为全球如何合作应对气候变化提供了国际法律基础和原则性指导。自此，气候援助成为国际气候变化谈判中的重要部分，提高受气候变化影响的发展中国家应对气候变化的能力也成为国际社会的普遍共识。

应对气候变化南南合作是我国气候变化国际合作的重要内容，也是我国参与全球治理的有效平台。近 30 多年来，欧美气候援助经历了不断拓展和深化的过程，取得重要进展。总结欧美开展气候援助的相关经验，对提升我国气候变化南南合作效果具有重要借鉴意义。

## 一、欧盟气候援助概况

### （一）欧盟气候援助发展历程

第一阶段（2001—2009 年）为初始发展阶段，欧盟开始探索气候援助道路。

2001 年，欧盟将气候援助纳入重点气候外交领域。2003 年，欧盟颁布《发展合作背景下的气候变化行动计划》，标志着欧盟对发展中国家气候援助的开始。2007 年，欧盟建立了欧盟 - 非洲基础设施信托基金（EU-Africa Infrastructure Trust Fund），旨在帮助非洲国家建设能源基础设施，实现向清洁、低碳能源体系转型；同年，牵头建立了全球气候变化联盟（Global Climate Change Alliance，GCCA），为欧盟和贫穷的发展中国家特别是非洲国家和小岛屿国家在应对气候变化、防灾减灾等方面提供合作平台。2008 年，欧盟启动了"全球气候变化联盟 +"（GCCA+）的气候援助旗舰项目，援助的优先领域包括将气候变化融入国家发展战略、提升适应能力、支持适应和减缓战略的制定与执行。

第二阶段（2010 年至今）为欧盟气候援助复兴阶段，欧盟旨在重塑自身在气候谈判领域的领导地位。

2009 年哥本哈根气候大会后，欧盟决定重拾"领导人"地位。2010 年，欧盟委员会发布题为《后哥本哈根国际气候政策：重振全球气候变化行动刻不容缓》的政策文件，重申并扩充了欧盟的全球气候治理目标，并逐渐加大了对国际气候治理援助的投入力度（冯存万等，2016）。2017 年，欧盟委员会向发展中国家提供了 28 亿欧元的气候资金；欧洲投资银行向发展中国家提供了 26 亿欧元的气候资金，主要用于提高能效、资助非洲等地区的可再生能源项目。2019 年，欧洲理事会主席图斯克在联合国气候变化大会上的发言中指出："欧盟及其成员国自 2013 年以来，每年筹集的公共气候资金超过了 200 亿欧元。"

### （二）欧盟气候援助政策分析

欧盟气候援助的政策可以分为如下 3 个层次。

第一层次：建立气候变化联盟，明确援助目标国家。全球气候治理进程具有包容性，建立联盟或伙伴关系已成为欧盟推进气候援助行动的重要形式。欧盟在多个层面建设立足于气候治理的国际联盟，除了 2007 年建立的全球气候变化联盟，欧盟也与巴西、印度、中国、韩国和南非等开展了气候变化伙伴关系建设或对话。欧盟委员会也与一系列地区组织在环境和气候变化问题上建立了互动关系，其中包括非加太国家集团、亚欧会议、东南亚国家联盟、海湾合作理事会与石油输出国组织。

第二层次：建立综合平衡的多元化气候治理援助政策。平衡特征体现为援助主体多元化、融资途径多元化、援助领域多元化。欧盟支持建立国家和地方政府、企业和非政府组织之间多形式的伙伴及联盟关系，为发展中国家获取可持续的能源、资源及技术提供便利。欧盟积极鼓励私人部门参与气候援助。在融资途径方面，欧盟的气候融资途径除公共财政拨款外，还有双边或多边投资银行发行股票、贷款等方式，并注重通过公共资本来吸引私人资本。在援助领域方面，涵盖了气候治理和能源创新两大类，兼顾多个行业和社会领域。以全球气候变化联盟为例，欧盟在 38 个国家支持了 51 个项目，涉及温室气体减排、适应气候变化、降低最不发达国家的灾害风险，以及减少森林退化和砍伐所导致的温室气体排放，帮助最不发达国家和小岛国适应气候变化等。

第三层次：筹建技术转让为主、资金援助为辅的气候援助转型机制。国际社会对气候援助的需求具有覆盖面广、持续时间长的特点，仅仅通过资金援助或赠款方式远远不能满足这类需求。基于气候治理技术的研发现状以及欧盟促进经济复苏、激发私营经济活力的政策考虑，欧盟号召非政府组织和私营部门加大对气候治理技术的研发和推广力度，并鼓励这些组织和部门将技术成果通过合理的途径融入国际气候治理援助（冯存万等，2016）。

以对气候援助一直持积极态度的德国为例。德国的气候援助主要包括减缓、适应和减少森林砍伐及森林退化造成的排放 3 种类型，主要由经济合作和发展部（以下简称"经合部"，BMZ）和联邦环境部（以下简称"环境部"，BMU）负责。经合部的气候援助可以分为气候融资和技术援助两类，前者主要通过德国开发银行进行，后者主要由德国国际合作机构负责。自 2008 年环境部发起"国际气候倡议"（International Climate Initiative，ICI）以来，其通过 ICI 渠道开展气候援助，主要关注气候减缓项目、碳捕集和封存技术及适应项目（秦海波等，2015）。德国开展气候援助的国别分布比较广且相对均衡。根据经合组织发展援助委员会（OECE DAC）统计，2017 年，德国对 41 个非洲国家、31 个亚洲国家和 21 个美洲国家进行气候援助。德国也注重对最不发达国家的援助，2017 年德国对这类国家的气候援助投入超过 8.4 亿美元（周逸江，2020）。

## 二、美国气候援助概况

### （一）美国气候援助发展历程

美国进行气候援助的历史可追溯至 1985 年，主要历经了 4 个发展阶段。

第一阶段（1985—1992 年）为探索初期。美国国际开发署（United States Agency for International Development，USAID）开启对发展中国家"能源援助"之路，为发展中国家提供能源领域支持，提高能源效率，促进先进能源技术发展等。1991 年 6 月，为了响应美国国会对《全球变暖倡议》的支持，美国国际开发署对"能源援助"计划进行了改革，要求在进行项目决策时，把全球变暖因素考虑进去（赵行姝，2018）。

第二阶段（1993—2008 年）为平稳发展阶段。1992 年《公约》通过后，美国根据《公约》中对发达国家的要求，通过气候资金等机制来帮助发展中国家提升气候治理能力。美国进行气候援助的投入从 1993 年的 2.01 亿美元增长到 2014 年的 2.52 亿美元（Office USGA，2005）。

第三阶段（2009—2016 年）为快速增长阶段。这主要得益于奥巴马政府对气候援助的重视。奥巴马执政期间，美国的气候援助在《全球气候变化倡议》（Global Climate Change Initiative，GCCI）框架下实施。除美国国际开发署外，美国国务院和美国财政部也在此框架下落实气候援助项目计划。2009 年，美国国务卿希拉里称"美国将同其他发达国家一道，为发展中国家提供气候援助"。

第四阶段（2017 年至今）为倒退阶段。引起这一变化的主要原因是特朗普上台后一直奉行的"美国优先"原则，美国甚至直接退出《巴黎协定》，对外气候援助力度全面缩减。

### （二）美国气候援助政策分析

美国气候援助政策的变化反映了不同领导人执政时期的主张。美国历届政府对气候变化问题的态度摇摆不定，相关政策变化很大。

奥巴马执政后，美国对气候变化问题表示出前所未有的关注。奥巴马政府提出的《全球气候变化倡议》正式将美国纳入多边资金援助机制中。美国国际开发署、国务院和财政部成为气候援助的 3 个核心机构，管理双边和多边援助工作，气候援助也被纳入美国发展援助之中。

《全球气候变化倡议》旨在通过将应对气候变化纳入美国的对外援助，以促进可持续和适应气候变化的社会发展，促进低碳经济增长，减少毁林和土地退化所致的温室气体排放。该倡议由美国国际开发署、美国财政部和美国国务院共同参与管理，以项目的形式实施。在此框架下的气候援助包括适应能力（Adaptation）、清洁能源（Clean Energy）以及可持续景观（Sustainable Landscapes）建设三大领域（秦海波等，2015）。

适应能力建设旨在协助低收入国家降低其对气候变化影响的脆弱性，建立广泛、透明并且能够满足其成员需要的管理系统，削弱气候变化对经济产生的不良效果。针对非洲、亚洲和拉丁美洲的较为落后的国家，设法帮助其应对基础设施、农业、卫生和供水服务等领域的气候风险；发展各国利用最佳科学分析进行决策的能力；促进健全的治理制度。例如，美国国际开发署与牙买加气象和农村农业发展局（RADA）协调，向当地农民提供预报和早期预警，包括干旱的季节性预测，RADA 利用这些信息指导农民的农业实践——如在预计的气候条件下选择最可能茁壮成长的种子品种。

清洁能源是《全球气候变化倡议》最主要的援助领域。美国主要通过多边信托基金为清洁能源的部署提供大量援助：清洁技术基金（the Clean Technology Fund）旨在对排放量迅速增加的低收入国家提供大规模清洁能源投资；全球环境基金（the Global Environment Facility）为能源和基础设施项目提供资金；低收入国家可再生能源推广计划（Program for Scaling-up Renewable Energy in Low Income Countries）则通过扩大可再生能源战略的部署，帮助最贫穷国家扩大能源供应和刺激经济增长。美国国际开发署正在帮助哥伦比亚制定政策、法规，开发商业环境，以便通过拍卖方式获取可再生能源；通过拍卖，可以将低成本的可再生能源引入哥伦比亚，同时促进其能源领域的投资（USAID，2021）。

可持续景观援助主要包括森林和土地使用项目，帮助有关国家制订计划，以减少毁林和森林退化导致的温室气体排放。例如，森林投资计划（Forest Investment Program）通过改进监管和执法、调动私人资金、确保健全森林管理带来的社会效益和经济效益来解决某些落后国家森林砍伐和温室气体排放增加的情况；美国国际开发署的越南森林和三角洲项目（USAID，2020）中，第一阶段（2012—2018 年）是帮助落实应对气候变化的国家政策和战略，重点关注林业和农业、减少灾害风险和加强农村生计，从 2018 年起第二阶段则重点支持越南政府，确保森林环境服务付费系统（Payment for Forest Environmental Services，PFES）成为实现越南环境和社会经济目标的有效工具。

## 三、欧美气候援助经验

### （一）制定气候援助战略目标

欧盟气候援助理念强调气候变化在全球治理中的重要地位，突出气候援助与可持续发展的内在联系。欧盟制定的气候援助战略性文件包括《发展合作背景下的气候变化行动计划》《赢得应对气候变化的战争》等。欧盟提出帮助发展中国家应对气候变化的 4 个战略重点是协助制定气候政策的基本框架、适应气候变化、减缓气候变化和能力建设，明确将通过合作形式来实现国际气候援助。

美国国际开发署在《气候变化与发展战略（2012—2016 年）》中明确，为实现"使伙伴国加快向适应气候变化、低排放的经济增长和发展过渡"，提出三大战略目标，即通过向清洁能源和可持续景观项目的投资，促进全球向低碳发展转型；通过向适应气候变化项目的投资，提高人口、地区和居民生活的气候变化耐受力；通过将气候变化目标与国际开发署开展的各项目、政策对话、项目执行相结合，强化可持续发展的效果（USAID，2012）。

### （二）建立完善的气候援助管理体系

欧盟和美国在进行对外援助时，普遍拥有专门的管理执行机构，如欧盟委员会发展援助办公室、德国经济合作和发展部（以下简称"德国经合部"）、英国国际发展部、美国国际开发署等。

德国经合部已形成专业有效的援助方案制定方法，即根据不同情境和每个受援国的特点，为其量身定制有针对性的气候援助方案。德国经合部先通过与受援国开展对话来确定气候援助的优先领域，随后双方共同制定优先领域战略报告，受援国可以根据这些战略文件，向经合部及其执行机构提交实施方案建议书；通过一系列的双边谈判，双方共同确定最终的发展援助方案，以此促进援助活动的有效性（周逸江，2020）。

美国国际开发署针对项目的执行制定了可控的标准化流程，对项目进行严格的追踪管理，使对外援助达到资金预算约束下的最优效果。完整的项目管理过程一般包括确立项目、设计方案、审批方案、实施方案和评估监测；完整的执行流程包括制定战略与政策、确定国家发展合作战略、设计实施计划和方案、监测与评估。美国国际开发署还规定，执行流程中的每一部分都要以美国的总体对外战略为主线（华玉臣，2015）。

（三）注重项目评估和信息公开

评估的目的主要体现在两个方面：一是问责，用以向政府、公众、项目受益人、捐助者说明项目的投入、产出和成效；二是学习，通过与其他伙伴机构、研究机构、社会组织的交流合作，进一步完善今后的援助政策和项目。欧盟和美国援助机构普遍设有专门的评估部门，同时还聘请外部专家进行第三方评估。这些机构将评估嵌入项目实施过程中，并运用逻辑框架法、基线调查、成本效益分析等多种手段进行评估（徐加等，2017）。

在结果导向型援助项目管理模式推动下，美国将对外援助监督评估纳入项目管理全链条，将绩效监督和评估数据相结合，贯穿项目立项、实施过程、后续合作等关键环节，以在不同阶段有力地把控项目的援助效果、影响及可持续性（陈小宁，2020）。这不仅可以展示援助项目的结果是什么、是否符合预期，还可以明晰产生这种结果的原因。这既是对利益相关者负责，也可以提升援助效率。此外，美国国务院为增加国际开发署对外援助的透明度，对援助项目涉及的相关数据均进行最及时的公开，保证了气候援助项目的透明度。

（四）引入多元的资金渠道和参与方

为了使气候援助资金来源多元化，欧盟和美国采取积极的策略引导民间机构（如私人企业、非政府组织等）参与到气候援助中来。主要的方式为通过气候融资、出口信贷等措施使民间机构参与气候援助与合作。同时也十分重视对自身以及受援国非政府组织的支持，促进气候援助的多元化。

2010—2012 财政年度，美国快速启动资金主要来源于美国国际开发署、美国国务院及美国财政部等政府机构的拨款，但政府机构的拨款占总资金来源的比例逐年下降，而发展融资及信贷出口在气候援助中的作用越来越重要。

德国多边气候援助主要依托多边开发银行和多边气候融资机构。一方面，与世界银行的国际开发协会、非洲开发银行和亚洲开发银行等多边开发银行开展气候合作；另一方面，还为多边气候融资提供了巨额资金支持（周逸江，2020）。德国快速启动资金援助中资助各类非政府组织的资金达 1 亿美元，其中近八成分配给了本国的非政府组织。

## 四、启示与建议

应对气候变化南南合作是中国积极参与全球气候治理，与广大发展中国家共同探索绿色发展的重要举措。尽管欧美发达国家气候援助在援助性质、方式、内涵等方面与我国存在不同，但欧美气候援助的诸多经验仍对我国应对气候变化南南合作工作有很好的启示作用。

### （一）明确应对气候变化南南合作战略目标

第一，服务气候外交，助力开创对外工作新局面。中国在全球气候外交中的话语权正日益提升，气候变化应当成为中国在多极化向前推进的全球格局中积极参与全球治理的重要突破口。推进应对气候变化南南合作，可以有力落实习近平生态文明思想，共谋全球生态文明建设，引导应对气候变化国际合作，建立以合作共赢为核心的新型国际关系。第二，帮助发展中国家提高应对气候变化行动的能力，推动绿色"一带一路"建设。将中国应对气候变化的经验以及人力、物力、资源交流到其他发展中国家，可以为发展中国家应对气候变化领域提供有力支持，并以气候变化南南合作为契机，践行绿色发展的新理念，与其他发展中国家共同实现 2030 年可持续发展目标。第三，助力低碳技术和优势产业发展并"走出去"。以气候变化南南合作为导引和先行，帮助国内低碳技术和优势产业"走出去"，促进国内低碳技术研发、产业升级，形成深度交融的互利合作网络，为全球低碳转型作出积极贡献。

### （二）健全应对气候变化南南合作管理机制

国家国际发展合作署（以下简称"国合署"）作为国家对外援助主管部门，负责拟订对外援助战略方针、规划、政策，统筹协调援外重大问题并提出建议，推进援外方式改革，编制对外援助方案和计划；生态环境部具体承担应对气候变化南南合作援助项目。需建立起国合署与生态环境部、商务部、外交部和财政部的合作协调机制，充分发挥驻外使领馆熟悉受援国国情的优势，更有效地执行应对气候变化南南合作项目。

对于具体项目管理，建议国合署与生态环境部联合制定并发布《应对气候变化南南合作物资赠送项目管理办法》，从确立项目、设计方案、审批方案，到实施方案和评估监测，制定标准化流程。

（三）建立应对气候变化南南合作成效评估体系

在成效评估体系中应当采取宏观评估、微观评估与第三方评估相结合的评估机制。宏观评估针对应对气候变化南南合作的整体目标进行，也有助于在宏观上判断应对气候变化领域的国际关系和技术优势。以年度评估为基础，收集、整理和汇总信息，结合国民经济与社会发展的五年规划，以五年为一个时间段，做出阶段性的宏观评估。微观评估针对应对气候变化南南合作的具体项目开展，其评估周期从项目初步筛选开始，项目经过立项、实施、效果评估和总结，在项目执行结束、做出初步成效评估后，还需持续跟踪观察和评估。应对气候变化南南合作的成效评估也能在项目设计与实施管理、经验总结与反馈、提高透明度等方面发挥作用。微观评估应以内部或第三方评估为主，以提供客观的信息参考，供完善项目设计和管理所需；同时也要做好项目实施单位的自我评估，以及时掌握、评估和反馈信息。

（四）探索拓宽资金渠道，加强与多边机构的合作

在政策引导下推动援助资金来源的多元化，发挥国家开发银行、进出口银行等现有金融机构的引导作用，形成财政资金和社会资金集成使用的投入体系和长效机制。加强与多边援助机构与组织之间的合作，加大通过多边机构对发展中国家的气候援助份额，利用多边机构的中立性和专业性，提升中国应对气候变化南南合作的影响力。积极利用东盟、澜沧江—湄公河、上海合作组织和中非等合作机制，加强与受援国的沟通，采取共商、共建、共享原则，构建与受援国的伙伴关系，推进与受援国的合作。

# 参考文献

陈小宁，2020. 美国对外援助监督评估体系：值得借鉴之处［J］. 国际经济合作，（3）：103-110.
冯存万，乍得·丹莫洛，2016. 欧盟气候援助政策：演进、构建及趋势［J］. 欧洲研究，34（2）：36-51，6.

华玉臣，2015.美国对外援助体系及其对中国的启示［D］.天津：河北工业大学.

秦海波，王毅，谭显春，等，2015.美国、德国、日本气候援助比较研究及其对中国南南气候合作的借鉴［J］.中国软科学，（2）：22-34.

徐加，徐秀丽，2017.美英日发展援助评估体系及对中国的启示［J］.国际经济合作，（6）：50-55.

赵行姝，2018.美国对全球气候资金的贡献及其影响因素——基于对外气候援助的案例研究［J］.美国研究，32（2）：68-87.

周逸江，2020.德国对外气候援助的行为及其动因分析［J］.德国研究，35（1）：17-38，159-160.

Office USGA，2005. Climate change：federal reports on climate change funding should be clearer and more complete［R］. Government Accountability Office.

USAID，2012. Climate Change and Development Strategy/2012—2016［EB/OL］.［2021-07-08］. https：//pdf.usaid.gov/pdf_docs/PDACS780.pdf.

USAID，2020. Vietnam Forests and Deltas Program［EB/OL］.（2020-12-21）［2021-07-08］. https：//www.usaid.gov/sites/default/files/documents/FS_VietnamForestsandDeltasProgram_Dec2020_Eng.pdf.

USAID，2021. Auction Design Support to Colombia［EB/OL］.（2021-06-24）［2021-07-08］. https：//www.usaid.gov/energy/auction-design-support-colombia.

# 推动基于自然的解决方案
# 提出 2060 碳中和目标的对策建议

王　毅[①]　顾佰和[②]　李　樱[③]

生态环境和自然资源是人类赖以生存和发展的前提和基础。然而，掠夺式的资源开发利用导致人类尝到"牧童经济"式发展带来的苦果。基于自然的解决方案（Nature-based Solutions，NbS）提倡借助自然的力量，改善人与自然的关系，增强社会经济和生态系统韧性。这一理念与"绿水青山就是金山银山""山水林田湖草是生命共同体"等生态文明建设的思想不谋而合。NbS 最早出现于世界银行的《生物多样性、气候变化和适应：世界银行投资中基于自然的解决方案》（World Bank，2018）。随着我国逐步走向全球气候治理的"舞台中心"，NbS 扮演的角色越发重要，因此开展 NbS 在我国应对气候变化领域政策体系中的研究也显得越发关键。

## 一、NbS 与应对气候变化

气候变化概念的提出远早于 NbS 概念，其部分应对措施可以归为 NbS，但 NbS 作为完整的概念被提出来并进入应对气候变化领域的时间尚短，仅十余年。2009 年，世界自然保护联盟（International Union for Conservation of Nature，IUCN）在提交给《联合国气候变化框架公约》（UNFCCC）第 15 届缔约方大会的报告中，提出 NbS 将成为减缓和适应气候变化战略的重要组成部分（IUCN，2009）。2017 年，大自然保护协会（The Nature Conservancy，TNC）等研究机构从全球层面提出一套基于自然的气候解决方案（Natural Climate Solutions，NCS），识别出最重要的 20 个路径（Griscom et al.，2017）。2020 年，对比 IPCC《气候变化与土地特别报告》列出的农业、林业和其他土地利用路径与 TNC 提出的 NCS 路径，将针对气候变化的 NbS 定义为"通过对生态系统的保护、恢复和可持续管理减缓气候变化，同时利用生态系

---

① 第十三届全国人大常委会委员，中国科学院科技战略咨询研究院副院长。
② 中国科学院科技战略咨询研究院副研究员。
③ 中国环境与发展国际合作委员会工作部副主任专家、政策研究室主任。

统及其服务功能帮助人类和野生生物适应气候变化带来的影响和挑战（基于自然的适应或基于生态系统的适应）"（张小全等，2020）。NbS 在应对气候变化领域的影响力得到进一步增强。

（一）NbS 在应对气候变化领域具有巨大的减排潜力

现阶段全球应对气候变化减缓的重要途径主要包括提高能效、能源消耗结构转型、增加清洁能源使用等。研究表明，各缔约方首次提交的 INDC，较实现《巴黎协定》中 2℃目标还有很大差距，更不能奢望控制在 1.5℃（UNEP，2015）。而据估计，NbS 能够为实现《巴黎协定》目标贡献 30% 左右的减排潜力。

在世界范围内，尤其是在发展中国家，NbS 是实现全经济领域温室气体减排的重要手段。TNC 等机构对全球 NbS 潜力的分析表明，在考虑粮食和纤维安全以及生物多样性保护约束条件下，到 2030 年，全球 NbS 的最大潜力达 238 亿 t $CO_2$ 当量 /a，其中约 1/2（113 亿 t $CO_2$ 当量 /a）是成本有效的（成本≤100 美元 /t）；2015—2030 年，NbS 可为实现《巴黎协定》制定的 2℃目标贡献 37% 的成本有效的减排量，其中 1/3 的潜力（41 亿 t $CO_2$ 当量 /a）属低成本（10 美元 /t 以下）。这些成本有效的或低成本的减排潜力主要来源于发展中国家。在 2030 年、2050 年和 2100 年，NbS 的贡献率预计分别为 29%、20% 和 9%。

表 1　NbS 对 2℃目标的贡献率

| 阶段 | 2015—2030 年 | 2030 年 | 2050 年 | 2100 年 |
|---|---|---|---|---|
| 贡献率 /% | 37 | 29 | 20 | 9 |

2017 年，TNC 还提出以自然为本的 20 个解决路径，主要分为森林、农业与草原和湿地三类；对 20 条路径进行减排潜力评估，按照成本大小分为零成本下潜力、低成本潜力（小于 10 美元 /t $CO_2$ 当量）和符合成本利益潜力（小于 100 美元 /t $CO_2$ 当量）三类。基于减排潜力与实施的可行性，选出 7 个优先路径：减少毁林、天然林经营、泥炭地保护、红树林保护、造林、混农林业和农田养分管理。7 个优先路径的减排潜力约为 92 亿 t $CO_2$ 当量 /a，占 NbS 总减排潜力的 88%。

NbS 也是我国实现具有成本效益的减排愿景的重要路径。初步分析中国减缓潜力最大的 10 个 NbS 路径为造林再造林、农田养分管理、混农（牧）林、避免薪材采伐、改进稻田管理、避免泥炭地转化、泥炭地恢复、天然林管理、最适放牧强度、种植豆科牧草，其中农田养分管理是成本有效潜力（成本<100 美元 /t 的潜力）最大的路径，到 2030 年最大的和成本有效的减排潜力如图 1 所示。

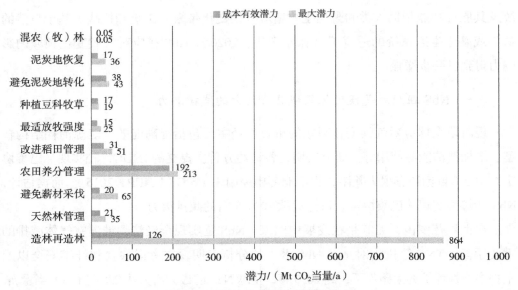

图 1　中国 NbS 主要路径减排潜力

## （二）世界范围内将 NbS 不同程度地纳入 NDC

NDC 中主要提及 NbS 的部分包括阐述 NbS 的重要性、表明发展 NbS 的意愿、概述部分 NbS 行动具体措施以及目标、阐述 NbS 相关政策、预算和估计 NbS 行动的资金需求和阐述 NbS 减缓与适应间的协同作用或者同时处理减缓和适应问题。通过对 186 份国家自主贡献的总结来看，目前各国 NDC/INDC 文件中涉及 NbS 的政策行动有以下特点。

发展中国家在将 NbS 纳入其气候战略方面走在了前列。所有被世界银行划分为低收入国家的国家都提到了 NbS 行动（基于生态系统的适应和保护），而高收入国家只有 27% 将 NbS 纳入 NDC，NDC 中提及 NbS 的国家主要分布于非洲与南美洲和部分亚洲国家。

NDC 中 NbS 目标以定性目标为主，缺乏定量目标。在描述 NbS 相关的缔约方中，只有 55 个缔约方明确了与 NbS 有关的定量目标，占缔约方数量的 35.7%，并以林业领域为主，而且主要是非附件 I 缔约方。另外据估计，超过 70% 的 NDC 提及森林部门的努力，但只有 20% 制定了可量化的目标，而仅有 8% 制定了以 $CO_2$ 当量表示的目标。

NDC 中有关 NbS 的政策以规划、法规类为主，辅之以资金、信息系统和研发、能力建设类政策。在减缓方面承诺扶持 NbS 的政策集中于规划类（42 个缔约方）和法规类（26 个缔约方），在适应方面承诺扶持 NbS 的政策则以规划类（84 个缔约方）为主，资金类（51 个缔约方）、信息系统与研究类（44 个缔约方）为辅（如图 2 所示）。

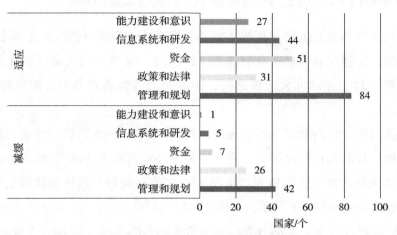

图 2　各类 NbS 相关政策国家数量

（三）NbS 带来巨大的经济和社会环境协同效益，助力疫后经济复苏和 SDGs 目标的实现

NbS 可促进保持水土、涵养水、净化空气等生态服务功能的增加，有助于恢复生态系统、增强生态系统韧性；提高人类对气候风险的适应能力，保护红树林有助于固化土壤，防止风暴潮侵袭，减少沿海居民受气候变化可能带来的极端天气的威胁；丰富生物多样性，为野生动植物提供更多栖息地。

与此同时，NbS 还会带来可观的经济效益和社会效益。相比于传统方式，NbS 具有更高的成本效益。全球调适委员会估计 2020—2030 年，全球保护和修复红树林生态系统的净收益可达 1 万亿美元，收益是成本的 10 倍。另据世界资源环境研究所的估计，在 NbS 领域每投资 100 万美元，可产生 7～40 个就业岗位。从历史经验来看，NbS 能助力经济恢复、就业岗位创造。2008 年金融危机后，韩国投入大量资金进行森林和河流的生态恢复。《2009 年美国复苏与再投资法案》（*American Recovery and Reinvestment Act of 2009*）提出花费 1.67 亿美元用于海岸栖息地修复，而这项投资中，每百万美元投资可以带来 17 个就业岗位，其投入产出比远高于煤炭等传统行业。2020 年，新冠肺炎疫情严重影响全球经济，为重振和恢复疫后经济、创建就业岗位，新西兰 2020 年预算案宣布将投资 11 亿新西兰元用于生态环保工作，而该项投资将能创造 11 000 个就业岗位（新西兰环保部，2020）。NbS 领域投资易与疫后经济刺激计划和公共就业规划相结合，为我国稳就业保民生、打赢脱贫攻坚战助力。

此外，NbS 还可与我国美丽乡村建设有机结合。

## 二、中国 NbS 在应对气候变化领域的政策进展

尽管 NbS 作为新概念，发展尚不成熟，但其能够利用自然或人工的生态系统增强气候韧性，加强应对气候变化的能力。2019 年，在联合国气候行动峰会上，NbS 被列为应对气候变化的九大领域之一，中国和新西兰共同牵头，推动 NbS 领域的工作。

随着我国逐步走向全球气候治理的"舞台中心"，NbS 扮演的角色也越发重要。为不断挖掘、释放大自然的潜力，需运用传统环境政策工具的分类，结合我国应对气候变化相关政策性文件的梳理，构建 NbS 在我国应对气候变化领域的政策框架，分析探讨政策层面尚存在的问题，并提出相应的对策建议。

采用传统环境政策工具的分类，根据管控的强弱程度，将 NbS 在我国应对气候变化领域的政策工具分为命令控制型、经济激励型、自愿参与型。

在政策工具分类的基础上，重点梳理我国生态保护政策中与应对气候变化相关的内容以及应对气候变化的政策性文件，主要包括：①应对气候变化、生态环境保护的总体战略规划，以及针对六大生态系统颁布的与应对气候变化相关的规划；②近十年发布的《中国应对气候变化的政策与行动》；③与六大生态系统相关的法律法规、指导意见、行动方案等文件中应对气候变化的内容。以上文件的颁布主体涉及中国共产党中央委员会、全国人民代表大会常务委员会、国务院、国家发展和改革委员会、生态环境部（原环境保护部）、自然资源部、农业农村部（原农业部）等机构。

总结梳理后发现，由于 NbS 提出的时间较晚，我国尚未围绕 NbS 形成系统性的政策体系，目前相关政策散落在不同的职能部门。但基于我国在生态保护上的长期努力，针对六大生态系统（森林、草地、农田、湿地、海洋、城市），已经积累了大量有利于应对气候变化的政策实践。可以说，我国已经初步形成了以命令控制型政策为主，重视通过经济激励型政策引导，并逐步完善自愿参与型政策的 NbS 政策体系。

命令控制型政策是我国最主要的 NbS 政策类型。我国建立了比较完备的生态系统保护、恢复制度和工作体系，初步形成了包含制定战略规划、出台法律法规、深化研发体系建设和促进成果转化、促进生态系统保护和利用能力提升等在内的命令控制型政策体系。

经济激励型政策工具主要包括财税政策和市场性政策。我国在 NbS 领域初步形成了以财税政策为主、市场性政策为辅的经济激励型政策体系。当前资金的主要来源是财政投入，尤其是中央财政投入，地方财政投入呈现缓慢上升态势。此外，也初步探索了市场机制在 NbS 中的作用，包括增强金融支持、开展森林碳汇交易、吸收社会资金等。

我国社会自愿参与型政策较为薄弱。目前，自愿参与型政策以成立自愿性组织、加强宣传、开展项目示范和实施为主。成立自愿性组织是自愿参与型政策的重要组成部分，而民间环保公益组织则是自愿性组织的主要形式。

## 三、中国 NbS 应对气候变化政策存在的问题

一是尚未成为应对气候变化的主流措施。NbS 的理念还未根植于决策者的思维之中，各部门的 NbS 政策行动并没有主动与应对气候变化建立联系，没有将应对气候变化作为一项重要的目标，也没有考虑与气候变化的协同治理潜力。我国向《联合国气候变化框架公约》（UNFCCC）秘书处提交的 NDC 文件中，2030 年的自主行动目标仅有森林蓄积量一项指标与 NbS 相关，草地、农田、湿地、海洋等诸多生态系统均未被纳入我国的 NDC 目标。而从路径和政策来看，我国的 NDC 中没有专门提及 NbS，只是在碳汇和适应气候变化方面间接提到了 NbS 相关内容。

二是缺乏自上而下的管理机制。当前，在实际操作中，NbS 仍需依附原有的载体（各大生态系统、各职能部门），自下而上地开展工作。在应对气候变化领域，我国初步建立了国家应对气候变化及节能减排工作领导小组统一领导、生态环境部归口管理、有关部门和地方分工负责、全社会广泛参与的应对气候变化管理体制和工作机制。相比而言，NbS 的相关职能则散落在各主管部门，各主管部门在领域内各自发力，缺乏部门之间的横向沟通协调机制，尚未形成自上而下、高效统筹的管理机制。

三是未形成理论与实践的有机统一。NbS 作为完整的概念被提出仅有十余年，相关研究尚处于起步阶段。然而，NbS 的实践经验（如增加碳汇和系统适应能力等）已经有比较多的积累。目前，NbS 未有统一的内涵和解读，广为接受的定义来自 IUCN 和欧盟委员会。IUCN 认为 NbS 是保护、可持续管理和改良生态系统的行动，以生态适应性的方式应对社会挑战，同时提高人类福祉和生物多样性。欧盟委员会则认为 NbS 是受到自然启发和支撑的解决方案，在具有成本效益的同时，兼具环境效益、社会效益和经济效益，并有助于建立韧性的社会生态系统。两种定义的共性

在于都以生态系统及其服务功能的解决方案来应对一系列社会挑战。NbS 的研究较为零散，尚未构成系统性的研究体系。NbS 强调"生态适应性""自然启发和支撑"的思想和理念，而缺乏从概念到实操的抓手，研究多集中于案例分析，方法论的研究相对较少。关于方法论，较为成熟的是 Raymond 提出的七阶段评估框架，以应对城市面临的十项挑战，评估框架仍局限于理论层次的探讨（Raymond et al.，2017）。

四是资金来源较为单一。NbS 能够为实现《巴黎协定》目标贡献 30% 左右的减排潜力，然而仅吸收全球不到 3% 的气候资金（大自然保护协会，2020），这同其巨大的生态环境效益远远不匹配。另外，NbS 具有包括减贫、防灾减灾在内的多重社会效益，应当获取更多的资金支持。但是，从经济激励型政策的梳理结果可以看出，我国 NbS 资金仍以财政投入为主，资金来源单一，没有形成社会各方广泛参与的多元化的资金投入机制。党的十八大以来，随着生态保护补偿进程的加快，资金投入大幅增加。数据表明，2011—2016 年，中央财政资金占比由 96.9% 下降至 87.7%；地方财政资金占比由 2.4% 增长至 12%；其他资金较为稳定，占比一直未突破 1%；可见，中央财政资金是生态保护补偿资金的主要来源，地方财政的资金投入逐步增加（吴乐等，2019）。然而，来自社会各方的资金量占比仍较低，在 0.4%～0.9% 之间徘徊，表明由于政府为市场提供的生态投资的信号不足，导致社会投资、捐赠等的意愿有限，动力不足。

五是技术支撑和能力建设薄弱。技术支撑和能力建设的政策主要集中在命令控制型政策中，其政策行动较为零散，难以构成体系。以技术支撑为例，支持技术发展的政策内容较少且较为零散，没有形成系统性的政策体系。NbS 初步形成以环境和资源监测为主的测量体系，针对森林、草地、农田、湿地、海洋等生态系统建立了资源、环境监测制度和体系，但监测手段较为单一，监测时间间隔较长，数据共享机制不完善。除针对森林建立了碳汇监测体系外，针对其他生态系统还没有构建专门关于应对气候变化的监测体系。已经建立的森林碳汇监测体系也远不完备，存在调查监测技术落后、时耗长、成本高、见效慢等问题，从建立至今发布的监测数据和成果仍非常有限。在 NbS 政策执行和追踪评价方面，除湿地和城市生态系统外，其他生态系统的后期报告和核查的政策行动仍显不足，较为欠缺。

六是公众参与度有待进一步加强。NbS 七阶段评估框架将与利益相关方的沟通作为流程之一。除解决问题外，NbS 也能提升公众参与的潜力以及治理和监测的意愿。另外，满足公众的需求也是实施 NbS 的要点之一。虽然针对各生态系统均有自愿性组织，但与发达国家相比，我国自愿性组织的数量较少，募集的资金数量也有限。截至 2015 年年底，我国的环保民间组织已经达到 2 768 家，总人数达到 22.4 万人，但这与全国 31.5 万家民间组织、总人数超 300 万人相比，处于中下等发展水平（"中国环保公益组织工作领域分析报告 2016"研究团队，2016）。另外，尽管我国广泛开展宣传活动，公众在植树造林等领域的参与热情逐渐提高，生态保护意识不断觉醒，但我国公众参与的环保公共活动大多是在政府指导下开展的，公众多是被动参与，参与欠缺自主性，公众对环境保护的参与度有待加强。

## 四、政策建议

### （一）推动 NbS 成为实现 2060 碳中和目标的重要补充手段

一是将 NbS 纳入我国下阶段 NDC 更新文件中，争取提出相应的自主定量承诺。加强对各类生态系统 NbS 路径减排潜力及成本的研究，评估成本有效的 NbS 路径，筛选出优先发展和纳入 NDC 的路径。二是将 NbS 作为应对气候变化的必要举措，纳入"十四五"应对气候变化专项规划进行谋篇布局。"十四五"时期是我国应对气候变化的关键时期，可将 NbS 作为重要手段纳入"十四五"应对气候变化专项规划，为碳排放尽早达峰和碳中和目标实现打下制度和行动基础。同时，考虑到 NbS 在经济、社会、环境领域的巨大协同效益，要强化其在应对气候变化和生态环境保护、大气污染治理等多领域的协同治理。三是完善激励机制，构建多元化的资金投入机制。将财政资金作为种子资金，撬动更多社会资本流入 NbS 领域，考虑在碳市场中纳入 NbS 相关行动。赋予自然要素科学合理的价格，通过定价机制引导自然资本的市场投资。

### （二）建立自上而下的 NbS 管理机制，推动部门之间的沟通协调

以国家应对气候变化及节能减排工作领导小组为中心，围绕应对气候变化需要，加强各部门在 NbS 领域的协同工作机制，理顺部门关系，整合行政资源。建立信息交换机制和报告制度，各部门要及时交换信息，打破部门壁垒，实现信息共享，做到政令畅通、各负其责，相互配合、提高效能。同时，推动 NbS 成为应对气候变化领域的常规工作，促进各相关部门将 NbS 作为应对气候变化的重要路径之一。

### （三）制定多目标多领域 NbS 协同治理政策，推动环境国际公约的协同履约

科学评估 NbS 路径在应对气候变化、生物多样性保护、生态文明建设、减灾防灾、扶贫减困等领域的协同效益，让社会各界了解自然资本的价值，优先投资促进此类协同作用的行动。加强统筹布局，促进多领域协同治理，打造多方共赢的局面。

以 NbS 为纽带，推动《联合国气候变化框架公约》、《生物多样性公约》和《荒漠化防治公约》等联合国环境公约的协同履约，制定和实施协同履约的具体措施和行动计划。

（四）发挥我国在 NbS 领域的引领作用，借助 NbS 推广生态文明理念，促进国际社会对我国的理解和支持

总结形成我国 NbS 案例集，在"一带一路"峰会等多边平台宣传推广，以 NbS 为桥梁促进联合国《生物多样性公约》缔约方大会第 15 次会议和《联合国气候变化框架公约》第 26 次缔约方大会的对接和协同增效，输出我国 NbS 的成功智慧。同时结合我国国情，引入国际成功 NbS 案例，为我国提升 NbS 行动提供支持。在推动 NbS 政策行动传播过程中，注意与生态文明、"绿水青山就是金山银山"理念、人类命运共同体等理念有机结合，用国际社会理解的语言讲好中国故事，获取国际社会的理解与支持。同时可考虑在国际多边合作平台下设立推动 NbS 工作的专门机构，促进各项行动的实施以及各方的交流合作。

# 参考文献

《中国环保公益组织工作领域观察报告 2016》研究团队，2016. 中国环保公益组织工作领域观察报告［R］. http：//cegc.npi.org.cn/Upload/thumpic/201805/2018050916572433.pdf.

大自然保护协会，2020. 中国"基于自然的解决方案"研究项目启动［EB/OL］. https：//baijiahao.baidu.com/s?id=1664760551373394812&wfr=spider&for=pc.

吴乐，孔德帅，靳乐山，2019. 中国生态保护补偿机制研究进展［J］. 生态学报，39（1）：1-8.

新西兰环保部. https：//www.doc.govt.nz/news/media-releases/2020-media-releases/investment-to-create-11000-environment-jobs-in-our-regions/.

张小全，谢茜，曾楠，2020. 基于自然的气候变化解决方案［R］.http：//www.climatechange.cn/CN/abstract/abstract1206.shtml#AbstractTab.

Griscom B W, Adams J, Ellis P W, et al. Natural climate solutions［C］. Proceedings of the National Academy of Sciences of the United States of America.

IUCN，2009. No time to lose – make full use of nature-based solutions in the post-2012 climate change regime［R］. https：//www.iucn.org/sites/dev/files/import/downloads/iucn_position_paper_unfccc_cop_15.pdf.

Raymond C M, Frantzeskaki N, Kabisch N, et al., 2017. A framework for assessing and implementing the co-benefits of nature-based solutions in urban areas［J］. Environmental Science and Policy,

77：15-24.

Seddon N，Sengupta S，García-Espinosa M，et al.，2019. Nature-based Solutions in Nationally Determined Contributions：Synthesis and Recommendations for Enhancing Climate Ambition and Action by 2020［M］. Gland，Switzerland and Oxford，UK：IUCN and University of Oxford.

TNC. 以自然为本的气候变化解决方案［R］.

UNEP，2015. The Emissions Gap Report 2015［R］.

World Bank，2018. Biodiversity，climate change and adaptation：nature based solutions from the World Bank portfolio［R］. http：//documents.worldbank.org/curated/en/149141468320661795/Biodiversity-climate-change-and-adaptation-nature-based-solutions-from-the-World-Bank-portfolio.

# "绿天鹅"风险预警对加强生态环境保护
# 应对气候变化政策工具运用的启示

刘　援　于晓龙　朱建磊

　　国际清算银行（Bank for International Settlements, BIS）[①]发布的《绿天鹅——气候变化时代的央行与金融稳定》（以下简称《绿天鹅》）一书揭示了"绿天鹅"事件所呈现的气候相关风险——符合厚尾分布特征，极端事件发生的概率较正态分布而言更大；同时指出气候领域可能发生的极具破坏力的"绿天鹅"事件及其连锁反应和级联效应[②]将从根本上引发不可预见的环境、地缘政治、社会和经济动荡；提出应采取政策响应以维护气候变化背景下的央行与金融稳定，且迫切需要更加积极主动呼吁政府、私营部门、民间社会和国际社会进行更广泛、更协调的"认识论突破"（Bolton et al., 2020）。"绿天鹅"风险源来自全球环境热点问题——气候变化。全球气候变化已成为21世纪人类生存发展面临的重大挑战之一（IPCC AR5, 2013）。2020年3月10日，世界气象组织发布的《2019年全球气候状况声明》显示，2019年是有仪器记录以来温度第二高的年份；2019年结束时，全球平均气温比工业化前高出了1.1℃；气候变化和极端天气事件不断影响人类社会经济发展、健康、人口移徙、粮食安全及陆地和海洋生态系统等方面（世界气象组织，2020）。

　　面对大气中温室气体持续增长所带来的气候变化系统性风险，需要全社会范围内的系统行动，生态环境保护任重道远。本文结合推进国家治理体系和治理能力现代化总体要求，从跨部门协调、国际合作、政策评估、绿色投融资、新媒体宣传等方面提出建议，进一步完善国家应对气候变化政策体系、提高政策协同效应，加强生态环境保护应对气候变化强制型政策工具（法律法规、体系体制、许可准入等）、混合型政策工具（国际合作、设立基金、税费减免、科技支持等）和自愿型政策工具（宣传教育、舆论引导等）的运用并提高其实施效率，提升应对气候变化治理能力，与全社会共同努力、有效防范气候变化引起的系统性风险。

---

[①]　中国人民银行于1996年9月正式加入国际清算银行。国际清算银行以"促进各国中央银行之间的合作并为国际金融业务提供便利"为宗旨，是中央银行行长和官员的会晤场所。

[②]　级联效应（cascade effect）是由一个动作影响系统而导致一系列意外事件发生的效应。

## 一、《绿天鹅》揭示的系统性风险

（一）气候风险将引发"绿天鹅"事件

《绿天鹅》认为，大气中温室气体浓度的持续增长是一种系统性风险，终将引发一系列动态、非线性、不可预测且不可逆转的环境、社会、经济和地缘政治改变。而一旦触发临界点，气候变化问题将与社会、经济和政治系统交织在一起，发生惊人的连锁反应，甚至引发社会伦理和道德风险，这进一步加剧了气候变化风险的复杂性。如同纳西姆·塔勒布（Nassim Taleb）于 2007 年提出的"黑天鹅"概念，气候变化则可能导致"绿天鹅"事件的发生，并成为下一次系统性全球危机的原因（Taleb，2007）。与"黑天鹅"事件相同，"绿天鹅"事件也具有以下特征：出乎意料且罕见，超出常规可预见范围；影响广泛且极端；无法在事前进行预测，只能在事后做出解释。而气候变化风险本身具有的系统性和复杂性特征赋予了"绿天鹅"新的特征。首先，气候变化的影响是高度不确定的；其次，气候灾难威胁人类生存，其破坏力远胜于大多数系统性金融危机；最后，"绿天鹅"的影响半径更广，与物理风险和过渡风险相关的复杂连锁反应和级联效应可能会产生根本无法预测的环境、地缘政治、社会和经济影响。

更加严重的问题是政策制定者对气候风险的认识不足且滞后。这源于马克·卡尼（Mark Carney）的"视野悲剧"（Tragedy of the Horizon）理论，即气候变化的灾难性影响将超出商业周期、政治周期和大多数政策制定者和实施者的传统视野，故气候变化的物理影响将在很长一段时间之后才能被感受到，人类将付出巨大的代价，并可能对后世文明产生影响，这是金融、经济和政治参与者计划和行动的视野范围远不能及的（Carney，2015）。换言之，待到气候变化成为影响经济稳定的决定性问题时，一切就太晚了。

（二）气候变化风险再认识——物理和过渡风险及其复杂相互作用

《绿天鹅》认为气候变化风险至少涵盖 3 个方面。

### 1. 物理风险

气候变化的物理风险是指气候变化引发的灾害与自然系统脆弱性相互作用而产生的风险，如日益频繁且严重的极端天气造成的经济和财产损失，以及气候变化长期影响导致的海洋酸化、海平面上升或降水变化等。《绿天鹅》指出，气候变化的物理影响：①是高度非线性的，可能引发跨空间的蝴蝶效应；②可能引发与生物地球化学（biogeochemical）过程有关的深层不确定性；③将导致包括代际公平等在内的复杂社会问题，不仅难以预测，而且也难以从伦理的角度解决，尤其是从经济角度来解读。

## 2. 过渡风险

过渡风险是伴随低碳转型过程可能产生的不确定性，包括政策变化、声誉影响、技术突破或限制，以及市场偏好和社会规范的转变。《绿天鹅》指出，快速和雄心勃勃的低碳转型对依赖化石燃料的生产部门、消费部门影响最大，直接影响金融市场的稳定，再借由金融放大器传导至经济系统的各个部门，最终发展成为全球性的系统性风险，或将导致"气候明斯基时刻"①的到来。此外，转型风险对消费习惯和决策的影响也可能间接导致化石燃料依赖的部门和企业受到重创，发展前景进一步收窄，经济增加值大幅下降，进而引发产业结构的颠覆式变化。

## 3. 物理风险和过渡风险之间的多重相互作用

《绿天鹅》指出，生态系统、经济系统和监管系统三个社会子系统内可能存在多种交互作用和反馈回路。这些相互作用会产生新的、复杂的级联效应，这不属于单纯的物理风险或过渡风险范畴，而是二者相互影响的结果。如土地开发排放的温室气体占人类活动所排放的温室气体的近 1/4，但土地开发也造成了土壤侵蚀，最终导致土壤吸收碳的能力下降，加速了气候变化，降水量随之增加，地表径流增多以及土壤中有机物质和养分的流失将进一步加剧土地退化。

（三）应对气候变化风险需要认识论的两次突破

## 1. 气候变化风险面临的认识论障碍

基于上述分析，《绿天鹅》的一个重要结论是在由气候变化从根本上重塑的世界中，以历史数据为基础进行建模分析的风险识别和量化不再有效。换句话说，传统的风险管理无法捕捉到"绿天鹅"事件，与气候变化风险相关的风险评估方法依然缺失。

其最主要成因是气候变化风险的本质特征——深层次的不确定性。一方面，气候变化的物理风险和过渡风险受自然、技术、社会、监管和文化等多种因素的相互影响，并具有不确定性、不可逆性、非线性和厚尾分布特征。此外，气候变化的物

---

① "明斯基时刻"是以美国经济学家海曼·明斯基（Hyman Minsky）命名的，即资产价格崩溃的时刻。它是市场繁荣与衰退之间的转折点。1998 年，美国太平洋投资管理公司经济学家保罗·麦卡利率先使用这一词语来描述当时俄罗斯的债务危机。2007 年 8 月，麦卡利将美国次贷危机称为是美国房地产的"明斯基时刻"。自此，许多财经媒体、时事评论和学术报告纷纷将此次危机称作"明斯基时刻"。该术语还得到全球政策制定者和金融监管者的引用和重视。气候变化必然造成全球系统性风险，人类社会面临重要挑战，包括"明斯基时刻"在内的许多金融领域的概念逐渐被气候变化经济学等相关学科借用。

理风险和过渡风险将越来越多地相互影响，有可能产生尚未解决的新的级联效应。这给气候变化风险的识别、确定和量化带来了一种"认识论障碍"，可能成为科学研究、管理和决策的阻碍。

随着基于情景分析（scenario-based analysis）的前瞻性方法的发展，金融界开始发生"认识论突破"，尝试将气候相关风险纳入金融稳定监控、微观监督和定价体系中。如将与气候相关的风险整合到审慎监管和金融稳定性监控中，包括开发情景分析等能够更好地解决不确定性和复杂性的建模方法和分析工具，或将可持续性标准纳入自身的投资组合以及金融稳定政策中。

### 2. 第二次认识论突破

尽管上述措施将促进对绿色资产的投资，有助于推动向低碳经济的转型，并能通过更好地整合长期风险来打破"视野悲剧"，但基于"绿天鹅"事件的独特属性，《绿天鹅》提示政策制定者：

第一，基于情景的分析方法只是认识气候变化对金融稳定风险的部分解决方案，仍没有任何单一的模型或方法可以用于全面地了解气候变化给宏观经济、产业部门和企业层面造成的影响。因此，从根本上讲，只要不采取全社会范围内的系统行动，在很大程度上仍然无法应对与气候变化相关的风险。

第二，将中央银行作为向低碳发展模式过渡的主要推动者是有风险的，可能加重中央银行的授权负担，同时可能导致市场扭曲。各国央行能够发挥作用的范围有限，无法覆盖实现全球低碳转型所需的各个领域。因此，除发挥央行对资本定价和金融市场的稳定作用外，当前迫切需要更加积极主动地呼吁政府、私营部门、民间社会和国际社会进行更广泛、更协调的变革，即"第二次认识论突破"。

### （四）认识论突破的四个着力点

为实现上述突破，《绿天鹅》建议从可持续的价值观和理念、政策协调、国际合作、企业财务管理4个方面出发，采取以下系统性措施。

### 1. 支持可持续的价值观和理念，促进长期主义的市场导向

第一，应明确气候变化风险的应对和管控是一项系统性的工作，央行不应"一力承担"该项重任，实现全社会的低碳转型还需要更广泛的参与者分工合作、协调并进、联动发力。

第二，加快实现由"风险管理"向"不确定系统中的复杂适应弹性"的转型。结合气候变化风险属性，加速风险管理方法的开发、完善和优化；重视子系统间的级联效应，并将技术、政策、行为、地缘政治动态、宏观经济景气水平和气候模式

及其相互作用的影响纳入风险管理考量。

第三，以央行等中央层面的管理机构为表率，将长期主义作为驱动全社会突破"视野悲剧"的工具，促进其在经济、生态和政治三个子系统价值体系中的主流化水平。如可在养老基金和其他资产管理机构中，推广采用环境、社会和治理（ESG）标准；将可持续性要素纳入央行的投资组合管理原则中；在外汇储备中适当配置绿色债券等绿色金融资产。

### 2. 支持公共部门投资在低碳转型方面发挥更大的作用

《绿天鹅》预测，在低碳转型中的公共投资可能"成为下一个巨大的技术和市场机遇，刺激并引领私人和公共投资"，并有可能创造数百万个就业机会，以补偿可能由于技术进步导致劳动力市场变化而蒙受的损失，实现可持续的经济、社会发展目标。公共部门直接投资适合为具有不确定性和长期回报的研发（R&D）活动提供资金。对于私营部门而言，公共部门直接投资释放的积极信号可能使市场参与者重新评估和认识与气候变化相关的风险。因此，加大公共财政对低碳技术研发、低碳基础设施建设等领域的投资，除可直接促进应对气候变化外，还可以长期锁定碳排放总量，加速绿色生产、生活和消费的转型。

### 3. 加强国际社会在气候和生态问题上的合作

气候稳定是一项全球公共福祉，减缓气候变化的行动必须建立在发达国家与发展中国家之间的国际合作基础上。但是国际社会在应对气候变化方面的进展并不平衡。在 UNFCCC 框架下，各国集体行动和公开承诺的热情高涨；在气候变化相关的国际谈判和辩论中，反对多边主义的声音不绝于耳，这种割裂的状态对应对气候变化显然没有任何帮助，并将延误人类行动的契机。

对此，《绿天鹅》建议，参考"布雷顿森林体系"，在全球气候和金融联合治理的框架下设立一个新的国际机构，如世界碳银行（World Carbon Bank），在国家间发生严重气候事件时提供必要的资金支持；对正在实施的气候政策进行监督；促进发达经济体向发展中国家提供气候友好技术转让和官方援助。

另一种思路是将气候问题纳入国际货币基金组织（IMF）等现有国际机构中，作为这些国际机构管理国际货币和金融体系职责的一部分。如通过国际货币基金组织发行绿色特别提款权（SDR），为绿色基金提供资金；向国家和国际开发银行提供《巴黎协定》履约之用的特别提款权贷款等。

### 4. 在财务管理中融入气候和可持续要素

《绿天鹅》认为，更好的自然资本核算体系对气候外部性的内部化而言是必要的。将气候和可持续指标整合到现有的会计框架中，能够确保决策者和管理者将气候变化和可持续发展的时间价值纳入其风险管理实践中。如温室气体核算体系（GHG protocol）在公司财务层面的应用，成立旨在协调和标准化企业气候风险敞口报告的气候相关财务信息披露工作组（TCFD）等。

除此之外，监管机构还可以要求企业对气候相关风险进行更多的系统化披露。这需要监管者提供必要的指导，并设定信息披露规范，以确保系统、一致和透明地披露气候变化相关风险。法国已率先在这一领域开展了实践，其《绿色发展能源过渡法》第 173 条就要求金融企业和非金融企业披露其所面临的气候变化相关风险，以及对应的风险管理措施。欧盟委员会也已经成立了一个关于可持续金融的技术专家组（TEG），该专家组的目标之一就是为如何改善企业披露气候变化相关风险提供必要的指导。

## 二、《绿天鹅》对加强政策工具运用的启示

### （一）中国为全球环境治理作出重要贡献

新时代，我国大力推进生态文明建设，促进绿色、低碳、可持续发展，积极参与全球气候治理，采取有力措施，减缓与适应气体变化并重，有效控制温室气体排放，增加生态系统碳汇功能，不断提高生态系统功能及气候适应能力。2019 年 9 月，我国作为联合国气候峰会"基于自然的解决方案"领域的共同牵头国，贡献了"中方的立场和行动"。2019 年 12 月 2 日，《联合国气候变化框架公约》第 25 次缔约方会议开幕，与会人士表示"中国为全球环境治理作出重要贡献"。

《中国应对气候变化的政策与行动 2019 年度报告》显示："2018 年中国单位国内生产总值（GDP）$CO_2$ 排放下降 4.0%，比 2005 年累计下降 45.8%，相当于减排52.6 亿 t $CO_2$，非化石能源占能源消费总量比重达到 14.3%，基本扭转了 $CO_2$ 排放快速增长的局面。大规模国土绿化和生态保护修复工程持续推进，适应气候变化能力不断增强，应对气候变化体制机制不断完善，全社会应对气候变化意识不断提高，为应对全球气候变化作出了重要贡献。"

### （二）应对气候变化政策工具运用需进一步加强

我国长期以来高度重视气候变化问题，积极采取一系列应对气候变化政策、措施，全面引领并指导相关行动的开展，政策工具的运用与执行在我国应对气候变化领域取得的成就中发挥了至关重要的作用。国家社会科学基金重大项目"中国大气环境污染区域协同治理研究"、国家自然科学基金项目"绿色创新政策对环境治理绩

效的影响：机制、路径及其效应"等课题的相关研究对 1978—2018 年中央层面的《国家应对气候变化规划（2014—2020 年）》《强化应对气候变化行动——中国国家自主贡献》等 60 个主要气候变化政策进行了分析，将政策工具按照政府干预由高到低的程度划分为强制型（法律法规、体系体制、许可准入等）、混合型（国际合作、设立基金、税费减免、科技支持等）和自愿型（宣传教育、舆论引导等）三类及 7 个适用领域（气象、森林、低碳、去产能、节能减排、科技创新、绿色消费）。研究建议"要均衡使用各种政策工具，适当提高自愿型和强制型政策工具的比重，提升生态环境领域政策工具在应对气候变化问题中的作用"（郑石明等，2019）。

《绿天鹅》从气候变化背景下央行与金融稳定出发，呼吁采取系列政策响应，认识到气候变化带来的风险将从根本上产生不可预见的环境、地缘政治、社会和经济动荡，提出应对气候变化相关风险，需要全社会范围内的系统行动以及"认识论突破"，迫切需要更加积极主动地呼吁政府、私营部门、民间社会和国际社会进行更广泛、更协调的变革。这一"认识论突破"需要从价值和理念提升、政策协调、国际合作以及气候友好投资等方面多点着力。贯穿其中的政策工具的运用将发挥至关重要的作用。因此，有必要进一步加强和完善现有环境保护应对气候变化政策工具的运用与实施，提高政策协同效应，提升应对气候变化的能力。

## 三、加强生态环境保护政策工具运用的建议

政府间气候变化专门委员会（IPCC）《IPCC 全球升温 1.5℃特别报告》指出气候变化的危害和影响已经现实发生，而且应对气候变化越来越紧迫，需要全球的共同努力、部门协调以及全社会的共同参与。突破"视野悲剧"，加强生态环境应对气候变化强制型政策工具（法律法规、体系体制、许可准入等）、混合型政策工具（国际合作、设立基金、税费减免、科技支持等）和自愿型政策工具（宣传教育、舆论引导等）的运用对促进环境、经济、社会气候主流化的水平，以及促进全社会范围内的系统行动十分重要。

（一）加强跨部门协调，完善国家应对气候变化政策工具体系

加强跨部门间协调是落实国家治理能力现代化要求、提升国家应对气候变化水平与效率的重要路径之一，是促进形成完善的应对气候变化政策工具体系的重要途径。生态环境部牵头实施的与气候变化高关联度的环境国际公约有《关于消耗臭氧层物质的蒙特利尔议定书》《生物多样性公约》《联合国气候变化框架公约》。为加强国家履约能力建设，在各公约框架下成立了相应的协调机制，如国家保护臭氧层

领导小组、中国生物多样性保护国家委员会、国家应对气候变化及节能减排工作领导小组，极大地促进了国家履约相关部门之间的协调与政策沟通，在中央层面为履约提供了多部门的政策支持、人力支持、资金支持。在落实国家治理能力现代化要求方面，协调机制的运行还将发挥更大的作用：①促进跨部门气候变化主流化的政策协调和统一，全面统筹应对气候变化减缓与适应政策目标；②加强宏观治理并更好地指导地方工作与落实，形成应对气候变化的政令统一、市场统一，以及顺畅的履约工作体系；③促进中央、地方政策互动，完善政策工具体系，全面提升履约能力与效率。

（二）加强应对气候变化国际合作，创新国际领导力

加强环境政策协调，促进环境国际公约履约同应对气候变化减缓与适应的协同增效，深度参与全球环境治理和规则制定，创新国际领导力。生态环境部牵头实施《关于消耗臭氧层物质的蒙特利尔议定书》《生物多样性公约》《联合国气候变化框架公约》。自批准加入公约以来，我国围绕公约要求出台了温室气体生产消费淘汰、生态修复增加碳汇、温室气体减排、绿色低碳转型等系列政策，开展了广泛的双、多边国际合作，引入了国际先进理念并取得了丰富的实践经验以及我国特有的良好实践。①为今后应对气候变化减缓与适应履约政策的协调运用与执行、提高履约能力和效率奠定了理论与实践基础；②为在相应公约谈判中以减缓与适应协调并重的全局观及立场引领履约规则和行动的制定创造了条件；③为《〈蒙特利尔议定书〉基加利修正案》的批准与履行、国际谈判、政策制定提供了技术支撑；④为推动国内、国际履约"一盘棋"，借助"一带一路"绿色发展国际联盟平台、"一带一路"应对气候变化南南合作计划的实施，进一步扩大我国应对气候变化引领力带来了契机，特别是推动建立发达国家与发展中国家的国际合作、促进发达经济体向发展中国家的气候友好技术转让和官方援助。

（三）加强应对气候变化环境政策评估，促进政策统筹与目标一致

开展应对气候变化环境政策评估，推动环境政策、标准协调，通过对现有政策效果的评估，推动形成完善的政策评估体系与长效机制，加强不同层面政策的内在联系，促进政策统筹与目标一致。如前述，有研究对中央层面应对气候变化政策的3种类型、7个适用领域做了分析。但有必要进一步开展政策评估，系统回顾政策产出及影响。①掌握政策在政治、经济、文化、社会等方面发挥的作用。如在政治方面，对气候外交的政策支持、参与全球环境治理的贡献；在经济方面，促进低碳发

展、绿色转型、可持续发展以及对减少气候变化损失的贡献；在文化与社会方面，公民环境意识提升以及民间环保社团组织的参与等。②服务后期政策调整、修订，新政策的制定，政策资源的配置调整以及公共关系的改善。

（四）加强应对气候变化环境政策对绿色投融资的影响力

2007 年，国家环保总局联合中国人民银行等机构发布了《关于落实环境保护政策法规防范信贷风险的意见》，标志着我国绿色信贷制度的正式建立以及金融绿色化的萌芽。2016 年，生态环境部作为联合发布者之一，发布了全球首个政府主导的综合性绿色金融政策框架——《关于构建绿色金融体系的指导意见》。国家绿色金融体系的构建极大地推动了生态环境政策融入投融资绿色化并发挥政策指导作用，并可通过以下几方面工作向纵深发展，进一步发挥环境政策对绿色投融资的引导力。①运用环境经济政策、借助国家绿色发展基金的启动和运行、创新"气候基金"等方式募集资金，通过经济手段、市场手段，鼓励绿色投融资，促进并引导产业结构、能源结构等的绿色低碳转型，如《绿天鹅》预测低碳转型的公共投资或可成为下一个巨大的技术和市场机会，刺激并引领私人和公共投资；②统一"绿色"认定，推动绿色评估方法的完善与运用，参考如图 1 所示的评估思路和流程，对绿色资金投资项目开展包括气候友好效益在内的生态环境效益评估，从"环境端"服务绿色金融体系建设，支持绿色金融业务环境风险评估与环境效益全流程管理，保障绿色金融市场的持续、健康发展；③健全项目企业环境信用评价与信息披露制度，增加绿色资产透明度、提升社会公信力，从而提高绿色投融资的吸引力，在国家绿色发展基金、中央财政生态环境专项资金的引导下，带动更多社会资本配置环保、绿色低碳产业。

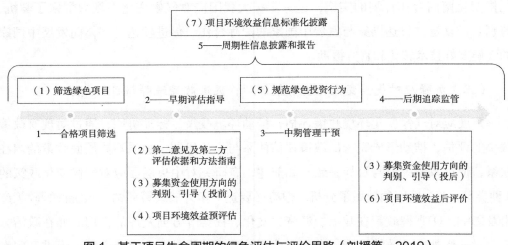

图 1　基于项目生命周期的绿色评估与评价思路（刘援等，2019）

（五）加强生态环境应对气候变化自愿型政策工具的运用

充分发挥自愿型政策工具的作用，加强强制型、混合型政策工具运用。在新媒体时代，除生态环境部官方网站，借助《中国环境报》、《环境经济》杂志、中国环境APP、中国环境网、中国环境新闻微信、中国环境新闻微博等多样化的新媒体信息平台，以及六五环境日、全国低碳日、国际生物多样性日等主题宣传活动，可以：①提升公众对气候变化政策实施主体的信任、自身责任意识，减少认知差异，将大大降低政策颁布与实施的成本、促进气候变化政策目标的实现，使公众自觉自愿采取低碳生活、低碳消费、健康文明的生活方式。②加速温室气体核算和统计体系的建设，助推我国企业温室气体风险管理、识别减排机会、设定内部减排目标、规避国际贸易技术壁垒，提高其在国际市场和低碳经济中的竞争力；强化控排指标分解和考核，建立碳排放权交易核算基础，形成基于市场机制的国内碳市场交易。③鼓励开发应对气候变化的学科融合与多学科方法，充分认识气候变化这一系统性风险，为政策工具的制定、实施提供可靠的科学、技术支撑。

# 参考文献

刘援，于晓龙，陈明，2019. 支持绿色金融体系建设的项目绿色评估方法研究［J］. 环境保护，16：45-50.

人民日报，2019. 新一届联合国气候变化大会开幕，与会人士表示——"中国为全球环境治理作出重要贡献"［EB/OL］.（2019-12-05）［2021-07-15］. https：//china.huanqiu.com/article/9CaKrnKo9PO.

世界气象组织，2020. 2019年全球气候状况声明［EB/OL］. 2020［2021-07-15］.https：//library.wmo.int/?lvl=notice_display&id=21705#.YQbMUY77Q2w.

郑石明，要蓉蓉，魏萌，2019. 中国气候变化政策工具类型及其作用——基于中央层面政策文本的分析［J］. 中国行政管理，（12）：87-95.

Bolton P, Despres M, Da Silva L A P, et al. , 2020. The green swan［M］. BIS Books.

Carney M, 2015. Breaking the tragedy of the horizon—climate change and financial stability［R］. Speech given at Lloyd's of London, 29：220-230.

IPCC AR5，2013. Intergovernmental Panel on Climate Change Fifth Assessment Report（AR5）［R］. London：Cambrige University Press.

Taleb N N, 2007. The Black Swan：The Impact of the Highly Improbable［M］. Random House.

# 绿色复苏背景下的中欧气候合作展望

姚 颖 王 冉 赵海珊 赵文恺

## 一、欧盟在全球气候治理中的作用

### （一）历史回顾

欧盟是全球气候治理体系的重要推动者和支持者。欧盟成立前，欧共体及其成员国就积极推动成立联合国政府间气候变化专门委员会（IPCC），并开展《联合国气候变化框架公约》（UNFCCC）谈判。1990 年 IPCC 发布第一份情况报告后，欧共体迅速制定了稳定温室气体排放水平的相关政策（Prahl et al., 2014）。"温室效应""温室气体""低碳经济"等重要概念都源于欧洲科学家（康晓，2019）。欧盟在推动《京都议定书》签署和生效方面也发挥了重要作用，是承诺减排幅度最大的缔约方之一（Oberthür et al., 2008）。

虽然 2009 年哥本哈根世界气候大会后，欧盟在该领域主导地位逐渐弱化，但欧盟坚持履行公约目标任务，用"以身作则"的态度支持全球气候治理进程。欧盟经济社会发展水平较高，政府、市场、社会等相关方对环境与气候议题的认可度较高，因此具备积极推动并引领全球气候治理的意愿和动力。同时，气候也被看作欧盟扩大国际影响力、参与制定国际规范的重要抓手。

在美国退出《巴黎协定》、全球气候治理体系领导力缺位的情况下，欧盟有意发挥更大作用。欧洲议会在 2019 年 11 月底通过决议，宣布欧盟进入气候紧急状态，试图敦促各成员国在 UNFCCC COP25 结束前通过"净零排放"承诺。2019 年 12 月，欧盟委员会发布《欧洲绿色协议》（*European Green Deal*），提出 2050 年实现碳中性的目标。2020 年本是提振全球气候雄心的一年，然而受到新冠肺炎疫情影响，各国国内和国际议程均有所调整，抗击疫情、恢复经济被放到第一顺位。根据《巴黎协定》，各国承诺 2020 年提交更具雄心的气候目标。但截至 2020 年 6 月，只有 10 个国家提交了相关目标，这些国家的排放量不到全球的 3%（Waldholz, 2020）。

### （二）抗击新冠肺炎疫情与气候治理并重

对于欧盟而言，新冠肺炎疫情似乎未影响其应对气候变化、推动绿色发展的决心。欧盟委员会 2020 年于 3 月公布《欧洲气候法》草案，决定以立法形式明确到 2050 年实现气候中和的政治目标。为推动疫后重振经济，欧盟委员会于 2020 年 5 月 27 日提出重大经济复苏计划，包含两项主要对策——"欧盟下一代"疫后经济复苏刺激计划（总额 7 500 亿欧元），以及进一步提升此前曾制定的欧盟多年期（2021—2027 年）财政预算（总额 1.1 万亿欧元）。

该计划中明确了建筑翻新、氢能等可再生能源、清洁交通等重点绿色领域的资金分配，主要包括三大支柱：一是支持欧盟成员国经济复苏，包括为成员国发展"绿色经济"、进行数字化转型等提供财政支持，加大对欧盟"碳中和"目标实现的资金支持力度；二是重振经济并鼓励私人投资，启用"战略投资基金"支持氢能、近海可再生能源等重点行业和技术，帮助企业实现绿色和数字化转型；三是总结并吸取本次新冠肺炎疫情危机的经验教训，为下次公共卫生事件做好应对准备（Abnett et al., 2020；European Commission, 2020）。欧盟成员国如申请该计划中的资金，需证明其计划的投资内容有助于实现欧盟"绿色新政"中温室气体净零排放目标（Krukowska et al., 2020）。

## 二、中欧气候合作推动绿色复苏的前景

### （一）欧盟与中国深化气候合作意愿强烈

在当前国际局势下，气候变化仍是中欧合作的重要议题。欧盟外交事务发言人巴图 - 亨里克森（Virginie Battu-Henriksson）表示，应对气候变化、兑现气候承诺、致力于可持续发展是欧盟的首要任务之一，也是欧盟双边关系、多边框架和第三国合作的重要议题。2020 年 6 月，欧盟委员会负责外交与安全事务的副主席博雷尔（Josep Borrell）与国务委员兼外长王毅通话后在新闻发布会上表示，疫后气候行动"更加重要"，"我们必须'把世界重建得更好'，抓住机会，以绿色和可持续的方式改变我们的经济和社会"。

德国借 2020 年下半年担任轮值主席国之机，带领欧盟说服中国达成双边协议，共同助力提振全球气候雄心，并推动中国作出更有雄心的国家自主贡献承诺。气候变化原是 2020 年 9 月中欧峰会的主要议程，然而受到新冠肺炎疫情影响，中欧峰会和 UNFCCC COP26 均延期举办。2020 年 6 月中旬，德国总理默克尔在议会发言表示，无论峰会是否如期进行，欧盟与中国的关系都"将继续成为德国担任欧盟轮值

主席国的关注重点"，她还表示"愿意进行公开对话，继续与中国就缔结投资协议、应对气候变化进展、在非洲开展合作等重要问题进行讨论"。德国外交部表示，中国将是德国及欧盟拓展气候行动的"重点国家"之一。

（二）中国愿与德国、欧盟加强战略合作，坚持多边主义，应对全球挑战

德国、欧盟是坚定的多边主义支持者。自新冠肺炎疫情发生以来，习近平主席曾多次与默克尔通电话，体现了双方的高度政治互信和密切战略沟通。习近平主席在通话中表示，中德、中欧之间正在商谈一系列重大政治交往议程，推动中德、中欧关系迈上新台阶。

气候合作近年来一直是中欧关系的亮点。自 2005 年中欧开启气候合作以来，双方逐步深化务实合作，成果丰硕。2010 年《中欧气候变化对话与合作联合声明》建立了中欧气候变化部长级对话，为双方推进务实合作提供了制度保障。2015 年《中欧气候变化联合声明》进一步提升了气候变化在中欧关系中的地位，在保持传统合作内容的基础上，增加了建立低碳城市伙伴关系，以及在 G20、《蒙特利尔议定书》、国际民航组织、国际海事组织等相关机制方面协调气候立场等新内容，进一步丰富了双方气候合作的内容。2018 年《中欧领导人气候变化和清洁能源联合声明》和关于加强碳排放交易合作的谅解备忘录则是推动双方在气候变化和清洁能源领域合作落地的标志性成果。

中国与欧盟主要成员国也开展了积极的双边气候合作，特别是法国和德国。中国与法国于 2007 年建立气候伙伴关系；2010 年，中国国家发展改革委与法国生态、能源、可持续发展和海洋部关于加强应对气候变化合作的协议标志着双方气候变化磋商机制正式启动。2015 年《中法元首气候变化联合声明》将气候合作在中法关系中的地位上升到元首级别。2019 年《中法生物多样性保护和气候变化北京倡议》则为应对气候变化注入了新的政治动力。德国对促进中德气候合作态度积极。中德两国自 20 世纪 80 年代起开展可再生能源合作，于 2009 年签署《中德关于应对气候变化合作的谅解备忘录》，启动了中德气候伙伴关系项目，推进双边政策对话和气候变化领域的国内、国际合作，并支持发展和实施中国中长期低碳发展战略，推动中国政府加强气候治理体系建设。2014 年《中德合作行动纲要：共塑创新》明确指出将在政治层面深化合作。2018 年 7 月 9 日，李克强总理和默克尔在柏林共同主持召开第五轮中德政府磋商并发表《联合声明》，就未来环境保护与气候变化合作达成系列共识。

（三）疫后经济复苏为中欧气候合作带来更多可能性

面对新冠肺炎疫情影响，各国政府均推出大规模刺激计划，规划绿色复苏政策，

避免高耗能、高污染、高排放措施锁定效应至关重要。德国已出台两轮经济刺激计划，资金总量约为 8 800 亿欧元，且气候友好型产业和技术是其经济刺激计划的重点；德国试图在重振经济的同时减少对化石能源和燃油汽车制造业的依赖。美国参议院于 2020 年 3 月底通过 2 万亿美元经济刺激计划，应对新冠肺炎疫情对经济带来的冲击。中国已宣布增加财政赤字规模 1 万亿元，并发行 1 万亿元抗疫特别国债。各国现在的决策可能会影响未来数年温室气体排放和政策轨迹，因此疫后绿色复苏是关键。

中德、中欧都在统筹推进新冠肺炎疫情防控和经济社会发展任务，加快复工复产，绿色低碳的疫后经济刺激计划可能比任何减排协议都更有效。双方可能合作的领域包括可持续金融标准、绿色供应链、生物多样性框架改革和海外投资等。中德两国都是制造业大国和贸易大国，在推动传统制造业实现低碳转型方面具有共同利益。欧盟于 2019 年 10 月底与中国、印度、加拿大、阿根廷、肯尼亚等国家相关机构共同发起"国际可持续金融平台"（IPSF），意在合作制定可持续金融的国际标准，动员私营部门投资于绿色转型。中国和欧盟也是海外发展的主要出资方。中国于 2018 年再次承诺，将向非洲提供 600 亿美元支持。2016 年，欧盟及其成员国向非洲提供的官方发展援助（ODA）约为 230 亿欧元（折合 257 亿美元），占非洲 ODA 总额的 55%。欧盟也是非洲的最大贸易伙伴，占 2017 年非洲出口总额的 37% 和进口总额的 35%（European Union，2020）。默克尔曾强调中欧在国际发展特别是在非洲的合作潜力。发展中国家债务和绿色投资也是许多气候倡导者和欧盟官员的关注重点，尤其是"一带一路"倡议下的能源项目投资。

（四）虽然双方对合作的态度积极，但仍存在诸多挑战

对于中国和欧盟而言，民主党候选人拜登承诺重新加入《巴黎协定》，并将气候变化作为优先事项。同时，中国与欧盟的合作难免被从中美关系角度审视。部分欧洲学者认为，中欧达成协议的动因可能被解读为反制美国的手段。但欧盟并非中立的行为体，美欧关系仍旧是欧盟最重要的外交关系，德国和欧盟在政治上属于西方、价值观体系属于西方的性质不会变，中欧双方在许多议题上仍存在实质性分歧（Braun et al.，2020）。

另外，受到新冠肺炎疫情影响，气候变化的优先顺序有可能降低，而应对疫情挑战以及投资协定谈判有可能成为主要关注点。2017 年，中欧双方曾试图就气候变化发表联合声明，但因双方在贸易和钢铁生产等领域的分歧而未能实现（Blenkinsop et al.，2017）。在新冠肺炎疫情对全球供应链冲击的影响下，欧盟内部也在讨论供应链多样化的需求，中国制造 2025、"一带一路"倡议等也可能会被看作动摇欧盟全

球经济地位的政策。

## 三、启示与建议

中欧双方多年来在生态环境保护、应对气候变化和生物多样性保护等多个领域开展了务实合作，气候变化也是中欧利益一致的为数不多的议题之一。考虑当前国际局势和各国应对新冠肺炎疫情面临的挑战，应对气候变化有望成为推动中欧关系迈上新台阶的抓手和亮点。

## 参考文献

康晓, 2019. 全球气候治理与欧盟领导力的演变 [J]. 当代世界, (12): 57-63.

Abnett K, Key F, 2020. Climate spending in EU's "green recovery" plan [N/OL] Reuters. https://www.reuters.com/article/us-eu-budget-recovery-climate-factbox-idUSKBN2331RB.

Blenkinsop P, Emmott R, 2017. EU, China trade spat blocks climate statement [N/OL]. Reuters. https://www.reuters.com/article/us-eu-china-idUSKBN18T0FW.

Braun D, Ludszuweit P F, 2020. The continuing development of Europe as a united and innovative force with capability to act: Angela Merkel on foreign and security policy during the German EU Presidency [EB/OL]. Konrad Adenauer Stiftung. https://www.kas.de/en/veranstaltungsberichte/detail/-/content/the-continuing-development-of-europe-as-a-united-and-innovative-force-with-capabilty-to-act.

European Commission, 2020. Recovery plan for Europe [EB/OL]. https://ec.europa.eu/info/live-work-travel-eu/health/coronavirus-response/recovery-plan-europe_en.

European Union, 2020. The Africa-EU Partnership [EB/OL]. https://africa-eu-partnership.org/en.

Krukowska E, Lombrana L M, 2020. Europe's Recovery Plan Has Green Strings Attached [N/OL]. Bloomberg. https://www.bloomberg.com/news/articles/2020-05-27/europe-pledges-green-recovery-in-historic-stimulus-program.

Leonard M. The End of Europe's Chinese Dream [EB/OL]. European Council on Foreign Relations. https://www.ecfr.eu/article/commentary_the_end_of_europes_chinese_dream.

Oberthür S, Kelly C R, 2008. EU leadership in international climate policy: Achievements and challenges [J]. The International Spectator, 43 (3): 25-50.

Prahl A, Hofmann E, 2014. European Climate Policy—History and State of Play [EB/OL]. Climate Policy Info Hub. http://climatepolicyinfohub.eu/european-climate-policy-history-and-state-play.

Waldholz R, 2020. Hopes for EU–China climate deal centre on a green recovery [N/OL]. Clean Energy Wire. https://www.cleanenergywire.org/news/hopes-eu-china-climate-deal-centre-green-recovery.

# 第 四 章

# 环境国际公约履约

# "十四五"生态环境保护国际合作的趋势分析与对策建议

李 乐 周 波 郑 军

"十四五"时期，我国生态环境保护国际合作面临发展中国家地位受到挑战、环境国际公约履约难度增加等方面的压力，也将在拓展合作领域以更好支撑污染防治攻坚战、推动国际环境治理体系变革、共谋全球生态文明建设之路等方面迎来重大机遇。在压力与机遇并存的时期，我国应该坚定维护我国发展中国家地位，履行环境国际公约责任与义务；建设绿色"一带一路"，构建人类绿色命运共同体；深化国际合作广度和深度，服务打赢污染防治攻坚战；打造"四大"人才队伍体系，加强国际环境合作与交流制度建设。

## 一、"十四五"时期生态环境保护国际合作面临的国内外形势

### （一）"十四五"时期我国将全面开启社会主义现代化强国建设新征程

"十四五"时期是我国由全面建设小康社会向基本实现社会主义现代化迈进的关键时期、实现"两个一百年"奋斗目标的历史交汇期、推动实现国家治理体系与治理能力现代化的历史机遇期，也是我国绿色发展迈向高水平、污染防治攻坚战取得阶段性胜利、推进美丽中国建设的关键期。"十四五"时期既是我国经济社会发展前所未有的战略机遇期，也将是前所未有的风险挑战期。2020 年，新冠肺炎疫情蔓延暴发，给全社会带来了前所未有的挑战，也是对我国治理体系和能力的一次危机大考。此次新冠肺炎疫情不仅为公共卫生系统和应急管理体系上存在的短板敲响了警钟，也为深入推进结构性改革、加快补齐包括生态环境在内的公共民生领域的短板吹响了冲锋号，还为"十四五"时期推动实现我国生物安全风险防控、加强环境应急管理、全力打击野生动物非法贸易、完善城市公共环境治理等生态环境领域治理体系与治理能力现代化指明了具体方向。

### （二）"十四五"时期我国将面临复杂严峻的世界大变局考验

"十四五"时期，我国外部环境面临近代以来最好的发展机遇期，也迎来世界百年未有之大变局。当前，国际形势风云突变，单边主义、贸易保护主义、逆全球化

暗流涌动。全球政治、经济、社会问题和全球性环境问题关联性日趋密切，国际金融与贸易政策对生态环境保护、应对气候变化等造成重大负面效应、溢出效应，深刻影响我国"十四五"时期生态环保国际合作。

一是大国地缘政治竞争回归。我国周边地缘政治进入高度敏感期，亚太战略均势出现重要转折。美国可能会加快推动实施"印太战略"，增加在我国周边的军事存在和活动。错综复杂的周边地缘政治格局给我国运筹国内外关系、推进"一带一路"倡议建设等带来较大不确定性和不安全性因素。

二是全球新冠肺炎疫情加剧世界经济下行趋势。全球仍处在国际金融危机后的深度调整期，受到全球新冠肺炎疫情蔓延和世界经济动荡的交织影响，世界经济发展的不确定性在逐步加大。随着经济民族主义崛起，中美贸易摩擦加剧，美国、欧盟等发达国家和地区倾向于重新整合供应链，降低对我国供应链的依赖。尤其是受新冠肺炎疫情的影响，全球资金链、产业链、供应链、价值链和服务链变动重组，一些主要经济体、跨国企业将重新思考全球供应链的潜在风险和管理难度。一方面，可能会推动供应链的本土化，加速全球价值链重塑，威胁全球产业链的稳定；另一方面，也可能加速逆全球化的进程，减缓国际贸易的增长速度，进而加剧国与国之间的冲突与摩擦。

三是全球治理面临严峻挑战。受逆全球化思潮的影响，保护主义、单边主义愈演愈烈。传统多边治理机制弊端显现，多边主义受挫，全球主义掣肘突出。联合国的权威面临严峻挑战，世界贸易组织改革被提上日程，二十国集团内部裂痕加大，联合国 2030 年可持续发展目标的实现面临严峻挑战。

## 二、"十四五"时期我国生态环境保护国际合作的挑战与机遇

站在"十四五"的新起点上，围绕解决国内突出生态环境问题和美丽中国建设战略，我国生态环境保护国际合作既面临较大挑战，又有望迎来新的机遇期，能否统筹谋划并精准把握重点工作方向，将直接关系到我国成为全球生态文明建设的参与者、贡献者和引领者历史性目标的实现。

### （一）我国发展中国家地位受到挑战，环境国际公约履约面临压力

2020 年 2 月，美国修订了反补贴法下的"发展中国家名单"，否定我国在内的 25 个经济体的发展中国家地位。此举可能会产生不良的示范效应和溢出效应：一方面，挑战我国在国际条例中拥有的发展中国家地位的既有优势，增加我国经济的外部压力；另一方面，将会对我国环境国际公约履约产生巨大压力，影响共同但有区

别的责任原则，增加我国申请与《蒙特利尔破坏臭氧层物质管制议定书》《关于持久性有机污染物的斯德哥尔摩公约》《关于汞的水俣公约》等环境公约相关的全球环境基金和多边基金的难度，并有可能因此打破我国在全球气候治理领域承担与发展阶段相符的减排责任的有利局面。

（二）在拓展生态环境保护国际合作的广度和深度方面迎来机遇

随着我国生态文明建设进入关键期、攻坚期和窗口期，为更好地服务国内环境质量改善、打赢污染防治攻坚战、构建现代环境治理体系，在结合国内重点生态环境问题、深入开展生态环境保护国际合作、借鉴国际先进经验和技术方面有较大提升空间。

一是生态环境保护国际合作与交流的广度有待扩展。随着生态环境部门职能的改革扩充，包括地上和地下、岸上和水里、陆地和海洋、城市和农村、一氧化碳和二氧化碳"五个打通"的实现，海洋保护、跨流域保护、应对气候变化、极地生态环境保护、生物多样性和生态系统保护等方面将被赋予新的合作内涵。

二是生态环境保护国际合作与交流的深度有待提升。在水、气、土生态环境问题领域转变国际合作思路，借鉴国际先进治理理念、保护与管理制度、技术和环保产业等，引进更多国外资金技术，开展更为具体的跨国界水体和区域大气环境等问题的科学研究，更加有效、精准、深入地创新，支撑打赢污染防治攻坚战，服务全面推进生态环境治理体系和治理能力现代化，都将成为极具现实意义的课题。

（三）在推动国际环境治理体系变革方面迎来机遇

经过改革开放 40 多年的快速发展，我国经济规模已经稳居世界第二，国际影响力明显增强，国际社会普遍希望我国积极投身到全球环境治理体系中。尤其是党的十九大以来，我国国际感召力明显增强，国际社会对我国关于全球治理的提议和方案反应积极，打造人类命运共同体、共建"一带一路"、建立亚洲基础设施投资银行等倡议得到国际社会的积极响应和广泛参与。随着美国退出《巴黎协定》，单边主义、保护主义日益抬头，国际社会期待我国在全球环境治理方面发出中国倡议、树立中国标杆，我国在推动国际环境治理体系变革方面迎来机遇、大有可为。

（四）在推动实现联合国可持续发展目标方面迎来机遇

当前，全球实现联合国 2030 年可持续发展目标迎来关键十年。然而，世界各国尤其是亚太国家的发展普遍面临一些带有全球性质的挑战（包括气候变化、国际突发公共卫生事件、世界经济深度衰退等），仅靠国内结构性政策无法充分应对。亟须对各国政策辅以更密切有效的国际合作，以期实现共同可持续发展目标。

"一带一路"建设紧密契合联合国可持续发展目标，旨在推动实现沿线区域在交通、卫生、农业、通信和能源等方面的互联互通。推动绿色"一带一路"向高质量发展将有效推动"一带一路"共建国家共同实现 2030 年可持续发展目标。"十四五"时期，通过深入开展绿色"一带一路"建设，推动绿色基础设施建设、绿色投资、绿色金融等国际合作，丰富"一带一路"建设作为世界公共产品的内涵，将为共谋全球生态文明建设之路创造新的机遇。

## 三、对策与建议

### （一）坚定维护我国发展中国家地位，履行环境国际公约责任与义务

作为发展中国家的重要代表，我国应积极表态发声，坚持共同但有区别的责任原则，坚决履行好自身在国际环境治理领域尤其是在环境国际公约履约方面的责任与义务。

在气候变化治理领域，积极落实我国的减排承诺与责任，建设性地推动《巴黎协定》实施细则遗留问题谈判。按时提交国家自主贡献进展报告和提出 21 世纪中叶温室气体低排放发展战略。持续推动气候变化南南合作，共同打造应对全球气候变化的政策框架，为全球注入信心，也为发展中国家提供范例。

在生物多样性保护和生物安全领域，充分把握举办《生物多样性公约》第十五次缔约方大会（COP15）的契机，进一步凝聚全球各方保护生物多样性、推动构建地球生命共同体和人类命运共同体的共识，倡导制定更具雄心的生物多样性保护目标，适时推动达成"2020 年后全球生物多样性框架"、2050 年人与自然和谐相处共同愿景。推动构建国际生物安全风险防控体系，加大在打击野生动植物非法交易方面的国际合作，推动构建生物安全命运共同体。

在《蒙特利尔破坏臭氧层物质管制议定书》《关于持久性有机污染物的斯德哥尔摩公约》《关于汞的水俣公约》等国际公约履约领域，继续积极申请相关国际赠款基金以支持履约工作，建立健全履约工作国内资金支撑机制，加大履约经费的财政预算资金投入，支撑消耗臭氧层物质、持久性有机污染物、汞等化学物质的环境风险评估与管控等履约工作，以环境履约促进国内生态环境保护工作开展和经济社会发展。

（二）建设绿色"一带一路"，构建人类绿色命运共同体

深入推进绿色"一带一路"建设，为共建国家提供可借鉴、可复制的中国绿色方案，共谋实现可持续发展目标，引导传播全球生态文明理念，共同打造人类绿色命运共同体。

一是推进"一带一路"绿色试点项目。发挥"一带一路"绿色发展国际联盟、生态环保大数据服务平台的作用，进一步结合示范项目和示范国家，找准"朋友圈"，扩大"朋友圈"，努力构建更多的合作伙伴关系，推动共建国家共同实现 2030 年可持续发展目标。

二是推动"一带一路"绿色供应链国际合作。以"一带一路"绿色供应链合作平台建设为抓手，促进"一带一路"供应链和价值链的合作，打造区域绿色供应链与产业链，助力"一带一路"共建国家建立可持续生产和消费模式，促进绿色产品贸易和流通。

三是防范"一带一路"生态环境风险。加强"一带一路"环境和社会安全保障相关制度与指南研究，开展重点战略和关键重大项目的环境评估，形成具有结构性、强制性和实用性的制度规范体系。

（三）深化国际合作广度和深度，服务打赢污染防治攻坚战

针对"十四五"时期我国生态环境治理的关键环节，围绕美丽中国建设战略和解决国内突出生态环境问题，深化国际合作的广度和深度，为打赢污染防治攻坚战、补齐全面建成小康社会生态环境短板提供国际经验和技术支撑。

一是深入借鉴国际经验和技术，支持打赢污染防治攻坚战。进一步系统梳理发达国家发展历程中特别是经济转型阶段的经验教训，为打赢蓝天、碧水、净土保卫战等污染防治攻坚行动提供国际经验借鉴，为环境风险防范、环境应急、医疗废物处置、危险废物污染防治等焦点问题提供技术支持。

二是拓展生态环境保护国际合作的领域。加强与相关国家、国际组织、研究机构、民间团体的政策对话和经验分享，扩展在共同应对气候变化、生物安全、海洋污染、塑料垃圾、跨国界河流生态风险等领域的合作与交流。

（四）打造"四大"人才队伍体系，加强国际环境合作与交流制度建设

加强生态环境国际合作队伍的能力建设，建立多元化的生态环境国际合作铁军队伍，全力打造"四大"人才队伍体系：全球视野的高水平国际谈判型人才、我国生态文明理念的国际宣传型人才、国际环境政策的研究型人才、掌握环境相关行业

重点技术的技术型人才。加快国际人才"旋转门"运作，促进人才"走出去"，增强我国在国际环境事务中的话语权。

加强制度建设，不断优化国际环境合作方式方法，提高国际交流和履约能力，增强区域环境保护意识和企业社会责任，广泛开展在生态环境保护理念、管理制度政策、环保产业技术等方面的国际交流合作，引导构建政府、企业、社会组织和公众等主体多元共治、共同参与的全球环境治理格局，助力推进我国生态环境治理体系和治理能力现代化。

# 参考文献

冯春玲，解淑艳，2019.关于积极应对气候变化推动生态文明建设的思考［J］.环境保护，47（16）：37-39.

金瑞庭，2019."十四五"时期国际环境将发生深刻复杂变化［J］.中国发展观察，212（8）：29-31.

周国梅，蓝艳，2019.共建绿色"一带一路" 打造人类绿色命运共同体实践平台［J］.环境保护，47（17）：23-26.

# 《生物多样性公约》资源调动战略及其发展趋势分析

王　也　邹玥屿　杨礼荣

资金议题一直是《生物多样性公约》（以下简称《公约》）谈判的热点，资金机制是每次缔约方大会（COP）的常设项目，每次缔约方大会都会对资金机制和资金资源问题进行谈判，资金机制已经成为促进实现《生物多样性公约》三大目标的核心议题。

## 一、资源调动战略提出背景

全球环境基金（GEF）是《生物多样性公约》的主要资金机制。大部分发展中国家和经济转型国家履约的财务资源主要来自 GEF 的支持。然而，与多数环境领域公约一样，《生物多样性公约》也面临着履约资金长期不足的问题。为解决此问题，2006 年的第八次缔约方大会（COP8）提出了"资源调动战略"这一概念，并在 2008 年的 COP9 上通过了资源调动战略，战略共有 8 项目标，第 1 项针对资金方面的信息基础，第 2 项针对国内资金，第 3 项针对金融机构，第 4 项针对私营部门，第 5 项针对主流化，第 6 项针对南南合作，第 7 项针对获取与惠益分享，第 8 项针对全球层面的参与。

## 二、资源调动战略总体评价

当前的资源调动战略的 8 项目标基本涵盖了国内资源、国际资源、私营及金融部门资源，以及融资机制方面的考虑，结构与内容比较合理。然而，在资源调动战略的实施效力方面，仍有很大提升空间。

资源调动战略第 1 项目标中提到的"信息基础"是评估资源调动现状、需求并明确下一步工作的重要前提，但目前可获取的信息非常有限，单一依靠缔约方提交财务报告以获取数据的方法也有待完善。经济合作与发展组织（OECD）就生物多样性资源调动情况进行了初步的调查，得出各国国内投入生物多样性相关活动所涉及的资金约为 490 亿美元[①]。与之形成鲜明对比的是，2012 年，《公约》全球资源调

---

[①] 数据仅来自 50 多个缔约方向秘书处提交的财务报告，这些缔约方只占缔约方的一小部分，还有大部分缔约方没有提交财务报告或提交的财务报告中数据信息不充分。

动高级别评估小组估计，实现"爱知目标"的投入需求在每年 1 500 亿～4 400 亿美元之间（Convention on Biological Diversity，2012）。即使在数据来源不充分的情况下，仍能看出资源调动现状与需求之间有量级上的差距。

## 三、中国实施资源调动战略相关经验

### （一）中央财政为生物多样性保护提供坚实保障

中国政府非常重视《公约》履约工作，在中央财政中安排了履约工作预算，我国是为数不多的在部门预算中安排专项经费的国家。在这个领域，政府财政资金是投入资金的主要来源，资金量较大且较为稳定，为我国的生物多样性保护工作提供了坚实保障。自 2017 年开始，我国与生物多样性相关的财政资金投入每年超过 2 600 亿元[①]。就投资载体而言，较大的投入主要集中在大型生态工程、保护区和包括财政转移支付在内的奖励措施等几个方面。

### （二）充分调动社会资源以有益补充履约资金

在公益组织融资方面，国内开展生态环境保护工作的基金会大约有 100 家，2018 年中国社会捐助的总额大约为 1 128 亿元；约 54.1% 的募集资金用于生态环境保护领域，其中也包括生物多样性领域，总额是 600 亿元左右。在私营部门融资方面，中国在以流域服务付费为主的生态补偿领域等诸多领域也有很多成功的尝试。

### （三）在力所能及的前提下积极开展对外援助

在对外援助方面，中国政府近年还向非洲提供了专门用于保护非洲野生动物资源的 1 000 万美元的援助，向 GEF 捐款达到了 885 万美元，向联合国环境信托基金捐款 600 万美元，在绿色经济、环境国际公约履约等领域开展了一系列提高发展中国家环境管理能力的项目和活动，全球有 80 多个国家受益。

## 四、中国实施资源调动战略的不足及建议

### （一）国际赠款对社会资本的撬动作用有待提高

当前，我国对 GEF 赠款的配套资金多以财政配套经费为主，私营部门的参与度

---

① 预算项涵盖自然生态保护、天然林保护、退耕还林、风沙荒漠治理、退牧还草、已垦草原退耕还草、江河湖库流域治理与保护、城乡社区管理事务、农业、林业、水利、国土资源事务、海洋管理事务下相关科目。

仍显不足。未来应充分发挥国际赠款的种子基金与杠杆作用，探索多元化的资金运作模式，将其与世界银行、亚洲开发银行等贷款相结合，与国内外企业投资相结合。

（二）履约资金使用的绩效评价指标体系有待完善

绩效评价是衡量资金使用效率、实行问责的重要手段。目前国内针对财政履约项目、国际赠款项目缺少统一的绩效评价标准，对社会资金参与的相关生物多样性工作也缺少规范的考核体系。今后要开发针对不同来源资金项目的绩效评价通用标准，通过统一评价口径，更好地将不同渠道资金形成合力。

（三）国内履约财政资金管理的协同性有待加强

《公约》议题涵盖面广，除生态环境部以外，也涉及农业农村部、自然资源部等部门的主管领域，在相关财政资金的管理上缺乏协同机制。今后需不断加强不同部门间履约资金使用的沟通协调，在预算编制、项目经费管理的过程中加强信息沟通，确保高效利用资金，更好地实现履约成效。

## 五、2020 年后资源调动战略演变趋势及其挑战

COP15 已定于 2021 年 10 月在昆明举行，将审议"2020 年后全球生物多样性框架"（以下简称"框架"），明确至少未来十年的全球生物多样性目标及行动。将有望通过新的资源调动战略或资源调动行动计划，作为"框架"目标实施的支撑与保障。

（一）2020 年后资源调动战略演变趋势预判

### 1. 筹资渠道进一步拓宽

在未来，发达国家为《公约》履约提供的公募资金仍发挥着主渠道的重要作用，是发展中国家履约的重要支撑。与此同时，在遵守《公约》20 条[①]的基础上，资金的来源形式也将继续向多样化和多渠道方向发展，尤其是私人资本的有效参与将对履约起到重要的补充作用。这也要求 2020 年后资源调动战略须涵盖所有能够调动的潜在资源，包括国际和国内、公共及私营部门的资金、人力、物力、融资机制等。

---

① 《公约》的第 20 条对各缔约方履约的资金问题提出了明确要求，即每一缔约方承诺依其能力为那些旨在根据其国家计划、优先事项和方案实现本公约目标的活动提供财政资助和鼓励；发达国家缔约方应提供新的额外的资金，以使发展中国家缔约方能支付其因执行那些履约本公约意图的措施而承担议定的全部增加费用，发达国家缔约方也可通过双边、区域和其他多边渠道提供与执行本公约有关的资金，而发展中国家缔约方则可利用该资金。

### 2. 强调资金使用效率

资金的使用效率低下也是影响生物多样性保护效果的一个重要问题。因此，未来有可能在加大投入和拓宽投资渠道的基础上，建立生物多样性保护资金使用效率评价与监管的长效机制，及时对不同领域、不同时间的生物多样性保护资金的使用效率进行监管和评价。在加大对生物多样性保护资金投入的同时，严格控制资金支出结构，确保资金投入服务于"框架"目标的达成。或将鼓励缔约方国内的财政、环境、农业、林业等相关部门对生物多样性保护投资进行必要的跟踪检查，提高评价与分析结果的惩罚刚性。同时，鼓励国家审计部门加强生物多样性保护资金投入的审计力度，从而加强资金使用监管的效果。

### （二）制定 2020 年后资源调动战略须克服的挑战

#### 1. 在拓宽融资渠道背景下，如何平衡不同来源资金的筹集与管理

一方面，拓宽生物多样性融资渠道已是各方共识，即公共与私营相结合、传统与创新相结合、国际与国内相结合。但另一方面，在实际操作层面，不同来源资金具有不同管理模式，上述各渠道的筹资比例、支出分配等都是亟待解决的技术问题。

在估计"框架"所需资源时，应考虑不同来源资金所产生的效力、可持续性以及影响范围的区别。除了国内财政资金以外，在国际资金方面要考虑双边发展金融机构、多边发展金融机构、GEF、多边基金等资金机制的不同运作方式。在私营部门资金方面，要考虑个人、公益机构、NGO、银行、投资者等不同出资主体，以及支出、补贴、生态服务费和生物多样性的补偿、赠款、债务、股权、公司的资产负债表等不同的融资手段。

#### 2. 如何通过降低资源需求、提高成本效益比等方式提高资金使用效率

在提高资金使用效率方面，将生物多样性支出与 2020 年后目标相对应，并减少对生物多样性有害的补贴与投资，是全球层面的重难点问题。此外，在生物多样性领域，投资成本效益低的情况仍普遍存在。开发银行在提高投资回报率、加强风险管理以及吸引私营部门投资方面都有丰富经验，可以在满足各方需求的前提下吸引更多利益相关方的参与，但在生物多样性相关领域仍缺乏足够多的成功案例。

### （三）2020 年后资源调动建议

完善创新筹资体制机制、拓宽融资渠道等相关措施均很重要，但不应淡化公募资金主渠道的作用，不能弱化发达国家本身的出资义务。

在全球层面推动生物多样性主流化。生物多样性主流化是全球各国面临的长期

挑战，也是重大机遇，使各部门认识到生物多样性的价值和意义，以及运用最新科技对生物多样性进行监测、跟踪和预警是生物多样性主流化的重要途径。环境部门应加强与其他部门的沟通与协作，致力于生物多样性保护和可持续利用，并将其纳入社会经济发展和各部门的日常管理。

综合利用多种金融工具和法律工具，增加生物多样性项目的财务可行性。通过混合融资项目的方式，让绿色项目有一定的投资回报。开发生物多样性融资示范案例与融资国际通用标准。在促进绿色金融的同时，抑制非绿色金融。

对投资者与消费者施加影响，提高投资者与消费者的生物多样性意识。通过传感技术、大数据技术等方式，更好地了解生物多样性损失给我们带来的成本，并以此影响投资者和消费者决策。

# 参考文献

Convention on Biological Diversity，2012. Resourcing The Aichi Biodiversity Targets：A First Assessment of The Resources Required for Implementing the Strategic Plan for Biodiversity 2011-2020. https：// www.cbd.int/doc/meetings/fin/hlpgar-sp-01/official/hlpgar-sp01-01-report-en.pdf.

# 从目标的雄心到执行的雄心——
# 加强《生物多样性公约》履约遵约机制问题初探

邹玥屿　王　也　杨礼荣

多边环境国际公约（Multilateral Environment Agreements，MEAs）不仅为全球环境治理提供了国际法框架，也为相关领域凝聚多边政治共识、推行先进经验及知识技术发挥了不可替代的重要作用。然而，条约的实施是几乎所有多边环境公约的"阿喀琉斯之踵"。一方面是国际法"基因"使然，条约的约束力取决于缔结条约的主权国家主动"让渡"的国家权力，实施的松紧宽严往往为国家这一国际法基本主体的政治意愿所左右；另一方面是环境问题的外部性使然，导致环境议题虽然具备较高的全球性和国家间的相互依赖性，却往往显得不如其他传统国家安全相关的国际合作议题那样现实和紧迫，"不遵约"的成本较低，更加弱化了环境公约在国家层面实施的效力。

在气候变化、生物多样性、荒漠化、化学品等不同领域，不同的多边环境国际公约发展出了相似又不同的实施保障机制。本文尝试从《生物多样性公约》（以下简称《公约》）的特殊性出发，从一般法律概念、相关 MEAs 经验参考、历史沿革和现状三个方面初步推演加强其履行的可行机制，并针对当前《公约》谈判焦点问题提出政策建议。

## 一、条约的遵守和履行：法律概念与基础

条约必须遵守（pacta sunt servanda）是国际法的基本原则之一。多边国际环境条约作为国际法的分支，同样建立在此基础之上，一项环境公约的诞生即宣示了国家善意履行其规定义务的意愿。条约虽是为了履行而制定的，却"行之惟艰"：实施到何种程度能被称为"遵守"，实施主体的复杂性（中央和地方、其他行为体），促进遵守的保障措施为何，不遵守的后果如何规定等具体挑战衍生出了复杂的法律问题。

为应对条约实施的现实问题，国际环境法逐渐演化出了遵约机制。遵约机制在一定程度上是一种责任机制，即根据公约的目标（或公约框架下衍生性文本的目标），为缔约方设立强制义务，并采取多种方式方法确保履行。对于履行机制和遵约

机制，目前文献并无放之四海而皆准的定义。一般来说，广义的遵约机制包括国家采取计划和行动落实公约的义务，侧重于实施；狭义的遵约机制设置专门性机构或制度和系列条约主体行为符合条约的法律规范，尤其是针对不遵约情势的惩罚性、强制性措施。联合国环境规划署将遵约机制定义为在国际环境条约下促进遵约的系统[①]。

多边环境国际公约的履行和遵约机制具有两个主要特征：

①以"预防性"为首要特征。多边环境国际公约的遵约机制对争端解决、责任与赔偿等传统国际法履约保障制度进行了发展和扬弃。首先是因为传统的争端解决机制和责任赔偿制度具有事后救济的性质，对以"预防性原则"（principle of precaution）为行动宗旨的气候变化、生物多样性相关条约并不适用。

②以"促进性"而不是"惩罚性"为显著特征，即着眼点在于采取激励措施，促进国家的善意履行，而不是消极处理不遵守的情形。履行条约不是条约机构和缔约方之间的对抗，国际机构亦难以凌驾于国家之上，过于严格的惩罚性措施有时甚至会导致国家退出公约，产生削弱条约效力的反作用。

遵约机制的法律基础一般为公约条款有关规定，或来自于缔约方大会的其他决议，如改革、新设专门公约机构，或设立具体规则。各公约的具体规则近几十年来逐步发展完善，形成了包含提交报告、书面审查、现场监督、第三方评审、公布告诫和制裁等措施的丰富体系。

## 二、其他多边环境公约的经验与借鉴

1998 年《关于消耗臭氧层物质的蒙特利尔议定书》的"不遵守情势程序"是多边环境国际公约中最早的遵约机制，《巴塞尔公约》时发展为"促进履约与遵约的机制"，后续的《卡塔赫纳生物安全议定书》和《名古屋议定书》等基本上都是延续了这一机制以促进公约的履约，以处理一些不遵约的情势。联合国环境规划署（UNEP）在 2002 年通过了《多边环境协定遵守和执行准则》，并在 2006 年发布了补充准则的《多边环境协定遵守和执行手册》。MEAs 中，气候变化领域遵约机制的演变有较大典型性。

《京都议定书》根据共同但有区别的责任原则设置了遵约机制，一方面对附件一缔约方设定强制减排义务，另一方面将发展中国家的非强制减排挂钩发达国家资金和技术援助，并规定了惩罚性措施。这一设置责任明确、约束力强，但客观上降低

---

① https://www.informea.org/zh-hans/terms/compliance-mechanism。

了发达国家的履约意愿，使其转向推动新的国际机制取代《京都议定书》。有法律约束力的《巴黎协定》达成后，确立了自下而上的"自主贡献机制"混合原有遵约机制，以国家报告和审查机制为主要载体。然而不可避免的是国家自主贡献的"量力而行"在一定程度上也意味着强制力的弱化。

## 三、《公约》实施和遵守机制的历史沿革

### （一）文本与制度规定

《公约》为全球生物多样性的保护和生物资源的可持续利用提供了法律框架。《公约》文本第 6 条、第 14 条、第 23 条、第 25 条、第 26 条对履约机制做出了原则性规定，但尚不存在上文提及的狭义遵约机制。同时，也不存在由缔约方大会所设置的专门性遵约机构，宽泛意义上的监测和审评职能在一定程度上由缔约方大会[①]、执行附属机构（SBI）[②]以及科学、技术和工艺咨询附属机构（SBSTTA）[③]承担。

现有的机制由三个环节组成：一是计划制订环节，即国家通过国家生物多样性战略与行动计划，将国际义务转化为国内行动；二是报告环节，国家通过定期提交国家报告，通报国内履约进展；三是审评环节，由《公约》秘书处对国家报告进行汇集和分析，辅以自愿同行评议等自愿性机制。总体来说，实施机制在演进中不断完善，但现有组织形式仍较为松散，相应制度性规定不尽明确。

### （二）国家层面的实施

国内的计划制订程序处在遵约程序的前端，决定了对照什么去报告和审查。国

---

① 《公约》第 23 条第 4 款："缔约方大会应不断审查本公约的实施情形，为此应：（a）就按照第 26 条规定递送的资料规定递送格式及间隔时间，并审议此种资料以及任何附属机构提交的报告；（b）审查按照第 25 条提供的关于生物多样性的科学、技术和工艺咨询意见；（c）视需要按照第 28 条审议并通过议定书；（d）视需要按照第 29 条和第 30 条审议并通过对本公约及其附件的修正；（e）审议对任何议定书及其任何附件的修正，如做出修正决定，则建议有关议定书缔约方予以通过；（f）视需要按照第 30 条审议并通过本公约的增补附件；（g）视实施本公约的需要，设立附属机构，特别是提供科技咨询意见的机构；（h）通过秘书处，与处理本公约所涉事项的各公约的执行机构进行解除，以期与它们建立合适的合作形式；（i）参酌实施本公约取得的经验，审议并采取为实现本公约的目的可能需要的任何其他行动。"
② 由决定 XII/12、XII/26 成立。前身为不限成员名额特设公约实施情况评估工作组（Ad Hoc Open-ended Working Group on the Review of Implementation of the Convention，WGRI）。
③ 《公约》第 25 条设立了科学、技术和工艺咨询附属机构（Subsidiary Body on Scientific, Technical and Technological Advice，SBSTTA），为缔约方大会，以及在适当的情况下为其下属机构，及时就《公约》的实施提供科学和技术方面的建议。该机构由缔约方在相关领域的专家组成，其主要负责评价生物多样性的现状，评价根据《公约》条款指定的各种措施的有效性，对缔约方大会可能提出的问题做出解答。

家是《公约》的实施主体，需要通过国内立法、政策和规划的制定，才能将《公约》义务转换成国家行为，方能实现《公约》义务。因此，《公约》下的"国家战略与行动计划"制度即国家履约遵约的"七寸"，只有合理设置这一关键前提，后续的报告、监测和评审等环节才能纲举目张。

"爱知目标"制定的过程中保有了一定灵活性，由各缔约方根据国内情况制定国家战略与行动计划（NBSAP）以开展履约工作，同时对国家战略与行动计划如何反映"爱知目标"并无硬性要求。这一安排虽然在当时对达成框架发挥了润滑作用，却同时埋下了全球目标和国家目标"两张皮"的长期隐患。尽管各方共同制定了科学合理的全球目标，但向国内实施转化的过程中却出现了断层，或内容未得到内化，或时间程序冗长，以致缔约方各行其是，全球目标无法真正落地。此外，第五次国家报告和第六次国家报告多是对照国家战略与行动计划进行报告，仅少部分直接对照"爱知目标"，这也是全球层面的目标实现进展难以评估的重要原因。

（三）实施情况的报告

《公约》当前对国家履约、遵约情势的判定主要依托国家报告机制。《公约》第26条规定，缔约方需为《公约》执行采取措施。目前《公约》已经完成5次国家报告的提交和审评工作。第1次国家报告提交日期为1998年1月1日，第二次为2001年3月15日，此后固定为每四年一个周期提交报告。目前部分国家已提交第6次国家报告。

该机制具有以下特点：一是格式和内容由缔约方大会通过并定期更新，并提供简单指南，要求国家尽可能提供详细数据和资料。二是要求在信息交换所上公开报告。三是国家报告提交信息交换所后，将由《公约》秘书处对报告进行整理，并将结果提交缔约方大会。秘书处仅针对格式要求而不是履约情况作出评估。四是符合资格的国家可在制定国家报告的过程中申请财务资助。

现有国家报告机制的执行上也存在系列问题，国家报告提交数量、质量和审查方式并不尽如人意。首先，存在问题主要是国家报告缺少统一、细致的指南，由于国家填写报告有较大自主量裁权，报告内容、评估方法的共通性难以保证，导致不便梳理汇总成全球总体履约情况；其次，发展中国家提交报告的能力仍然有限，获取的财务和能力支持同样有限，国家报告的质量有待提高；最后，报告的审评机制欠缺系统性与透明度。

### （四）监测和审评

《公约》秘书处具有基于缔约方提交的国家报告审评和监测《公约》战略计划进展的职能，但《公约》并没有像其下两个议定书一样设置遵约委员会。《公约》秘书处根据授权，不对国家的目标和举措进行实质性核查，而是对报告的提交数量、是否满足格式要求等情况进行汇总，并根据国家进展归总全球进展，提交 SBI 和 COP 会议审议。部分发达国家缔约方支持在《公约》下开展"资源同行评议"（VPR），但接受度较低，参加过评议的国家仅有 10 个左右。

综上，缔约方并无义务披露计划针对每个全球目标计划采取的行动，即使实施，根据规定也不会受到内容性审查。2010 年在《公约》第 10 次缔约方大会上通过的《生物多样性战略计划（2011—2020 年）》和"爱知目标"的实施已近尾声，但 20 个"爱知目标"中只有 4 个能够如期实现。究其实施不力的原因，普遍认为《公约》对国家实施情况缺乏约束是重要因素。

## 四、谈判焦点问题：松紧之间的抉择

加强《公约》的履行和遵守有多种手段。目前《公约》下谈判涉及问题包括实施支持机制，即通过资金支持、能力建设和技术转让，推动国家强化对《公约》的履行；实施促进机制，即发挥所有相关方的作用，参与、支持《公约》决策和实施；以及宣传动员机制等。本文所主要讨论的"促进《公约》实施的主要行为主体：国家加强履约和遵约的法律性、机制性安排"对应的是"透明度和责任机制"议题。鉴于"爱知目标"实施的深刻教训，各方对该议题高度关注。

从 2019 年以来各方通过《公约》秘书处网站在线提交的意见和"2020 年后全球生物多样性框架"（以下简称"2020 后框架"）不限名额工作组第一次会议（OEWG1）等相关磋商情况来看，加强履约机制建设已成为各方共识。然而在范畴、程度、方式和方法上，仍存在多个谈判难点，需要在约束力与灵活度之间求得微妙平衡：

一是执行机制在 2020 后框架中的地位与呈现形式。关于是否作为 2020 后框架的内在组成部分，是否作出强制性约束，还是另外设置决议文本、设置后续谈判进程，各方立场目前莫衷一是。对该问题的处理会产生系列连带效应，包括总体谈判的难易程度、相关成果的约束力、后期审评的内容界定等。

二是执行机制的重点和资源分配。就如何加强对缔约方编写 NBSAP 和国家报告的指导，并强化《公约》与议定书、相关环境公约之间的协同，是否强化审评的责任机制作用，设置系统更加完备、约束力更强的报告、监测和评审制度等问题，均需要综合考虑《公约》能够调集多少资金和人力支持其运转，以及各缔约方愿意在今后的《公约》多边进程中分配多少时间用于开展相关程序，同时不对能力不足的发展中国家缔约方形成过高的负担。

三是是否参考其他环境公约执行经验，如气候变化领域"自主贡献"机制，以及如果引入，与《公约》原有的 NBSAP 如何衔接。其核心在于如何最大限度地调动地方政府、私营部门、民间机构、青年和地方社区等非国家行为主体的积极性，使其贡献能够被纳入《公约》的计量，又不会导致"民进国退"、为缔约方提供借口，以民间投入为挡箭牌消极对待国家政府所肩负的履约责任。

从目前谈判工作的程序安排上来看，就上述问题已开展一次专题磋商，并在 OEWG2 会议上进行了初步谈判。各方如何合理分配稀缺的谈判资源、尽快达成一致约定，携手避免 2020 后框架重蹈前一轮战略"重目标、轻机制"的覆辙，面临着重重挑战。

## 五、从"雄心勃勃的目标"到"雄心勃勃的执行"

基于多边环境国际公约的实施经验和《公约》现状，建议《公约》可考虑部分借鉴"自上而下"传统国际法责任机制和"自下而上"自主承诺机制混合的新模式，并建立一个强有力的计划、报告、监测和审评的系统程序。

（一）强化国家战略与行动计划和国家报告义务

NBSAP 和国家报告仍应作为国家实施和汇报履约行动的主要载体，且是强化监测、审评机制的前置条件。没有国家层面对全球目标的清晰转化，监测和审评也就无处着力，新一轮目标仍将面临成为空中楼阁的风险。

鉴此，建议作出三项原则性规定：第一，1~2 年内尽快对照新一轮全球目标，对 NBSAP 进行更新；第二，NBSAP 的制定——对应全球目标，因为实际情况无法对应的，需作出保留决定的解释说明；第三，为避免许多缔约方由于国内政治体制而难以尽快更新 NBSAP 的情况，可考虑纳入国家承诺制度，强制要求其对关键目标或顶层目标（如有）作出响应，促进国家采取迅速行动。

上述三项要求应被纳入载有框架的决定正文，并作为一项监测内容，要求各国在 COP16 前报告执行情况，并由《公约》秘书处汇总全球情况、在 COP16 上进行报告，以提高对国家的强制力。

此外，考虑到国家报告制度是《公约》常规监督的主要信息来源。不论是发达国家还是发展中国家，在提交报告时都存在遵守问题。需要通过清晰完整的指导文件，解决缔约方报告的及时性、数据信息的完整性和准确性问题。可建议COP16以单独决定作出授权，要求COP16在新的国家报告周期前制定更加科学完备的报告编写指导，并设置相匹配的能力建设方案。

（二）强化履约遵约的激励机制

缔约方有效实施国际环境承诺，需要充分的政治意愿和客观的实现能力，二者缺一不可。激励措施作为促使《公约》履约遵约的激励手段，在《公约》下一直存在明显不足。激励手段不仅包括资金机制这种基于政府间行为的传统激励手段，也包括能力建设、技术置换让和援助，知识分享和教育，基于市场的激励机制等多样化的、促进各相关方参与的方式。只有综合运用激励措施，加强各国的实施能力和意愿，才能够真正影响各国谈判中的立场和选择，使各国团结一致以积极应对全球生态挑战。

因此，在设计审评机制时，需要建立"履约不足"与"履约援助"之间的政策连通性，使得审评结果能够为缔约方获得相关帮助形成助力。

（三）适当设置不遵守情势机制

加强不遵守情势机制的设置可作为未来发展方向，"2020后框架"可对该进程提出指引，不强求在2020年COP15上一蹴而就。不遵守情势机制不应是反报（retortion）、报复和制裁等对抗性措施，这类措施不仅难于达成，也会降低国家参与意愿，导致退出《公约》或恶化国家关系，客观上不利于《公约》的遵守和履行。应本着鼓励性、预防性原则设置不遵守情势机制，目标着眼于识别能力建设和技术转让等发展中国家加强履约的需求，从而加强资源的调集和投入。鼓励缔约方善意合作、积极应对。在《公约》框架下，可酌情设立信息公开会议环节，将立足点放在披露缔约方的履约能力短板、资金技术具体需求，以寻求资源对接，并提供相关建议，为缔约方克服履约上的困难作出集体的努力，推动《公约》履约良性发展。

# 《名古屋议定书》挑战与对策：以植物制剂行业为例

赵　阳　陆轶青　杜金梅　杨礼荣

生物化学和遗传信息具有巨大的实际应用与潜在的经济开发价值，已成为商业公司和研究机构争夺的重要资源，也是国家战略储备及长期发展的重要基础。植物制剂行业直接使用生物，间接造成土地用途改变，并可导致外来物种入侵或遗传信息泄露等生物安全的潜在风险，以及应用现代生物技术，不断深化生产与贸易一体化进程。这些都是联合国"生物多样性和生态系统政府间科学 - 政策平台"（IPBES）于 2019 年 6 月发布《全球评估报告》明确认定造成生物多样性丧失的主要驱动因素。得益于近半个世纪生物科技的高速发展，植物勘探对象已实现从有形植株、种子或单纯物理变化，到提取物、基因特性、遗传信息和相关生物化学及传统知识的转变，适用于《〈生物多样性公约〉关于获取遗传资源和公平公正分享其利用所产生惠益的名古屋议定书》（以下简称《名古屋议定书》），这给我国履约工作、生物多样性保护和相关产业的可持续发展带来了新挑战。本文首先阐述《名古屋议定书》的条款要求和国内法律政策的进展；其次以植物制剂行业为例，通过分析供应链特点，并结合药品、食品、化妆品和保健品生产企业的实际案例，指出行业实践的实际差距；最后从国家宏观监管与行业协会帮扶两方面结合，提出促进履约工作、产业发展和企业参与协同增效的政策建议。

## 一、履约挑战与进展

长久以来，发达国家的企业尤其是跨国公司利用技术优势，往往以低价或无偿获得发展中国家的遗传资源，进行生物产品研发与转化，获得巨额商业利润，并通过专利进行垄断，然而却并未向东道国给予适当回报。为打破这种不公平局面，2014 年 10 月 12 日生效的《名古屋议定书》围绕"事先知情同意"（PIC）和"共同商定条件"（MAT）等核心原则，推动构筑"获取与惠益分享"（Access and Benefit Sharing，ABS）的国际共识和实施机制，即遗传资源及相关传统知识的使用者（如企业或研究机构）与提供国的原住民或当地社区，就合理公平地分享由生物资源提供及使用带来的惠益达成协议。这不但有利于发展中国家为生物多样性保护及持续使用筹集更多资金，而且也是实施《联合国 2030 年可持续发展议程》的有效方法，贡献减贫（SDG1），粮食安全（SDG2），健康与福祉（SDG3），性别平等（SDG5），产业、创新和基础设施（SDG9），海洋生物（SDG14）和陆地生物（SDG15）等多目标实现。《名古屋议定书》具有以下优势：一是澄清范围，增进透明。例如，第 2 条（c）款针对企业对把生物资源列入 ABS 管制的关切，厘清"'利用遗传资源'指的是对遗传资源的遗传成分和（或）生物化学组成进行研究和开发，包括通过应用《生物多样性公约》第 2 条定义的生物技术"，并不涉及植物粗加工、地方商品贸易和人们生活所使用的原材料。二是提高法律确定性，精简监管措施。例如，要求各国指定国家联络点或主管当局（第 13 条），建立信息交换所（第 14 条），制定企业可参考的示范合同条款（第 19 条）。三是强调分享利用传统知识所产生的惠益。例如，支持政府监测产业链或供应链中生物遗传资源的分布和使用（第 7 条），监督企业与地方社区或原住民就使用与遗传资源相关的传统知识达成协议（第 12 条）。四是提升行业创新和绿色发展能力。例如，加强公众和企业 ABS 意识与能力建设（第 21 条），营造公平公正的社会和商业环境，有利于提高产业门槛，推动科技应用以形成更具综合效益的规模经济、生态友好型生产和边际价格（第 22 条）。五是支持制定跨国和区域性 ABS 框架。例如，促进区域或次区域的跨国界合作（第 11 条）；全球多边惠益分享机制的必要性及相关模式（第 2 条），支持不同国家的规章框架相互衔接和包容（第 10 条）。

2016 年 9 月 6 日，中国正式成为《名古屋议定书》缔约方。2017 年 3 月，生态环境部发布《生物遗传资源获取与惠益分享管理条例（草案）》，公开征求公众意见。于 2021 年 4 月 15 日施行的《中华人民共和国生物安全法》包括研发、应用生物技术，保障我国生物资源和人类遗传资源的安全，防范外来物种入侵与保护生物多样性等相应的责任及处罚，填补了法律空白。自 2019 年 11 月 1 日起生效实施的《云南省生物多样性保护条例》遵循保护优先、持续利用、公众参与、惠益分享、保护受益、损害担责的原则，包括 7 章 40 条，分别为总则、监督管理、物种和基因多样性保护、生态系统多样性保护、公众参与、惠益分享、法律责任和附则，是我国第一部生物多样性保护的地方性法规，开创了我国生物多样性立法的先河。《湖南省湘西土家族苗族自治州生物多样性保护条例》于 2020 年 10 月 1 日正式施行；《西双版纳傣族自治州生物遗传资源获取与惠益分享管理办法（草案）》已通过人大审议；《广西生物遗传资源及相关传统知识获取与惠益分享管理办法（草案）》目前处于审议阶段。《中华人民共和国宪法》第 9 条第 2 款规定国家确保合理利用自然资源，保护稀有动植物。其他涉及 ABS 的法规条款包括："向境外输出或者在境内与境外机构、个人合作研究利用列入保护名录的畜禽遗传资源的，应当向省级人民政府畜牧兽医行政主管部门提出申请，同时提出国家共享惠益的方案；受理申请的畜牧兽医行政主管部门经审核，报国务院畜牧兽医行政主管部门批准。"（《中华人民共和国畜牧法》第16条）。"……建立种质资源库、种质资源保护区或者种质资源保护地。种质资源属公共资源，依法开放利用。"（《中华人民共和国种子法》第10条）。"对违反法律、行政法规的规定获取或者利用遗传资源，并依赖该遗传资源完成的发明创造，不授予专利权。"（《中华人民共和国专利法》第5条）。除了上述法律法规，我国还陆续颁布了《全国生物物种资源保护与利用规划纲要》《国家知识产权战略纲要》及《关于加强对外合作与交流中生物遗传资源利用与惠益分享管理的通知》等多个政策文件，编制《生物遗传资源采集技术规范（试行）》（HJ 628—2011）、《生物遗传资源经济价值评价技术导则》（HJ 627—2011）、《全国生物物种资源保护与利用规划纲要》、《生物多样性相关传统知识分类、调查与编目技术规定（试行）》等多项技术规范。

总体上，我国已颁布实施了一系列遗传资源相关法律和部门规章，为开展遗传资源保护和管理提供了一定依据。然而 ABS 专门立法尚未完成，具体来说，ABS 法律体系、管理体制和制度设计三个层面都存在不足。研究显示，我国遗传资源引出规模和潜在价值较大，引进种类中，品种占较大比例，且很多品种含有中国种质。例如，发达国家在制药领域使用了大量中国的药用植物及其提取物，申请了大量专利。与此形成对照的是，在国内申请的专利和发表的成果中利用的来源于国外的植物种类较少（武建勇等，2013）。大量特有药用植物在《名古屋议定书》生效前已被开发利用，而且大多或被专利保护或未披露来源信息（徐靖，2016）。其他挑战还包括企业获取生物资源但未向国家机构申请或报备，ABS 协议签订没有体现"共同商定条件"（MAT）应具有的公平公正性，推迟或不进行资源产权登记或行业认证，不合规的生物勘探沦为"生物剽窃"等。主要原因是资源提供方对自然价值缺少科学认识，专利保护意识薄弱。究其根源在于缺乏对"供需双方"的法律指导、行业监督和能力建设。

## 二、行业实践差距

几千年来，世界各地都有"植物猎人"寻找有形的植株和种子以改善农作物的多样性、产量或抗病虫害性能。美洲印第安人培育野生玉米、马铃薯或食用枯藤水和迷幻蘑菇用于宗教仪式，从防己科植物中提取生物碱并涂于箭头以猎取野兽。东亚各国一直有种植、炮制和服食人参等草药的传统。我国是举世公认的大豆原产地，传统的云南白药治疗效果历久弥新。东晋葛洪所著的《肘后备急方》中记载了从青蒿中萃取青蒿素治疗疟疾的方法，这是全球较早的植物制剂应用案例。据统计，当今世界仍有约75%的人口主要依赖于植物镇痛、消炎和抑菌等传统疗法。25%～50%的上市药物和约2/3的抗癌医药源于天然成分。植物制剂指的是为实现或增强某种功效，在食品（如色素、香精和调味料）、饮料（如功能饮品）、医药（如天然抗生素）、保健品（如膳食纤维、抗氧化剂和维生素）、个人护理用品（如护肤品）、家居用品（如洗涤剂和日用香精）、农作物种植（如生物肥料、植物杀虫剂）、畜禽养殖（如饲料添加剂）和烟草（如增香降焦香精）中对植物产品，包括单一成分或复方组分的应用，起到着色、抗氧化、防腐、提供天然营养素和甜味剂等作用。植物制剂行业2019年的全球销售总额近7 000亿美元，在欧美销量最大。中国、印度和巴西等新兴经济体的市场潜力和生产增长最为迅速。产业链涉及多元化的细分市场，大多为新兴的创新高科技产业，这得益于近半个世纪以来高速发展的现代生物科学技术，使生物勘探对象实现了从有形植株（种子）到提取物、功能基因和生化遗传信息的成功转变。譬如草本中含有的天然化合营养成分对植物本身（如光合作用）而言不可或缺，又可被人体吸收利用，效果可与抗生素、维生素相媲美。目前已被分离、提取出来的植物营养素有上千种，如大蒜中的蒜氨酸、万寿菊中的叶黄素、番茄中的番茄红素、茶中的茶多酚等。这些植物营养素在抗氧化、防衰老、预防糖尿病和高血脂、高血压等方面的功效已在学界得以证实，为预防慢性疾病提供了新的思路。再譬如，目前个人护理用品的全球市场增长迅猛，绿色天然理念盛行。从最初的普通油脂类（如蛤蜊油和绵羊油）等单纯物理保护性能的化妆品，发展到近年对皂角、木瓜、芦荟、海藻和各种中药材等天然植物提取物的追逐。生态环境部对外合作与交流中心实施的GEF-ABS项目于2018年发布《国内外企业在中国的生物勘探案例研究报告》，分析了植物制剂应用于不同行业取得的效益和进行分享的企业案例。

（一）应用于制药

1992年，某美国公司通过生物多样性勘探，率先发现从红豆杉树皮提取的紫杉醇可用于治疗肿瘤。30 t干树皮仅能提取大约1 kg紫杉醇。1994—2008年，该公司的紫杉醇注射剂全球销售收入累计达131.08亿美元。野生红豆杉自然分布极少，42个分布红豆杉的国家均将其列为国家重点保护植物，联合国明令禁止采伐。经过20多年发展，虽然紫杉醇技术已进入成熟期，但仍未发现其他植物抗癌药能够取代其位置，因此紫杉醇用量仍呈上升趋势。为获取原材料，该公司在我国华东地区建立人工红豆杉栽培基地，生产注射级半合成紫杉醇原料药，再运至美国加工成注射剂。该公司在我国销售一支紫杉醇注射液的净利润是 219 元，而同年我国向其出口一支注射液原料的收益仅为 1.26 元。除了收益比例严重不对等外，该报告还指出该公司没有在红豆杉种植基地实施惠益分享。

（二）应用于保健品

某美国企业是全球最大的天然营养品制造商，每年通过生物勘探开展超过 10 万次的产品测试。通过检索企业近十几年申请的植物提取物专利，发现有 5 项专利涉及植物 15 种，其中 3 项专利应用的物种主要来自中国或东亚其他国家和地区（如黄精、灵芝、西洋参、蝙蝠蛾拟青霉菌粉和枸杞子等），主要用于生产两款以人参为原料的营养膳食补充剂——荼草参胶囊和优芙安酵母松参粉。前者价格为 270 元 / 瓶（5.7 g/90 粒），后者价格为 520 元 /30 袋（共 69 g）。该报告指出该企业获利情况和原料产地信息（例如投资建设原材料基地或采购渠道）未披露，且没有证据显示该企业进行了行业认证、产权登记或政府报备等活动。

（三）应用于食品饮料

2010 年，某美国公司为发现有效的天然甜味增强剂植物新品种，与我国某研究机构签订《合作主协议》，出资"赞助"以在华收集、提供单个重量不少于 2 g 的植物浓缩粗提物 100 个，每个须提供其基源植物的形态学信息（科、属、种），并将粗提物邮寄至公司美国总部进行测定。同时尽可能提供当地社区和群众利用基源植物的有关知识。2016 年，双方签订《项目工作说明书》，涉及 5 万美元经费，规定一年内向企业提供 100 个单个重量不低于 2 g 的植物粗提物，并提供每种基源植物的形态学信息和相关传统知识。至今该机构已向企业寄出 105 科 322 种植物的粗提物。该报告指出双方签署的协议没有体现我国遗传资源的主权及相应价值，没有提及对相关粗提物后续研究、利用带来的惠益分享和第三方转让等约束性条件。

（四）应用于化妆品

对某德国企业在华分公司近十几年申请的有关植物提取物专利进行检索，发现 14 项专利涉及约 50 种植物。其中 6 项专利涉及的物种主要来自我国或东亚其他国家和地区，包括淫羊藿等中国特有种，使用五味子等其他植物提取物的应用同样缺乏关于获利和原料产地的信息。该报告指出没有数据显示该公司在生物资源来源国申请专利或进行了惠益分享活动。与之相对的是我国一家知名的护肤品牌企业，承诺捐赠公司旗下某一品牌销售利润的 50%，用以支持与科研机构和非政府组织合作开展的"生物多样性—高山植物保护行动"，包括在丽江建立"野生高山花卉保护基地"和"珍稀濒危植物资源搜集圃"，设立植物学专项奖金（每年 100 万元），参与"云南民族生物文化示范园"建设，开展野生植物种子原真性保护等活动。

《生物多样性公约》指出，植物制剂行业除了对生物多样性的依赖（直接利用植物）和影响（规模种植导致土地用途改变和潜在的生物安全风险）外，往往还需要借鉴"传统知识"（如药用草本的古代记载和使用方法）并实施"生物勘探"，即为了开发具有商业价值的产品，从生态系统中系统地搜寻可被利用的生物化学和遗传信息。例如，农业作物所需生物杀虫剂和生物肥料可替代污染水体的有害化学物质；能源和制造业使用微生物降解污染物，修复被污染的土地；生物反应器和转基因技术为人类提供脱敏大豆和花生、抗癌产品、保健食用油、天然饮品、食品疫苗和抗生素，以及各种有机饮食加工原料等。上述案例所反映的一些企业在生物勘探过程中，未经政府部门授权，无偿获得存在于他国或原住民社区的生物遗传资源或侵占传统知识进行开发、利用和商业控制的行为，有可能给当地造成生物安全隐患，或招致"生物剽窃"或生态损害赔偿的法律诉讼——这些生物多样性风险给国家履约进展、产业绿色发展和企业公平运营环境带来一系列新问题和挑战。

## 三、对策建议

生物化学和遗传信息作为国家储备的自然资本，具备战略地位和巨大的实际应用或潜在开发价值，已成为各国研究机构与商业公司争夺的重要资源。中国巨大的消费市场、丰富的生物遗传资源和相关传统知识吸引了大批外企进入。以国内化妆品市场为例，目前已逐渐发展为全球最大的新兴市场之一，但仅约 10% 的合资企业占有超过 80% 的品牌市场。如何合理、合法地利用好我国的生物遗传资源，树立具有核心竞争力的民族品牌是我国亟须关注的问题。我国应根据《名古屋议定书》和相关国际经验，提供国内 ABS 法律和政策的确定性（如澄清生物资源和遗传信息的获取条件），精简监管措施（如申请生物勘探的登记报批和监管指标等），为行业协会及企业提供技术支持（如开发可供参考及应用的 ABS 协议、合同模板等），并通过信息披露和绿色金融等行政手段，或配额、许可证和特许经营等市场激励措施，敦促企业向国家主管机构提交基础研究申请，登记、批准后其获取许可证，按照程序获取生物化学和遗传信息。如果后期产生商业应用，该许可证将转化为符合《名古屋议定书》"事先知情同意"（PIC）和"共同商定条件"（MAT）原则的 ABS 合同，由资源提供方（原住民、当地社区、土地所有权人或管理部门）和企业共同签署，一般包括收益分配规定、争议解决方式、知识产权问题、合作方式、合同有效期等内容。作为允许勘探的回报，企业通常需要为东道国提供可贡献生物多样性保护和当地居民福祉的收益，分为货币形式和非货币形式。前者包括许可证费、预付款、样本费以及源于遗传资源的商业化所产生的特许权使用费。后者包括研发成果公开、技术转让、培训机会、共同拥有知识产权、提供设备和改善基础设施等。面对 ABS 流程实施与监督的重重挑战，解决"应以政策为先导，法律制度为基础，行政措施为支撑，建立国家制度体系"。对于"生物剽窃"问题，要认识到"法律和机构体制的不足，加强政府部门的管理能力"。我国应加强基础研究，增强开发利用能力，加快国内获取与惠益分享立法，积极开展后续谈判研究。同时，农业遗传资源的获取和利用也将受到较大影响，未来针对农业遗传资源的获取、利用和惠益分享活动都将被纳入法制轨道，可谓机遇和挑战并存。

综上，本文基于植物制剂行业的特点，总结如下：①供应链对生物多样性严重依赖，而且造成影响；②产业链横跨食品、药品、化妆品和家居用品等多个细分市场；③产品已从对植株或种子的直接、简单利用，转化为提取物、生物化学和遗传信息及相关传统知识的深度科技应用；④行业内广泛实施生物勘探和应用现代生物技术。结合相关行业的企业实践差距分析，提出尽快制定、发布用于指导企业生物勘探的《获取与惠益分享（ABS）技术导则》，并从国家宏观监管和行业协会帮扶企业两方面结合，提出促进《名古屋议定书》履约工作和产业发展协同增效的政策建议。其中，国家监管措施包括：

①完善 ABS 法律框架，为生物遗传资源监管提供执法基础，支持国内生物科技和产业发展，并加大对未经授权即无偿获得或侵占传统知识进行开发利用和商业控制（即"生物剽窃"）行为的打击力度，减少和杜绝我国资源的非法流出。

②根据 ABS 立法要求，成立国家级的主管机构，推动构建"ABS 国家管理体系"。主管机构除了统领、协调体系内各部门工作外，还负责制定勘探申请、确权认证、PIC/MAT 制度、产业争端、对外提供物种、双多边合作、签订中外协议和上报生物多样性保护国家委员会等重大决策。

③ABS 国家管理体系明确实行"协调机制下的分部门管理体制"，承担信息交换、部门协调、确权登记、监管执法、监测预警、检验检疫、标准认证、清单管理、风险评估和公众参与等职责，具体包括：建立生物遗传资源管理的监测和评估指标

体系，包含国家台账和地方台账、企业开展生物勘探名录和预警等各类数据，防止过度和无序开发威胁生物多样性安全或造成丧失；完善后续监督程序，利用行政复议和诉讼制度，对具体的"获取"行为进行后续跟踪，保障 ABS 协议的公平性、自愿签署和合法有效；加强行业协会、环境监察和检疫部门的能力建设，完善帮扶和执法手段，建立有关生物资源知识产权的监控体系和行业数据库；通过加大政策和资金力度，建设生物遗传资源研究的"国家队"，并通过加强宣传，发挥非政府组织、媒体和公众的监督作用。

本文建议行业协会采取的帮扶措施包括：

①帮助企业了解《生物多样性公约》议定书及相关法律、政策。

②在《行业指引》等规划文件中纳入 ABS 要求和指标。

③研究外国获取我国遗传资源的隐蔽性，为政府部门制定相应管理办法提供建议。

④增加基础研究投资，促进国内生物技术创新和产业可持续发展。

⑤为企业提供信息、知识、工具和能力建设服务，具体包括：提供培训，试点项目实施和成果宣传的机会与渠道；开发可供参考及应用的 ABS 协议、合同模板和国际经验，通过试点示范进行推广；制定科学的行业评估指标，监测企业生物勘探进展，减少社会和环境影响；敦促供需双方或对外合作项目签署协议书，明确权责利，为后期合同谈判提供参考数据；帮助社区获得企业提供的生态补偿或非货币形式的惠益，例如培训机会和基础设施建设，尤其侧重对弱势群体和女性的福祉公平；探索与法律合规和行政监管相结合的市场激励机制，如特许经营、许可证和配额等；加入由政府牵头、科研机构支持的伙伴关系或对话平台，促进企业参与。

# 参考文献

王鲁权，赵富伟，臧春鑫，2017. 我国履行《名古屋议定书》的挑战与对策——兼谈对农业遗传资源获取和利用的影响［J］. 农林经济管理学报，16（4）：550-556.

王艳杰，武建勇，赵富伟，等，2014. 全球生物剽窃案例分析与中国应对措施［J］. 生态与农村环境学报，30（2）：146-154.

武建勇，2016. 中国生物遗传资源与传统知识相关知识产权保护亟待加强［J］. 世界环境，（S1）：16-18.

武建勇，薛达元，2017. 生物遗传资源获取与惠益分享国家立法的重要问题［J］. 生物多样性，25（11）：1156-1160.

武建勇，薛达元，赵富伟，等，2013. 从植物遗传资源透视《名古屋议定书》对中国的影响［J］. 生物多样性，（6）：758-764.

徐靖，2016. 全球遗传资源多边惠益分享机制模式与中国策略研究［D］. 北京：中央民族大学.

薛达元，2014. 建立遗传资源及相关传统知识获取与惠益分享国家制度：写在《名古屋议定书》生效之际［J］. 生物多样性，22（5）：547-548.

赵阳，2020. 情景分析法在企业核算生物多样性价值中的应用研究与建议［J］. 环境保护，48（8）：54-59.

自然资本联盟，2019. 自然资本议定书［M］. 赵阳，译. 北京：中国环境出版集团.

# 从 HFC-23 焚烧减排到可持续控排管理

刘　援

2020 年 1 月，《自然》杂志子刊 *Nature Communication* 发表了由英国布里斯托大学牵头的关于全球 HFC-23 排放的文章。文章指出，各国通过《气候变化框架公约》以及《蒙特利尔议定书》相关系统上报的 HFC-23 排放量比大气观测反演排放量每年低约 1.5 亿 t $CO_2$ 当量，与 HFC-23 排放最相关的国家是印度和中国（占全球的 75%）（Stanley et al., 2020）。这一结论无论正确与否，都将引起我们对这一问题的关注及对现有 HFC-23 控排措施可持续性的审视与思考。

## 一、HFC-23 排放控制的三个时期

HFC-23（三氟甲烷，分子式为 $CHF_3$）是 HCFC-22（二氟一氯甲烷，分子式 $CHClF_2$）生产过程中不可避免的副产物：

$$HF + CHCl_3 \rightleftharpoons CHCl_2F + HCl \qquad \text{式 1}$$

$$HF + CHCl_2F \longrightarrow CHClF_2 + HCl \qquad \text{式 2}$$

$$HF + CHClF_2 \longrightarrow CHF_3 + HCl \qquad \text{式 3}$$

HFC-23 本身无毒，在大气中能稳定存在 270 年之久，温室效应潜值（GWP）是 $CO_2$ 的 14 800 倍［数据来源：政府间气候变化专门委员会（IPCC）第四次评估报告以及《〈蒙特利尔议定书〉基加利修正案》］，其 GWP 值在所有的氢氟碳化物（HFCs）中最高。HFC-23 是《京都议定书》排放控制温室气体清单物质之一。2016 年，也被列入《〈蒙特利尔议定书〉基加利修正案》。中国在各个时期均对 HFC-23 的排放控制采取了积极行动。

第一个时期（2006—2013 年）：通过清洁发展机制（CDM）项目焚烧处置。为协助发达国家完成《京都议定书》提出的温室气体减排目标，同时帮助发展中国家实现可持续发展并减缓对气候变化的影响，《京都议定书》清洁发展机制理事会批准发展中国家以核证减排量交易的方式代替发达国家进行碳减排。自 2006 年中国开始实施 HFC-23 减排 CDM 项目以来，有 10 家 HCFC-22 生产企业开展了 CDM 减排活动。截至 2013 年 12 月 31 日，实际焚烧 HFC-23 约为 4.35 万 t（相当于约 5 亿 t $CO_2$

当量。CDM 项目 HFC-23 的 GWP 值采用 IPCC 第二次评估报告中的 11 700）。

第二个时期（2014—2019 年）：通过国家气候变化主管部门补贴或自愿减排。自 2012 年起，欧盟、澳大利亚及北美等国家和地区先后停止了 HFC-23 在碳市场的交易。因此，2013 年以后，中国 HCFC-22 生产企业以通过国家气候变化主管部门补贴或自愿方式继续进行 HFC-23 的减排。国家气候变化主管部门于 2014 年发布了《国家发展改革委关于下达氢氟碳化物削减重大示范项目 2014 年中央预算内投资计划的通知》（发改投资〔2014〕2533 号），重点支持山东、浙江、江苏等省主要 HFC-23 排放企业（排放量在 200 万 t $CO_2$ 当量以上）建成 HFC-23 焚烧、转换或处置装置。2015 年，国家发展改革委发布了《国家发展改革委办公厅关于组织开展氢氟碳化物处置相关工作的通知》（发改办气候〔2015〕1189 号），在 2019 年年底前分年度对 HFC-23 处置设施运行进行补贴。同时公布了 HFC-23 处置设施相关建设经费补助和财政补贴计算方法、HFC-23 处置设施运行补贴流程和要求以及 HCFC-22 生产企业名单。2014—2019 年，上述项目减排的 HFC-23 约为 6.5 万 t（或 9.6 亿 t $CO_2$ 当量）。

第三个时期（2020 年 1 月 1 日起）：消耗臭氧层物质（ODS）用途的 HCFC-22 生产削减及《〈蒙特利尔议定书〉基加利修正案》的履行。作为 ODS 用途的 HCFC-22 将在 2040 年完全淘汰，但公约对原料用途的 HCFC-22 生产没有受控要求，当前原料用途的 HCFC-22 量已经远大于 ODS 用途的 HCFC-22 量；2016 年 10 月，《〈蒙特利尔议定书〉基加利修正案》将 HFC-23 纳入了其附件 F 第二类管控物质名单，并要求缔约方自 2020 年 1 月 1 日起以缔约方核准的技术对 HFC-23 进行销毁。中国于 2021 年 6 月 17 日向联合国秘书长交存了中国政府接受《〈蒙特利尔议定书〉基加利修正案》的接受书，自 2021 年 9 月 15 日起将履行此项要求。未来中国在 HFC-23 减排方面，可继续发挥已建 HFC-23 焚烧处置能力的作用，但终究需要建设与 HFC-23 副产物相匹配的处置能力并负担相应成本。

## 二、今后 HFC-23 的减排潜力和挑战

尽管按照《蒙特利尔议定书》规定，须在 2040 年前淘汰包括 HCFC-22 在内的 ODS 用途 HCFCs 的生产和消费，但中国 HCFC-22 原料用途需求增长，其副产物 HFC-23 的产生量呈上升趋势。即便 HCFC-22 生产工艺不断优化、HFC-23 的副产率逐步下降，预测 2050 年 HFC-23 产生量仍将达到 2.47 万 t（或 3.66 亿 t $CO_2$ 当量），2020—2050 年 HFC-23 累计产生量约为 56.3 万 t，折合约 83.32 亿 t $CO_2$ 当量（刘援

等，2018）。换言之，如果上述 HFC-23 不排放到大气中，将 HFC-23 转化为其他非温室气体，就是 HFC-23 未来最大的减排潜力。

　　HFC-23 的焚烧处置技术是过去十几年全球减排的主要技术路线，其只产生成本而不产生任何经济效益是减排 HFC-23 最大的挑战。HFC-23 的焚烧成本主要由投资和运行所增加的成本两部分构成。其中投资增加成本主要包括初始场地及焚烧设备投入；运行增加成本主要包括人力、设备运行、原料等成本。"三氟甲烷（HFC-23）排放趋势和排放控制管理措施研究"以中国某生产企业 HFC-23 焚烧项目投入为例，其焚烧能力为 2 400 t/a，固定成本投入为 4 715 万元，假设维护费用占直接固定投资的 4%，一般管理费用占直接固定投资的 3%，工人月薪标准为 3 000 元。据此测算，焚烧分解 HFC-23 的运行成本至少为 8 280 元 /t。而伴随环境标准的提高，如焚烧炉二噁英监测等，将进一步加大焚烧处置成本，成为该措施可持续性的一大挑战。

## 三、HFC-23 可持续控排管理建议

　　尽管中国对温室气体管控和 HFC-23 的处置已采取了一系列措施，但是 HFC-23 作为 HCFC-22 的副产物，其产生量伴随原料用途 HCFC-22 产量的增加呈上升趋势，预期 HFC-23 在相当长的时间内仍将保持高水平的产生量；高温焚烧处置 HFC-23 既不利于资源的节约利用，也是资金浪费；2019 年补贴政策结束后，企业采取高温焚烧处置 HFC-23 的成本压力凸显。单一而高成本的焚烧处置方式必然会带来控排风险，因此需要多措并举，寻求环境效益、经济效益更好的减排技术并建立可持续的 HFC-23 排放控制管理体系十分必要。

### （一）建立以企业为核心的 HFC-23 报告制度

　　依据《中共中央　国务院关于加快推进生态文明建设的意见》《危险化学品管理条例》《企业信息公示暂行条例》《国家应对气候变化规划》《强化应对气候变化行动——中国国家自主贡献》《企业事业单位环境信息公开办法》和《关于加强企业温室气体排放报告管理相关工作的通知》等，建立起 HFC-23 的报告与监测体系。借鉴发达国家经验，形成对 HFC-23 产生、处置、排放统计、报告、核查排放的完善体系。此外，数据的采集也是对国家层面温室气体减排信息统计的贡献。在报告制度下，明确相关部门职责，加强部门协调和监管力度，实现产生量、使用量、处置量和排放量可控可查；发挥行业协会的服务、咨询、沟通、监督、协调等职能作用，委托行业协会建立辅助数据信息平台；明确企业的数据报告责任和义务的法律依据，提升企业应对气候变化的意识和行动力；建立报告数据的采集与统计方法，

开展数据收集工作；建立数据信息报送渠道，确保数据的可追溯性，明确法律责任；发挥第三方核查和咨询机构的作用以保障报告数据的真实可靠；相关企业环境信息（HFC-23 产生与排放）公开，鼓励社会参与监督。

此外，根据化工生产行业特点，研究制定科学的 HFC-23 排放限值。考虑企业在生产过程中不可避免的设备故障、设备维修、无组织泄漏等，借鉴发达国家经验，设定一定的排放限值，允许企业在特殊情况下的非故意排放。例如，根据美国氟化工联盟的测算，美国企业自主减排的效率为 60%～70%。这将使得报告制度更富有可操作性。

### （二）科技政策激励 HFC-23 减排技术创新

建立 HFC-23 的资源化利用激励措施，从环境效益和经济效益"双赢"角度寻求更为可持续的减排路径。

#### 1. 开发资源化利用方法学

开发一套有效的、透明的、可操作的标准和依据，即 HFC-23 资源化利用方法学。用于评估和监测 HFC-23 的转化成效，作为国家给予企业支持性补贴的依据和第三方机构进行核查的依据。可借鉴温室气体自愿减排方法学 CM-010-V01《HFC-23 废气焚烧（第一版）》，并重点考虑：①设定项目边界；②核算减排量和排放量；③制订监测和监督计划；④综合评估上述减排和监督等的成本效益，建立可持续减排能力和减排行动。

#### 2. 制定资源化利用激励措施

为激励企业采取环境友好、资源节约的技术路径以充分利用 HFC-23 的氟资源并减少 HFC-23 的排放，结合国家相关科技攻关等政策，激励企业开展科技创新、技术分享和示范。

### （三）纳入税收优惠，鼓励资源回收利用

根据《关于印发资源综合利用产品和劳务增值税优惠目录的通知》（财税〔2015〕78 号），对资源综合利用的企业可享受 30%～100% 的增值税退税。优惠目录包括共、伴生矿产资源，废渣、废水（液）、废气，再生资源，农林剩余物及其他，资源综合利用劳务等 5 类。其中第二类废渣、废水（液）、废气已将"工业废气"列为综合利用的资源之一。但是目前该资源只包括高纯度二氧化碳、工业氢气、甲烷 3 种综合利用产品。如果符合该目录的要求，退税比例可以高达 70%。

HFC-23 是 HCFC-22 生产过程中产生的高纯度副产物，含有宝贵的战略性氟资

源。如果通过资源化利用的方式，将 HFC-23 作为下游氟产品的原料，可在利用其氟资源的同时实现温室气体的减排。这既符合企业环境友好、资源节约、循环经济模式的发展趋势，也是 HFC-23 可持续减排的新的技术选择。因此，建议在上述优惠目录增列时，考虑将 HFC-23 列入其中，通过给予税收优惠，鼓励氟化工企业技术创新、资源综合利用、积极主动履行减少温室气体排放的企业社会责任。

（四）加强企业排放在线监测，发挥大气环境监测保障作用

由于 HFC-23 主要是企业生产排放，或者说是点源无组织排放，开展 HCFC-22 生产企业在线监测在技术上是可行的（但如果企业恶意排放，如收集、转运、遗弃，则在线监测将失效，但报告制度将有反应）。同时利用中国温室气体监测网络也可以监测 HFC-23 排放的变化，可以实现及早发现问题，监督减排成效。

# 参考文献

刘援，等，2017. 能源基金会（Energy Foundation G-1506-23433）项目："三聚甲烷（HFC-23）排放趋势和控排管理措施研究"报告［R］.

刘援，孙丹妮，张建君，等，2018. 中国履行《蒙特利尔议定书（基加利修正案）》减排三氟甲烷的对策分析［J］. 气候变化研究进展，14（4）：423-428.

Stanley K M, Say D, Mühle J., et al., 2020. Increase in global emissions of HFC-23 despite near-total expected reductions ［J］. Nature Communications，11，397（2020）. https://doi.org/10.1038/s41467-019-13899-4.

# 《斯德哥尔摩公约》遵约机制建立所面临的问题与挑战

张彩丽 任 永 姜 晨

设立遵约机制确定缔约方的不遵约情势、处理程序和机制是多边环境协定的主要履约监督机制。《关于持久性有机污染物的斯德哥尔摩公约》（以下简称《斯德哥尔摩公约》）遵约机制自 2005 年起历经 9 次缔约方大会谈判仍未建立。随着 2019 年《关于在国际贸易中对某些危险化学品和农药采用事先知情同意程序的鹿特丹公约》（以下简称《鹿特丹公约》）通过遵约机制，《斯德哥尔摩公约》成为化学品和废弃物领域多边环境协定中唯一尚未建立遵约机制的公约。可预见的是，尽快达成《斯德哥尔摩公约》遵约机制，将是各方谈判的主要着力点和突破点。除《斯德哥尔摩公约》外，中国还是《关于消耗臭氧层物质的蒙特利尔议定书》（以下简称《蒙特利尔议定书》）、《卡塔赫纳生物安全议定书》（以下简称《生物安全议定书》）、《〈生物多样性公约〉关于获取遗传资源和公正公平分享其利用所产生惠益的名古屋议定书》（以下简称《名古屋议定书》）、《控制危险废物越境转移巴塞尔公约》（以下简称《巴塞尔公约》）、《关于汞的水俣公约》（以下简称《汞公约》）、《鹿特丹公约》等主要多边环境协定的缔约方。上述多边环境协定均已建立遵约机制，因此，梳理分析其基本情况及特征，对《斯德哥尔摩公约》遵约机制谈判具有重要参考和借鉴价值。

## 一、《斯德哥尔摩公约》遵约机制谈判基本情况

### （一）谈判进展

《斯德哥尔摩公约》遵约机制至今仍未建立的根本原因在于该公约资金机制不健全。该公约对持久性有机污染物（POPs）的削减和淘汰作出了硬性规定和要求，但其临时资金机制全球环境基金（GEF）提供的资金援助有限。该公约资金需求评估显示，除 GEF 供资外，2018—2022 年发展中国家和经济转型国家缔约方履约资金缺口为 43.7 亿美元。伊朗、印度、埃及等发展中国家强烈要求将发达国家提供充足的资金支持和建立遵约机制联动起来，造成遵约机制谈判迟迟无法达成一致。

2015 年第 7 次缔约方大会（COP7）谈判中，大会决定将整个遵约机制案文待议，以示所有问题仍悬而未决，并将此次未达成一致案文（2015 年版本）和 2013 年未达成一致案文（2013 年版本）同列为决定附件，供后续缔约方大会讨论。2017 年和 2019 年缔约方大会期间，由于分歧较大，各方未就案文进行实质性谈判，大会决定将在 2021 年第 10 次缔约方大会上以 COP7 决定附件为基础继续谈判。

（二）争议焦点

《斯德哥尔摩公约》遵约机制内容包括目标、性质和基本原则，遵约委员会、呈文提交程序、委员会的便利措施，缔约方大会可能采取的行动，监督、信息、一般程序、其他附属机构、与其他多边环境协定的关系、对遵约机制的审查、与争端解决的关系、议事规则。

对比两个版本案文，分歧在于目标、性质和基本原则，委员会的决策方式，不遵约程序第三方启动主体，遵约委员会的便利措施，缔约方大会可能采取的行动，一般遵守问题。

**1. 目标、性质和基本原则**

遵约机制的目标是协助缔约方履行公约所规定的各项义务，并为实施和履行公约规定义务提供便利，各方对此均无异议。但就是否应在案文中提及具体义务条款，尤其是发展中国家普遍关注的资金和技术援助条款，仍存较大分歧。

**2. 委员会的决策方式**

就遵约委员会采取协商一致还是协商一致未达成时以 3/4 多数表决方式决策，目前仍存分歧。

**3. 不遵约程序第三方启动主体**

由无法履约的缔约方自身、受到或可能受到另一缔约方违约影响的缔约方提交不遵守情势呈文已无异议。但就是否应允许公约秘书处或拟议建立的遵约委员会提交呈文，争论一直在持续。

**4. 遵约委员会的便利措施**

2015 年版本案文在 2013 年版本案文基础上新增 3 项措施及设立遵约基金的设想，包括：为所涉缔约方提供包括财政资源、技术援助、技术转让、培训及其他能力建设措施在内的支持；就未来遵约问题提供咨询，以帮助所涉缔约方执行公约条款，避免不遵守情势发生；向资金机制提供适当建议，以便为所涉缔约方执行遵约行动计划提供支持；由发达国家设立 1 个具有足够体量的遵约基金，基金规模为 10 亿美元，在缔约方大会通过遵约机制的 6 个月内设立，6 年内认缴完毕。新增内容待议。

### 5. 缔约方大会可能采取的行动

其中两点争议最大：一是针对缔约方所涉不遵守情势发布关切声明和公布不遵守情势个案；二是暂时取消所涉缔约方在公约下享有的权利和特权，尤其是特定豁免、技术援助和资金援助的权利，并采取为实现公约目标而需要的任何其他行动。

### 6. 一般遵守问题

2 个版本案文中规定了 3 项由遵约委员会启动一般和系统遵约问题审查的情形：应缔约方大会要求；秘书处在履行其职能时从缔约方处获取信息，委员会据此信息决定，需对一般性不遵守情势进行审查；秘书处从缔约方依照公约提交的报告和其他来源获得相关信息，并提请委员会注意。2015 年版本将后两项待议。

## 二、主要多边环境协定遵约机制的启示

梳理《蒙特利尔议定书》《生物安全议定书》《名古屋议定书》《巴塞尔公约》《鹿特丹公约》《汞公约》等主要多边环境协定遵约机制案文及运行情况，可发现以下情况。

### （一）遵约问题的复杂性和政治敏感性不容忽视

一是随着全球环境问题的加剧，环境问题与政治、经济、外交、安全、贸易等领域问题相互渗透，前述领域相关因素亦可能引发对某一缔约方遵约情况的质疑，为其带来巨大的舆论和政治压力，损害甚至抹杀其履约中付出的艰辛努力。二是多边环境协定遵约的基础更多在于缔约方自身对国家利益、国家声誉和国际观念的考量，遵约机制的建立及其强制力并非缔约方履约和遵约的必要前提。为树立负责任大国形象，中国在《斯德哥尔摩公约》履约和遵约机制建立方面更应发挥积极作用。

### （二）遵约机制对促进发达国家履行资金和技术援助义务的作用有限

遵约机制的设计初衷是希冀通过帮助能力不足的缔约方加强履约能力，从而实现条约全面执行。无疑，对许多发展中国家而言，资金、技术援助是其执行和遵守多边环境协定的关键。尽管多边环境协定文本中均对发达国家缔约方资金和技术援助义务进行了原则性描述，但语焉不详、缺乏可操作性，除《蒙特利尔议定书》资金机制相对较为完善外，其余多边环境协定或作为资金机制的 GEF 供资有限，或尚未建立专门的资金机制，其遵约机制对此亦缺乏有效措施。上述多边环境协定尚未有在资金机制之外新设遵约基金的尝试。可预见的是，伊朗、印度等发展中国家在《斯德哥尔摩公约》下设立足够资金体量的遵约基金的设想将受到发达国家的强烈反对。

（三）合作、非对抗性、促进性是遵约机制的基本理念，但亦不乏硬性要求和惩戒措施

多边环境协定遵约机制的出发点和目标是促进遵约，帮助所涉缔约方回到遵约状态，但遵约委员会向缔约方大会的建议或缔约方大会可能采取的措施则是渐进式的，从采取促进性措施，层层加码到更具严厉性的措施以最终促使缔约方遵约。发布警告、关切声明或公告、公布不遵守情势个案在上述多边环境协定遵约机制案文中均有体现，《蒙特利尔议定书》更制定了中止缔约方权利和特权的相关条款，《生物安全议定书》《名古屋议定书》亦保留了采取进一步行动或更严厉措施的可能。

（四）需注意第三方非国家实体启动不遵守情势的限定

上述多边环境协定中，《蒙特利尔议定书》和《巴塞尔公约》遵约机制已运行多年。从其启动实践来看，需注意的是，单个国家针对另一国家的启动记录几乎没有，除存在履约困难的缔约方自身启动外，启动主体为第三方非国家实体秘书处。上述两项多边环境协定均对秘书处启动作出具体限定：《蒙特利尔议定书》为秘书处在编写报告时了解到某一缔约方可能未遵守议定书规定的义务；《巴塞尔公约》为秘书处在履行公约赋予的职能时，发现某一缔约方在提交年度报告方面存在困难；且二者均明确所涉缔约方在规定期限内未响应或相关问题未解决，方可启动对其不遵守情势的审查。《生物安全议定书》《名古屋议定书》《鹿特丹公约》《汞公约》均不接受秘书处作为启动主体。而将遵约委员会作为不遵约程序启动主体的仅有《汞公约》，其亦严格限定了遵约委员会启动的条件，即基于国家报告和缔约方大会要求。

（五）由遵约委员会审查一般或系统性遵守问题成为常态

《生物安全议定书》《名古屋议定书》《巴塞尔公约》《鹿特丹公约》《汞公约》遵约机制案文中均授予遵约委员会审查一般或系统性遵守问题的职能，但均规定了审查信息的来源，通常为从缔约方获得的信息或经所涉缔约方同意或缔约方大会指导获取的其他可靠来源信息。在遵约委员会决策方面，上述5项多边环境协定均在遵约机制案文中保留了投票表决的方式。

（六）建立遵约机制的新方式需引起关注

一是《汞公约》采取了与以往不同的道路建立遵约机制。和以往多边环境协定不同，《汞公约》在公约文本中直接规定了遵约机制的性质、遵约委员会构成及成立时间和决策方式、遵约机制启动主体等内容，第一次缔约方大会直接设立遵约委员

会且遵约委员会开始运行，嗣后通过委员会议事规则和工作大纲，回避了以往多边环境协定在公约文本达成后再通过缔约方大会接触小组谈判并达成遵约机制具体案文的漫长过程，这种方式可能成为今后新的多边环境协定建立遵约机制的范式。二是《鹿特丹公约》以投票表决通过新增公约附件的形式建立遵约机制。以往多边环境协定遵约机制案文均以缔约方大会决议通过，自动适用所有缔约方。2019 年，在前次缔约方大会就案文已基本达成一致，因个别国家反对而未通过的情况下，加拿大等 12 国和欧盟共同发起提案，提议将遵约程序和机制作为《鹿特丹公约》增补附件。最终，缔约方大会通过投票表决通过了该提案。增补附件作为对《鹿特丹公约》的修正，任何缔约方均可在规定时限内书面通知公约保存人不接受该附件。目前，《鹿特丹公约》遵约机制增补附件并未适用于所有缔约方，其实施成效仍需时间检验。《斯德哥尔摩公约》遵约机制谈判和《鹿特丹公约》同时肇始，未来不排除在遵约机制案文基本达成一致情况下通过投票以增补公约附件方式通过的可能。

## 三、下一步工作建议

（一）全方位、精细化履约，避免出现履约但不遵约的情况

一方面，按照公约要求，切实开展 POPs 的削减、淘汰、管控，如期实现公约规定的履约目标。另一方面，全面梳理公约义务，评估完成情况，总结履约成就和进展，评估履约方面的困难，对履约形势保持清醒认识，及早制定具有针对性的对策方案，确保履约工作全方位、精细化进行，从履约向全面遵约转变，避免出现履约但不遵约的情况。

（二）以积极谨慎的态度参与《斯德哥尔摩公约》遵约机制构建

积极建立与各方的互信，锁定谈判成果，具体问题具体分析，坚持遵约机制对各国履约的促进性，以促进和帮助履约存在困难的缔约方为基本走向，积极维护我国和广大发展中国家利益。

（三）进一步加强国际合作与交流

深入研究公约政策和发展趋势，积极跟踪并参与遵约机制的建立及其执行工作，根据最新国际发展动态，提前对我国参与遵约机制相关议题谈判做好研判应对，并通过适当形式及时反映我国履约诉求，加强与其他缔约方和国际机构之间的沟通交流。

# 第五章

# 绿色发展案例分析

# 坚持问题导向　突出精准科学治污——
# 基于蓝天保卫战强化监督定点帮扶济宁组的观察与分析

郑　军

　　山东省济宁市是京津冀及周边大气污染防治"2+26"重点城市之一。济宁市大气污染较重，污染物排放基数大，结构性污染问题突出，完成年度和秋冬季攻坚目标的压力较大，但空气质量提升潜力同样较大。2020年元旦前后，在生态环境部统一领导下，第17轮次蓝天保卫战强化监督定点帮扶济宁市的6个工作组开展了重污染天气应急响应、工业企业污染防治、散乱污企业综合整治、黑加油车治理、信访投诉等监督帮扶工作。济宁市环境空气问题是我国空气污染大背景下的一个缩影，也是产业结构偏重、能源结构偏煤、运输结构偏公路的典型城市问题。本文基于现场调研，结合当地产业、能源、运输结构情况，分析并提出了改进相关工作的思考与建议。

## 一、济宁市绿色转型的基础状况

### （一）济宁市产业、能源、运输结构情况

　　济宁市位于山东西南腹地，地处黄淮海平原与山东中南山地交接地带。全市地形以平原洼地为主，地势自东向西倾斜，地貌较为复杂。济宁市辖2区2市7县，即任城区、兖州区、曲阜市、邹城市、微山县、鱼台县、金乡县、嘉祥县、汶上县、泗水县、梁山县。2018年，济宁市常住人口834.59万人，全市GDP为4 930.58亿元，较上年增长5.8%。

　　济宁矿产资源丰富，且以煤为主。济宁是国家煤炭能源基地和山东省工业中心城市，年产原煤8 000多t，燃煤总量为4 860万t，占山东省燃煤总量的1/6；全市含煤面积为4 826 km²，占全市总面积的45%，主要分布于兖州、曲阜、邹城、微山等地。全市煤储量为260亿t，占山东省的50%，济宁为全国重点开发的八大煤炭基地之一。济宁全市有38家电厂，总装机容量为1 025万kW，电厂密度居全国第2位。煤电传统产业奠定了其工业基础，也使济宁成为典型的煤烟型大气污染城市，

工业结构性大气污染突出。

济宁产业结构不合理，公路货运量大。2018年，济宁三次产业结构比例为10.0∶45.3∶44.7，全市规模以上工业企业达2 811家，以工程机械、汽车及零部件制造加工、化工、橡胶、食品、医药、造纸等为主，其中重工业占全部工业的73%，高新技术产业产值占规模工业的30.6%、仅居全省第11位，"四新"项目数量少、规模小，新旧动能转换支撑不足。济宁运输结构重公路运输，大型工矿企业和物流园区煤炭、钢铁、矿石等大宗货物公路运输量较大，重型柴油货车污染排放问题突出。此外，济宁市进出口规模小、经济外向度低，减税降费、去产能、化工产业转型、压煤等政策对该市的影响明显大于其他城市。

### （二）济宁市大气污染状况

济宁市的大气污染问题较为严重，曾多次暴发雾霾事件。受产业结构偏重、能源结构偏煤、交通运输结构偏公路运输的影响，大气污染物排放基数大，结构性污染问题突出，完成年度和秋冬季攻坚目标的压力巨大。2017年，全市二氧化硫、氮氧化物、烟（粉）尘排放量分别为5.02万t、3.04万t、2.75万t。在山东省和全国城市空气质量排名中，济宁均处于中等偏后。其中，2018年，济宁市$PM_{2.5}$质量浓度年均值为88.2 μg/m³，排在全国190个重点城市的倒数第18位。济宁市作为京津冀大气污染传输通道上的"2+26"城市之一，大气污染问题显得尤为重要，空气质量提升潜力较大，对改善京津冀大气环境容量和质量意义重大。

## 二、第17轮次监督帮扶调研发现的问题分析

2019年12月17日—2020年1月2日，第17轮次蓝天保卫战强化监督定点帮扶济宁市的6个工作组（包括来自生态环境部对外合作与交流中心和天津市生态环境系统的19名同志）开展了重污染天气应急响应、工业企业污染防治、散乱污企业综合整治、黑加油车治理、信访投诉等监督帮扶工作。14天内共现场检查点位613个，发现和上报问题36个，涉及企业未完全落实重污染天气应急减排措施、运输车辆管控落实不力、企业治污设施不正常运行、地方问责泛化、产业集群污染等5个方面的13类问题（如表1所示）。

表 1  第 17 轮次蓝天保卫战强化监督定点帮扶济宁组现场发现问题

| 问题类型 | 问题数 | 涉及区县 |
|---|---|---|
| 未严格落实企业应急预案中的减排措施 | 9 | 兖州、任城、梁山、嘉祥、金乡、经开区 |
| 物料堆场未落实扬尘治理措施 | 8 | 微山、邹城、汶上 |
| 企业未按要求落实运输车辆管控措施 | 6 | 高新区、梁山、曲阜、鱼台、泗水 |
| 企业治污设施不正常运行 | 6 | 兖州、嘉祥、梁山、汶上 |
| 流动加油罐车 | 1 | 兖州 |
| 新发现清单外散乱污 | 1 | 经开区 |
| 企业应急预案规定减排措施与实际不符 | 1 | 曲阜 |
| 企业未安装治污设施 | 1 | 高新 |
| 企业未落实 VOCs 整治要求 | 1 | 兖州 |
| 属于 31 个重点行业内企业，但未纳入减排清单 | 1 | 经开区 |
| 其他涉气环境问题 | 1 | 梁山 |

注：表中涉及 11 类问题，还有 1 类为问责泛化、1 类为产业集群环境污染问题。

（一）监督帮扶工作过程中地方害怕发现问题、担心问责现象较为普遍

监督帮扶调研中，发现济宁市大气污染较重，有关生态环境指标"持续改善"空间有限，一般干部保持传统思想较重，仍然存在煤炭依赖心理，思想解放力度不够大。有些单位和干部的能力素质、担当精神与新时代发展新要求尚有差距。帮扶过程中，发现基层环保监管队伍普遍存在害怕发现问题、担心问责的情况。济宁市根据 2017 年环境保护部《京津冀及周边地区 2017—2018 年秋冬季大气污染综合治理攻坚行动量化问责规定》（环督察〔2017〕115 号），出台了自身的量化问责条款并实施，存在问责层层加码、一出问题就问责、问责泛化等情况，基层环保监管队伍普遍反映问责压力过大。

（二）部分企业未完全落实重污染天气应急响应措施

2019 年 12 月 20 日 0 时至 12 月 30 日 0 时，济宁市启动了重污染天气橙色预警。按照《关于加强重污染天气应对　夯实应急减排措施的指导意见》等工作文件，各小组在济宁市境内开展了重污染天气应急响应检查。此次检查发现 9 个问题，部分企业未严格落实应急预案中的减排措施，尤其是在区县交接处、城乡接合部、飞地等"三不管"区域的监管薄弱，出现问题较多。

玻璃、焦化等部分行业限产标准难以鉴定，有些以最大产能甚至包含淘汰产能

折算，导致预警前后实际产量不变。个别企业没有制定"一厂一策"；有些已经停用部分产污工序或企业工序发生改变，但并未及时调整应急预案内容；有些应急预案与现场公示牌展示内容存在出入。此外，嘉祥县个别码头运输公司在检查中出具重污染天气应急豁免清单，出具由嘉祥港航局等部门盖章的证明文件，但未按要求履行报备程序；联系济宁市大气办，但大气办表示并未收到相关文件。

（三）重污染天气应急响应运输车辆管控问题

在重污染天气应急期间，济宁市大部分生态环境部门和企业都知道要落实国四及以下车辆限行要求，但由于难以判断车辆标准，部分企业尤其是中小企业管理操作无从下手。另外，检查中还发现部分国三、国四运输车辆存在改装或者国五证明不实的情况，实际雇用企业难以鉴别。经济开发区应急预案中提出日常运输车次在10辆以下的单位，不受国五标准限行，但未对企业日常运输车次进行分类界定。

（四）部分企业治污设施不正常运行

现场帮扶调研中，发现济宁市个别企业除验收监测报告外，未按要求定期进行第三方检测，不能提供日常检测报告，无法真实体现企业排放现状；部分企业治污设施缺少日常维护保养，设施长期处于暴晒淋雨的室外环境，现场检查开启过程中曾发生短路爆炸；部分企业 UV 光氧催化设备灯管完好率过低，企业没有及时进行维修更新，有些企业没有建立维修保养记录或者尚不知晓需要建立。

（五）汶上县白石镇特色产业集群环境污染问题

调研中还发现，汶上县白石镇存在石材开采加工特色产业集群环境污染问题。白石镇主产天然花岗岩，总储量为 2 000 万 $m^3$ 以上。2003 年以来，大量商人开始开采加工石材，形成较大规模的特色产业集群，多时达上千家企业（整合后现有 200 余家）。但由于缺少产业规划、工艺相对粗放、环保投入较少，生态环境污染问题严重。

2019 年 12 月 28 日，中心组在赴汶上县开展重污染天气应急响应核查的过程中，发现白石镇石材加工企业普遍存在粉尘收集设施不正常、无法有效收集粉尘、周边农田内存在大量污泥坑、大面积裸土未苫盖等问题，当晚中心组会商后联系生态环境部大气办负责人，并由其联系生态环境部卫星中心以调取卫星遥感图片解译结果，共识别 35 个疑似污水大坑。12 月 30 日，济宁市解除重污染天气预警，中心组联合济宁 2 组，共同前往白石镇采石场和石材加工厂内查看，现场噪声巨大、产生大量锯泥水且违法外排，企业普遍私挖农田以堆存锯泥，部分农田已被覆土掩埋，矿区开采大部分在地面以下，石料开采后形成大量 30～60 m 深的大坑，部分大坑内留有大量蓝绿色水体。本次中心组已将有关意见及建议反馈给济宁市生态环境局和第 18 轮次监督帮扶组。

## 三、有关建议

强化监督定点帮扶工作的持续压茬式开展，解决了重点区域中的很多大气环境问题，对环境空气质量改善发挥了重要作用。但环境空气质量持续改善的压力依然较大，改善的整体效果与人民日益增长的优美生态环境需要相比仍有较大差距。

（一）关于完善强化监督定点帮扶工作的有关建议

一是构建强化监督定点帮扶工作人员数据库。强化监督定点帮扶采用生态环境部机关部门（派出机构）、1 个部直属单位和 1 个省级生态环境部门"三位一体"包保到市工作机制，实践证明效果很好。但由于帮扶工作组短时间内缺乏对当地环境污染情况的深刻掌握，部分组成人员专业领域、熟悉程度、能力水平存在差异，经过两周时间适应后又将面临被轮换的安排，因此建议构建抽调人员大数据库，合理优化配置小组成员，尤其是中心组以及各小组长的人员组成结构。

二是进一步完善现有强化监督定点帮扶 App。可优化 App 界面和模块设置，将督查和热点网格模块适当展开，或根据每轮次各城市重点任务，灵活提升相应模块的顺序和调用层级，以便于现场应用、提高使用效率。

三是适当配置红外线温度仪、VOCs 便携式检测设备等。由于济宁市存在大量机械加工制造企业，电焊和喷漆房存在量较大，现场监督帮扶过程中，个别企业偷偷生产，但检查时会采取一键关停或者其他违规行为，建议为督查组配置红外线温度仪等便携式检测设备，有效识别刚停止作业的焊接点位，以提高督查工作的有效性和便利性。

（二）以切实改善环境质量为导向，明确监督定点帮扶发现问题的量化问责规定

建议修订生态环境部有关量化问责规定。各地也应以大气污染水平同比提升为目标，改变等和靠的传统思维，压实地方治气责任；不能以问责代替监管，坚决杜绝平时不作为、有事乱作为等情况的发生；进一步建立健全生态文明长效机制，力戒形式主义、官僚主义，充分发挥考核工作的引导、激励和约束作用，完善形成导

向明确、压力递增的考核奖惩体系。

（三）加强重污染天气应急预案、国五车辆识别管控等技术指导，注重监督帮扶工作的延续性，切实提高帮扶含金量

建议地方生态环境部门会同交管部门等加大重污染天气应急响应期间重型车辆监管力度，引入第三方力量，加大对企业的技术指导，要求企业做好出入车辆登记管理，核实并拍照留存相关证明材料，使预案措施真正落实到位。当地生态环境部门应加大日常监管巡查，督促企业定期检查废气处理设施。此外，建议将类似白石镇产业集群环境污染类问题作为监督帮扶重点对象，持续关注地方整改情况，尤其是锯泥、粉尘收集、污水外排、园区道路扬尘、裸露土苫盖等方面的整改进度，要求地方定期形成整改进展报告，并适时组织开展"回头看"。

# 国内外臭氧污染趋势、成因与管控对策

王　京　翟桂英　张晓岚　唐艳冬

## 一、$O_3$ 对人体和农作物的危害

$O_3$ 是一种强氧化性物质，能够参与多种大气污染物的转化过程。对流层（尤其是在近地面）高浓度的 $O_3$，会危害人类健康，对植被、农作物等也有负面的影响，因此有必要加强 $O_3$ 污染防治研究和管控。世界卫生组织、欧盟和美国等的 $O_3$ 空气质量标准基于人员健康制定。

$O_3$ 对人体具有强烈的刺激性，若人体吸入过量 $O_3$，会损伤呼吸道和心血管。$O_3$ 能够刺激深部呼吸道、造成神经中毒、刺激眼睛、影响人体免疫系统、对胎儿有致畸性、影响血液输氧功能，还会引起潜在的全身影响。不同的 $O_3$ 浓度对人体的影响不同，当大气中的 $O_3$ 质量浓度为 100 μg/m³ 时，可以引起鼻和喉黏膜的刺激；$O_3$ 质量浓度在 100～200 μg/m³ 时，可以引起哮喘发作，刺激眼睛；$O_3$ 质量浓度在 200 μg/m³ 以上时，可引起头痛、胸痛、思维能力下降，严重时可导致肺水肿和肺气肿。$O_3$ 对农作物的危害表现在抑制作物生长速率、造成叶片损伤、降低作物产品品质与产量等（闫家鹏，2015），从而产生经济损失。

## 二、全球 $O_3$ 浓度变化趋势与标准

### （一）$O_3$ 浓度变化趋势

从有 $O_3$ 浓度监测以来，全球近地面 $O_3$ 浓度总体呈上升趋势，但近 20 年在欧洲、美国已缓慢下降，在东亚仍持续升高。Parrish 等（2009）对全球背景站点在 1876—2007 年的 $O_3$ 浓度数据进行分析，发现除了不同年份不同站点 $O_3$ 浓度偶有波动外，全球背景浓度整体呈现上升的趋势，从 10 ppb 抬升至 40 ppb。受人类活动的影响，$O_3$ 浓度高值主要集中在中高纬度地区（Zhang et al.，2010），且北半球浓度明显高于南半球。从时间尺度上看，北半球春季和夏季的 $O_3$ 浓度明显高于秋冬季节。

近 30 多年来，在东亚和南亚地区，$O_3$ 浓度增加趋势最为明显。Akimoto 等发现亚洲地区的对流层 $O_3$ 增加更为明显。据 1994 年日本多个站点观测的结果，对流层 $O_3$ 浓度呈上升趋势，1969—1990 年鹿儿岛、筑波和札幌 3 个观测站点的结果都表明对流层 $O_3$ 每年增加约 1.5%～2.5%。Fadnavis 等（2014）称印度地区 1993—2005 年上对流层 $O_3$ 浓度每年增加约 2.5%。Choi 等（2015）的研究指出 2005—2012 年伊朗城市地区的对流层 $O_3$ 浓度显著增加。

北美和欧洲地区的 $O_3$ 浓度在 1979—2003 年不断增加，2003 年后趋于平缓。欧洲 $O_3$ 浓度在 20 世纪初期大幅增加，20 世纪中期后缓慢增加，21 世纪不再显著增长。Marenco 等（1994）对瑞士、德国以及法国高海拔地区背景站点在 1930—1990 年的 $O_3$ 观测数据进行分析，发现 20 世纪初期欧洲 $O_3$ 浓度比 19 世纪末期增加了 5 倍，其变化趋势与化石燃料大量使用和 $NO_x$ 排放有关。$O_3$ 浓度从 20 世纪中期的 15～20 ppb 逐步抬升到 21 世纪初的 40～50 ppb，2000 年以后年增量为 0.35～0.74 ppb，不再显著增长。

图 1 显示了我国与其他国家背景站 2011—2018 年 $O_3$ 浓度横向比较情况，可以看出，欧洲 $O_3$ 背景浓度总体相对较低，历年 $O_3$ 背景质量浓度均未超过 80 $\mu g/m^3$。美国背景质量浓度在 90～105 $\mu g/m^3$，接近东亚地区水平，2015 年后总体保持稳定。在东亚地区，日本、韩国自 2016 年后臭氧背景浓度有明显下降，2017 年、2018 年韩国有小幅上升，但仍低于 2015 年水平。中国 $O_3$ 背景浓度在 2017 年前低于日本、韩国，但 2016 年后有逐年上升趋势。

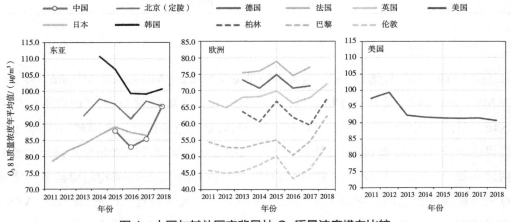

图 1　中国与其他国家背景站 $O_3$ 质量浓度横向比较

美国环境保护局通过遍布全国的监测站点网络，监测了 $O_3$ 环境空气质量变化趋势。在美国全国范围内，$O_3$ 平均浓度水平在 20 世纪 80 年代下降，在 20 世纪 90 年代趋于稳定，并在 2002 年之后缓慢下降，具体趋势情况如图 2 所示，具体的数据如表 1 所示。

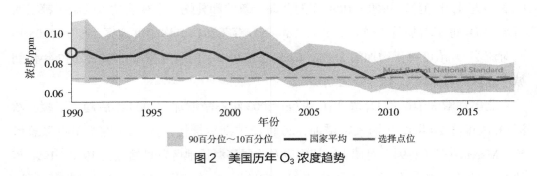

图 2　美国历年 $O_3$ 浓度趋势

表 1　美国各年份 $O_3$ 浓度数据

| 年份 | 臭氧浓度 /ppm |
|------|--------------|
| 1990 | 0.087 5 |
| 1995 | 0.089 4 |
| 2000 | 0.081 7 |
| 2005 | 0.079 8 |
| 2010 | 0.072 8 |
| 2015 | 0.068 |
| 2016 | 0.068 8 |
| 2017 | 0.068 2 |
| 2018 | 0.069 2 |

（二）监测应急体系

美国建立了光化学评估监测网（Photochemical Assessment Monitor System，PAMS）来监测 $O_3$ 及其前体物。最初的 PAMS 设计主要针对 $O_3$ 浓度严重不达标的区域，目前美国环境保护局正在对该网络进行评估和重新设计，期望对 $O_3$ 形成过程提供更加全面的监测数据，支持制定州空气质量达标规划控制措施。修订后的监测网络在每个人口超过 100 万人的区域设置 1 个与国家核心多污染物趋势监测网络站点组合使用的监测站，加强不达标和中等污染以上区域的监测计划，增加对 VOCs 逐时浓度的在线监测能力、对羰基化合物的监测能力、对 $NO_x$ 的连续监测，加强对气象的监测等。

欧洲环境署大力实施 $O_3$ 防治区域联防联控措施，打破国家壁垒，完善 $O_3$ 污染网上监控系统，建立覆盖欧洲大陆的 586 个 $O_3$ 地面监控网络站点，并加强 $O_3$ 前体物的监测统计，及时向哥本哈根的计算机中心汇报 $O_3$ 小时浓度，并及时向成员国公众发布 $O_3$ 预警预报信息，督促相关国家根据应对计划启动 $O_3$ 污染防治应急预案，落实前体物减排措施，减少 $O_3$ 生成。

日本强化光化学污染超标警报措施，除冲绳等 6 个县的市民以外，日本 42 个都道府县的市民均可通过手机随时了解环境省发布的光化学污染信息。污染严重时，相关地区的警报会每小时发布 1 次当时大气中光化学污染物的浓度，以便市民及时预防。

（三）不同国际组织、国家和地区 $O_3$ 浓度标准

世界卫生组织（WTO）的 $O_3$ 标准源于《空气质量准则》，通常将 $O_3$ 日最大 8 h 平均质量浓度限值 100 μg/m³ 作为准则值，160 μg/m³ 作为过渡目标值，所规定的限值作为其他国家参照的标准。我国 $O_3$ 浓度标准源于《环境空气质量标准》（GB 3905—2012），通常将 $O_3$ 日最大 8 h 平均质量浓度限值 160 μg/m³ 作为二级标准，这一标准与其他国家相比较为宽松，100 μg/m³ 作为一级标准，这一标准与世界卫生组织标准一致。除我国以外，亚洲其他国家（如新加坡、印度、韩国、日本）的 $O_3$ 浓度限值情况如下（郭超等，2020）：新加坡日最大 8 h 平均质量浓度限值为 100 μg/m³，印度日最大 8 h 平均质量浓度限值为 100 μg/m³、1 h 平均质量浓度限值为 180 μg/m³，韩国日最大 8 h 平均质量浓度限值为 120 μg/m³、1 h 平均质量浓度限值为 200 μg/m³，日本 1 h 平均质量浓度限值（杨昆等，2018）为 128 μg/m³、警报限值为 256 μg/m³、严重警报限值为 512 μg/m³、紧急警报限值为 853 μg/m³。欧盟的日最大 8 h 平均质量浓度限值为 120 μg/m³、1 h 通报均值为 180 μg/m³、1 h 警报限值为 240 μg/m³，且以平均 3 年内每年不能超标 25 次作为年达标准则。德国等欧盟国家按照欧盟的标准限值规定。英国的日最大 8 h 平均质量浓度限值与世界卫生组织一致，为 100 μg/m³。美国目前实行的是 2015 年版本标准的限值，最大 8 h 平均质量浓度限值约为 150 μg/m³、部分州适用的 1 h 平均质量浓度限值约为 260 μg/m³，且以每年第四高的日最大 8 h 平均质量浓度限值的 3 年均值不大于 160 μg/m³ 作为年达标准则。此外，加拿大的日最大 8 h 平均质量浓度限值为 126 μg/m³，墨西哥 $O_3$ 日最大 8 h 平均质量浓度限值为 140 μg/m³、1 h 平均质量浓度限值为 190 μg/m³。在非洲，埃及日最大 8 h 平均质量浓度限值为 120 μg/m³、1 h 平均质量浓度限值为 200 μg/m³，$O_3$ 日最大 8 h 平均质量浓度限值为 120 μg/m³。数据如表 2 所示。

表2 不同国际组织、国家和地区 $O_3$ 质量浓度标准

| 国际组织、国家和地区 | 日最大8h平均质量浓度限值 | 1h平均质量浓度限值 | 年达标准则 |
|---|---|---|---|
| 世界卫生组织 | 过渡目标值：160 μg/m³<br>准则值：100 μg/m³ | — | — |
| 中国 | 100 μg/m³（一级标准）<br>160 μg/m³（二级标准） | 160 μg/m³（一级标准）<br>200 μg/m³（二级标准） | 日最大8h平均第90百分位数不大于160 μg/m³ |
| 新加坡 | 100 μg/m³ | — | — |
| 印度 | 100 μg/m³ | 180 μg/m³ | — |
| 韩国 | 120 μg/m³ | 200 μg/m³ | — |
| 日本 | — | 0.06 ppm（约为128 μg/m³）<br>0.12 ppm（警报限值）<br>0.24 ppm（严重警报限值）<br>0.40 ppm（紧急警报限值） | — |
| 欧盟 | 120 μg/m³ | 通报：180 μg/m³<br>警报：240 μg/m³ | 平均3年内每年不能超标25次 |
| 德国 | 同欧盟标准 | — | — |
| 英国 | 100 μg/m³ | — | — |
| 美国 | 0.07 ppm（2015年，约为150 μg/m³） | 0.12 ppm（约为260 μg/m³），仅在部分州适用 | 每年第四高的日最大8h平均质量浓度的3年均值不大于0.075 ppm |
| 加拿大 | 126 μg/m³ | — | — |
| 墨西哥 | 140 μg/m³ | 190 μg/m³ | — |
| 埃及 | 120 μg/m³ | 200 μg/m³ | — |
| 南非 | 120 μg/m³ | — | — |

根据不同国家的 $O_3$ 浓度限值情况，按照8h平均质量浓度限值和1h平均质量浓度限值绘制比较图（如图3所示），以世界卫生组织的日最大8h平均质量浓度限值（100 μg/m³）为基准线、中国1h平均质量浓度限值一级标准（160 μg/m³）为基准线（郭超等，2020），进行对比讨论。从图中可以看到，按照日最大8h平均质量浓度限值来看，中国（一级标准）、新加坡、印度、英国与基准线持平，与世界卫生组织的标准限值一致；韩国、欧盟、德国、加拿大、埃及、南非基本接近基准线标准；中国（二级标准）、美国、墨西哥的 $O_3$ 浓度控制程度较松。按照1h平均质量浓度限值来看，严于基准线标准的只有日本，且日本在1973年制定了《日本环境质量标准》，规定室外 $O_3$ 质量浓度限值为128 μg/m³（1 h），目前仍在执行，说明日本

从很早开始对 $O_3$ 浓度限值就有很严格的把控；美国的 $O_3$ 浓度限值数值最大，控制程度相对最松；除美国之外，其他几个国家和地区的 $O_3$ 浓度限值基本都比较接近基准线，与中国（一级标准）的 $O_3$ 浓度限值标准接近。

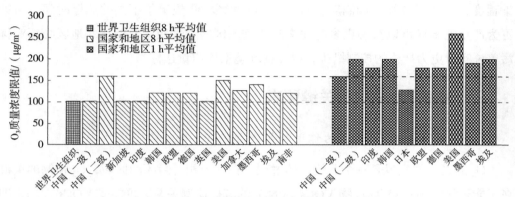

图 3　不同国际组织、国家和地区 $O_3$ 标准

美国在 1971—2015 年相继有 4 个版本的浓度限值演变，从表 3 中可以观察到，随着时间的推移，$O_3$ 浓度限值标准中的限值不断地降低，表明美国对 $O_3$ 浓度的限值逐渐严格。1971 年的《清洁空气法》中将 $O_3$ 浓度分成一级标准和二级标准两级进行限制，其中一级标准为保护人体健康而设定，并规定 1 h 浓度上限为 0.08 ppm。1977 年，美国环境保护局第一次全面审查了空气质量标准，并根据审查结果，于 1978 年公布了新的标准，将 $O_3$ 浓度小时均值上限提高至 0.12 ppm。1997 年，美国环境保护局对原有标准再次进行修改，$O_3$ 评价标准由小时平均浓度改为日最大 8 h 平均浓度，将浓度上限修改为 0.08 ppm，并规定在 3 年内 $O_3$ 日最大 8 h 平均浓度第四高值不大于标准限值即为达标。2008 年，美国环境保护局将 $O_3$ 标准限值降为 0.075 ppm。2015 年再降低为 0.070 ppm（约为 150 μg/m³）。

表 3　美国环境空气质量 $O_3$ 标准发展历程

| 年份 | 指标 | 平均时间 | 标准 |
| --- | --- | --- | --- |
| 1971 | 总光化学氧化剂 | 1 h | 0.08 ppm |
| 1979 | $O_3$ | 1 h | 0.12 ppm |
| 1997 | $O_3$ | 8 h | 0.08 ppm |
| 2008 | $O_3$ | 8 h | 0.075 ppm |
| 2015 | $O_3$ | 8 h | 0.070 ppm |

（四）达标管理

美国实行分级达标管理。作为 1990 年《清洁空气法》的一项重要举措，美国国会为多项大气污染物达标制定了相应的达标期限。《清洁空气法》根据不同地区的污染程度，建立了分级达标制度，对 $O_3$、CO 和颗粒物规定了不同的达标时间。污染更为严重的地区可以获得更多时间来改善该地区的空气质量，但这些地区必须对排污单位实行更为严格的控制措施，以保证环境空气质量达标。

## 三、影响 $O_3$ 生成的关键因素

（一）前体物对 $O_3$ 形成的作用和管控措施

$O_3$ 的光化学生成是一个非线性的过程。在一个相对封闭的区域，$O_3$ 控制的关键在于能否科学确定 $O_3$ 前体物 VOCs 与 $NO_x$ 的减排比例关系。可能受 VOCs 控制，即减少 VOCs 的排放能够更有效地降低当地 $O_3$ 浓度；也可能受 $NO_x$ 控制，即减少 $NO_x$ 的排放能够更有效地降低当地 $O_3$ 浓度。根据收集的大量数据，计算后得到的结果虽然可以直观地表明 $O_3$ 与前体物的相关关系，但由于其间的非线性关系，且不同的分析方法得到的形成机制的结果可能存在差异，很难对 $O_3$ 的形成机制做出全面的分析并得到可靠的结果。由于 $O_3$ 光化学生成的非线性特征，在控制 VOCs 时，若减排比例不恰当，有时 $NO_x$ 浓度的过度降低反而不利于降低当地 $O_3$ 浓度。

### 1. 美国

在 20 世纪七八十年代，美国 $O_3$ 管理政策的重点在于通过减少 VOCs 的排放量来降低 $O_3$ 浓度。虽然 $O_3$ 浓度在 20 世纪 80 年代出现大幅度下降，但是美国尤其是东部地区到 20 世纪 90 年代仍存在持续的 $O_3$ 污染问题。当时的新兴科学研究表明，除了 VOCs 的控制措施外，$NO_x$ 的防治措施将会更有效地降低美国大部分地区的 $O_3$ 浓度。

1960 年以来，美国南加州开展了系统深入的 $O_3$ 形成机制研究，发现南加州 $O_3$ 污染位于 VOCs 控制区，并制定实施了 $O_3$ 关键前体物的控制策略，即先大幅度削减 VOCs 排放、再逐渐削减 $NO_x$ 排放的控制策略。

在实际削减过程中，以排污许可证为主要手段对 VOCs 进行了严格的监管与执法。由于 VOCs 浓度减小得比 $NO_x$ 更快（削减比例大致为 3：1），VOCs/$NO_x$ 比值不断减小，实现了环境 $O_3$ 浓度的持续下降。以加州南海岸为例，2000 年以来 VOCs 浓度虽仍在下降，但 $O_3$ 浓度未出现明显改善，这意味着南加州 $O_3$ 污染已转向过渡区或 $NO_x$ 控制区。

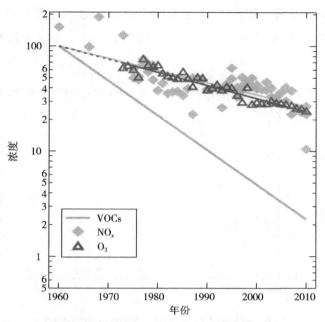

图 4 南加州 VOCs、NOₓ、O₃浓度变化趋势
（VOCs 浓度下降速率为 7.3%/a，NOₓ浓度下降速率为 2.6%/a）

南加州 80% 的 $NO_x$ 来自于移动源排放。测算表明，目前即使固定源 VOCs 排放为零，也无法达到 $O_3$ 空气质量标准，因此南加州对 $O_3$ 控制的重点是减少移动源 $NO_x$ 的排放。近年来，负责移动源监管的加利福尼亚州空气资源管理局制定了更加严格的柴油车排放标准，并发展先进的清洁交通工具，使 $O_3$ 污染得到持续有效的控制。

### 2. 欧盟

欧盟制定了控制 VOCs 排放的多项法规指令，强化原料源头控制和工业排放控制。根据欧盟指令（2004/42/CE），限制了某些油漆、清漆以及修补车辆产品中 VOCs 的总含量。在欧盟指令（2010/75/EU）中，规定了使用有机溶剂的工业活动的 VOCs 排放限值，包括涉及使用黏合剂的工业生产环节、印刷、车辆维修等。加强机动车尾气达标管理和车辆管控以减排 $NO_x$。大力发展公共交通运输，建设公共交通体系，鼓励市民绿色出行，减少机动车尾气排放。充分发挥绿色植物净化空气作用，加强植物绿化，扩大绿化面积，推行绿色能源。

### 3. 德国

研究表明，德国 $O_3$ 污染水平得到有效控制主要得益于越来越严格的机动车排放标准，近年来德国已经没有出现 $O_3$ 浓度超标情况（如图 5 所示）。从图 6 中可看出，德国道路交通 $NO_x$ 和 VOCs 排放均大幅下降，农业排放保持平稳，工业、民用、溶剂排放量有少量降低。德国 2014 年城区内道路交通 $NO_x$ 排放占 1994 年的 48%，2014 年城区内道路交通 VOCs 排放只占 1994 年的 14%，VOCs 和 $NO_x$ 的削减比例约为 3∶1。

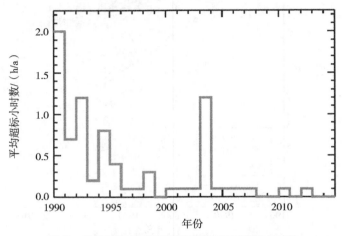

图 5　德国所有环境监测站点的平均超标小时数

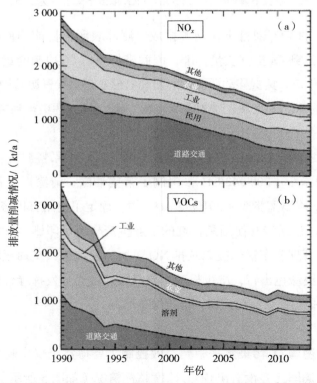

图 6　德国 1990—2010 年 VOCs 和 $NO_x$ 排放量的削减情况
（VOCs 和 $NO_x$ 的排放削减比例约为 3∶1）

## 4. 墨西哥

墨西哥首都墨西哥城大都市区根据 $O_3$ 污染的成因优先控制 VOCs 主控因子。由于 $NO_x$ 和 VOCs 的高排放，墨西哥城的 $O_3$ 光化学产物浓度很高，这为城市光化学活动提供了更高的自由基来源。由于该区域 $O_3$ 的生成受 VOCs 的控制，$O_3$ 的治理中更注重于 VOCs 的削减，即重点控制液化石油气泄漏、工业溶剂、喷漆活动以及柴油车尾气所释放的 VOCs。通过加密监测站点的设置、及时更新 VOCs 的排放清单、制定严格的车辆尾气排放标准、及时进行空气质量预测等一系列管控手段，有效削减 VOCs 的排放，从而达到控制墨西哥城大都市区 $O_3$ 浓度的目的。

## 5. 日本

近年来，日本注重加强 $O_3$ 污染前体物的排放管控。制定出台新的《机动车 $NO_x$ 和 PM 法》，重点转向颗粒物和 $O_3$ 防控。对重点源实施 VOCs 排放管控和监管。2004 年，在《大气污染防治法》修订中，增加了 VOCs 排放规制的内容。2006 年，对化学品制造、工业清洗粘接、印刷、VOCs 物质贮存等重点源实施 VOCs 排放控制。在过去的 10 多年间，日本通过提高汽车尾气排放标准以减少 $NO_x$ 排放量，且得益于 VOCs 控制法规的施行，VOCs 排放量减少了 40% 以上，但近年来监测数据表明 $O_3$ 的日间小时浓度峰值仍保持相同的水平，说明了气象条件和大规模传输的显著影响。因此日本政府推行了新的 $O_3$ 基准。

## 6. 中国

我国不同地区因所处的自然地理环境以及经济发展模式的不同，造成 $O_3$ 主控因子略有差异，我国大部分城市地区 $O_3$ 的化学生成受 VOCs 控制，广东省在夏季主要受到 $NO_x$ 控制或者是 VOCs 与 $NO_x$ 的协同控制。根据生态环境部对外合作与交流中心对我国重点地区 $O_3$ 污染成因的一项调查，除珠三角地区以外，我国大部分地区 $O_3$ 污染高发时期集中在 4—9 月。珠三角地区因位于亚热带地区，高温以及强日照等条件有利于光化学过程的进行以及 $O_3$ 的生成。珠三角地区植被繁茂，天然源 VOCs 排放强度较大，同时随着近年来城镇化、工业化的加快，机动车保有量快速增长，$NO_x$ 排放量也较大，多种因素共同作用于珠三角地区，导致珠三角地区全年均有 $O_3$ 超标现象，其中秋季 $O_3$ 污染最为严重。特别地，珠三角地区 $O_3$ 化学生成的控制因素不全是 VOCs。以广东省为例，冬季珠三角的中心城区 $O_3$ 生成主要受 VOCs 控制，但是在夏季，广东省大部分地区的 $O_3$ 生成主要受到 $NO_x$ 控制或者是 VOCs 与 $NO_x$ 的协同控制。我国不同地区 $O_3$ 超标集中时段以及 $O_3$ 生成主要因子如表 4 所示。

表 4　不同地区 $O_3$ 超标集中时段以及 $O_3$ 生成主控因子

| 地区 | $O_3$ 生成主控因子 | 全年 $O_3$ 污染严重时期 |
|------|------------------|---------------------|
| 北京 | VOCs | 4—9 月 |
| 上海 | VOCs | — |
| 成都 | VOCs | 4—9 月 |
| 广东 | VOCs、$NO_x$ 或协同控制 | 5—10 月较严重，全年均存在超标问题 |
| 山西 | VOCs | 夏、秋两季，4—9 月 |

（二）天然源 VOCs 对 $O_3$ 浓度的影响

有研究估算得出全球植物源 VOCs 的排放量约占总 VOCs 排放量的 90%，远超人为源 VOCs 排放（Guenther et al., 1995）。植物源 VOCs 的时间变化和空间变化很大。韩国首尔地区植物源异戊二烯排放对 $O_3$ 日最大值的影响高达 37 ppb（Lee et al., 2014）。国内研究表明，植物源 VOCs 排放主要集中在城镇化程度高和树木丰盛的地方（郑君瑜等，2009），中国森林 VOCs 排放主要集中在西南和东北地区（张钢锋等，2009）。对长三角典型城市的模拟研究表明植物源排放对 $O_3$ 的生成贡献达 -1%～20%，对郊区的贡献率高于城区 10% 左右，植物源 VOCs 排放速率为夏季＞春季＞秋季＞冬季，夏季排放量占全年排放量的约 60%（刘岩，2018）。

（三）区域传输对 $O_3$ 浓度的影响

国际经验表明，区域传输对 $O_3$ 浓度有一定影响，在排放控制比较严格的地区，影响尤其明显。从一项对比美国加利福尼亚州本地和外地大气污染贡献的文章中可以看出，加利福尼亚州的 $O_3$ 浓度主要由美国西部以外的排放情况控制，外部影响高达 29.8 ppb（75%）。区域内排放对环境 $O_3$ 浓度存在多种季节影响，在夏季表现为 10.7 ppb（23%），在冬季由于 $O_3$ 生成机理等原因，贡献为负数（-2%）。相比而言，区域内排放对 $PM_{2.5}$ 的影响为 48%（2.4 μg/m³），如图 7 所示（Wang et al., 2019）。

（四）气象因素对 $O_3$ 浓度的影响

大气中的 $O_3$ 浓度不仅受前体物浓度影响，还与温度、降水、光照、风速、风向、气旋、海陆风等气象条件有着密切的联系。整体上看，高浓度 $O_3$ 主要出现在太阳辐射强、温度高、相对湿度低的天气特征下。气象因素通过影响大气环流、光化学反应和 $O_3$ 前体物扩散等过程来影响 $O_3$ 的浓度变化。多数研究表明 $O_3$ 浓度与温度呈正相关关系，而与降水、湿度呈反相关关系，但是 $O_3$ 浓度与风向、风速和辐射之间的相关关系还未有定论，比如低风速有利于污染物累积，使 $O_3$ 浓度升高，而大风

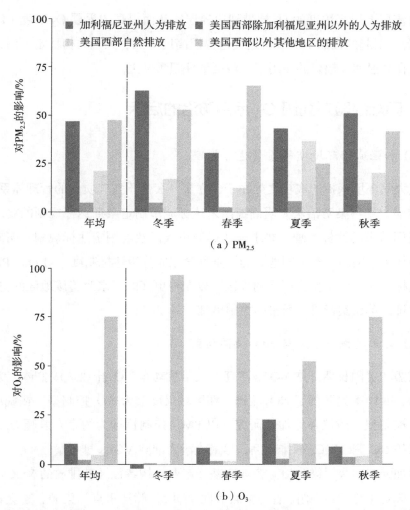

图7　2012年不同季节、不同排放来源对加利福尼亚州环境 PM$_{2.5}$ 和 O$_3$ 浓度的相对贡献

或雾也会成为部分时段 O$_3$ 浓度增高的因素，这是因为大风对 O$_3$ 前体物的搬运以及雾内湍流输送了高层 O$_3$（徐晓斌等，1998；陈世俭等，2005；张爱东等，2006；张天航等，2013）。

气象因素中，温度对 O$_3$ 生成的影响主要通过两个方面：一是通过影响反应速率常数而影响 O$_3$ 的光化学反应过程；一般来说，反应速率常数会随着温度的升高而升高。二是通过影响天然源 VOCs 的排放速率（Sillman et al.，1995）。但是，通常情况下天然源 VOCs 的排放速率并不取决于温度的高低，只有部分种类 VOCs 的排放速率会随着温度上升而加快。因此，普遍认为温度对 O$_3$ 生成的影响主要是通过影响化学反应速率。

除了气象因子外，台风系统也能影响 O$_3$ 浓度。具体表现为对流系统中的下沉运动可将对流层上层高浓度的 $O_3$ 携带到边界层，从而提高边界层 $O_3$ 浓度（Hu et al.，2010）。台风引起的强烈下沉气流还使边界层高度降低、大气结构稳定，污染物向低层移动。在高温和强辐射的作用下，污染事件频频发生。

## 四、国际经验对我国 $O_3$ 污染防治的启示

### （一）加强城市环境空气质量达标管理

美国大气环境保护的成功之处在于建立了一套基于空气质量的管理体系。《中华人民共和国大气污染防治法》明确提出未达标城市制定限期达标规划的要求。建议加强对我国城市的达标管理，要求未达标城市人民政府制定达标规划，明确达标期限和主要任务、措施。对不同地区的污染程度建立分级达标制度，对 $O_3$、$PM_{2.5}$ 规定不同的达标时间。污染更为严重的地区可以获得更多时间来改善该地区的空气质量，但必须对排污单位实行更为严格的控制措施。

### （二）全面实施 VOCs 与 $NO_x$ 协同控制

与欧盟和美国长期开展 VOCs 治理、大量机动车 $NO_x$ 排放造成整体上为 $NO_x$ 控制型不同，我国率先开展了 $NO_x$ 减排，在区域尺度上为 $NO_x$ 控制型、在城市尺度上为 VOCs 控制型。建议各地加强研究，以 $PM_{2.5}$ 控制目标为约束，兼顾 $O_3$，科学制定本地区的 $NO_x$ 和 VOCs 减排比例，尽最大潜力削减 VOCs 排放量。

全面加强 VOCs 污染防治。各地应基于产业结构特征及其排放的 VOCs 的 $O_3$ 生成潜势，确定本地 $O_3$ 污染防治的重点活性 VOCs，筛选重点污染源，建立精细化管控体系。以全面实施排污许可管理为抓手，实现全过程减排和控制。借鉴欧盟国家在 VOCs 控制方面的经验，制定 VOCs 城市总量控制目标。

深入推进 $NO_x$ 排放削减。全力推进燃煤电厂超低排放改造。结合控制污染物排放许可制的进程，进一步深化重点行业污染治理，鼓励非电行业实施超低排放改造，加快锅炉低氮燃烧技术研发和推广。推动实施更严格的机动车和非道路移动源排放标准，通过油品升级和油品并轨来改善油品质量，优化货运结构。

### （三）强化 $O_3$ 污染区域联防联控

科学划定 $O_3$ 污染防治重点区域。以人口密集、近 3 年 $O_3$ 浓度超标且上升趋势明显的城市群为重点防控对象，依据 $O_3$ 来源解析、成因与主控因子研究结果，按 $O_3$ 及其前体物空间分布格局及区域传输特征，将全国及各省（自治区、直辖市）内

部相互间影响的地区划分为 $O_3$ 联防联控重点区域。

建立 $O_3$ 污染区域联防联控机制。国家划定的重点区域要统一环境准入要求，严格控制新（改、扩）建排放 VOCs 和 $NO_x$ 的建设项目，实施倍量削减替代。统一大气污染物排放标准和产品 VOCs 含量限值标准。推动区域内移动源统一综合管理，实施统一的新车准入标准和油品质量标准，对在用车实施区域联合监管。

（四）构建全国 $O_3$ 及前体物监测网络，提升 $O_3$ 污染预报预警技术水平

建立 $O_3$ 以及前体物监测网络，提升 $O_3$、$NO_x$ 监测水平，完善不同城市、地区 VOCs 的源谱数据，建立我国主要排放源的 VOCs 源谱库。结合我国当前 $NO_x$ 排放约束的基础，通过明确与其相符的 VOCs 减排总量，开展 $O_3$ 前体物的精准减排。$O_3$ 监测与现有的 $PM_{2.5}$ 监测网络相耦合，为 $O_3$ 和 $PM_{2.5}$ 的协同控制提供数据支撑。依托 $O_3$ 以及前体物监测网络，完善邻近城市乃至区域的 $O_3$ 污染预报以及成因解析技术，构建 $O_3$ 预测预警业务化平台以及技术规范，推动 $O_3$ 区域联防联控。

# 参考文献

陈世俭，童俊超，Kobayashi K，等，2005. 气象因子对近地面层臭氧浓度的影响 [J]. 华中师范大学学报（自然科学版），39（2）：273-276.

郭超，郜志，2020. 关于国内外臭氧限值浓度标准的探究 [J]. 建筑科学，2：163-170，199.

刘岩，2018. 长三角地区植物源 VOCs 排放特征及其对臭氧生成贡献的模拟研究 [D]. 济南：山东师范大学.

徐晓斌，丁国安，李兴生，等，1998. 龙凤山大气近地层臭氧浓度变化及其他因素的关系 [J]. 气象学报，56（5）：560-572.

闫家鹏，2015. 臭氧污染的危害及降低污染危害的措施 [J]. 南方农业，9（6）：188-189.

杨昆，黄一彦，石峰，等，2018. 美日臭氧污染问题及治理经验借鉴研究 [J]. 中国环境管理，2：85-90.

张爱东，王晓燕，修光利，2006. 上海市中心城区低空大气臭氧污染特征和变化状况 [J]. 环境科学与管理，31（6）：21-26.

张钢锋，谢绍东，2009. 基于树种蓄积量的中国森林 VOC 排放估算 [J]. 环境科学，30（10）：2816-2822.

张天航，银燕，高晋徽，等，2013. 中国华东高海拔地区春夏季 $O_3$ 质量浓度变化特征及来源分析 [J]. 大气科学学报，36（6）：683-698.

郑君瑜，郑卓云，王兆理，等，2009. 珠江三角洲天然源 VOCs 排放量估算及时空分布特征 [J].

中国环境科学, 29（4）: 308-310.

Choi Y, Souri A H, 2015. Seasonal behavior and long-term trends of tropospheric ozone, its precursors and chemical conditions over Iran: A view from space [J]. Atmospheric Environment, 106: 232-240.

Fadnavis S, Dhomse S, Ghude S, et al., 2014. Ozone trends in the vertical structure of upper troposphere and lower stratosphere over the Indian monsoon region [J]. International Journal of Environmental Science & Technology, 11（2）: 529-542.

Guenther A, Hewitt C N, Erickson D, et al., 1995. A global model of natural volatile organic compound emissions [J]. 100（D5）: 8873-8892.

H A, 1994. The chemistry of the atmosphere: its impact on global change [J]. Environmental Science & Technology, 28（4）: 200A.

Hu X M, Fuentes J D, Zhang F, 2010. Downward transport and modification of tropospheric ozone through moist convection [J]. Journal of Atmospheric Chemistry, 65: 13-35.

Lee K Y, Kwak K H, Ryu Y H, et al., 2014. Impacts of biogenic isoprene emission on ozone air quality in the Seoul metropolitan area [J]. 96（7）: 209-219.

Molina L T, 2018. 能源基金会中国国际清洁空气伙伴关系项目京津冀臭氧和 VOCs 污染防治研讨会上有关墨西哥臭氧污染防治经验的发言 [C].

Parrish D D, Millet D B, Goldstein A H, 2009. Increasing ozone in marine boundary layer inflow at the west coasts of North America and Europe [J]. Atmospheric Chemistry and Physics, 9（4）: 1303-1323.

Sillman S, Samson F J, 1995. Impact of temperature on oxidant photochemistry in urban, polluted rural and remote environments [J]. J Geophys Res-Atmos, 100: 11497-11508.

Tarasick D, Galbally I, Cooper O, et al., 2019. Tropospheric ozone assessment report: tropospheric ozone from 1877 to 2016, observed levels, trends and uncertainties [J]. Elem Sci Anth, 7: 39.

Tianyang Wang, Bin Zhao, Kuo-Nan Liou, et al., 2019. Mortality burdens in California due to air pollution attributable to local and nonlocal emissions [J]. Environment International, 133: 105232.

Zhang L, Jacob D J, Liu X, et al., 2010. Intercomparison methods for satellite measurements of atmospheric composition: application to tropospheric ozone from TES and OMI [J]. Atmospheric Chemistry and Physics, 10: 4725-4739.

# 开展绿色产业国际合作的优势分析及政策建议

周 波

## 一、绿色产业概念的提出与内涵

### （一）绿色产业概念的提出

1989 年，加拿大环境部正式宣布计划耗资 30 亿加元，实行一项为期 5 年的"绿色行动计划"，行动以经济发展中的环境问题为主要对象，重点涉及清洁水、空气和土壤、自然空间和野生生物物种的保护等内容。这是世界上首次在政府文件中将"绿色"同整个社会的经济发展结合，以此强调环境友好的经济发展行为。加拿大此次"绿色计划"的实施，成为"绿色"理念与人类经济社会结合的正式起点，"绿色经济""绿色产业"等概念受此影响，得以产生和兴起。

根据联合国教科文组织对"绿色"一词的解释，"绿色"意味着自然的、无污染的状态。"产业"作为经济学概念，广义上指生产产品或服务的经济活动。因此，"绿色产业"的字面含义是指人类对自然友好的、无污染的生产行为与经济活动。根据美国经济学家迈克尔·波特对产业的定义，产业为直接生产相互竞争的产品或服务的企业集合。该定义说明产业是一个集合概念，具有同类生产服务属性的企业是产业的细胞和主体。由此，绿色产业的主要对象是从事生产和服务工作的企业，而对自然生态的友好和无污染性是此类企业的共同特征。

绿色产业的概念定义经历了较长时间的推敲和发展，但尚未形成统一的表述和认识。在美国，绿色产业最早指环境园艺产业，包括一系列与装饰性植物、景观与园艺供给设备相关的，涉及制造、销售与服务的产业；也有美国学者把资源再生利用类产业视为绿色产业。2003 年，联合国开发计划署（UNDP）给出绿色产业定义，认为绿色产业是指防止和减少污染的产品、设备、服务和技术，如太阳能、地热能、风能、公共交通工具和其他交通工具，以及其他可节省能源、减少资源投入、提高效率和产品的设备、产品、服务与技术。伴随着绿色产业研究的深入，国际社会开始将绿色产业分为狭义和广义的概念。从狭义上讲，绿色产业指涉及污染控制与减排、污染清理、废弃物处理等的环境保护产业；从广义上讲，绿色产业包括能够测量、防止、限制及克服环境破坏的生产与技术服务企业。

在这些"绿色产业"概念的基础上，致力于全球工业化建设和产业发展的联合国工业发展组织（UNIDO）在 2011 年的第三届绿色工业大会上给出了更加普适的"绿色产业"概念。该组织认为：绿色产业是不以牺牲自然体系健康和人类健康为代价的工业生产和发展模式，其根本要义是将环境、气候和社会因素纳入企业活动的考虑范畴，注重在不增加资源消耗和污染负担的前提下实现产业升级并增加产能，以满足人类社会的物质需要。

（二）绿色产业的发展内涵

绿色产业的发展具有两项战略要义。首先是"绿化"现有产业。从根本上讲，绿色产业发展的首要任务是不分行业、规模和地理区位地"绿化"所有产业部门。"绿色"并非某一行业特有的固定属性，任何行业都存在自身的"绿化"问题。绿色产业发展的首要任务是通过一定的技术、管理与制度，降低其生产流程和产品对环境的危害。其次是建设新型绿色产业。为推动绿色产业的发展，应鼓励并设立核心绿色产业，其中重点包括清洁能源产业、环保产业以及废弃物回收处理业。除此以外，生产型服务业也应作为新兴的绿色产业，其中包括运营节能项目、从事节约能源的设计和实施能源服务的公司，为工业、运输、建筑和汽车行业开发清洁技术的研发公司，物料回收、废弃物管理和处理公司以及废弃物运输公司，专营废水处理的工程公司，以及提供环境监测、测量和分析的服务公司。绿色产业的发展内涵如图 1 所示。

根据国际组织对绿色产业的研究，绿色产业所具有的内涵可分为以下 7 个方面：①提高资源利用率的生产，即要求提高单位能源、水或材料消耗的产品产出量；②清洁的生产，即将综合的环保策略持续应用于工艺、产品和服务中，以期提高综合效率并降低对人类和环境带来的风险；③闭环系统与循环生产，即从传统的线性生产到绿色的循环生产；④低碳化生产，即通过使用低碳能源和材料，减少在产业生产中传统化石能源和高碳能源的使用；⑤企业社会责任和负责任生产，即通过对危险化学品进行改进、控制和管理，减少有害物质对环境和社会的影响；⑥社会包容性生产，即促使有针对性的加强培训和能力建设；⑦可持续消费与生产，即"满足当代人基本需求，同时减少自然资源和有毒物质的使用，减少产品或服务整个生命周期的废弃物或污染物的生成，从而不危及子孙后代的需求"。

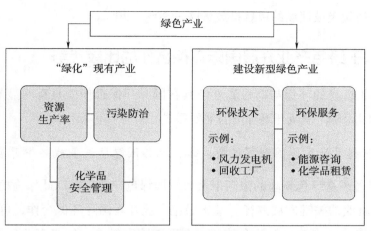

图 1  绿色产业的发展内涵

## 二、绿色产业的环保效益

绿色产业的发展内涵强调了产业自身对自然资源的高效利用，以及对生态环境的改善与保护，环保效益显著。例如：林业本身为绿色产业，而遏制全球毁林趋势也同样是一项非常有利的绿色投资；仅减少目前全球森林砍伐量的一半，其所带来的气候调节收益就将超过砍伐收益的两倍。在水资源行业，当前常规模式将导致全球水资源供需之间的巨大缺口，而如果"绿化"水资源经济部门，全球在 2010—2050 年每年投资介于 1 000 亿～3 000 亿美元，则可将水资源需求量相对减少 1/5，减轻地下水和地表水资源面临的近期和长期压力。在建筑行业，全球 1/3 的能源终端使用都发生在建筑物中，而建筑业本身消耗的物质资源则占全球物质资源的 1/3。因此，对这一领域的绿化，不仅能够节约能源，还可以减少室内空气污染，提高材料、土地和水的使用效率，减少垃圾排放，并降低与有害物质相关的风险。在清洁能源产业，根据麦肯锡的研究，清洁能源产业可以在每吨投入 35 美元的成本下，减少 35 亿 t $CO_2$ 排放量。在农业方面，绿色产业意味着能够采用有利于生态的耕种方法，在不破坏生态系统和人类健康的条件下，通过推广和传播可持续耕作来绿化小型农户经济，可以有效提高产量，并将农业从温室气体的主排放源转变为排放与吸收平衡。在制造业领域，该行业是造成"黑色"经济的主要部门，对该行业的"绿化"意味着重新设计生态性产品、旧物翻新和废弃物回收以延长产品生命周期，最终实现循环经济。当前，仅仅依靠对二手产品和组件的再加工，每年可节省约 1 070 万桶石油；到 2050 年，绿色产业带来的改进可使电子垃圾的回收水平从目前的 15% 提高到接近 100%，将垃圾填埋场的垃圾量至少降低 85%。在气候效益方面，预计到

2030 年，可使垃圾填埋场的甲烷排放量减少 20%～30%。

## 三、基于绿色产业开展国际环保合作的比较优势

绿色产业自身的环保与项目属性使其在国际环保合作中具有明显的比较优势，进而也成为国际环保领域开展合作的主要形式。

（一）有利于嵌入各国经贸发展战略，在各国绿色发展战略中开展环保合作

当前，世界各国在绿色新政的浪潮下大力发展绿色产业，并以此作为拉动本国经济增长、带动就业的关键发展路径。基于绿色产业开展国际环保合作，可以充分发挥环保领域合作的经济效益与社会效益。在现有国家经济发展与产业生产的基础上，嵌入环境保护与国际合作，通过环保技术转移、环保产业发展、环保产品生产、传统产业改造等形式，带动地区经济与就业。绿色产业使环保既服务于自然生态环境，又服务于经贸发展。这是当前各国特别是发展中国家的主要需求，也是受国际社会和世界各国欢迎的环保合作形式。

（二）有利于发挥市场优势，配置全球环保资源

绿色产业的单元与主体是从事相关生产或服务的企业。依托绿色产业开展国际环保合作，将更多地为环保合作注入市场的元素与特点。绿色产业具有投入产出的经济效率问题，也具有受价格影响的市场导向特征。依托绿色产业开展国际环保合作，将把市场机制引入国际环保合作中，使国际环保不仅是政府意志，更成为由市场主导的实际社会需求。依托市场机制配置全球环保资源，提高国际环保合作效率。

（三）有利于明确合作内容与预期成果，便于实际管理

环境保护的国际合作中需要明确具体的合作对象与合作领域。以绿色产业作为开展国际环保合作的载体，将使环保合作与实体产业发展结合，合作内容更加明确，合作方职责更加清晰，操作管理也更加具体。以绿色产业为抓手实行国际环保合作，实质则是将国际环保合作以具体项目的形式呈现，运行项目管理的手段，保证合作进度，评估合作效益，验收合作成果，便于实际管理。

（四）有利于环保产业的能力建设与可持续发展

基于绿色产业开展国际环保合作时，除了减少污染物，强化对空气、土壤、水、森林、生物等的自然生态保护以外，其主要内涵在于加强环保产业自身的能力建设。

开展绿色产业的环保合作本质是对现有污染源头的治理把控与治理能力的建设。现有的很多环保合作项目在项目到期后，因资助中断而造成项目报废，进而形成更大的污染和浪费，没有长期永久性效果。依靠绿色产业实行环境保护合作，是将环保的理念与要求作用于地区日常生产，将环保变为绿色属性以纳入产业发展中，或将环保的产业属性激活，使其自身具备运营能力，实现可持续发展。

## 四、对开展绿色产业国际合作的政策建议与启示

（一）重视将环保国际合作渗透到国家经贸发展的产业合作之中

国际环保合作应作为国家经贸战略合作的重要支撑，服务于我国经贸为主、科教文全方位"走出去"的战略重点，服务于国家长短期阶段性安排，服务于国家现有生产能力的更好发展。我国推行的国际环保合作不应使环保项目成为别国经济发展的负担，而应在经贸产业建设中渗透环保，在环保中促进产业发展。绿色产业自带的经济效益、环境效益与社会效益使其成为环境保护与经贸产业发展结合的重要纽带，也是环保能力建设与可持续发展的重要突破口。

（二）建立国际环境合作绿色产业重点关注清单

绿色产业的开展与建设是国际环保合作的重点内容。国家可根据绿色产业类型与其效益，结合地区实际情况，建立绿色产业国际环境合作重点领域清单。例如，可将生态农业、工业清洁生产、可再生能源、水回收和再利用、废弃物处理等产业项目作为重点支持和项目合作领域，提供相应的政策倾斜与扶持。将涉及森林、湿地、海洋、湖泊等自然资源的产业发展项目作为环评与监管的重点对象。同时，也应在国际环保合作中关注对当地旅游、文化等产业的开发与合作，进而改变地区产业结构与人民收入来源。

（三）加强与国内"走出去"企业的对接沟通，主动将国际环保合作意向同企业海外投资项目结合

实现国际环保合作与绿色产业结合最直接的方法是在现有的国家海外投资项目基础上，实现环保"走出去"。在国家开放战略的影响下，国有大型企业或民营企业均有在海外承包的投资建设项目。这些企业一旦走出国门，均代表国家的形象与别国开展合作。因此环保部门应主动同国内"走出去"的企业建立对接与沟通机制，在现有产业项目的基础上，考虑如何将环保合作加入其中，以产业为依托，以项目

为抓手，开展国际环保合作服务。

### （四）组建传统产业"绿化"改造的国际环境技术服务团队

当前，很多发展中国家特别是最不发达国家、小岛国和非洲国家仍沿用高污染、高能耗、低效率的生产方式。因此，帮助这些国家进行传统产业的"绿化升级"是开展国际环境合作的重要内容。我国可在南南合作与"一带一路"的合作框架下，组建专业跨国环境技术服务团队，通过定期培训、技术转移、清洁生产管理指导、改造方案设计与咨询等方式，加强地区绿色转型的能力建设，帮助地区传统产业绿化升级。

### （五）做好产业环境规制与绿色产业发展政策咨询服务

除技术合作外，加强产业环境规制与绿色产业发展政策咨询服务也可作为国际环保合作的主要内容。我国可将本国环境规制与节能减排的具体做法和经验分享给合作国，并以此为基础提供相关的政策咨询服务。与此同时，我国的政策专家智库还可在国际绿色产业发展的合作中提供政策咨询服务，为当地政府建立环境与绿色产业发展的政策工具，制定环境战略。

## 参考文献

程蔚，2018.着力全面创新　推动绿色发展［J］.安徽科技，（3）：7-8.

高凤，2017.绿色发展——建设和谐内蒙古的必然选择［J］.中外企业家，（19）：12-14.

刘君，2017.绿色发展对我国经济与就业问题的影响［J］.工会信息，（6）：34-37.

李海涛，张顺，2018.韩国绿色发展战略及其对中国的启示［J］.东疆学刊，（1）：21-22.

李雪，2018.我国绿色发展理念的逻辑演变［J］.文化创新比较研究，（15）：14-16.

孟凡双，2019.关于已有产业绿化和新兴产业的绿色发展研究——以韶关市为例［J］.山西农经，（9），11-12.

曾凡银，2018.绿色发展：国际经验与中国选择［J］.国外理论动态，（8）23-25.

张玉文，2017.推进节能减排　实现绿色发展［J］.黑龙江科技信息，（1）11-13.

ADB，2018. The Role of Fintech in Unlocking Green Finance：Policy Insights for Developing Countries［EB/OL］. 2018-11-25. https：//www.adb.org/publications/role-fintech-unlocking-green-finance.

# "生态杀手"红火蚁的防控政策研究与建议

张 扬 郑 哲 任 永

红火蚁又称入侵红火蚁，号称"生态杀手"，原分布于南美洲亚马孙河流域，在原生地以外的地区是一种非常有害的杂食性昆虫，间接或直接导致了入侵地区生物多样性的降低以及其他一系列经济和社会问题，现已成为世界上危害最为严重的入侵生物之一，是目前包括我国在内的各国极力防堵的危险性害虫。

为了防范包括红火蚁在内的入侵生物造成的生物安全风险，《中国生物多样性保护战略与行动计划（2011—2030年）》提出，跟踪新出现的潜在有害外来生物，制定应急预案，开发外来入侵物种可持续控制技术和清除技术，组织开展危害严重的外来入侵物种的清除。为此，本文梳理了我国红火蚁疫情发生现状及其危害、国内外红火蚁防控机制和政策手段，并提出对策建议。

主要建议如下：一是评估现有法规体系，制定《外来入侵生物防治法》。建议我国加紧对现有相应法律法规体系进行全面评估，制定《外来入侵生物防治法》以规范我国外来物种预防、引进和控制，明确外来物种风险评估、预警、引进、消除、控制、生态恢复和赔偿责任。二是明确各部门职责，启动问责机制。建议在有关法律法规的基础上，建立防控红火蚁协作工作领导小组，由该小组统筹协调各部门的具体责任、目标，制定实施方案，细化任务防控内容，及时检查督促，开展防控绩效评估，并依据评估结果进行问责。三是加强防治手段研究，提升防控技术水平。积极完善我国红火蚁防控的技术体系并提升防控能力，将化学防治法、生物防治法等相结合，采取综合防治措施。在化学防治过程中要严格禁止农药类持久性有机污染物的使用。四是加强监管和防治的国际合作，维护区域生态安全。要充分发挥双多边交流与合作机制，加强与相关国家的交流与合作，特别是加强监测调查、检疫除害、应急处置与防治等科技、政策方面的交流与合作。建立区域防控网络和重点（周边）国家蚁情防控联络机制，强化信息分享和政策协调，共同提高区域防治水平，维护区域生态安全。五是加大宣传力度，提高公众意识。对有关工作人员开展教育和培训工作，提高其对红火蚁等外来入侵物种的鉴定和防控能力；加强对公众的宣传教育工作，提高公众的生态保护意识和自我保护意识，自觉抵御外来物种的入侵，减少在旅游、贸易、运输等活动中对外来入侵物种的有意或无意的引进或转移。

# 一、红火蚁及其危害

## （一）红火蚁的特性

红火蚁（*Solenopsis invicta* Buren）原分布于南美洲亚马孙河流域的巴西、巴拉圭、阿根廷等地。成虫体呈红褐色，体长为 3～6 mm，为地栖型生物，依靠植物种子、苗木和昆虫等多种食物源生存（如图 1 所示）。该虫可自主迁飞或随风和水流自然传播，也可随寄主材料（如绿植、木材等）运输等人类活动扩散。红火蚁习性凶猛、竞争力强，在新入侵地易形成较高密度的种群，被世界自然保护联盟（IUCN）列为 100 种最具有破坏力的入侵生物之一，也被称为"生态杀手"。相对于其他种类的蚂蚁，红火蚁是一种有害生物，它可以战胜并替代其他种类的蚂蚁，可以在受侵扰的栖息地（例如洪水泛滥后的平原）建立种群，也可以依靠很多种食物源（例如种子、苗木和昆虫等）生存。红火蚁繁殖力强，具有很强的蚁巢扩增能力和一定的婚飞扩散能力（3～5 km）。由于其传播途径多样、生命力和繁殖力强、相应防控手段不足、在当地缺乏天敌等因素，红火蚁在原产地之外的地区的防控难度很大。

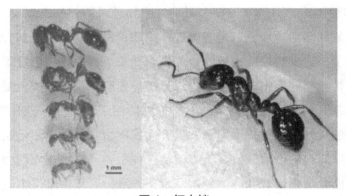

图 1　红火蚁

## （二）红火蚁的危害

### 1. 危害公共安全

由于电流中磁场对红火蚁具有引聚作用，因此红火蚁有把蚁巢筑在电器设备（如空调、交通信号机箱、供电仪表等）附近的习性，还会直接啃咬埋在土中的电线及电缆的绝缘层，造成电路短路或设施故障，甚至引起大面积停电事故。据统计，每年美国因红火蚁对相关电器设施危害所造成的经济损失高达 1 120 万美元。在中国华南地区，已发现红火蚁危害水利水电工程、变电站、信息通信等电缆及设备等。

### 2. 危害人类健康

红火蚁习性凶猛，当蚁巢或个体受到干扰时，会迅速蜂拥而出、叮蜇攻击者，其腹部螯针毒囊中的毒液会伴随每一次针刺而被注入被蜇物体内，这种毒液中的毒素蛋白是已知致敏原中最有效的一类，只需要微克级就可以致敏并诱发过敏反应。被红火蚁叮蜇后，被蜇物体会剧烈感觉到火灼般疼痛，随后出现红肿、痛痒、高烧等症状，严重者还会出现休克甚至死亡。

### 3. 危害农业生产

红火蚁是杂食性入侵害虫，可直接取食并破坏黄瓜、高粱、大豆、玉米、马铃薯、黄秋葵和茄子等植物的种子、果实、幼芽、嫩茎和根部，造成经济损失。因红火蚁危害，美国佛罗里达州茄科植物产量下降了 50%，得克萨斯州向日葵产量下降达 40%，加利福尼亚州的水果种植业、干果及酿酒业增加了 10%～40% 的成本。在我国广东省红火蚁严重发生区，已经出现菜田出苗稀疏、稻田弃耕、果园丢荒等现象，严重影响了当地农业生产。

### 4. 危害生物多样性

红火蚁具有明显的种群竞争优势，在新入侵地短时间内迅速发展成为优势种，造成生物多样性降低和生态单一化。在澳大利亚东南部，由于红火蚁的入侵，绿纹树蛙 90% 的原有分布区已消失，绿纹树蛙被列为濒危物种。在美国得克萨斯州红火蚁发生区，节肢动物的物种丰富度下降到原来的 40%；而且红火蚁的攻击行为导致许多哺乳动物幼体变盲、四肢肿胀，严重影响其活动能力，增加被捕食的概率，有些被攻击后直接死亡。红火蚁入侵将大大降低本地蚂蚁的丰富度和多样性，甚至取代本地蚂蚁。

### 5. 危害区域贸易

红火蚁作为入侵物种，间接影响地区间贸易与经济活动，发生地的农产品、绿化苗木、盆景植物及有机肥产品等的输出受阻。

（三）红火蚁入侵和分布情况

现在红火蚁已经从原产地南美洲扩张至中美洲和加勒比海地区安圭拉岛、安提瓜和巴布达岛、巴哈马群岛、英属维尔京群岛、开曼群岛、哥斯达黎加、蒙特塞拉特、巴拿马、波多黎各、圣基茨和尼维斯、荷属圣马丁、特立尼达和多巴哥、特克斯和凯科斯群岛、美属维尔京群岛，北美洲美国南部 19 个州和地区、墨西哥，澳大利亚、新西兰，亚洲中国、马来西亚、新加坡、韩国、日本、印度等 24 个国家和地区。

我国最早于 2004 年 9 月在广东省吴川县发现红火蚁入侵。截至 2018 年年底，红火蚁入侵在我国的广东、广西、福建、江西、四川、海南、云南、湖南、重庆、贵州、浙江、湖北 12 个省（自治区、直辖市）的 387 个县（市、区）发生，全年发生面积达 400 万亩次以上。

对红火蚁扩散趋势的预测结果显示，如果没有切实有效的防控措施，红火蚁会在今后 20 年或 30 年内快速扩散，预计入侵区域每年约增加 30 多个县（市、区）。

## 二、国外部分发达国家红火蚁防控和管理手段

1930—1960 年，红火蚁通过苗圃、草皮、干草和盆景等入侵美国，至今造成直接经济损失超过 50 亿美元。2001 年，红火蚁跨越太平洋，入侵澳大利亚和新西兰。2017 年，日本国内首次确认发现有剧毒的红火蚁，主要由国外船运的集装箱携带。红火蚁入侵美国、澳大利亚后，相关国家建立了红火蚁防控机制并制定和实施了一系列红火蚁根除行动。主要总结如下。

### （一）日本

据日本有关媒体（Japan Forward）报道，2017 年 5 月 26 日，在日本兵库县尼崎市的一艘从中国运去的船上的集装箱内，首次发现了红火蚁；6 月 16 日，发现红火蚁在暂时存放集装箱的区域形成了一个蚁巢。此后，在日本多地又有发现红火蚁的报道。最初，人们认为红火蚁主要是通过海运进入日本。但在 2018 年 8 月，日本一些新闻媒体报道了第一次在东京附近的成田国际机场发现红火蚁的情况，并认为这些红火蚁是从美国得克萨斯州空运来的。2019 年 10 月，据日本朝日新闻报道，在东京港的一个码头上发现了成群的红火蚁。

日本在集装箱内发现红火蚁后，会立即对其消毒并杀灭。2019 年，日本召开了有关红火蚁的部长会议，并决定全力以赴消灭在奥美集装箱码头发现的多个红火蚁的蚁巢。除了在发现红火蚁地点的 2 km 范围内开展消灭红火蚁活动外，日本还在公园和路边范围内，采取了类似的措施。为了确保这些措施的有效性，政府还寻求与港口当局和处理集装箱的企业的密切合作。

此外，早在 2004 年，为预防外来物种对生态系统造成的不利影响，日本颁布了《外来入侵物种法》，将所有关于外来物种入侵的问题纳入一部法律中，对引入、饲养（种植）、储存、运输外来物种等行为作出规定，由日本环境省总体管理外来物种

入侵的防治。

### （二）澳大利亚

澳大利亚农林局负责外来入侵物种管理，其下属的检疫检验局统一管理进出境人员和货物的检验检疫工作。同时，澳大利亚农林局在外来有害生物咨询委员会基础上专门成立了红火蚁咨询委员会。该委员会组织专家，对红火蚁在澳大利亚的潜在风险进行了详细评估，并根据评估结果，制订了详细的红火蚁根除、企业风险管理、公众宣传等计划。澳大利亚制定了《澳大利亚国家生物多样性保护策略》等有关外来入侵物种的管理策略和指南，对防止引进、控制和消除包括红火蚁在内的外来入侵物种发挥了重要的作用。

在 2001 年发现红火蚁入侵之后，澳大利亚制订了国家红火蚁消灭计划，在该计划中采用野外人员和地面气味检测犬以及直升机空中遥感技术对红火蚁进行全面监控。针对蚁巢，由专业防治人员直接注入化学药剂进行处理；针对蚁巢周围地区，采取诱饵处理，主要是投放昆虫生长调节剂。针对更大范围的防控，则采用直升机释放诱饵；释放诱饵时，直升机会飞离地面 15 m，诱饵散布在植被覆盖的区域，在房屋、水箱和其他建筑物周围留有 40～100 m 的缓冲区。

### （三）美国

美国于 1996 年颁布了《国家入侵物种法》。于 1999 年发布了《入侵物种法令》，该法令规定了美国联邦政府成立由总统挂职的国家外来入侵物种委员会；由美国农业部牵头统一管理，联合财政部、国防部、内务部、商业部、交通部、国土资源部和环境保护局等十几个部门组成的入侵物种委员会和非联邦入侵物种咨询委员会（JSAG）统一管理入侵物种问题，要求各部门加强分工协作，在各自职责和权力范围内开展积极有效的行动。美国联邦政府在 1956 年就制定了与红火蚁相关的防控条例，开始实施红火蚁检疫控制计划，疫情发生区域州政府在 1980 年也开始执行检疫控制计划，施行统一的检疫检验管理。

## 三、我国现有的红火蚁防控管理和措施

在管理方面，《中华人民共和国进出境动植物检疫法》《中华人民共和国农业法》《中华人民共和国环境保护法》《中华人民共和国进出境动植物检疫法实施条例》等多部法律法规都涉及外来生物入侵防治工作，但没有形成完善的法律法规体系，存在部分管理环节立法缺失、对外来物种入侵的生物多样性和生态环境危害重

视不够、部门管理职责分散、规范不统一、操作性不强等问题。根据相关法律法规，我国有关政府部门职责如下。

动植物检疫部门和国务院农业部门负责红火蚁等外来入侵物种的进出境检疫。根据《中华人民共和国进出境动植物检疫法》，国务院农业行政主管部门主管全国进出境动植物检疫工作；动植物检疫部门统一管理全国进出境动植物检疫工作，收集国内外重大动植物疫情，负责国际间进出境动植物检疫的合作与交流。

环境保护部门主要负责红火蚁等外来入侵物种的调查和生态影响评价。2003 年以来，先后印发四批外来入侵物种名单，于 2011 年颁布《外来物种环境风险评估技术导则》，于 2015 年印发了《关于做好自然生态系统外来入侵物种防控监督管理有关工作的通知》。《中国生物多样性保护战略与行动计划（2011—2030 年）》提出提高对外来入侵物种的早期预警、应急与监测能力。完善外来入侵物种快速分子检测等技术与方法，建立外来入侵物种监测与预警体系，实施长期监测。跟踪新出现的潜在有害外来生物，制定应急预案，开发外来入侵物种可持续控制技术和清除技术，组织开展危害严重的外来入侵物种的清除。

国务院农业主管部门和林业主管部门负责各自管辖范围内红火蚁的防治和清除工作。根据《中华人民共和国植物检疫条例》，国务院农业主管部门和林业主管部门主管全国的植物检疫工作。农业部门方面，由所属的全国农业技术推广服务中心负责全国红火蚁等检疫生物的防控工作。各省（自治区、直辖市）农业厅（局）和市、县农业局都设有植保植检站，由其负责所辖区域红火蚁疫情的预测预报和防控工作。林业部门设有森保体系，国家林业局、省（自治区、直辖市）林业厅（局）和市、县林业局都设有森林保护站，由其负责林业红火蚁疫情的防控工作。

综上，我国虽然对红火蚁等生物入侵问题采取了一些控制措施，但还没有一部专门的法律来统一管理入侵生物，法律规定十分零散，缺乏协调性和统一性；管理机制不健全；管理部门职权分散，相互之间缺乏联动机制；缺少一套国家层面系统预防、控制外来物种入侵的法律法规制度和体系。

在防控措施方面，化学防控是有效控制红火蚁危害的关键措施，我国现已登记用于防治红火蚁的有效成分有 7 种，制剂有 12 种。有效成分中只有多杀霉素属世界卫生组织低毒（Ⅲ类），氟蚁腙、氟虫胺、氟虫腈、高效氯氰菊酯、茚虫威和吡虫啉等其他 6 种都属于世界卫生组织中等毒（Ⅱ类）。剂型以饵剂为主，共有 11 种，另一种为粉剂。饵剂中以氟虫胺为有效成分或者有效成分之一的有 2 种，以氟虫腈为有效成分或者有效成分之一的有 3 种，氟蚁腙和茚虫威制剂各 2 种，多杀霉素和吡虫啉制剂各 1 种；粉剂以高效氯氰菊酯为有效成分。

氟虫胺在红火蚁防控方面出现较晚，但因其具有效果好和成本低的特点，因而在竞争性极强的农药市场中很快占据了相当的份额（18.8%）。但根据《关于持久性有机污染物的斯德哥尔摩公约》履约要求，我国已于2019年3月25日前彻底淘汰含有全氟辛基磺酸及其盐类物质的氟虫胺的生产和使用。此外，氟虫腈也于2019年11月被农业农村部列入禁限用农药名录，禁止在所有农作物上使用（玉米等部分旱田种子包衣除外）。

目前在氟虫胺替代农药中，0.1%茚虫威杀蚁饵剂是最佳的替代品，但其残效期较氟虫胺制剂短；其次是0.1%高效氯氰菊酯杀蚁粉剂，但其对蜜蜂、鱼、蚕、鸟均为高毒，在水源地、桑园等地点或蜜源作物开花期防治时不能使用；再次是1%氟蚁腙杀蚁饵剂，但其短期防效较氟虫胺制剂差；而0.73%氟蚁腙杀蚁饵剂和0.015%多杀霉素成本较高、效果一般，不是理想的替代品。

## 四、红火蚁防控对策和建议

随着我国经济的不断发展，国际贸易日趋频繁，随之而来的包括红火蚁在内的外来生物入侵和带出的机会也大幅增加，由此引发非常严峻的环境和社会经济问题，甚至引起对外经贸和国际政治争端。因此，如何有效管控我国红火蚁疫情，在取得良好的经济效益和社会效益的同时，促进生态文明建设和国际贸易的健康持续发展，就显得尤为重要。综合各国防控红火蚁的成功经验，不难发现红火蚁的防控是一项全局性、系统性的工作，需要各部门的协调配合，加强源头控制和传播途径控制；制定和完善相关法律法规体系，保证各项防控工作均有法可依；同时加强防控技术水平建设和舆论宣传，建成防范红火蚁等入侵生物的社会系统工程。具体对策如下。

（一）评估现有法规体系，制定《外来入侵生物防治法》

目前，我国涉及红火蚁等外来物种管理问题的相关法律法规主要有《中华人民共和国进出境动植物检疫法》《中华人民共和国植物检疫条例》等，同时还有一些配套的名录及审批制度。这些法律法规主要集中在人类健康、病虫害及检疫方面，建议我国加紧对现有相应法律法规体系的全面评估，制定《外来入侵生物防治法》以规范我国外来物种预防、引进和控制，明确外来物种风险评估、预警、引进、消除、控制、生态恢复和赔偿责任。

（二）明确各部门职责，启动问责机制

红火蚁等外来入侵物种的管理涉及多部门、多领域，各部门之间应加强协作。

建议在有关法律法规的基础上，建立防控红火蚁协作工作领导小组，由该小组统筹协调各部门的具体责任、目标，制定实施方案，细化任务防控内容，及时检查督促，开展防控绩效评估，并根据绩效评估结果对有关部门和属地进行问责。

（三）加强防治手段研究，提升防控技术水平

在加强法律法规和机构建设的同时，应加强生态环境部门对红火蚁等外来入侵物种的生态风险评估水平和能力建设，完善其预警和应急措施能力；采取有效的口岸控制措施，加强对有害外来物种的检疫和检验，构筑防止外来有害物种入侵和带出的第一道防线；同时，积极完善我国红火蚁防控的技术体系并提升防控能力，将化学防治法、生物防治法等相结合，采取综合防治措施。在化学防治过程中要严格禁止农药类持久性有机污染物的使用。

（四）加强监管和防治的国际合作，维护区域生态安全

密切的国际贸易和频繁国际旅行等活动是外来入侵生物传播和扩散的驱动力之一，当前红火蚁等外来物种入侵的数量在全球范围内呈现急剧增长的趋势，因此为解决好红火蚁等外来生物入侵这一威胁人类环境和生态安全的难题，需要全球各国共同参与。要充分发挥双多边交流与合作机制，加强与相关国家的交流与合作，特别是加强监测调查、检疫除害、应急处置与防治等科技、政策方面的交流与合作。建立区域防控网络和重点（周边）国家蚁情防控联络机制，强化信息分享和政策协调，共同提高区域防治水平，维护区域生态安全。

（五）加大宣传力度，提高公众意识

对有关工作人员开展教育和培训工作，提高其对红火蚁等外来入侵物种的鉴定和防控能力；加强对公众的宣传教育工作，提高公众的生态保护意识和自我保护意识，自觉抵御外来物种的入侵，减少在旅游、贸易、运输等活动中对外来入侵物种的有意或无意的引进或转移，鼓励群众参加到红火蚁的消除和防控工作中来。使社会各界和广大民众积极支持、广泛参与，形成绿色、持续防控红火蚁的舆论氛围。

# 参考文献

黄俊，吕要斌，2017. 重大外来有害生物红火蚁入侵杭州的风险分析及防控对策［J］. 浙江农业学报，29（4）：676-682.

禁限用农药名录 http：//www.moa.gov.cn/xw/bmdt/201911/t20191129_6332604.htm.

Deadly Fire Ants Invade Japan，Brought In via Trade Vessels From China［R］．https：//japan-forward.
　　com/deadly-fire-ants-invade-japan-brought-in-via-trade-vessels-from-china/.

Lofgren C S，And W A B，Glancey B M，1975. Biology and control of imported fire ants［J］．Annual
　　Review of Entomology, 20（20）：1-30.

Mackay W P，Vinson S B，1990. Control of the red imported fire ant *Solenopsis invicta* in electrical
　　equipment［M］/ /VANDE R，MEE R R K，JAFFE K，et al.Applied Myrmecology：A World
　　Perspective.Boulder：Westview Press：614-619.

National Red Imported Fire Ant Eradication Program［R］.https：//www.daf.qld.gov.au/business-
　　priorities/biosecurity/invasive-plants-animals/ants/fire-ants/eradication.

The next big thing in Japan? Arrival of fire ants stokes fears［R］．https：//www.statesman.com/
　　news/20180809/the-next-big-thing-in-japan-arrival-of-fire-ants-stokes-fears.

# 国内外挥发性有机物（VOCs）精准监测
# 比较研究与管理建议

刘兆香　唐艳冬　张晓岚　修光利

2020 年 3 月，中共中央、国务院发布了《关于构建现代环境治理体系的指导意见》，明确提出"强化监测能力建设""加大监测技术装备研发与应用力度，推动监测装备精准、快速、便携化发展"。2020 年 6 月，生态环境部印发的《2020 年挥发性有机物治理攻坚方案》明确把挥发性有机物（VOCs）列为"$PM_{2.5}$ 和臭氧协同控制"的重点污染物，作为打赢蓝天保卫战的重要任务，要加强组织实施，以及监测、执法、人员、资金保障等。预计"十四五"时期，VOCs 精准监测与精细管理将是大气污染防治的重点。

我国对 VOCs 的研究和治理已经从起步探索阶段逐步进入精准管控阶段，京津冀、长三角和珠三角等地从固定源排放到工业园区监控，再到环境空气观测的多层次监测网络，都有了比较长时间的尝试，特别是上海、广州、南京等地区已经开展了面向工业区的多维立体观测网络构建和运行，积累了丰富的经验。但是由于VOCs 物种复杂、来源广泛，VOCs 的表征和分析方法仍缺乏系统的配套支持；工业园区的 VOCs 污染源监测和环境观测技术仍然功能单一、响应滞后，与基于源定位的多维、多尺度、高分辨的观测网络还有较大的距离，一方面难以满足智慧智能监控和精准精细管理的需求，另一方面难以满足科学执法和信息公开的需求。因此，分析和研究 VOCs 精准监测的国内外经验具有重要意义，可为我国"十四五"时期大气污染防治工作规划提供参考，推动我国环境空气质量持续改善，助力经济可持续发展。

## 一、国内外 VOCs 定义与表征

在 VOCs 定义方面，国内外考虑的基准主要包括蒸气压、沸点、光化学反应活性、挥发性等多个角度。

（一）国外现状

国外对 VOCs 的定义经历了一个历史过程。美国对 VOCs 的定义经历了前 VOCs 阶段、挥发性定义阶段和反应性确认阶段；国际组织、欧盟、德国、日本等对 VOCs 的定义以挥发性为主。现阶段，美国以反应性 VOCs 和有害大气污染物（HAPs）协同管控为思路，以大气光化学活性为准则来定义 VOCs，兼顾法定分析方法，并通过豁免清单豁免 61 种化合物；欧盟基于不同的应用范围，对 VOCs 给出了不同的定义，对环境空气 VOCs 以光化学反应活性来定义，对产品基于沸点来定义，对污染源是以蒸气压来定义；日本吸取了美国的经验，基于光化学反应给出了明确的定义，并给予了部分物种的豁免。

（二）国内现状

国内关于 VOCs 的定义主要来自排放标准。最早的定义出现在上海市地方标准《生物制药行业污染物排放标准》（DB31/373—2006）中，以蒸气压和沸点同时定义 VOCs；《合成革与人造革工业污染物排放标准》（GB 21902—2008）第一次在国家行业排放标准中基于沸点和挥发性定义了 VOCs。2015 年，国家发布的石油炼制、石油化工、合成树脂工业等行业污染物排放标准中参照了美国固定源排放标准，给出了 VOCs 的定义，但没有与豁免清单等相关联。2019 年，我国发布的最新排放标准以"参与大气光化学反应的有机化合物，或者根据有关规定的方法测量或核算确定的有机化合物"统一了全国 VOCs 定义。地方排放标准中的定义也各有特色，形式和内容都不完全统一。

## 二、国内外 VOCs 监测技术现状

（一）污染源排放监测方法

### 1. 国外情况

美国以光化学反应性和可测量性作为表征 VOCs 的依据，以总有机化合物（TOC）表示。美国环境保护局基于监测方法在联邦强制法律法规中的地位，将方法分为 4 类，包括联邦公报推荐或颁布的方法、根据源类别提出的替代方法、其他方法、历史条件方法，具体如表 1 所示。

表1　美国环境保护局固定源 VOCs 监测方法分类及说明

| 类别 | 说明 | 举例 |
|---|---|---|
| A类：联邦公报推荐或颁布的方法 | 由联邦公报推荐或颁布，在40CFR 60、61和63部分中有编码的方法 | 方法18、方法25、方法25A、方法25B等 |
| B类：根据源类别提出的替代方法 | 作为A类方法的可替换方法，这类方法中也包括了必须满足的质量控制和质量保证要求 | ALT054、ALT066、ALT072、ALT098、ALT100等 |
| C类：其他方法 | 这类方法未提交联邦规则制定程序，但方法及其技术支撑文件已经美国排放测量中心审核，有应用潜势 | OTM 10、OTM 11、OTM 12、OTM 26等 |
| D类：历史条件方法 | 这类方法包括在新方法分类之前已经存在的条件监测方法，部分内容已经存在于州规则或许可中 | CTM-011、CTM-014、CTM-035、方法323等 |

目前主要采用方法18［M18；用气相色谱法（FID）测定每一物种并加和，是真实质量表征］，以及采用方法25［M25/25A；用氢火焰离子化检测器（FID）或者非分散红外法（NDIR）］测定总有机碳，用于确定非甲烷总有机物浓度，是当量表征，如果需要转换为真实分子量，M25需要考虑平均分子量，而与M25相比，M25A还需要考虑响应因子。2018年起，美国环境保护局开始推行基于光学和遥感技术的气体和颗粒物排放通量测定和观测技术。

欧盟环保标准大多以指令的形式发布，以TOC表征。TGN-M16涵盖了总量测量技术和组分测量技术。其中，BS EN12619作为标准参考方法（SRM），使用氢火焰离子化检测器（FID）监测废物焚烧炉和溶剂使用过程中TOC的质量浓度；BS EN13649通过活性炭吸附-脱附监测挥发性有机物组分。目前看，针对污染源采用非甲烷总有机碳表征是一种普遍的方法。污染源的在线监测以测定非甲烷总有机碳、非甲烷总烃、总碳氢有机气体（THC）为主。

日本不单独测定某种VOCs的浓度，而是采用FID检测器或者非分散红外法测定总挥发物有机物值（TVOC），豁免8种有机物。

2. 国内情况

国内常用的监测手段主要是实验室手工监测（离线监测）和现场自动监测（在线监测）两种。国家层面法定分析方法采用FID检测非甲烷总烃（NMHC）（HJ 38—2017）、采用气相色谱-质谱联用等测定单一物种（如HJ 734—2014等）。目前采用多种方法可检测的挥发性有机物物种有50余种。国内通过多种方案提出了重点控制污染物，但尚未发布豁免清单。

我国台湾地区针对污染源的排放监测以非甲烷总烃或者总碳氢为主要方法；433.71C 法提出使用 THC-FID 代替非甲烷总烃，适用于在线监测。北京、上海、浙江、江苏、河北、陕西、山东、福建等地方排放标准以及国家已经发布的石油炼制、石油化工、合成树脂行业排放标准采用非甲烷总烃表征；广东、天津、重庆等采用 TVOCs 表征；2019 年发布的三项行业排放标准要求 NMHC 和 TVOC（不同行业制定不同的分析方法）同时达标。国家、北京、上海制定了采用 FID 检测方法的 NMHC 在线监测要求；广东制定了采用 PID 监测方法的 NMHC 在线监测要求。

（二）环境空气及工业区观测网络

1. 国外情况

美国对环境空气的监测方法为 TO 系列（17 个监测标准分析方法）分析方法，主要涉及的分析方法有气相色谱、气相色谱质谱联用、高效液相色谱（HPLC）、傅里叶变换红外等 4 种主流方法。目前的分类方法中，一种是采用气相色谱（FID/ECD/PID/NPD/FTD 各类检测器）、傅里叶红外光谱、气相色谱 - 质谱联用等测定每一种具体的有机物；另一种是采用气相色谱（FID）测定非甲烷挥发性有机物（NMVOC）。前者在环境空气检测中的应用更为普遍，但后者作为综合性表征，成为大部分观测网络的必测项目。

美国构建了光化学评估监测站网络（Photochemical Assessment Monitoring Stations，PAMS），涉及臭氧、氮氧化物（$NO_x$）、NMHCs、部分含氧有机物和气象参数；自 2011 年，美国开始建立空气毒物趋势监测网（NATTS），主要用于监测空气中有毒的挥发性有机物，测定 12 种有毒有害的挥发性有机物。欧洲在欧洲指令 2002/3/CE 中规定了每个国家必须至少设置 1 个站点，监测 30 种挥发性有机物和非甲烷总烃。日本以非甲烷总烃的连续监测和 58 种化合物的手动监测构成监测网络。

2. 国内情况

我国台湾地区采用 GC-FID 方法，形成了监测 56 种光化学前体污染物的观测网络；上海、浙江、北京形成了 50 余点位的挥发性有机物自动监测网，包括工业区站点、交通站点和大气环境站，以工业区站点为主；其中，浙江建设了 18 个站点的挥发性有机物自动监测网，北京形成了 5 个站点的挥发性有机物自动监测网。国家目前以手动监测 117 种组分为要求，未提出在线监测网络的要求。

## 三、存在的问题与挑战

### （一）VOCs 定义和表征的可执行性较低

最新行业排放标准中，VOCs 的定义为"有关规定确定的挥发性有机物"，定义比较模糊，无法给出可以操作的管控范围，执行性较低。国家和地方排放标准定义表征不一致，国家标准与地方标准、不同区域地方标准以及不同行业标准的控制因子中对 VOCs 因子的选择、定义及测试方法未能完全统一，这也给监测和执法带来了困难。实际中以非甲烷总烃为综合性表征指标，缺少挥发性有机物、恶臭物质等关键组分；非甲烷总烃的使用在某些应用场合中与实际排放值有较大偏差，可靠性受到质疑；尚未建立 TVOCs、苯系物等综合性表征分析因子的分析方法，难以支持标准的落实。

### （二）环境空气与工业区观测网络不健全

在环境空气观测方面，目前以 117 种物种要求开展重点城市 VOCs 监测，工作量大。目前仍以质量评估为重点，难以满足大气污染精细化管控需求，针对臭氧光化学污染问题的前体物长期跟踪评估监控网络建设需要强化。在工业区观测方面，基本上是基于仪器测定能力构建观测网络，缺乏对污染源的定位关联性，对非正常排放的监控不够完善，传感器的精度和稳定性难以满足精准溯源的要求，对园区管理的支撑与期望有差异。

### （三）污染源排放监测技术措施不足

污染源监控以末端监测为主，缺乏全过程监控措施；在线监测、便携式仪器现场监测以及手工监测之间差别大，数据比对不一致，导致信息无法实现有效互联互通共享。VOCs 仪器设备、关键耗材与关键算法大多依赖进口，欠缺自主创新。目前，在污染源排放监测领域，在线 NMHC 国产品牌虽有一定份额，但多为系统集成，针对具体物种的监测仪器设备的进口品牌份额较大；在采样耗材方面，国产采样耗材普遍质量不佳，市场上多为进口产品或进口原料。

### （四）缺乏专门的技术规范

针对 VOCs，基于不同原理的监测方法较多，从采样到分析，从离线检测到在线观测，缺失专门的 QA/QC 技术规范。在采样容器的选择上，手工采样包括气袋、针筒、吸附管、苏玛罐等方式，不同方式之间差异性较大，如不同材质的气袋对特征物质的吸附效率（回收率）有所不同；在采样过程中，对加热、频次等细节未作出明确规定，现场采样存在一定随意性；在测试方法上，未充分考虑不同行业、不同处理设施的废气温度、有机物极性、浓度及工艺排放特征。

### （五）缺乏专业技术型人才

VOCs 分析与监测专业人员的缺乏在我国大多数地区成为标准的制定和执行的重要制约因素。目前，我国基层监测站及第三方检测机构 VOCs 分析能力存在不足，缺乏 VOCs 分析监测以及仪器运行维护、在线监测系统运维、质量管理和数据分析方面的专业人才。这主要也是由于高校中缺乏环境监测专业，缺乏人工智能与环境监测结合的专业化人才培养基地，难以适应当前 VOCs 智能、智慧管控的要求。

## 四、监测与管理技术建议

### （一）明确 VOCs 管控范围和管控重点，统一表征与分析方法

对于 VOCs 的定义，按照"管控大名单 + 分类优先控制名单协同控制"的思路明确管控范围和管控重点，管控大名单明确为：用于核算的 VOCs 是指 20℃时蒸气压不小于 10 Pa，或者 101.325 kPa 标准大气压下，沸点不高于 260℃的有机化合物或者实际生产条件下具有以上相应挥发性的有机化合物（甲烷除外）。通过优先控制名单和豁免名单明确管控重点，基于光化学反应活性提出优先控制名单或者豁免名单，基于恶臭（异味）和有毒有害污染物提出优先控制名单。

对于 VOCs 表征和分析方法，一是优化完善现有 HJ 38—2017（总碳氢、甲烷和非甲烷总烃）的分析方法，鉴于一般废气中很少含有甲烷，为避免甲烷扣除技术导致 THC 和 NMHC 结果相差比较大，建议采用 THC 代替 NMHC 作为优先控制项目；二是尽快出台基于行业特征的 TVOC 分析方法，以问题为导向，按照"区域差异、分类管控、循序渐进"的原则，分批制定基于行业优先控制污染物的 TVOC 控制指标，支撑排放标准的贯彻落实。

### （二）构建基于指示性污染物的 VOCs 区域多维立体观测网络

以快速精准溯源和预报预警为目标，以指示性特征污染物为主，构建 VOCs 多维立体观测网络。针对石油炼制区域，建立 NMHC 为主、兼顾苯系物（BTEX）的观测网络；针对其他集群区，增加特征污染物观测网络。将微型站和传感器相结合，应用小型传感器密集布点、无人机搭载技术、主被动遥感和快速走航等新技术手段，

构建产业园区特征污染的立体及网格化监测的技术体系。开展污染源非正常排放的观测，建立基于人工智能的红外摄像系统的不可达点泄漏、火炬燃烧、管线或阀门泄漏的巡检监测方法和技术规范，研究基于激光、红外的非正常排放遥测技术。

以区域城市环境空气质量观测为目标，针对企业聚集、污染物排放负荷较高的涉 VOCs 工业园区，加强周边敏感点的监测布点，构建覆盖全国范围的 NMHC-THC、$NO_x$、$O_3$ 的初级城市环境光化学观测网络；重点污染防治区域以"手动监测为主，在线监测为辅"，构建光化学评估监测站（PAMS），全面监测臭氧、臭氧前体物及部分含氧挥发性有机物，以了解高臭氧发生的原因；在超大城市和臭氧超标区，构建基于 PAMS 全部 57 种目标化合物种的固定站和移动观测相结合的环境观测网络；在重点污染防治区或恶臭扰民严重、环境风险突出的区域，逐步构建以手动观测为主、自动观测为辅的有毒有害污染物观测网络；基于传感器技术构建恶臭污染趋势观测网络。

（三）构建 VOCs 全过程监测监控体系

开展排污单位用能监控与污染排放监测一体化研究，构建基于工业企业在线监测及用电负荷的工业实时排放总量测算系统；将末端的排放监测转换为全过程监控，将单一的结果监测转换为原因及状态监控，实现污染源的全证据链管理及闭环管理，全面掌握重点污染源治理设施运行状况及污染物排放情况。

以 THC-NMHC 组合构建固定源 VOCs 在线监测、便携式监测技术体系，考虑将总碳氢引入污染源在线监测技术体系，与非甲烷总烃监测体系联合构建多层次污染源在线监测、便携式监测与达标核定系统；降低 THC 仪器成本，扩大在线监测覆盖面，同时提升监测稳定性；明确 FID 法定检测方法地位，完善 THC 的监测技术法律法规体系。

（四）建立工业园区高分辨源谱与精准溯源技术

以工业园区特征污染因子管控为重点，综合考虑健康影响、$O_3$ 和 $PM_{2.5}$ 贡献、有毒有害性等指标，建立既能够精准反映不同工业区因子特性，又能够体现不同工业区管理成效和生态健康影响评价可比性的统一的工业园区特征污染监测评价因子库和指标体系。

建立典型行业重点工序、重点装置 VOCs 高分辨指示性污染物的源谱库，厘清特征性物种及其形成臭氧和二次有机气溶胶的潜势，为臭氧防控提供科学依据。研发基于源定位与溯源的立体观测网络构建技术与评价技术规范，研究智能、精细、快速溯源技术。

（五）加快构建恶臭（异味）污染综合观测与监控网络

推动 VOCs 类恶臭（异味）观测和评价技术。推动动态稀释臭气监测仪、便携式臭气测定仪、电子鼻等分析技术的智能化，建立恶臭（异味）的评价技术；建立基于装置的恶臭（异味）源谱库，建立不同行业的适用于智能溯源技术的恶臭指纹库。针对恶臭问题突出的区域，构建基于硫化氢和有机硫等恶臭特征污染物和基于传感器（电子鼻和芯片电子鼻）测定甲基类、醇类醛类、烷烃类的恶臭趋势观测网络。

（六）完善 VOCs 监测工作配套保障体系

①制定采样技术规范。制定《固定污染源挥发性有机物采样技术规范》，对 VOCs 组分分析规定预先调查（因子初步筛查）要求；有针对性地提出最低吸附效率要求以及采样材质要求；优化采样频次、明确是否加热等细节要求；建立污染源废气中 VOCs 的调查和预判实验方法。

②完善监测规范和技术要求。制定厂界 NMHC/ 特征污染物在线监测技术规范、重点产业园区空气特征污染物监控网建设技术要求，按照污染扩散路径设置空气特征污染自动监测站，包括园区站、边界站和周边站等，完善日常运维和数据管理等方面的技术规范和工作要求。

③提升监测设备国产化。针对单一监测仪器的缺陷，加快环境监测核心主机、传感器的产学研用结合，集中力量突破关键环节，实现关键材料的产业化、产品化，增强国内的自主权。设立专项资金，支持具有自主知识产权的监测仪器的开发和具有自主知识产权的监测关键材料的开发。

④加大人才队伍建设。大力加强 VOCs 在线监测仪器运维管理和数据应用人才队伍的培养，依托高校、学会、协会开展 VOCs 监测技术培训等能力建设。在高校增设或扩设环境监测相关专业，或者联合人工智能相关专业建设人工智能与环境测量的新工科专业。建立第三方服务机构监测与评估机制，推广环保管家第三方综合服务模式，以支持专业力量。

# 借鉴国际经验以完善我国流域环境管理体制机制的思考

孙丹妮　郑　军　张泽怡

流域环境对我国经济发展和生态安全具有十分重要的作用。2019 年 9 月 18 日，习近平总书记在黄河流域生态保护和高质量发展座谈会上强调要坚持生态优先、绿色发展，以水而定、量水而行，因地制宜、分类施策，上下游、干支流、左右岸统筹谋划，共同抓好大保护，协同推进大治理。2020 年 11 月 14 日，习近平总书记在南京主持召开全面推动长江经济带发展座谈会，强调要贯彻落实党的十九大和十九届二中、三中、四中、五中全会精神，坚定不移贯彻新发展理念，推动长江经济带高质量发展。讲话对长江流域生态环境管理工作提出了新要求。目前，虽然我国流域环境质量总体改善，但从水生态环境保护的整体性来看，不平衡不协调的问题依然突出，向体制机制改革要动力、要红利依然是个重要方向。世界许多国家和地区对其境内流域环境进行了治理，如欧洲的莱茵河、美国的密西西比河等。通过多年的治理，这些国家和地区在管理措施和技术手段上积累了许多理论和实践经验，或可为我国"十四五"河流水污染治理提供些许借鉴。

## 一、国际典型流域环境管理概况

### （一）莱茵河流域的跨国合作和污染控制

莱茵河干流全长 1 230 km，流域面积为 18.5 万 km²，发源于阿尔卑斯山，是欧洲第三大河，流域范围包括瑞士、法国、德国和荷兰等 9 个国家。莱茵河流域的主要环境问题包括：一是废弃物任意排放，水土污染严重。自 1850 年起，随着莱茵河沿岸人口增长和工业化加速，越来越多有机物和无机物被排入河道，氯负荷迅速增加；第二次世界大战后，随着工业复苏和城市重建，莱茵河水质更加恶化。二是生态环境快速退化，生物多样性受损。严重河道污染和不适当的人类活动造成了生态环境退化，水生动物区系种类、数量大幅度减少，种类谱系以耐污种类为主。

为了治理莱茵河流域的生态环境问题，1950 年，瑞士、法国、卢森堡、德国和荷兰联合成立了保护莱茵河国际委员会（ICPR），并于 1963 年签订了《莱茵河保护公约》，但没有明确各自在控制污染扩大方面的义务，因此在污水治理初始阶段没有取得比较明显的成效。1986年，以"山度士（Sandoz）污染事件"为契机，沿岸国家真正开展了紧密合作，加强对莱茵河污染的控制和治理。在水质逐渐恢复的基础上，ICPR提出了改善莱茵河生态系统的目标，即既要保证莱茵河能够作为安全的饮用水水源，又要提高流域生态质量，从生态系统的角度看待莱茵河流域的可持续发展，将河流、沿岸以及所有与河流有关的区域综合考虑。2001年，"莱茵河2020计划"发布，明确了实施莱茵河生态总体规划。随后还制订了生境斑块连通计划、莱茵河洄游鱼类总体规划、土壤沉积物管理计划、微污染物战略等一系列的行动计划，这些行动计划已经从当初迫在眉睫的挑战转向更高质量环境的创建和生态系统服务功能的开发。

（二）密西西比河流域

密西西比河流域面积为298万km²，全长3 730 km，是美国流域面积最大的河流，流域涉及美国31个州和加拿大2个州。密西西比河的主要环境问题包括：一是河流水质不断恶化，墨西哥湾富营养化问题严重；二是流域水生态系统破坏严重，湿地面积不断减小。

为了治理密西西比河的流域生态环境问题，美国环境保护局牵头成立了密西西比河流域系统工作组和密西西比河/墨西哥湾流域营养物质工作组，实现不同部门的统筹管理。在控制点源污染方面，通过实施国家污染物排放消除制度（NPDES）许可证项目（纪志博等，2016），建立了基于技术标准和基于水质标准的排污许可证制度，使密西西比河流域点源污染得到有效控制，促进了流域水质的改善。在控制非点源污染方面，美国制订了"2001年国家行动计划"，给出了削减指标及污染物削减时间表。各州按照国家行动计划的要求，并结合本州河流管理需求，通过制订水环境标准、最大日负荷总量（TMDL）计划（贾颖娜等，2016）等一系列措施，快速地削减污染物，保证了水环境污染物的削减目标如期实现。此外，在密西西比河流域，覆盖了范围广、力度强的水质监测网络，并建立了水质门户网站，整合了联邦、州、部落等400多个管理部门的公开数据，为长期监测流域水质和富营养化情况提供了有力保障。

## 二、国际流域环境管理的主要经验

（一）流域水污染防治的理念从单一的污染控制转向流域综合管理

传统的流域管理注重工程的、单一部门的、单一要素的、以行政手段为主的管理，流域综合管理是以流域为管理单元，在政府、企业和公众等共同参与下，利用行政、市场、法律手段，对流域内资源全面实行协调、有计划、可持续的管理，以促进流域公共福利最大化。

美国对密西西比河流域的管理分为三个阶段：第一阶段以资源的可持续利用为目标，系统地开发流域的水资源和其他资源；第二阶段以流域生态环境保护为目标，恢复流域生态系统，控制和减轻流域的环境污染；第三阶段强调在实现前两个目标的同时，确立流域可持续发展的目标，以此实现流量与水质的综合管理。例如，作为支流的田纳西河流域采取把防洪、航运、灌溉、发电、造林、旅游、工业和农业综合在一起、统筹安排的做法，围绕治理河流的水污染和保护水资源而采取措施，综合利用以提高水资源的利用效率，在开发利用的过程中协调好工业、农业和交通运输业的发展，协调好整体与局部、干支流、上下游、左右岸的利益关系。

（二）重视流域水生态治理，基于自然生态系统规律实行"多水共治"

随着水污染控制研究的推进以及治理经验、教训的积累，国际上日益强调水环境的生态管理，将水污染控制纳入流域生态系统管理的范畴，强调流域水污染控制理念要从污染防治向生态管理转变，要从水陆并行管理向水陆综合管理转变。

欧盟流域管理的综合性和系统性体现在各个方面。在目标方面，统筹考虑水质、水量和水生态目标，如在欧洲莱茵河治理中，将鲑鱼重返流域并在上游产卵作为检验整个流域治理成效的重要标志。在治理对象方面，综合考虑地表水、地下水、湿地、沿海水域等不同水体。同时，将水的各种用途、功能和价值综合在一个共同的政策框架中，将法律、经济和技术及相关行业政策统筹在一个目标下。美国还率先采用水生态环境分区（ecoregions）作为管理基础（时艳婷，2017），根据流域地理、水文气象和生态一致性划分水环境管理区域，综合考虑水生态资源和人类干扰，实现水资源与水环境质量综合管理，并且形成了以水生态环境分区为基础的水环境管理方法与技术体系。例如，美国切萨皮克湾流域治理中，为保护该区域丰富的水生生物物种，对不同鱼类的栖息地进行了调查研究，分为浅水区、深水区等基本区域；各州根据不同生物的栖息地分布，制定可行的行动方案。

（三）启用流域预警报警计划，提高流域环境风险的应急水平

20世纪80年代以来，国际预警报警计划（WAP）开始运行（宋永会等，2012）。一旦污染事故发生、大量有毒物质流入莱茵河，就会启动WAP。警报中心将通知所有莱茵河沿岸国家，特别是事故地点的下游。污染者负责将事故上报给国

家主管部门。之后，位于巴塞尔和阿纳姆之间的警报中心负责将信息传递给位于下游的警报中心以及当地主管部门和饮用水厂。

WAP 对警报、信息和检索报告进行了区分。水污染事件中排放的有毒污染物数量或浓度可能会对莱茵河水质或沿岸饮用水水源造成不利影响，或可能引发公众的重大关注时，国际重大警报中心（IHWZ）就会发出警报；信息是为了给 IHWZ 提供更客观可靠的信息。此外，一旦出现超越指导值的事件，IHWZ 会通知莱茵河沿岸国家。作为预防措施，这些信息还要传递给饮用水厂，警报只在出现大规模和严重水污染事件时才会发出。除警报外，WAP 也越来越多地用于交换莱茵河和内卡河沿岸监测站测量的水污染信息（陈维肖等，2019）。

（四）采用统一标准约束污染源排放行为

莱茵河流域各国对实施污染物监测评估等达成共识，并明确以 1985 年作为基准值，到 1995 年减少 43 种（类）物质 50% 的排放量，确定了采用适合不同工业行业的污染物减排技术等。流域第一份污水排放标准（氯碱行业汞排放标准）于 1979 年提出。于 1983 年制定了镉排放标准，于 1984 年制定了其他行业的汞排放标准，随后先后制定关于六六六、滴滴涕、五氯酚、四氯化碳的排放标准，流域污染物排放标准体系得到了不断完善。截至 2000 年，66 项莱茵河优控污染物（以有机污染物、重金属为主）中达到控制目标的污染物有 59 项，大部分污染物的浓度降低了 70%～100%（无检出视为削减 100%）。

为解决跨流域的水污染问题，美国《清洁水法》有专门的条款强调各州对相邻州的责任，上游州必须考虑下游州的水质标准，共同遵守污水排放标准；下游州可以对上游州可能会影响下游水质的许可标准提出要求。州与州之间进行协商和磋商，但协商与磋商只是一种手段，更重要的是有法律保障，《清洁水法》中有专门的条款规定美国环境保护局有权对州与州之间的合作进行监管（史蒂夫·沃弗逊，2016）。

（五）建立流域间高效的协调合作机制

为加强联邦部门及密西西比河流域各州间的协调合作，1997 年，美国环境保护局牵头成立了密西西比河/墨西哥湾流域营养物质工作组（李瑞娟等，2016），参与部门包括美国环境保护局、农业部、内政部、商务部、陆军工程兵团和 12 个州的环保和农业部门。下设协调委员会、跨部门的战略评价小组、科学评估和支持委员会，以及生态系统管理委员会和流域管理委员会等工作机构。由于农业面源污染对富营养化具有重要影响，因此在富营养化工作组和协调委员会中，农业面源控制主管部门美国农业部的代表人数最多。此外，相关协调机构还包括密西西比河上游流域协会、密西西比河下游保护委员会等。

莱茵河流经多个国家，多国之间的合作是流域治理成功的重要保障。莱茵河流域合作治理的核心机制是 1950 年成立的 ICPR（孙博文等，2015）。ICPR 具有多层次、多元化的合作机制，既有政府间的协调与合作，又有政府与非政府组织的合作，以及专家学者与专业团队的合作。不仅设有政府组织和非政府组织参加的监督各国计划实施的观察员小组，而且设有许多技术和专业协调工作组，可将治理、环保、防洪和发展融为一体。总之，莱茵河流域良好的跨界合作以政治意愿和共同利益为基础，以同行比较和公众参与的强大压力、有效的多级治理和流域内国家的团结以及高水平常设秘书处为发展动力。

## 三、有关启示与建议

（一）区域发展与流域治理相结合，以大型国有企业为主体，实施流域综合开发与治理

流域水环境污染的根源是产业结构不合理、地方保护主义等经济发展情况和环境保护的结构性矛盾。我国在河流水环境保护方面，可试点采取流域综合管理的模式，以大型国有企业为主体，从流域生态承载力出发，突破地区和部门之间的障碍，综合考虑流域内自然资源的合理开发与保护、主要产业的发展政策与布局原则，科学地协调上下游、左右岸在资源利用和产业布局方面的关系，以流域内水、土、生物等自然资源的可持续利用和流域内健康的生态系统所提供的服务功能来支撑流域社会经济的可持续发展，实现保护与发展的协调。

（二）以"三水统筹"为基本理念，加强重点流域"十四五"水生态环境保护规划，突出水生态的全面改善

长期以来，我国推行的是污染物排放目标总量控制，以满足水资源的使用功能为主要目标，更多地关注水污染物的削减，缺乏对水生态系统保护目标的体现，水质目标与水体保护功能关系不明确。在"十四五"规划中，可以生态系统化管理思想强化综合施策，促进流域水质、水量和水生态的全面改善。在技术方面，以水生态分区为基础，制定我国的河流、湖泊、水库的水生态监控指标，制定各分区不同类型水体水化学标准、富营养化标准、生物监测标准，开展污染负荷的计算、管理和流域生态系统完整性评价，形成以水生态环境区划为基础的水环境管理方法与技

术体系。在管理方面，首先要重视基础研究，安排专项资金开展流域生态环境状况调查，全面摸清流域生态环境方面的现状和问题。此外，要健全和完善水价、生态补偿等经济政策和制度，对相关重要的政策开展环境和经济分析评估，提高决策的科学性。

（三）在流域层面构建多尺度、多信息源的流域监控预警体系和风险联防联控体系

我国大部分地区已建立了行政区层面的流域环境风险应急管理组织和应急机制，但是尚未建立起流域层面的环境风险联防联控机制，不利于整个流域的环境风险应急处置，存在一定的缺陷。建议从流域环境风险识别、风险监测、风险预警、风险评价、可接受风险水平确定等方面考虑，从流域源头区到整个流域，尤其是在重点支流区层面，构建多尺度、多信息源的流域监控预警体系和风险防控体系，有效控制和防范流域源头区突发性污染事件和环境风险的发生，提高对水污染事件的监控与应急能力。

（四）由几大流域生态环境监管机构牵头制定流域环境标准

由于区域社会经济发展的不平衡，尽管国家设有统一环境标准，但不同地区在企业环保准入机制、能源资源结构、产业结构调整方面差异较大。一般而言，经济发达的下游地区倾向于更为严格的地方环境标准，而经济发展落后的上游地区倾向于适用较为宽松的国家环境标准。如此一来，污染企业往往向上游地区转移。如果由流域环境机构协调上下游、左右岸和干支流省级政府之间的利益关系，制定统一的流域环境标准，且此标准是省级政府之间经过博弈后的"合意"结果，则有利于保证制定标准的贯彻执行。因此，未来的制度设计应赋予几大流域生态环境管理机构"统一标准"的协调职能，促使其依法协调流域省级政府以制定相同环境标准，协调未果、约定时间内无协调结果的，可由国家生态环境主管部门制定统一环境标准（王清军，2019）。

（五）成立高层部门协调机制，促进流域各项涉水职能的协调管理

当前，水利部的编制水功能区划、排污口设置管理、流域水环境保护职责已整合到生态环境部，但仍有多项和流域相关的涉水职能分散在其他部委，如河岸湿地保护、污水处理厂和管网设置、水土流失管理等。为了更有利于实现部门之间的协调，建议优先成立高层部门协调机制，即成立一个部级委员会或协调领导小组，协

调部门与部门之间、部门与地区之间在重点流域管理法律法规、规划、标准和政策制定中的重大问题，特别是协调《中华人民共和国水污染防治法》《中华人民共和国水法》和其他相关法律的规定，并处理部门之间的纠纷，协调各种法律法规的实施，调节各种职能的交叉重复，促进流域各项涉水职能的协调管理。

# 参考文献

陈维肖，段学军，邹辉，2019.大河流域岸线生态保护与治理国际经验借鉴——以莱茵河为例[J].长江流域资源与环境，28（11）：2786-2792.

纪志博，王文杰，刘孝富，等，2016.排污许可证发展趋势及我国排污许可设计思路[J].环境工程技术学报，6（4）：323-330.

贾颖娜，赵柳依，黄燕，2016.美国流域水环境治理模式及对中国的启示研究[J].环境科学与管理，41（1）：21-24.

李瑞娟，李丽平，2016.美国环境管理体制对中国的启示[J].世界环境，159（2）：24-26.

时艳婷，2017.基于水生态功能分区的流域水环境质量评价模型研究[D].哈尔滨：哈尔滨工业大学.

史蒂夫·沃弗逊，2016.《清洁水法》对跨界流域保护的促进作用[J].中国机构改革与管理，58（12）：32.

宋永会，沈海滨，2012.莱茵河流域综合管理成功经验的启示[J].世界环境，137（4）：25-27.

孙博文，李雪松，2015.国外江河流域协调机制及对我国发展的启示[J].区域经济评论，（2）：156-160.

王清军，2019.我国流域生态环境管理体制：变革与发展[J].华中师范大学学报（人文社会科学版），58（6）：75-86.

# 环境保护税实施对燃煤电厂大气汞排放源的影响分析

赵子鹰　李　萌　廖恺玲俐　邵丁丁　郭姝慧

## 一、环保税与排污费中与大气污染物相关的规定的异同

与排污费相比，环保税的税额计算公式相同，但在大气污染物判定方法和种类数量、收费标准、约束激励机制和费用分配方式上有了较大的区别，可概述为：污染物判定方法不变，但缴纳费（税）的污染物数量略有变化，重金属类污染物环保税的标准下限额度比排污费提高了 2 倍以上（浙江和宁夏除外），环保税取消了加倍缴税要求且增加了一档减税要求，排污费 90% 归地方收入，而环保税全部作为地方收入（具体比较如表 1 所示）。

表 1　排污费与环保税中大气污染物税费有关规定的异同

| 比较内容 | 排污费 | 环保税 |
|---|---|---|
| 缴费（税）污染物判定方法 | 计算方法和污染当量值（见附录）均相同，即每一排放口污染物的污染当量数[①]从多到少排序，靠前的污染物需缴纳税费 | |
| 种类数量 | 不超过前三项 | 前三项 |
| 税费标准 | 废气中的二氧化硫和氮氧化物排污费征收标准为不低于每污染当量 1.2 元，其他污染物费用标准为每污染当量 0.6 元（其中，浙江和宁夏的大气汞排污费标准分别为每污染当量 1.8 元和每污染当量 1.2 元） | 大气污染物的适用税额最低标准均为每污染当量 1.2～12 元，具体适用税额由省（自治区、直辖市）定（详见附录） |
| 约束机制 | 污染物排放浓度值高于国家或地方规定的污染物排放限值，或者污染物排放量高于规定的排放总量指标的，按照各省（自治区、直辖市）规定的征收标准加一倍征收排污费；同时存在上述两种情况的，加两倍征收排污费 | 无 |
| 激励机制 | 排放浓度值低于国家或地方规定的污染物排放限值 50% 以上的，减半征收排污费 | 应税大气污染物低于国家和地方规定的污染物排放标准 30% 的，减按 75% 征收环境保护税<br>应税大气污染物浓度值低于国家和地方规定的污染物排放标准 50% 的，减按 50% 征收环境保护税 |
| 费用分配方式 | 10% 作为中央预算收入缴入中央国库，90% 作为地方预算收入 | 全部作为地方收入 |

注：①某一污染物的污染当量数为该污染物的排放量与该污染物的污染当量值之商。

## 二、环保税缴纳金额的影响因素分析

某种污染物的排污费和环保税均按式 1 计算：

$$T_{i,j}=A_{p_i} \times P_{i,j} \times \mu_i =\left( C_i \times V_i \times \frac{K}{W_i} \right) \times P_{i,j} \times \mu_i \qquad \text{式 1}$$

式中：$T_{i,j}$——$j$ 地区 $i$ 污染物需缴纳的环保税（或排污费），元；

$A_{p_i}$——$i$ 污染物的污染当量数，量纲一，为 $i$ 污染物的排放量（即排放浓度 $C_i$ 乘以排放介质体积 $V_i$）与污染当量值 $W_i$ 的商；

$P_{i,j}$——$j$ 地区 $i$ 污染物的税费标准，元 / 污染当量；

$\mu_i$——$i$ 污染物排放浓度对应的奖罚比例；

$C_i$——$i$ 污染物的排放浓度，mg/L 或 mg/m³；

$V_i$——排放 $i$ 污染物的介质体积，L 或 m³；

$K$——单位换算系数；

$W_i$——排放 $i$ 污染物的污染当量值，kg。

对某一企业来说，哪 3 种污染物需缴纳税费取决于这些污染物的污染当量数大小。在污染物介质排放体积不变的情况下，影响污染当量数大小的因素有污染物浓度和污染当量值，而污染当量值基本固定。在目前应税的 44 种大气污染物中，污染当量值范围跨度较大（0.000 002～25 kg），最小的 5 种污染物分别是苯并芘（0.000 002 kg）、汞及其化合物（0.000 1 kg）、铍及其化合物（0.000 4 kg）、铬酸雾（0.000 7 kg）和氰化氢（0.005 kg），最大的 5 种污染物分别是苯乙烯（25 kg）、二硫化碳（20 kg）、一氧化碳（16.7 kg）、氯化氢（10.75 kg）和氨（9.09 kg）。因此，要想调整某一企业污染物污染当量数的排序，只能改变污染物的排放浓度。

对同一污染物而言，若该污染物排放介质体积不变，排污费和环保税的变化取决于该种污染物的排放浓度和所在地区的税费标准。其中，污染物排放浓度与企业的污控水平相关，污控水平越高，污染物排放浓度越低，污染当量数越小，税费额度越小；税费标准与企业所在地区有关。

与排污费相比，环保税不仅取消了超标准和超总量排放的超额缴费处罚要求，还增加了一档降税比例，激励力度更大（如表 2 所示）；除了二氧化硫和氮氧化物的环保税标准保持排污费标准（每污染当量 1.2 元）不变外，其他大气污染物在不同地区的环保税标准有了较大变化（但浙江和宁夏的大气汞污染物税费标准不变）（如表 3 所示）。

表2 不同排放情况下排污费与环保税奖罚比例（$\mu$）对比　　　　单位：%

| 类别 | 既超标，又超总量 | 超总量排放 | 超标排放 | 达标排放 | 排放标准 50%~70% | 低于排放标准 50% 及以下 |
|---|---|---|---|---|---|---|
| 排污费 | 300 | 200 | 200 | 100 | 100 | 50 |
| 环保税 | 100 | 100 | 100 | 100 | 75 | 50 |

表3 除二氧化硫和氮氧化物外其他大气污染物排污费与环保税标准对比

| 地区类别 | 环保税与排污费标准的倍数（$\alpha$） | 地区数量 | 地区名称 |
|---|---|---|---|
| 第一类 | 1倍 | 2 | 浙江、宁夏 |
| 第二类 | 2倍 | 14 | 上海、山东、湖北、福建、江西、辽宁、吉林、陕西、青海、甘肃、新疆、西藏、黑龙江、安徽 |
| 第三类 | 3倍 | 3 | 广西、广东、山西 |
| 第四类 | 4倍 | 5 | 重庆[①]、贵州、湖南、海南、内蒙古 |
| 第五类 | 4倍以上，至20倍 | 8 | 北京、天津、江苏[②]、河北、河南、四川、重庆[③]、云南 |

注：① 2021年前执行该标准。

　　② 江苏（一档）：江苏南京市为每污染当量8.4元；江苏（二档）：江苏无锡市、常州市、苏州市、镇江市为每污染当量6元；江苏（三档）：江苏徐州市、南通市、连云港市、淮安市、盐城市、扬州市、泰州市、宿迁市为每污染当量4.8元。

　　③ 2021年后执行该标准。

换言之，对于二氧化硫和氮氧化物外的其他大气污染物而言，假设某一企业排放 $i$ 污染物的介质体积不变，则环保税与排污费的关系可用式2体现：

$$\S_{i,j} = \frac{T'_{i,j}}{T_{i,j}} = \frac{C'_i}{C_i} \times \frac{\mu'_i}{\mu_i} \times \alpha_{i,j} \qquad \text{式2}$$

式中：$\S_{i,j}$——$j$ 地区 $i$ 污染物环保税与排污费的变化系数，量纲一；

　　　　$T'_{i,j}$——$j$ 地区 $i$ 污染物需缴纳的环保税，元；

　　　　$T_{i,j}$——$j$ 地区 $i$ 污染物需缴纳的排污费，元；

　　　　$C'_i$——$i$ 污染物在缴纳环保税时期的排放浓度，mg/L 或 mg/m³；

　　　　$C_i$——$i$ 污染物在缴纳排污费时期的排放浓度，mg/L 或 mg/m³；

　　　　$\mu'_i$——$i$ 污染物在缴纳环保税时期排放达标情况的奖惩比例；

　　　　$\mu_i$——$i$ 污染物在缴纳排污费时期排放达标情况的奖惩比例；

　　　　$\alpha_{i,j}$——$j$ 地区 $i$ 污染物税费标准变化系数。

综上，对于二氧化硫和氮氧化物之外的其他大气污染物而言，假设某一企业排放 $i$ 污染物的介质体积不变，对应的环保税和排污费对比情况如表4所示。

**表4　除二氧化硫和氮氧化物之外的大气污染物在相同排放体积时的环保税和排污费对比情况**

| 地区类别 | 超标排放（C=C'>$E_0$） | | 排放浓度为排放标准限值（C=C'=$E_0$） | | 排放浓度为排放标准限值的70%（C=C'=$0.7E_0$） | | 排放浓度为排放标准限值的50%（C=C'=$0.5E_0$） | |
|---|---|---|---|---|---|---|---|---|
| | 排污费（T） | 环保税（T'） | 排污费（T） | 环保税（T'） | 排污费（T） | 环保税（T'） | 排污费（T） | 环保税（T'） |
| 第一类 | $2T_1$ | $T_1$ | $T_1$ | $T_1$ | $0.7T_1$ | $0.525T_1$ | $0.25T_1$ | $0.25T_1$ |
| 第二类 | $2T_2$ | $2T_2$ | $T_2$ | $2T_2$ | $0.7T_2$ | $1.05T_2$ | $0.25T_2$ | $0.5T_2$ |
| 第三类 | $2T_3$ | $3T_3$ | $T_3$ | $3T_3$ | $0.7T_3$ | $1.575T_3$ | $0.25T_3$ | $0.75T_3$ |
| 第四类 | $2T_4$ | $4T_4$ | $T_4$ | $4T_4$ | $0.7T_4$ | $2.1T_4$ | $0.25T_4$ | $T_4$ |
| 第五类 | $2T_5$ | $4T_5$以上，至$20T_5$ | $T_5$ | $4T_5$以上，至$20T_5$ | $0.7T_5$ | $2.1T_5$以上，至$10.5T_5$ | $0.25T_5$ | $T_5$以上，至$5T_5$ |

由表4可知，除第一类地区因税费标准不变，环保税不高于排污费以外，其他地区环保税变化情况有两种情形：①情形1，若某企业在缴纳排污费和环保税期间 $i$ 污染物的排放浓度相同，则环保税均高于排污费，具体幅度与税费标准变化程度呈正相关；②情形2，若某企业在缴纳排污费期间达标排放，在缴纳环保税期间排放浓度有所下降，对于税额标准在每污染当量4.8元以上（不含）的地区，只有当排放浓度下降到排放标准限值的10%时，环保税才与达标排放时的排污费相等，而其他地区当排放浓度下降到排放标准限值的一半时，环保税可低于排污费。

## 三、费改税对燃煤电厂大气汞污染物税费缴纳情况的影响

《关于汞的水俣公约》附件D中明确了管控的五类大气汞排放源，即燃煤电厂、燃煤工业锅炉、水泥熟料生产、有色金属冶炼（铅、锌、铜和工业黄金）和废物焚烧。这五类源的大气汞排放标准限值、污控水平存在较大的差异。

（一）排放标准

五类大气汞排放源中，除了工业黄金冶炼执行的是《大气污染物综合排放标准》（GB 16297—1996）外，其他排放源均有各自的行业污染物排放标准（具体见附录）。其中，以铜冶炼和工业黄金冶炼执行的标准最为严格；其次为燃煤电厂；再次为燃煤工业锅炉、水泥熟料生产、铅锌冶炼、生活垃圾焚烧；最宽松的是危险废物焚烧和医疗废物焚烧（如图1所示）。

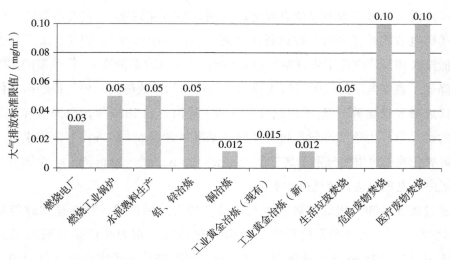

图1 五类大气汞排放源汞及其化合物大气排放标准限值

（二）污控水平

我国颁布了一系列有助于大气汞排放控制的政策法规标准，从产业结构、能源结构、过程控制等方面，促进了常规污染物的减排，在一定程度上产生了协同控汞效果，但各类源的协同效果差异较大。其中，燃煤电厂和有色金属冶炼的协同效果最为显著；其次是燃煤工业锅炉；降低煤耗等措施有助于减少水泥熟料生产大气汞输入量，但新型干法应用比例提高导致大气汞排放量仍处于上升趋势；因废物产生量以及废物处置率的快速增加，废物焚烧大气汞排放量也呈上升趋势（如图2所示）。

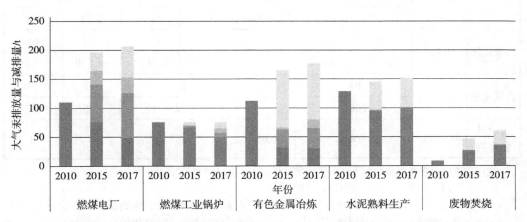

■大气汞排放 ■落后产能淘汰/能源结构调整减排量 ■替代性措施减排量 ■污控技术改造减排量

图2 五类大气汞排放源汞及其化合物排放及控制情况

以协同控汞效果较明显的燃煤电厂为例。2015 年以来,《大气污染防治行动计划》《煤电节能减排升级与改造行动计划(2014—2020 年)》和《全面实施燃煤电厂超低排放和节能改造工作方案》(以下简称《超低改造方案》)等政策的实施,极大地降低了燃煤电厂烟气中二氧化硫和氮氧化物的排放浓度,协同控制措施使得烟气汞排放浓度也显著下降。《超低改造方案》提出:到 2020 年,全国所有具备改造条件的燃煤电厂力争实现超低排放(即在基准氧含量 6% 的条件下,烟尘、二氧化硫、氮氧化物排放浓度分别不高于 10 mg/m³、35 mg/m³、50 mg/m³)。全国有条件的新建燃煤发电机组达到超低排放水平。

通过表 5 可知,超低排放政策实施前若均为达标排放,超低排放政策实施后二氧化硫、氮氧化物和汞的污染当量数变化系数分别为超低排放政策实施前的 0.0875~0.35、0.25~0.5 以及不变。据调研,超低排放政策实施后大气汞的实际排放质量浓度(约 5 μg/m³)约为排放浓度限值(30 μg/m³)的 16.7%,相应的大气汞污染当量数变化系数可减少到 0.167。据此,二氧化硫、氮氧化物和汞这 3 种污染物中,除了超低排放政策实施前的广西、重庆、四川、贵州的现有企业外,其他企业的大气汞污染当量数变化系数排序在超低排放政策实施前后都是首位。单就汞的税费变化来分析,不同地区的变化情况区别较大(具体见附录)。

表 5 某企业实施超低排放政策前后烟气中二氧化硫、
氮氧化物和汞的排放浓度限值及污染当量数对比

| 污染物 | 污染当量值 /kg | 超低排放前 | | 排放浓度限值 /(mg/m³) | 超低排放后 | | | |
| --- | --- | --- | --- | --- | --- | --- | --- | --- |
| | | 排放浓度限值 /(mg/m³)① | | | 污染当量数变化系数 | | 排放浓度变化比例 /% | |
| | | 新建 | 现有 | | 新建 | 现有 | 新建 | 现有 |
| 二氧化硫 | 0.95 | 100 | 200 | 35 | 0.35 | 0.175 | −65 | −82.5 |
| | | 200② | 400③ | | 0.175 | 0.087 5 | −82.50 | −91.25 |
| 氮氧化物 | 0.95 | 100 | | 50 | 0.5 | | −50 | −50 |
| | | 200③ | | | 0.25 | | −75 | −75 |
| 汞及其化合物 | 0.000 1 | 0.03 | | 0.03 | 1④ | | 0 | 0 |

注:①该限值参考《火电厂大气污染物排放标准》(GB 13223—2011)。
②广西、重庆、四川、贵州执行该限值。
③采用"W"形火焰炉膛的火力发电锅炉,现有循环流化床火力发电锅炉,以及 2003 年 12 月 31 日前建成投产或通过建设项目环境影响报告书审批的火力发电锅炉执行该限值。
④烟气汞的实际排放质量浓度(不高于 5 μg/m³)约为排放浓度限值(30 μg/m³)的 16.7%,故超低排放政策实施后烟气汞的污染当量变化系数可减少到 0.167。

　　东部地区 2017 年前完成改造，2017 年起大气汞排放浓度可降低到排放浓度限值的 0.167，排污费和环保税均可减半。其中，2017 年的排污费可减少到 2017 年前的 8.35%；除了环保税标准属于第一类地区（即浙江）的企业外，其他企业 2018 年后的大气汞环保税均高于 2017 年的排污费，最低为 2 倍，最高为 16.7 倍。

　　中部地区 2018 年前完成改造，2018 年起大气汞排放浓度可降低到排放浓度限值的 0.167，环保税可减半。所有地区企业的大气汞环保税均可低于排污费，最高仅为排污费的 70%，最低可不高于排污费的 20%。

　　西部地区 2020 年前完成改造，假设 2018 年开始实施环保税后排放浓度未降低，2020 年后才降低到排放浓度限值的 0.167，即 2020 年后环保税可减半。据此，除了环保税标准属于第一类地区（即宁夏）的企业外，其他企业 2020 年前大气汞环保税均高于排污费，最低为 2 倍，最高为 6.5 倍；2020 年后所有地区的大气汞环保税进一步降低，最高可降 92%，最低可不高于排污费的 46%。

　　三个地区的税费变化特点有明显的不同。东部地区在缴纳环保税前先经历了一年的排污费下降，之后除了浙江因税费标准没有调整、税费金额不变外，其他地区的环保税均高于排污费。中部地区的超低排放政策实施节点和环保税实施节点正好吻合，直接体现的是排污费到环保税的变化。西部地区则出现环保税先升后降，未实现超低排放前，除了宁夏因税费标准没有调整、税费金额不变外，其他地区的环保税均高于排污费；在实现超低排放后，加上环保税可减半，环保税降幅明显。

　　简言之，与排污费相比，环保税的实施对企业的激励力度更大。燃煤电厂实施超低排放政策后，除了税额标准在每污染当量 6.0 元以上（含）的天津和江苏南京、无锡、常州、苏州、镇江外，其他地区缴纳的环保税均低于排污费。同一税额标准变化倍数地区的燃煤电厂环保税变化幅度基本相同。

## 附录 1 大气污染物的污染当量值

| 序号 | 污染物 | 污染当量值 /kg |
|---|---|---|
| 1 | 二氧化硫 | 0.95 |
| 2 | 氮氧化物 | 0.95 |
| 3 | 一氧化碳 | 16.7 |
| 4 | 氯气 | 0.34 |
| 5 | 氯化氢 | 10.75 |
| 6 | 氟化物 | 0.87 |
| 7 | 氰化氢 | 0.005 |
| 8 | 硫酸雾 | 0.6 |
| 9 | 铬酸雾 | 0.000 7 |
| 10 | 汞及其化合物 | 0.000 1 |
| 11 | 一般性粉尘 | 4 |
| 12 | 石棉尘 | 0.53 |
| 13 | 玻璃棉尘 | 2.13 |
| 14 | 碳黑尘 | 0.59 |
| 15 | 铅及其化合物 | 0.02 |
| 16 | 镉及其化合物 | 0.03 |
| 17 | 铍及其化合物 | 0.000 4 |
| 18 | 镍及其化合物 | 0.13 |
| 19 | 锡及其化合物 | 0.27 |
| 20 | 烟尘 | 2.18 |
| 21 | 苯 | 0.05 |
| 22 | 甲苯 | 0.18 |
| 23 | 二甲苯 | 0.27 |
| 24 | 苯并 [a] 芘 | 0.000 002 |
| 25 | 甲醛 | 0.09 |
| 26 | 乙醛 | 0.45 |
| 27 | 丙烯醛 | 0.06 |
| 28 | 甲醇 | 0.67 |
| 29 | 酚类 | 0.35 |
| 30 | 沥青烟 | 0.19 |

| 序号 | 污染物 | 污染当量值 /kg |
|------|--------|----------------|
| 31 | 苯胺类 | 0.21 |
| 32 | 氯苯类 | 0.72 |
| 33 | 硝基苯 | 0.17 |
| 34 | 丙烯腈 | 0.22 |
| 35 | 氯乙烯 | 0.55 |
| 36 | 光气 | 0.04 |
| 37 | 硫化氢 | 0.29 |
| 38 | 氨 | 9.09 |
| 39 | 三甲胺 | 0.32 |
| 40 | 甲硫醇 | 0.04 |
| 41 | 甲硫醚 | 0.28 |
| 42 | 二甲二硫 | 0.28 |
| 43 | 苯乙烯 | 25 |
| 44 | 二硫化碳 | 20 |

## 附录2 不同地区二氧化硫和氮氧化物之外的大气污染物环保税标准

单位：元 / 污染当量

| 序号 | 地区名称 | 适用税额 | 税费标准变化系数 |
|------|----------|----------|------------------|
| 1 | 北京 | 12 | 20.0 |
| 2 | 天津 | 10 | 16.7 |
| 3 | 江苏（一档）① | 8.4 | 14.0 |
| 4 | 江苏（二档）② | 6 | 10.0 |
| 5 | 江苏（三档）③ | 4.8 | 8.0 |
| 6 | 河北 | 4.8 | 8.0 |
| 7 | 河南 | 4.8 | 8.0 |
| 8 | 四川 | 3.9 | 6.5 |
| 9 | 重庆（2021 年后） | 3.5 | 5.8 |
| 10 | 云南 | 2.8 | 4.7 |

| 序号 | 地区名称 | 适用税额 | 税费标准变化系数 |
|---|---|---|---|
| 11 | 重庆（2021 年前） | 2.4 | 4.0 |
| 12 | 贵州 | 2.4 | 4.0 |
| 13 | 湖南 | 2.4 | 4.0 |
| 14 | 海南 | 2.4 | 4.0 |
| 15 | 内蒙古 | 2.4 | 4.0 |
| 16 | 广西 | 1.8 | 3.0 |
| 17 | 广东 | 1.8 | 3.0 |
| 18 | 山西 | 1.8 | 3.0 |
| 19 | 浙江 | 1.8[④]<br>1.2[⑤] | 1.0 |
| 20 | 上海 | 1.2 | 2.0 |
| 21 | 山东 | 1.2 | 2.0 |
| 22 | 湖北 | 1.2 | 2.0 |
| 23 | 福建 | 1.2 | 2.0 |
| 24 | 江西 | 1.2 | 2.0 |
| 25 | 辽宁 | 1.2 | 2.0 |
| 26 | 吉林 | 1.2 | 2.0 |
| 27 | 陕西 | 1.2 | 2.0 |
| 28 | 青海 | 1.2 | 2.0 |
| 29 | 甘肃 | 1.2 | 2.0 |
| 30 | 新疆 | 1.2 | 2.0 |
| 31 | 宁夏 | 1.2 | 1.0 |
| 32 | 西藏 | 1.2 | 2.0 |
| 33 | 黑龙江 | 1.2 | 2.0 |
| 34 | 安徽 | 1.2 | 2.0 |

注：①江苏（一档）：江苏南京市为每污染当量 8.4 元。

②江苏（二档）：江苏无锡市、常州市、苏州市、镇江市为每污染当量 6 元。

③江苏（三档）：江苏徐州市、南通市、连云港市、淮安市、盐城市、扬州市、泰州市、宿迁市为每污染当量 4.8 元。

④此处为重金属类大气污染物的税费标准。

⑤此处为重金属类之外的其他大气污染物的税费标准。

## 附录 3 《汞公约》管控的大气汞排放源汞及其化合物大气排放标准限值

| 序号 | 排放源 | | 标准名称 | 排放限值（mg/m³） | 备注 |
|---|---|---|---|---|---|
| 1 | 燃煤电厂 | | 《火电厂大气污染物排放标准》（GB 13223—2011） | 0.03 | 特别排放限值为 0.03 mg/m³ |
| 2 | 燃煤工业锅炉 | | 《锅炉大气污染物排放标准》（GB 13271—2014） | 0.05 | 在用锅炉，以及新建锅炉自 2014 年 7 月 1 日起，特别排放限值同为 0.05 mg/m³ |
| 3 | 水泥熟料生产 | | 《水泥工业大气污染物排放标准》（GB 4915—2013） | 0.05 | 水泥窑及窑尾余热利用系统特别排放限值同为 0.05 mg/m³ |
| 4 | 有色金属冶炼 | 铅、锌 | 《铅、锌工业污染物排放标准》（GB 25466—2010） | 1.0 | 现有企业 2011 年 12 月 31 日前 |
| | | | | 0.05 | 现有企业 2012 年 1 月 1 日起，新建企业 2010 年 10 月 1 日起 |
| | | | | 0.000 3 | 企业边界 |
| | | 铜 | 《铜、镍、钴工业污染物排放标准》（GB 25467—2010） | 0.012 | — |
| | | | | 0.001 2 | 企业边界 |
| | | 工业黄金 | 《大气污染物综合排放标准》（GB 16297—1996） | 0.015 | 现有污染源 |
| | | | | 0.012 | 新污染源 |
| 5 | 废物焚烧 | 生活垃圾焚烧 | 《生活垃圾焚烧污染控制标准》（GB 18485—2014） | 0.05 | 新建焚烧炉自 2014 年 7 月 1 日起，现有焚烧炉自 2016 年 1 月 1 日起 |
| | | 危险废物焚烧 | 《危险废物焚烧污染控制标准》（GB 18484—2020） | 0.05 | — |
| | | 医疗废物焚烧 | | | |

## 附录 4 东部地区燃煤电厂超低排放政策后大气汞排污费和环保税变化情况

| 序号 | 东部地区名称 | 税额标准对应的地区类型 | 2017 年排污费变化 | 2018 年与 2017 年税费变化 | 总体税费变化 |
|---|---|---|---|---|---|
| | | | 排污费变化系数 | 税费倍数（§） | 税费倍数（§） |
| 1 | 北京 | 第五类 | — | — | — |
| 2 | 天津 | 第五类 | 0.083 5 | 16.7 | 1.4 |
| 3 | 江苏（一档） | 第五类 | 0.083 5 | 14.0 | 1.2 |
| 4 | 江苏（二档） | 第五类 | 0.083 5 | 10.0 | 0.8 |

续表

| 序号 | 东部地区名称 | 税额标准对应的地区类型 | 2017 年排污费变化 | 2018 年与 2017 年税费变化 | 总体税费变化 |
|---|---|---|---|---|---|
|  |  |  | 排污费变化系数 | 税费倍数（§） | 税费倍数（§） |
| 5 | 江苏（三档） | 第五类 | 0.083 5 | 8.0 | 0.7 |
| 6 | 河北 | 第五类 | 0.083 5 | 8.0 | 0.7 |
| 7 | 海南 | 第四类 | 0.083 5 | 4.0 | 0.3 |
| 8 | 广东 | 第四类 | 0.083 5 | 3.0 | 0.3 |
| 9 | 浙江 | 第一类 | 0.083 5 | 1.0 | 0.3 |
| 10 | 上海 | 第二类 | 0.083 5 | 2.0 | 0.2 |
| 11 | 山东 | 第二类 | 0.083 5 | 2.0 | 0.2 |
| 12 | 福建 | 第二类 | 0.083 5 | 2.0 | 0.2 |
| 13 | 辽宁 | 第二类 | 0.083 5 | 2.0 | 0.2 |

注：据调研，北京市自 2017 年无燃煤电厂，已用天然气等燃料代替。

## 附录 5　中部地区燃煤电厂超低排放政策后大气汞排污费和环保税变化情况

| 序号 | 中部地区名称 | 税额标准对应的地区类型 | 2018 年后税费变化 |
|---|---|---|---|
|  |  |  | 税费倍数（§） |
| 1 | 河南 | 第五类 | 0.7 |
| 2 | 湖南 | 第四类 | 0.3 |
| 3 | 山西 | 第三类 | 0.3 |
| 4 | 湖北 | 第二类 | 0.2 |
| 5 | 江西 | 第二类 | 0.2 |
| 6 | 吉林 | 第二类 | 0.2 |
| 7 | 黑龙江 | 第二类 | 0.2 |
| 8 | 安徽 | 第二类 | 0.2 |

附录 6 西部地区燃煤电厂超低排放政策后大气汞排污费和环保税变化情况

| 序号 | 西部地区名称 | 税额标准对应的地区类型 | 2018 年至 2020 年前 | 2020 年后 |
|---|---|---|---|---|
| | | | 税费倍数（$s$） | 税变化倍数（$s'$） |
| 1 | 四川 | 第五类 | 6.5 | 0.54 |
| 2 | 重庆（2021 年后执行） | 第五类 | 5.8 | 0.49 |
| 3 | 云南 | 第五类 | 4.7 | 0.39 |
| 4 | 重庆（2021 年前执行） | 第四类 | 4.0 | 0.33 |
| 5 | 贵州 | 第四类 | 4.0 | 0.33 |
| 6 | 内蒙古 | 第四类 | 4.0 | 0.33 |
| 7 | 广西 | 第三类 | 3.0 | 0.25 |
| 8 | 陕西 | 第二类 | 2.0 | 0.17 |
| 9 | 青海 | 第二类 | 2.0 | 0.17 |
| 10 | 甘肃 | 第二类 | 2.0 | 0.17 |
| 11 | 新疆 | 第二类 | 2.0 | 0.17 |
| 12 | 宁夏 | 第一类 | 1.0 | 0.08 |
| 13 | 西藏 | 第二类 | — | — |

注：据调研，西藏自 2017 年无燃煤电厂。

# 参考文献

国务院.国务院关于环境保护税收入归属问题的通知［EB/OL］.http://www.gov.cn/zhengce/content/2017-12/27/content_5250841.htm.

国家发展改革委员会，财政部，环境保护部.关于调整排污费征收标准等有关问题的通知［EB/OL］.http://www.gov.cn/xinwen/2014-09/05/content_2745878.htm.

生态环境部.排污费征收标准管理办法［EB/OL］.http://fgs.mee.gov.cn/gz/gwybmyggz/201811/t20181129_676604.shtml.

生态环境部.排污费资金收缴使用管理办法［EB/OL］.http://fgs.mee.gov.cn/gz/gwybmyggz/201811/t20181129_676605_wap.shtml.

生态环境部.中华人民共和国环境保护税法［EB/OL］.http://www.mee.gov.cn/ywgz/fgbz/fl/201811/t20181114_673632.shtml.

生态环境部.中华人民共和国环境保护税法实施条例［EB/OL］.http://www.mee.gov.cn/zcwj/gwywj/202001/t20200108_758072.shtml.